ZUM WELTBILD DER PHYSIK

ZUM WELTBILD DER PHYSIK

von

CARL FRIEDRICH VON WEIZSÄCKER

12. Auflage

S. HIRZEL VERLAG STUTTGART
1976

ISBN 3-7776-0321-X

Printed in Germany
Druck: Johannes Illig, Buch- und Offsetdruck, Göppingen

Dem Andenken meines Freundes

WOLFGANG HOFFMANN-ZAMPIS

Im Osten gefallen am 16. Juni 1942

Vorwort zur ersten Auflage

Die nachfolgenden Aufsätze sind aus Vorträgen entstanden. Sie sind in der Reihenfolge, in der sie hier abgedruckt sind, in den Jahren 1938 bis 1942 niedergeschrieben. Die drei ersten Aufsätze sind schon an anderer Stelle erschienen.

Die Art der Entstehung bringt einige Überschneidungen zwischen den einzelnen Aufsätzen mit sich. Doch habe ich nichts am Text geändert, da der Gegenstand vielleicht durch mehrfache Betrachtung unter verschiedenen Gesichtspunkten, in denen sich noch der Weg der eigenen Gedankenentwicklung spiegelt, leichter zugänglich wird.

Der Ausgangspunkt der Aufsätze liegt in den Erkenntnissen der modernen Physik. Der Antrieb zum Schreiben kam aus der Überzeugung, daß diese Erkenntnisse Ausdruck einer geistigen Wandlung sind, die weit über die Grenzen der Physik hinausreicht. An den wichtigsten Stellen konnte diese Überzeugung freilich nicht als Ergebnis, sondern nur als Frage ausgesprochen werden. Ich habe es trotzdem gewagt, die Form, in der sich mir diese Frage gestellt hat, einem größeren Kreise vorzulegen, weil sie mir nicht mehr als die private Frage eines einzelnen, sondern als Ausdruck einer gemeinsamen Frage von vielen erscheint.

Straßburg, 16. Februar 1943

C. F. von Weizsäcker

Vorwort zur siebenten Auflage

In den anderthalb Jahrzehnten seit der ersten Auflage ist eine große Anzahl von Aufsätzen hinzugekommen. Die vorliegende 7. Auflage enthält acht Aufsätze, die in der 6. noch nicht standen. Davon sind sieben vorher an anderer Stelle gedruckt worden. Der Aufsatz über Säkularisierung und Naturwissenschaft, der zum 70. Geburtstag von Friedrich Gogarten geschrieben ist, erscheint hier zum ersten Male. Dem Aufsatz über Komplementarität und Logik habe ich hier eine Bemerkung angefügt, die einen Interpretationsirrtum richtigstellt.

Da ich fürchte, daß die Fülle dieses Stoffes, der im wesentlichen nach dem Zeitpunkt der Entstehung geordnet ist, den Leser verwirren könnte, habe ich schließlich ein Nachwort hinzugefügt, das vielleicht als Leitfaden dienen kann. Vielleicht kann ein Leser, der sich orientieren möchte, die Lektüre dieses Buches mit einem Blick auf das Nachwort beginnen.

Hamburg, den 11. Juli 1957

C. F. von Weizsäcker

Vorwort zur zwölften Auflage

Bis zur siebenten Auflage (1957) habe ich der Sammlung neue Aufsätze hinzugefügt. Dem Überblick über vielleicht verwirrende Fülle des im wesentlichen chronologisch angeordneten Stoffs dient das Nachwort. Spätere Arbeiten zum selben Fragenkreis habe ich in dem Buch „Die Einheit der Natur" (München 1971) zusammengefaßt. Einen zusammenhängenden Überblick über einen Aspekt der Fragen geben die Vorlesungen „Die Tragweite der Wissenschaft", von denen ich bisher nur den ersten Band veröffentlicht habe (Stuttgart 1966).

Was ich schon zur Zeit der Abfassung der hier gesammelten Aufsätze gewußt und in ihnen auch vielfach ausgesprochen habe, sehe ich heute in deutlicheren Umrissen: daß nämlich jeder von ihnen philosophische Fragen anreißt, meist noch nicht einmal klar formuliert, die bis heute nicht beantwortet sind. Die Bewegung des Denkens, durch die Physik des ersten Drittels unseres Jahrhunderts mächtig angestoßen, ist innerhalb der Physik seitdem eher in die Breite als in die Tiefe gegangen. Die nächste „wissenschaftliche Revolution" im Sinne Th. Kuhns in der Physik wird aber, davon bin ich überzeugt, nur möglich sein, wenn die hier gestellten Fragen als offene Fragen begriffen werden. Einige von Ihnen werden dabei ihre Antwort finden.

Starnberg, 3. Mai 1976 C. F. von Weizsäcker

Inhalt

Die Physik der Gegenwart und das physikalische Weltbild

1. Die gestellte Frage. Vor einigen Jahrzehnten besaß die Physik ein geschlossenes Weltbild. Es bot einen Rahmen, in den alle bekannten physikalischen Erscheinungen paßten. Es übte als Vorbild eines wissenschaftlichen Weltbildes einen entscheidenden Einfluß auf alle anderen Wissenschaften aus. Bis in die großen Fragen der Weltanschauung hinein erstreckten sich seine Wirkungen und halfen das geistige Gesicht der Zeit zu prägen.

Heute besteht dieses Weltbild nicht mehr. Es wurde gleichzeitig von innen und von außen zerstört. Die Physik selbst hat Entdeckungen gemacht, die in ihm keinen Platz fanden. Und die Nachbarwissenschaften haben wieder klarer erkannt, wodurch sich ihr Gegenstand vom Gegenstand der Physik unterscheidet. Nicht angetastet wurde selbstverständlich durch diese Entdeckungen der wissenschaftliche Wert der Tatsachen, von denen das alte physikalische Weltbild ausging. Als falsch wurde aber erkannt, daß in ihm eine Denkweise, die für einen bestimmten Bereich unserer Erfahrung angemessen ist, auf andere Bereiche vorschnell verallgemeinert worden war.

Der heutige Zustand ist also reicher an positiven Kenntnissen als der frühere. Er erscheint aber ärmer an innerer Einheit. Früher schien die Einheit des physikalischen Weltbildes die Einheit der Wirklichkeit selbst faßlich zu machen. Heute findet der Physiker hinter dem Bereich der unmittelbaren Erfahrung, der von der sogenannten klassischen Physik beherrscht wird, den Bereich der nicht direkt wahrnehmbaren Atome vor, die neuartigen Gesetzmäßigkeiten genügen. Durch die Atomtheorie werden zwar alle Wissenschaften vom Anorganischen, vor allem Physik und Chemie, grundsätzlich zu einer höheren Einheit zusammengeschlossen. Aber die Wurzel dieser Einheit, die Mechanik der Atome, entspricht nicht den vertrauten Vorstellungen, die wir uns von physischen Gegenständen machen, und die abstrakt mathematische Form, in welche sie sich kleidet, befriedigt nach der Meinung mancher Physiker unser Bedürfnis nach einem wirklichen Verständnis der Natur nicht. Ferner verbindet kein gemeinsames Weltbild mehr die großen Wissenschaftsgruppen. Jenseits der Wissenschaften, die sich um Physik und Chemie gruppieren, findet der Physiker eine eigengesetzliche Biologie. Dahinter ahnt er die Geisteswissenschaften, deren innere Gliederung ihm meist schon gar nicht mehr begreiflich ist. Eine Philosophie, die alle Fächer zusammenhielte, ist nicht mehr zu erkennen.

Unser Geist sucht aber die Einheit. Auch ihre Aufgabe dem Leben gegenüber kann die Wissenschaft nicht erfüllen, wenn sie die Orientierung im eigenen Gebiet verliert Was ist in dieser Lage zu tun?

Unser Ziel muß sein, ein neues, richtigeres und lebendigeres Weltbild aufzustellen. Ob wir dieses Ziel erreichen, das hängt freilich nicht von unserer Willkür ab. Von uns aber hängt es ab, ob wir danach suchen. Und diese Arbeit des Suchens ist notwendig, gleichgültig, ob sie schon heute oder morgen von Erfolg gekrönt wird. Denn selbst wenn heute einer käme, der die Antwort auf alle ungelösten Fragen wüßte, so würden wir ihn nicht verstehen, wenn wir uns die Fragen, die er beantwortet, nicht schon aus eigener Not gestellt hätten. Wo eine Not nicht einmal empfunden wird, da kommt keine Hilfe.

Wir wollen daher versuchen, diese Fragen zu stellen. Unser Ziel kann es dabei nicht sein, ungelöste Probleme aufzuzählen. Wir wollen vielmehr unser Denken in diejenige Bewegung bringen, in der sich, wenn sie nur einmal begonnen hat, von selber Frage an Frage reiht und auch manche Antwort sich nach einer gewissen Wegstrecke von selbst ergibt. Wir haben daher zunächst kein systematisches Ziel. Um aber zu wissen, wovon wir reden, wählen wir als Leitfaden die vieldiskutierten Begriffe der Ganzheit und der Anschaulichkeit und betrachten ihre Rolle in der physikalischen Denkweise. Daß sie die Ganzheit im Lebensvorgang nicht erfaßt habe, wirft die neuere Biologie der physikalischen Denkweise vor. Daß sie die Anschaulichkeit des klassischen, physikalischen Weltbildes aufgegeben habe, ist umgekehrt der Vorwurf mancher Naturwissenschaftler gegen die moderne theoretische Physik. Wir wollen prüfen, wieweit beide Vorwürfe berechtigt sind, und wo wir auf eine Behebung der Notstände hoffen dürfen. Dabei beginnen wir mit der Frage der Ganzheit, welche das alte physikalische Bild von der Wirklichkeit ebenso wie das neuere betrifft, und schreiten nachher zu den inneren Umstellungen des physikalischen Denkens in der Gegenwart fort, die durch den Verzicht auf anschauliche Modelle der Natur gekennzeichnet sind.

I. Ganzheit

2. Ein Beispiel für das physikalische Bild von der Wirklichkeit. Was weiß die Physik von der Wirklichkeit? Wir wollen nicht als Antwort das abstrakte System der Physik vor uns aufbauen, sondern lieber einen konkreten Gegenstand anschauen und uns fragen, was die Physik über ihn lehrt, und was sie verschweigt.

Es soll kein durch Menschenhand geformtes Gebilde sein, sondern ein Gegenstand, so wie wir ihn in der Natur wirklich vorfinden. Ich suche in meiner Wohnung nach solchen Gegenständen. Alle Gebrauchsgegenstände erfüllen meine Bedingung nicht. Aber ich finde ein Bruchstück eines isländischen Kalkspatkristalls, das ich seit meiner Schulzeit besitze. Ich nehme es in die Hand, schaue es an. Welche Eigenschaften hat dieser Kristall eigentlich, und was weiß die Physik über diese Eigenschaften zu sagen? Ich vergesse die mühsamen einzelnen Schritte der Messung und Berechnung und halte mich an das Ergebnis, das in der heutigen Theorie vom Bau der Materie vorliegt.

Der Kristall ist schwer, fest, regelmäßig gebaut, durchsichtig. Ich beginne aber mit einer noch elementareren Eigenschaft, welche die Philosophen als kennzeichnend für alle Materie ansehen: der Raumerfüllung. In der Tat, er ist ausgedehnt. Er ist auch undurchdringlich: wo er ist, da kann ich keinen anderen Körper hinbringen, ohne ihn dadurch wegzuschieben oder zu zertrümmern.

Zertrümmern freilich kann ich ihn. Seine Teile sind dann wiederum Kalkspatkristalle. Aber, wie die Physik lehrt, nicht unbegrenzt. Der Kristall besteht aus Atomen. Zwar kann das Gebilde, das die Chemiker Atom genannt haben, physikalisch noch zerlegt werden in Elektronen und den Atomkern, und letzterer wieder in Protonen und Neutronen. Aber erstens vermuten wir nicht ohne Grund, diese letzten Einheiten seien nun wirklich physisch unzerlegbar, und zweitens ist jedenfalls das im Kalkspatkristall enthaltene Atom selbst weder „Kalkspat" noch „Kristall", sondern eben „ein Kalzium-Atom" bzw. „ein Kohlenstoff- oder Sauerstoff-Atom". Die Physik hat mit der Feststellung der Gesetze begonnen, denen die unmittelbar sinnlich wahrnehmbaren Vorgänge genügen; jetzt ist es aber gerade ihr

Ziel, die sinnlich nicht mehr wahrnehmbare atomare Welt zu erforschen und auf die Gesetze des atomaren Geschehens alle anderen Gesetzmäßigkeiten und Eigenschaften der Materie zurückzuführen. So wird die Atomvorstellung zur Grundlage der Einheit des physikalischen Weltbildes. Wir werden bei jeder weiteren Eigenschaft erkennen, wie nahe die Physik diesem Ziel schon gekommen ist.

Das Volumen des Kristalls fassen wir also auf als die Summe seiner Atomvolumina. Daß die Atome selbst praktisch undurchdringlich sind, können wir heute aus der Wellenmechanik deduktiv ableiten. Die Frage, was das bedeutet, würde hier aber zu weit führen. Wir fragen nun nach den anderen Eigenschaften.

Der Kristall hat ein bestimmtes Gewicht: es ist die Summe der Gewichte seiner Atome, und zwar im wesentlichen der Atomkerne.

Er ist ein fester Körper. Seine Atome werden also durch gewisse Kräfte aneinander festgehalten. Diese Kräfte kennen wir heute und können sie — zwar nicht für ein so kompliziertes Ding wie diesen Kristall, aber für den grundsätzlich analogen Fall einfacher Moleküle — quantitativ berechnen. Sie sind elektrischer Natur: die elektrische Ladung ist neben dem Gewicht einer der elementaren Eigenschaften der Atombausteine.

Er ist chemisch zerlegbar nach der Formel $CaCO_3$. Diese Formel gibt das Mischungsverhältnis der drei ihn aufbauenden Atomsorten an. Hier sind wir am Ausgangspunkt der ganzen Atomvorstellung: dem chemischen Gesetz der konstanten Proportionen.

Er zeigt die regelmäßige Form des Kristalls. Seine Atome sind regelmäßig im Raume angeordnet, und diejenige Anordnung, welche die stärkste Bindung der Atome aneinander bei den verfügbaren Kräften ergibt, bestimmt die Symmetrieform des ganzen Gebildes.

Er ist zwar durchsichtig, aber doppelbrechend: ein einfacher Strich, durch ihn hindurch betrachtet, erscheint doppelt. Auf diese Eigenschaft hat H u y g e n s seinerzeit den entscheidenden Beweis für die Wellennatur des Lichtes gegründet. Die einfallende — wie wir heute wissen: elektromagnetische — Schwingung, welche von unserem Auge als Licht empfunden wird, versetzt die einzelnen Kristallatome in Mitschwingung. Die von ihnen ausgehenden „Sekundärwellen" löschen sich gegenseitig in allen Richtungen aus, ausgenommen die eine Richtung, in welcher die Lichtwelle sich fortpflanzt. So ist es bei normaler Lichtausbreitung; die regelmäßige Atomanordnung im Kristall, die gewisse Raumrichtungen auszeichnet, erlaubt dagegen noch eine zweite Fortpflanzungsrichtung und führt damit zur Doppelbrechung.

Er leitet, wie ein Versuch zeigt, den elektrischen Strom nicht. Das hängt atomphysikalisch mit der Durchsichtigkeit zusammen. In guten (d. h. metallischen) Leitern sind die Elektronen frei beweglich und werden daher von der einfallenden elektrischen Welle in sehr starke Schwingung versetzt. So setzt sich die Lichtenergie in sehr kurzer Zeit in Bewegungsenergie der Elektronen um, und das Metall ist undurchlässig für Licht. Warum gerade in unserem Kristall die Elektronen nicht frei beweglich sind, das erklärt allerdings erst das feinere Atommodell der Quantentheorie.

Den optischen Beobachtungen schließen wir die Wahrnehmungen der übrigen Sinnesorgane an, deren physische Ursachen alle bis auf atomare Vorgänge zurückverfolgt werden können: Schall auf Schwingungen der Luftmoleküle, Geruch und Geschmack auf chemische Umsetzungen, also auf Umlagerungen von Atomen, Tastvorgänge auf mechanischen Druck der undurchdringlichen Materie, Kalt-Warm-Empfindungen auf die ungeordnete Bewegung der Atome, die wir Wärme nennen.

Wir wollen uns nicht in Einzelheiten verlieren. Erscheint nicht schon nach den angegebenen Beispielen ein System wie die Atomtheorie als der angemessene Ausdruck der Einheit der Natur als Ganzes? Trotzdem beschränkt sich die Physik schon diesem Kalkspat gegenüber in bedenklicher Weise auf einen Ausschnitt aus der Wirklichkeit.

3. *Was fehlt im physikalischen Bild?* Auch die Gegenrechnung der von der Physik fortgelassenen Eigenschaften des Gegenstandes wollen und können wir nicht vollständig aufstellen. Wir wollen uns zunächst durch einige Beispiele auf die Gefahren hinweisen lassen, denen das physikalische Weltbild leicht verfällt. Im nachfolgenden Abschnitt betrachten wir dann als Sonderbeispiel die biologischen Fragen etwas genauer, um schließlich einige allgemeine Folgerungen zu ziehen.

Als ich den Kristall aus seinem Schubfach holte, dachte ich zuerst an keine der aufgezählten Eigenschaften, sondern an etwas ganz anderes, ihm gleichwohl zukommendes: seine persönliche Beziehung zu mir. Ein Lehrer, den ich gern hatte, hat ihn mir von einer Islandreise mitgebracht. Der Kristall spricht durch diese Erinnerung mein Gefühl an. Wäre ich nicht Physiker, so würde ich vielleicht vergessen, nach anderem als dieser Erinnerung überhaupt zu fragen.

Diese Gefühlswerte enthält das physikalische Weltbild nicht. Der reine Physiker wird sagen: selbstverständlich nicht, denn sie sind ja keine objektiven Eigenschaften der Dinge, sondern subjektive Vorgänge „in mir", die kein zweiter Experimentator „reproduzieren" kann. Das ist richtig, aber wer sagt, daß diese subjektiven Realitäten minder wichtig seien für einen Menschen, der sich ein wahres Bild von der Welt machen will? Was berechtigt mich, das allen Zugängliche für realer zu halten als das nur mir Zugängliche? Gerade die Physik kann diese Frage nicht entscheiden, denn es ist ihr methodischer Ausgangspunkt, daß sie nur nach den allen zugänglichen Phänomenen fragt und daher auch nur über diese eine Antwort erhält. Welche Selbstbeschränkung liegt schon in diesem Ausgangspunkt!

Es gibt eine etwas bequeme Art, die hier aufgeworfene Frage abzutun, indem man sagt, es gebe eben zwei gleichberechtigte „Aspekte", unter denen die Natur betrachtet werden könne, den objektiven und den subjektiven. Das Problem liegt aber gerade darin, daß beide Aspekte miteinander in innigem Zusammenhang stehen. Woher weiß ich überhaupt, daß meine seelische Beziehung zu diesem Kristall ihm nicht auch als objektive, d. h. für andere Menschen spürbare Eigenschaft zukommt? Haben wir nicht vielleicht nur ein zu unentwickeltes Sensorium für die objektiven, aber unbewußten Beziehungen zwischen Physischem und Psychischem? Gibt es in diesen Beziehungen vielleicht objektiv festliegende Grundstrukturen, zu denen sich unsere bewußten subjektiven Gefühle nur verhalten wie die individuellen Eigenschaften dieses einen Kristallbruchstücks zu seiner allgemeinen Eigenschaft, Kalkspatkristall zu sein? Daß es sich hier nicht nur um vage Phantasien handelt, sei durch ein Beispiel belegt.

Wohl alle Zeiten und Völker, ausgenommen das rationalistische Europa der Neuzeit, glauben an die magische Wirkung von Edelsteinen. Darin liegt eine objektive Beziehung des Kristalls zur Seele. Man mag sie für Aberglauben halten. Gewiß ist aber gerade das physikalische Weltbild nicht kompetent, über die Frage zu urteilen. Denn wenn solche Wirkungen in ihm nicht vorkommen, so rührt das nur daher, daß es von ihnen von vornherein bewußt abgesehen hat. Daß die Voraussetzungen, auf denen es sich heute aufbaut, vollständig seien, können wir aber nicht a priori beweisen. Vielmehr handelt es sich offenbar um eine empirische Frage; und welcher anständige Physiker würde wohl die Realität dieser Wirkungen leugnen, wenn sie ihm praktisch vorgeführt würden? Wir müssen also sagen, daß das physikalische Weltbild, wenn es ohne Übertreibung angewandt wird, grundsätzlich auch für solche Wirkungen Raum läßt.

Die besondere Struktur der physikalischen Methode zeigt sich vielleicht noch deutlicher als an diesen für unser wissenschaftliches Bewußtsein immerhin problematischen Beispielen an Fällen, die im Rahmen des heute allgemein anerkannten physikalischen Weltbildes bleiben, etwa an der Untersuchung historischer Fragen.

Mein Kristall stammt aus Island. Für den Mineralogen trägt er in gewissen Eigenschaften, auf die ich vorher nicht geachtet habe, etwa seiner Größe und dem Grad seiner Reinheit, die eindeutigen Merkmale seiner Herkunft. Woher rühren diese besonderen Eigenschaften? Sie sind die Spuren des geologischen Schicksals dieses Stückes Materie. Vorher waren sie mir nicht besonders aufgefallen; jetzt sind sie gerade das Ziel meines Interesses, denn sie verraten objektive Vorgänge der Vergangenheit, etwa die Änderungen der Temperatur, des Druckes und der chemischen Bedingungen an der Stelle und zu der Zeit der Bildung dieses Kristalls. Offenbar werden dadurch die Grenzen des physkalischen Weltbildes nicht gesprengt, denn auch in der Erdgeschichte ist es nach Naturgesetzen zugegangen; es ist gerade eine der Aufgaben der Forschung, das Zusammenspiel der Einmaligkeit des Weltlaufs und der Allgemeingültigkeit der Naturgesetze zu erkennen. Aber es ist zweierlei, ob das Weltbild Raum läßt für einen Wirklichkeitsbereich, und ob wir bewußt diesen Raum ausfüllen.

Dies erinnert uns schließlich an die allgemeine Wahrheit, daß das physikalische Weltbild teilhat an der Unvollendbarkeit der Erfahrung. Tausende mögen einen Kalkspatkristall in der Hand gehabt haben, ohne zu sehen, daß er doppelbrechend ist. Tausende haben seine Doppelbrechung gekannt und in ihr nichts als eine Kuriosität unter anderen gesehen, bis schließlich der eine H u y g e n s sie als Beweis der Wellennatur des Lichtes erkannte. Wie viele Eigenschaften mag dieser kleine Kristall noch haben, die meine Sinne vielleicht schon empfinden oder doch leicht empfinden könnten, und deren Eintreten in mein waches Bewußtsein mein Weltbild um einen neuen Ausblick bereichern könnte!

Es ist also klar, daß das physikalische Weltbild nicht alle wesentlichen Eigenschaften der Gegenstände umfaßt. Es ist noch nicht ebenso klar, wieweit es sie mit Notwendigkeit ausschließt. Diese Sätze kennzeichnen nun auch das gegenwärtige Verhältnis der Physik zur Biologie.

4. Physik und Biologie. Es ist ein berechtigtes Gefühl vieler Biologen, daß die physikalische Denkweise in ihrer Wissenschaft nur einen Teil der Wirklichkeit, und vielleicht eben den minder wesentlichen, erfaßt habe. Hat sie nicht stets nur diejenigen Eigenschaften des Lebendigen herausgegriffen, die es mit dem Toten gemein hat? Trotzdem ist der Unterschied sehr schwer auf Begriffe zu bringen. Wir wollen einige Vorschläge in dieser Richtung, die auch auf das physikalische Weltbild selbst Licht werfen, kritisch betrachten. Als Ansatzpunkt diene der Begriff der Ganzheit. Denn einerseits ist es gewiß, daß man ein lebendes Wesen nicht verstehen kann, wenn man es nicht als ein Ganzes aufzufassen vermag. Andererseits ist es aber nicht leicht, den Begriff von einem Ganzen, den man hier braucht, von einem auch der Physik geläufigen Begriff abzuheben.

Ganzheit kann verstanden werden als das Ganze aller Eigenschaften eines Gegenstandes, oder als eine besondere Eigenschaft, eben die, selbst ein Ganzes zu sein. Im ersten Sinn ist die Ganzheit weder der Biologie noch der Physik erreichbar, aber beide versuchen, ihr näherzukommen. So kann man den Unterschied beider Wissenschaften jedenfalls nicht in der Einstellung zu der allgemeinen Wahrheit finden, daß das Ganze mehr sei als die Summe seiner Teile; ihre Beherzigung unterscheidet vielmehr in der Physik wie in der Biologie nur den guten Forscher vom schlechten. Zwar legt die Physik Wert auf die Feststellung, daß der Kristall aus Atomen besteht. Aber er ist nicht die „Summe" seiner Atome, so wenig wie eine Mauer die Summe ihrer Backsteine ist. Zunächst einmal muß die räumliche Lagerung der Atome bestimmt sein; erst ihre Symmetrie macht den Kristall zum Kristall. Ferner muß die Art ihrer Wechselwirkung untereinander beschrieben werden. Die Atome, die sinnlich nicht mehr wahrnehmbar sind, sind sogar als physikalische Objekte nur charakterisiert durch die Art dieser Wechselwirkung, durch die erst ein wahrnehmbares Gebilde entsteht — also durch die Angabe des Ganzen, dessen Teile sie sein können.

Gibt es also eine Art, ein Ganzes zu sein, die den Lebewesen zukommt, den unbelebten Gegenständen aber nicht? Um die Frage zu vertiefen, wollen wir uns durch die folgende schöne Darstellung von C a r u s leiten lassen: „Mögen wir nun die Bildungsgeschichte irgendeiner Pflanze, eines Tieres oder irgendeines organischen Individuums überhaupt betrachten, so ist eine der ersten wichtigen Wahrnehmungen, die wir an demselben machen werden: daß ein Bild ihres Seins vor ihrem Dasein zugegeben werden müsse. — Nehmen wir z. B. das Ei eines Schmetterlings, und wir gewahren eine kleine, einfache, rundliche Hülle und eine gleichförmige, ausfüllende, eiweißstoffige Flüssigkeit; aber von dem Körper des Schmetterlings, von seinen vier Flügeln mit ihrer Farbenpracht, von seinen Tausenden von Augen, seinen Fühlfäden, seinen Füßen und der zierlich aufgerollten, zum Saugen des Blumennektars bestimmten Zunge, oder von irgendeiner Eigentümlichkeit der Form der Raupe, ist auch noch nicht die mindeste Andeutung vorhanden. Nichtsdestoweniger schwebt das Bild dieser ganzen, vielartigen Gliederung über der noch formlosen Erscheinung der Eiflüssigkeit, und Schritt vor Schritt, wie es in diesem unsichtbaren geistigen Bild der künftigen Daseinsform vorgezeichnet ist, schießt die Organisation gleichsam kristallinisch an und beweist unwiderleglich, daß ein Bild ihres Seins vor ihrem Dasein vorhanden war. Dasselbe gilt, wenn wir noch eine Stufe tiefer herabsteigen, zu den eigentlich sogenannten Kristallbildungen. Nehmen wir die reinste, indifferenteste Flüssigkeit, das Wasser; über ihm schwebt, oder wollen wir lieber sagen, in ihm ist lebendig das Bild der nach dem Gesetze der Drei- und Sechsteilung wirksamen Kristallisation, und wie nur der schwebende Wassertropfen der Einwirkung der Kälte preisgegeben ist, so daß die auf entschiedene polarische Zusammenziehung sich gründende Kristallisation anheben kann, so tritt das zierliche Gebilde des Wasserkristalls als Schneeflocke, d. i. als drei- oder sechsstrahliger Stern, hervor. Das Bild, der Typus oder die Idee dieser Gestalt, war so vorhanden, ehe die Gestalt selbst in Erscheinung kam."

Diese Worte müssen den heutigen Physiker seltsam berühren. Denn einerseits ist er genötigt, ihre Wahrheit zuzugeben, und andererseits rechnet er den Kristall nicht zu den belebten Gegenständen, sondern hat sich daran gewöhnt, seinen Bau als eine physikalisch „erklärte" Sache anzusehen. Ist dadurch nun jene Idee des Kristalls in unserem Weltbild überflüssig geworden, oder umfaßt umgekehrt das Weltbild der Physik selbst solche Ideen?

Die letztere Vermutung dürfte richtig sein. Die Physik baut gedanklich den Kristall auf nicht aus Atomen an sich, sondern aus Atomen im Raum. Die Idee des Kristalls aber ist nichts anderes als seine räumliche Symmetrie, und die Physik zeigt, daß jedesmal, wenn bestimmte Atome sich regelmäßig im Raum zusammenlagern, diese bestimmte Symmetrie auftreten muß. Dies erkennt zwar unsere undurchgebildete Raumvorstellung nicht unmittelbar; die mathematische Disziplin der Gruppentheorie weist aber ausführlich nach, daß aus den mathematischen Bestimmungsstücken des euklidischen Raumes bereits alle und nur die in der Natur verwirklichten Kristallsymmetrien folgen. Das ideelle Moment in der Natur liegt darin, daß die mathematischen Gesetze, welche ja Gesetze unseres Denkens sind, in der Natur wirklich gelten, und jenes tiefe Staunen über die innere Ordnung der Natur, das uns oft befällt, hängt wohl vor allem damit zusammen, daß wir gerade in Fällen, wie dem der Kristalle, die Wirkungen dieser „Mathematik in der Natur" schon erkennen konnten, noch ehe unser eigenes mathematisches Wissen weit genug entwickelt war, ihre Notwendigkeit einzusehen. Ist damit nun der Kristall wirklich „erklärt"? Er ist es, wenn wir die Raumstruktur als gegeben hinnehmen; er ist es nicht, wenn wir in ihr selbst noch ein Problem sehen. Der erste Standpunkt ist für den praktischen Physiker hinreichend. Solange der zweite aber möglich ist, wird man nicht sagen dürfen, daß die Physik die Geheimnisse der Natur wegerkläre, sondern daß sie sie auf tieferliegende Geheimnisse zurückführe.

Wir haben hierdurch eine Belehrung über die Physik empfangen, aber keine Grenze zwischen Biologie und Physik gefunden. Aber vielleicht ist eben dies eine wichtige Erkenntnis. Bei der Auseinandersetzung der Biologie mit der physikalischen Denkweise handelt es sich in weitem Umfange ja nicht um den Gegensatz zwischen Biologie und Physik, sondern um einen Gegensatz, der ebenso im Rahmen der reinen Physik möglich ist; denn immer stehen den Forschern, die stets das Ganze im Auge behalten, andere gegenüber, die den schon erklärten Teil mit dem Ganzen verwechseln. Da die Physik in der Biologie nur als Hilfswissenschaft dient und so mehr ihre Ergebnisse als ihre Probleme den Biologen bekannt werden, heftet sich dieser Mißbrauch hier besonders leicht an die physikalische Denkweise.

Immerhin bleibt ein Unterschied zwischen physikalischer und biologischer Denkweise. Die Mathematik des Kristalls verstehen wir, die des Schmetterlings — wenn es eine solche gibt — hingegen nicht. Dafür gibt es einen reichen Schatz biologischer Begriffe, die zum wenigsten heute nicht auf physikalische Begriffe reduziert werden können, die aber die Erfahrungen, welche wir an lebenden Wesen täglich machen können, in präziser Weise beschreiben. Man hat versucht, die Grenzlinie zwischen Physik und Biologie dadurch scharf zu ziehen, daß man einige dieser Begriffe durch die Behauptung heraushob, sie seien nicht nur heute, sondern für alle Zeiten einer physikalischen Erklärung unzugänglich. Man konnte z. B. eine spezifisch biologische Form der Ganzheit im Begriff des Individuums finden. Der Kristall kann unbegrenzt wachsen, und ein Teil von ihm ist wieder ein Kristall; der Schmetterling hat beide Eigenschaften nicht. Man konnte darüber hinaus erinnern an Vorgänge wie Wachstum, Stoffwechsel und Vermehrung, bei denen immer neue Materie zur Trägerin derselben Form, desselben Funktionszusammenhanges wird. Doch kann man jede einzelne Erscheinung dieser Art auch an physikalischen Modellen aufweisen. Beispielsweise hat eine einfache Kerzenflamme die obengenannten formalen Kennzeichen der Individualität ebenso wie den Stoffwechsel und die Möglichkeit der „Vermehrung". Keine bloße Analogie des Lebens, sondern ein echter Grenzfall dürfte das Tabakmosaikvirus sein, das die Eigenschaften lebender Krankheitserreger hat und gleichzeitig eine kristallisierbare chemische Substanz ist. Hier scharfe Grenzlinien ziehen, hieße zum mindestens den unbekannten Ergebnissen künftiger Forschung vorgreifen. Scharf unterscheiden sollte man wohl überhaupt nicht zwischen belebten und unbelebten Objekten, sondern zwischen den Erkenntnisquellen der reinen Physik und den Erkenntnisquellen, die uns im Kontakt mit zweifellos lebenden Wesen zur Verfügung stehen.

Man könnte zweifelnd fragen: Welche Erkenntnisquellen außer der Sinneserfahrung und dem logischen Denken, welche beide auch die Physik verwendet, kann die Biologie noch haben, wenn sie nicht zur Mystik werden will? Doch handelt es sich hier um etwas ganz Alltägliches, das nur nicht in die schematische Erkenntnistheorie des „physikalischen Weltbildes" paßt. Alle Erfahrungen sind meinem Bewußtsein nicht mosaikartig getrennt gegeben, sondern in einem Zusammenhang, der sich schon daraus ergibt, daß ich selbst ein lebendes Wesen bin, das sich zugleich handelnd und wahrnehmend verhalten muß. In diesem Zusammenhang ist mir bereits etwas von dem Sinn des Verhaltens anderer lebender Wesen gegeben, mit denen ich in lebendiger Wechselwirkung stehe. Einen Stein kenne ich freilich nur als Objekt, ein Mensch aber ist mir notwendigerweise „Mitmensch" Seine Äußerungen sind Träger einer Bedeutung, die ich verstehen kann, weil ich selbst ein Mensch bin, und es ist praktische Notwendigkeit und zugleich ethische Forderung, die sich von selbst in mir regt, daß ich sie nicht nur als Objekte nehme, sondern das meine tue, sie zu verstehen. Die biologische Sphäre nun ist von beiden Deutungsweisen durchzogen, ohne auf eine von ihnen ganz verzichten zu dürfen. Eine Amöbe ist mir kaum etwas anderes als ein absonderliches physikalisches Objekt. Ein Reitpferd ist mir in erster Linie Partner im Spiel des Lebens, mit dem der innere Kontakt stärker ist als mit manchen Menschen. Zwischen beiden gibt es alle Übergänge.

Diese „Erfahrung des lebendigen Kontakts" ist für die wissenschaftliche Biologie natürlich ebenso nur Rohmaterial wie die Erfahrung der Objektsphäre für die Physik. Sie ist daher naturgemäß auch den Gefahren der Mißdeutung und Kompetenzüberschreitung ausgesetzt, die stets mit der Theoriebildung verbunden sind — so wenn man z. B. der Natur wegen der unzweifelhaften Analogie in Bau und Verwendung, welche manche ihrer Bildungen mit den Produkten menschlicher Zweckmäßigkeit haben, in einer zu anthropomorphen Weise objektive Zwecke unterschob. Doch darf hier wie stets die Gefahr des Mißbrauchs nicht Anlaß sein, auf eine Quelle von Erfahrung zu verzichten. Sie gibt vielmehr allen denjenigen Begriffen der Biologie, die nicht durch eine der physikalischen analoge Methode gewonnen werden, die Rechtfertigung und die eigentümliche Färbung.

Das dürfte insbesondere auch für den biologischen Begriff der Ganzheit gelten. Jener Begriff der sich immer wieder verwirklichenden eigentümlichen Gestalt des lebenden Wesens — des „Bildes des Seins vor seinem Dasein" — würde nur einen gradweisen Unterschied der lebendigen gegen die physischen Gestalten bedingen und die Grenze zwischen hochdifferenzierter unbelebter Materie und lebenden Wesen kaum schärfer betonen als etwa die zwischen Tier und Pflanze; das hat uns schon der Gebrauch gezeigt, den C a r u s von ihm macht. C a r u s selbst faßt aber die lebendige Gestalt nicht als letzten selbständigen Begriff auf, sondern als Erscheinungsweise der „Seele" des organischen Lebens. Er gibt damit in der Sprache seiner romantischen Naturbetrachtung jene Tatsache wieder, die auch in jeder anderen, dem Leben angemessenen Sprache wenigstens anklingen muß: den Zusammenhang der organischen mit der menschlichen Welt. Mein Ich ist für mich noch in grundsätzlich anderer Weise ein Ganzes als alle Gegenstände der äußeren Erfahrung; und es dürfte schwer sein, anzugeben, was uns das biologische Individuum von einer bloßen physischen Gestalt grundsätzlich unterscheidet, wenn nicht seine Verwandtschaft mit dem menschlichen Subjekt, so weitläufig und partiell sie auch sein mag, und die daraus für uns folgende Möglichkeit, etwas von seinem Verhalten zu „verstehen", sei es im direkten Kontakt, sei es durch Analogieschluß. Als Grenze zwischen Biologie und Physik im heutigen Sinne sollte man daher einfach die Stelle bezeichnen, an der die aus diesem Verständnis hervorgehenden spezifisch biologischen Begriffe nicht mehr zur Deutung unserer Erfahrungen herangezogen werden. Ob es sich dabei um eine Grenze in den Objekten oder in unserer gegenwärtigen Einsicht handelt, darf offen bleiben. Soweit hingegen die Biologie die Lebewesen einfach als äußere Objekte behandelt, so wie die Physik, wird auch ein immer engerer Zusammenschluß mit der Physik ihr Schicksal sein.

5. *Die physikalische Methode.* Wir haben in vielen Einzelfällen die physikalische Denkweise am Werk gesehen und ihre Grenze vielleicht nicht klar bezeichnet, aber spüren gelernt. Wir wollen nun versuchen, die Ursache dieser Begrenztheit genauer anzugeben.

Man hat die Ursache im „quantitativen" Verfahren, in der Vorliebe der Physik für das Zählen und Messen gesehen. Dies ist aber wohl selbst nur ein Sympton und nicht die Ursache. Das Ziel der Physik ist jederzeit, genau festzustellen, was ist. Wo mehrere vergleichbare Dinge vorhanden sind, kann man zählen oder messen. Wo man das kann, muß man also als Wissenschaftler quantitativ verfahren. In einem solchen Fall eine nichtquantitative Feststellung zu machen, bleibt demnach notwendig eine bloße Vorstufe des physikalischen Urteils.

Wir kommen dem wesentlichen Punkt näher, wenn wir auf die methodische Haltung des physikalischen und überhaupt des wissenschaftlichen Denkens achten. Das naive menschliche Denken geht von der Sache aus, das wissenschaftliche von der Methode. Die Methode (μετ-όδος) ist ein Weg. Dieser Weg hat kein anderes Ziel als eben die Sache, die sachliche Wahrheit. Aber ich bin nicht etwa schon von vornherein am Ziel, sondern ich muß den Weg beschreiten, wenn ich ans Ziel kommen will. Im täglichen Leben haben wir freilich eine ungefähre Kenntnis von den Partnern und Gegenständen unseres Handelns, und diese Kenntnis genügt uns, wenn wir uns nur mit einiger Sicherheit in unserer Umwelt bewegen wollen. Die Wissenschaft aber beginnt mit der Entdeckung, daß wir sehr viel weniger wissen als wir wissen möchten oder könnten — teils weil wir vergessen haben, danach zu fragen, teils weil wir uns mit falschen Antworten auf unsere Fragen zufriedengegeben haben. Diesem Übelstand soll nun die wissenschaftliche Methode abhelfen. Worin besteht sie?

Sie besteht zunächst einmal darin, daß man vom unmittelbar Gegebenen ausgeht. Man glaubt nicht, was die Leute so im allgemeinen sagen, sondern nur, was man selber gesehen hat. Man bildet sein Urteil über Dinge, die nicht unmittelbar auf der Hand liegen, nicht wie der handelnde Mensch im Zusammenspiel von Instinkt und Gewohnheit, sondern man sucht sie vermittels sorgfältig gehäufter Beobachtungen aus ihren Wirkungen zu erschließen. Man läßt schließlich als allgemeine Wahrheiten nicht mehr die großen Gleichnisse, wie die Mythen und die Glaubenssätze der Religion gelten, die einem Volk oder einem Zeitalter die Grundlagen seines Lebensgefühls und das höchste Ziel seiner Hoffnung und Sehnsucht verpflichtend zusammenfassen, sondern nur jene Verallgemeinerungen vielfacher Erfahrung, welche in jedem Einzelfall wieder objektiv nachgeprüft, nachgemessen und nachgerechnet werden können: die Naturgesetze.

Indem man sich aber des einzelnen „Gegebenen" methodisch bemächtigt, ist man stets in Gefahr, das nicht methodisch geordnete Wissen des lebendigen Menschen zu verlieren; so wie das Auge, das dem Dunkel angepaßt war und wenigstens die Umrisse der Umgebung erkannte, beim Aufleuchten eines Scheinwerfers zwar die beleuchteten Gegenstände in aller Schärfe sieht, aber nur um den Preis, daß ihm nun alles Umgebende in schwarze Finsternis versinkt. Wollen wir nicht nur im Gleichnis, sondern mit erkenntnistheoretischer Genauigkeit von diesem Vorgang reden, so müssen wir daran erinnern, daß es ein schlechthin „Gegebenes" gar nicht gibt. Welche Erfahrungen mir jeweils gegeben werden, hängt vielmehr von meiner Situation im Leben ab, vor allem von meiner Willenseinstellung und dem Grad meiner Offenheit, der aus ihr folgt. So ist es insbesondere möglich und, wenn ich überhaupt leben will, auch unerläßlich, daß ich in jedem Augenblick instinktiv etwas erfasse von dem Ganzen des Zusammenhangs, in dem ich gerade handelnd oder leidend stehe. Wer mit dem geworfenen Stein ein Ziel treffen kann, weiß in halbbewußter Weise so viel wie er braucht von der Flugbahn seines Steines, obwohl er meist nicht imstande sein wird, die mechanischen Gleichungen der Wurfbewegung zu integrieren. Der Arzt oder Erzieher, der seine Kunst versteht, der gute militärische Führer oder diplomatische Unterhändler — jeder von ihnen weiß aus dem direkten Kontakt mit dem anderen Menschen, aus einem aufgefangenen Blick oder einer Handbewegung, die nur instinktiv richtig gedeutet werden kann, mehr als alle wissenschaftliche Psychologie ihn je lehren wird. Und aus ähnlichen Kräften geht auch die Einordnung des

Menschen in das Ganze des Lebens hervor, die sich in seinem Weltbild äußert. Hier liegt das Problem der Wissenschaft im allgemeinen und der Physik im besonderen. Es ist ihr praktischer Nutzen, daß sie uns mehr und mehr Einzeldinge beherrschen lehrt; der Erfolg ist die Technik. Es ist ihre Gefahr, daß sie uns zu leicht abhält von der menschlichen Anstrengung, die notwendig wäre, um die lebendige Berührung mit dem Ganzen aufrechtzuerhalten; der Erfolg ist der Zerfall des Weltbildes.

Gibt es denn aber keine Erkenntnis, die über dieses Dilemma hinausgehoben ist, die mit der instinktiven Sicherheit die Klarheit des Bewußtseins verbindet? Ob sie möglich ist, wollen wir nicht philosophisch abstrakt erörtern. Besser scheint es, einen lebendigen Menschen anzuschauen, der uns eine Haltung zur Natur verkörpert, die von den Einengungen des physikalischen Weltbildes frei ist. Es hat manche Menschen dieser Art gegeben; den meisten von uns wird unter ihnen Goethe am vertrautesten sein. Was lehrt uns sein Vorbild?

Beginnen wir mit dem Negativen. Goethe hat eine Farbenlehre aufgestellt, deren rein physikalische Thesen falsch sind. Man hat gelegentlich versucht, sie neu zu beleben. Das geschah nicht nur aus Pietät gegen den Dichter, sondern weil der Blick in die Natur, den Goethe uns tun lehrt, immer wieder empfängliche Gemüter ergreift. Wenn man nicht wagen konnte, Newton gegen Goethe Unrecht zu geben, so nahm man etwa an, es gebe zwei gleichberechtigte Betrachtungsweisen, eine nach Newton, eine nach Goethe. Man hat damit der genauen Erkenntnis keinen Dienst getan. Wo Goethe Newton widerspricht, hat Newton recht und Goethe unrecht. Auch die größte Individualität vermochte hier nichts gegen den sicheren Schritt der physikalischen Methode. Aber diese notwendige Kritik soll uns nur dazu helfen, klar zu erkennen, wo wir von Goethe zu lernen haben.

Das physikalische Weltbild hat nicht unrecht mit dem, was es behauptet, sondern mit dem, was es verschweigt. Wir erinnern uns, wie Goethe vor allem tadelt, daß sich Newton, um das Wesen des Lichtes zu untersuchen, zunächst in ein dunkles Zimmer einschließt, dessen Fenster nur einen ganz kleinen offenen Spalt hat, und nun das so mißhandelte Licht untersucht. Und wirklich, wie wenig ist bei diesem Experiment noch übrig von dem lebendigen Licht um uns. Und dieses lebendige Licht ist uns nicht ein Unbekanntes, da wir in uns selbst das Organ tragen, das ihm verwandt ist.

Wär nicht das Auge sonnenhaft,
Die Sonne könnt es nie erblicken.
Läg nicht in uns des Gottes eigne Kraft,
Wie könnt uns Göttliches entzücken!

Freilich ist das keine Anweisung, um ein lehrbares System der Naturwissenschaften aufzurichten. Die Empfänglichkeit für die Dinge, um die es sich hier handelt, besitzt nicht jeder im gleichen Maße. Jeder von uns vermag die einfacheren Handlungen eines hochentwickelten Tieres zu deuten, aber wenige können den Sinn in der Reihe aller Organismen so weit verfolgen, daß sie die Urpflanze oder die Metamorphose vor Augen sehen. Es geht hier nicht um eine Vervollkommnung des Verstandes, sondern des Lebendigen in uns.

So sag ich denn zum letzten Male:
Natur hat weder Kern noch Schale.
Du prüfe dich nur allermeist,
Ob du Kern oder Schale seist.

Es bedarf wohl keiner besonderen Erklärung, daß hier kein Subjektivismus gepredigt werden soll. Die Welt in uns, die uns die Welt außer uns verstehen lehrt, ist für alle, die sie finden, dieselbe; freilich finden nicht alle den Weg zu ihr. Und aus der Objektivität jener Welt schöpft auch das objektive Verfahren der Physik letzten Endes seine Daseinsberechtigung, mehr als aus den äußeren Erfolgen, die nur seine gefährliche Belohnung sind. Es ist zwar plebejisch, sich krampfhaft an das Nachrechenbare zu halten, nur um gewiß zu sein, daß man recht behält; aber das ist auch nicht Objektivität, sondern Schwäche. Wir dürfen hier an ein Grundgesetz der inneren Entwicklung erinnern: daß die Vollendung nur so weit erreicht wird, als ich von meiner Person abzusehen lerne. Das gilt nicht nur in der ethischen Sphäre. Auch ein Kepler oder Newton sucht die Objektivität der Mathematik und des Experiments als greifbare Verkörperung jener überpersönlichen Wahrheit, der gegenüber Ehrfurcht die einzige richtige Haltung ist. Gerade die reine Mathematik, deren geistige Bedeutung bis in die Gesetze der Musik und die religiöse Symbolik hinein wohlbekannt ist, wurde für Kepler zum Bindeglied zwischen dem Göttlichen in uns und außer uns. Wir kennen seine Worte: „Mein Buch mag hundert Jahre seines Lesers harren; hat doch auch Gott sechstausend Jahre auf den gewartet, der sein Werk beschaute."

II. Anschaulichkeit

6. Der Begriff der Anschaulichkeit. Mit einer allgemeinen Belehrung über Wert und Grenzen des physikalischen Weltbildes ist es für uns nicht getan. Wir haben ja soeben gesehen, daß das physikalische Weltbild zwar grundsätzlich keine Realitäten zu leugnen braucht, die in ihm bisher keinen Platz gefunden haben, daß es aber täglich in der Versuchung steht, dies gleichwohl zu tun. Wir wollen lernen, diesen Fehler in jedem Einzelfalle wirklich zu vermeiden, und ihn wiedergutzumachen, soweit wir ihn bisher begangen haben. Wir wollen das nicht nur nebenher, gleichsam in unserem Privatleben tun, sondern eben in unserem Beruf als Physiker.

Wer damit Ernst machen will, erkennt bald seine tiefe Machtlosigkeit. Über wieviel guten Willen schreitet eine historisch notwendige Entwicklung erbarmungslos hinweg! Wer seinen eigenen Weg in sich ebenso notwendig vorgezeichnet weiß, wird sich dadurch nicht irremachen lassen. Aber es ist für ihn eine Pflicht der Klugheit, zu prüfen, wo die Entwicklung selber mit ihm zusammen arbeitet. Wenn die Methode der Physik überhaupt zur Erkenntnis von Wahrheit führt, so muß es solche Punkte in der Entwicklung geben. Eben die Sachlichkeit des Physikers, die ihn zeitweise veranlaßt, den Blick zu verengen, kann ihn wiederum dazu führen, diese Verengung des Blickes zu erkennen.

Wo können wir einen solchen Punkt erwarten? Am ehesten da, wo die Physik selbst den Bereich der Gegenstände verläßt, für welche ihre ursprüngliche Denkweise gemacht war. Eine solche Stelle ist heute die Atomphysik. Ihr Verhältnis zum älteren physikalischen Weltbild wollen wir daher nun untersuchen. Als Ausgangspunkt wählen wir das Problem ihrer vielbesprochenen Unanschaulichkeit.

Unter der Bezeichnung des Strebens nach Anschaulichkeit werden zwei Tendenzen verstanden, die einander in mancher Hinsicht fast entgegengesetzt sind.

Wenn man etwas beschreibt, was man angeschaut hat, so ist das gewiß „anschaulich". Im höchsten Sinne anschaulich ist G o e t h e s Naturwissenschaft. Demgegenüber hat das physikalische Weltbild von jeher eine unanschauliche Tendenz gehabt. Diese beruht unmittelbar auf seinem Streben nach Einheit des Weltbildes. Wir nehmen die Erscheinungen nicht in ihrer bunten Fülle hin, sondern wollen sie erklären, d. h. einen Tatbestand auf den anderen zurückführen. Dabei wird oft Anschaubares durch Nichtanschaubares erklärt, und insofern ist die Atomtheorie, deren Grundbegriff schon etwas sinnlich nicht Wahrnehmbares bezeichnet, bereits im Ansatz unanschaulich.

Mit dem Erfolg des mechanischen Weltbildes setzt sich nun ein neuer Begriff von Anschaulichkeit durch: man sucht sich das Nichtanschaubare nach dem Bilde des Anschaubaren vorzustellen. Zwar kann man die Atome nicht sehen — aber wie würden sie aussehen, wenn man sie doch sehen könnte? Ob diese Frage überhaupt gestellt werden darf, das ist das Problem, welches die moderne Atomphysik aufwirft.

Das physikalische Weltbild des 19. Jahrhunderts bejahte sie. Es nahm unsere Anschauungsformen, wie sie der klassischen Physik entsprechen, für absolut und sah daher einen nicht sinnlich wahrnehmbaren Vorgang erst als verstanden an, wenn er auf ein Modell nach dem Muster des Wahrnehmbaren zurückgeführt war. Man erkennt, wie auch dieser Vorstellung der Gedanke der Einheit des Weltbildes zugrunde liegt. Dieses Weltbild war ein großer Entwurf, und es war selbstverständlich, daß die Physik ihn soweit als möglich verfolgte. Der Fortschritt unserer Kenntnisse aber hat gegen ihn entschieden.

7. *Die Gestalt der modernen Atomphysik.* Es ist schwer, vom Wesen dieser neuen Physik ohne Verwendung abstrakter mathematischer Begriffsbildungen eine Vorstellung zu geben. Das wird erst dann leichter sein, wenn ihre allgemeinen, philosophischen Konsequenzen weiter ins Allgemeinbewußtsein eingedrungen sein werden. Diese Folgerungen selbst sind aber erst zum kleinsten Teil gezogen; sie sind es ja, um die sich auch dieser Aufsatz bemüht. Trotzdem müssen wir versuchen, wenigstens einige Grundzüge nachzuzeichnen.

Was wir von Atomen wissen, wissen wir durch Experimente. Ein Experiment ist eine Handlung, die wir bewußt und willkürlich durchführen; sein Hilfsmittel ist ein von uns selbst hergestellter Apparat, sein Ergebnis eine sinnliche Wahrnehmung. Somit muß der physische Vorgang des Experiments im Raum und in der Zeit unsere Anschauung beschrieben werden können. Ferner muß im Meßapparat das Kausalgesetz gelten; sonst könnten wir gar nicht aus dem Beobachtungsergebnis auf das beobachtete Objekt schließen. Schließlich kann man auf die am Experiment beteiligten Gegenstände in naiv-praktischer Weise die Substanzvorstellung anwenden: sie bleiben mit sich identisch, wie materielle Körper das zu tun pflegen, und auch dies ist entscheidend dafür, daß man überhaupt in vernünftigen Worten sagen kann, was man gemessen hat. So bilden Raum und Zeit der Anschauung und die Kategorien von Substanz und Kausalität den Rahmen des Experiments.

Das Atom selbst aber nehmen wir nicht unmittelbar wahr; es ist uns nicht als Objekt in Raum und Zeit gegeben, sondern als Ziel eines Rückschlusses aus einem Meßresultat. Man kann es auch nicht durch ein Modell nach dem Muster eines raumzeitlichen Objekts beschreiben. Wir charakterisieren es vielmehr durch eine gewisse mathematische Größe, die Schrödingersche „Ψ-Funktion". Sie tritt an die Stelle der mechanischen Bestimmungsstücke, durch die man ein Objekt zu beschreiben pflegt, und aus denen man Voraussagen über den Ausfall künftiger Experimente gewinnt. In welcher Weise kann sie aber das? Da ein Experiment stets eine in Raum und Zeit definierte Größe ermittelt, die Ψ-Funktion aber keine solche ist, wird sie nicht direkt gemessen. Aus ihr gewinnt man vielmehr durch eine mathematische Operation, deren Art sich nach der Art des angestellten Experiments richtet, eine Wahrscheinlichkeitsangabe über den Ausfall des Experiments (also z. B. eine Angabe über den mittleren Wert, den die betreffende Größe bei sehr vielen Messungen annehmen wird).

Könnte man den Ausfall jedes an einem Atom möglichen Experiments (z. B. über seine Lage, seine Geschwindigkeit, seine innere Struktur) mit Gewißheit voraussagen, so könnte man die betreffenden Werte der zu messenden raumzeitlich definierten Größen dem Atom einfach als Eigenschaften zuschreiben und hätte das gesuchte raumzeitliche Modell des Atoms. Darin, daß in den meisten Fällen nur Wahrscheinlichkeitsvoraussagen möglich sind, drückt sich also gerade aus, daß man die gemessenen Größen dem Atom nicht naiv als Eigenschaften zuschreiben darf. Dasselbe zeigt sich darin, daß die gemessenen Größen, als Eigenschaften eines und desselben Objekts gedacht, zum Teil sogar logisch unvereinbar sind. Z. B. benimmt sich dasselbe Atom bei manchen Experimenten wie ein räumlich konzentriertes Teilchen, bei anderen wie eine den ganzen Raum erfüllende Welle. Nun ist es klar, daß das Atom nicht zugleich Teilchen und Welle sein kann. Die logische Paradoxie wird dadurch vermieden, daß man niemals gleichzeitig Experimente machen kann, in denen das Atom in den beiden verschiedenen Weisen reagiert. Habe ich das Atom etwa als Teilchen an einem bestimmten Ort vorgefunden, so werde ich es bei einer sofortigen Wiederholung des Experimentes am selben Ort finden und kann also mit einem gewissen Recht sagen: das Atom ist da und da. In diesem Falle ist die ψ-Funktion des Atoms so beschaffen, daß über andere Größen, etwa seine Geschwindigkeit, oder die Eigenschaften, die es als Welle charakterisieren würden (Wellenlänge, Phase), nur Wahrscheinlichkeitsvoraussagen möglich sind. Kenne ich umgekehrt die Welleneigenschaften, so kann ich über die Teilcheneigenschaften nur mit Wahrscheinlichkeit prophezeien. Also darf ich nicht sagen: „das Atom ist ein Teilchen", oder „es ist eine Welle", sondern „es ist entweder Teilchen oder Welle, und ich entscheide durch meine experimentelle Anordnung, als was es sich manifestiert".

Sollte demnach die Wirklichkeit von unserer Willkür abhängen? Nicht die Wirklichkeit, aber das Bild, unter dem wir sie begreifen. Wir können vom Atom nicht anders etwas erfahren als durch das Experiment; das Experiment ist aber eben eine Vergewaltigung der Natur. Wir zwingen gleichsam das Atom, uns seine Eigenschaften in einer unangemessenen Sprache mitzuteilen. Versuchen wir, die Art der Abweichung vom älteren Bild noch etwas genauer zu bestimmen.

Eigentlich versagt nicht die raumzeitliche Anschauung; denn wir erfahren ja vom Atom gar nichts anderes als raumzeitliche Meßergebnisse. Es versagt auch nicht, wie man wegen des Auftretens von Wahrscheinlichkeitsaussagen gemeint hat, das Kausalgesetz; denn durch jedes Experiment schaffen wir geschlossene Kausalketten. Es versagt aber die Einfügung dieser isolierten Anschauungsfragmente und Kausalketten in ein objektives Modell des Vorgangs; es versagt die „Objektivierbarkeit der Natur". Vielleicht darf man am ehesten von einem Versagen der Substanzkategorie reden; vielleicht sollte man aber lieber von der Notwendigkeit reden, unsere am Denken in Objekten gebildete Logik der neuen Lage anzupassen.

Auch diese Situation ist dem menschlichen Denken nicht völlig neu. Daß der Vorgang beobachtet werden muß, um bekannt zu sein, und gleichwohl durch die Beobachtung in seinem Wesen geändert wird, kennen wir aus den Schwierigkeiten der Selbstbeobachtung, in der das Subjekt des Erkennens zu dessen Objekt wird (B o h r). Vielleicht findet sich in der Philosophie des deutschen Idealismus, der die Begrenzung des Objektivbegriffs durch die Reflexion des Denkens auf sich selbst erkannt hat, etwas von dem notwendigen logischen Rüstzeug für die Bearbeitung dieser Fragen. Dieses „Vielleicht" aber bezieht sich nur auf die philosophische Verarbeitung; daß physikalisch der heutige Zustand der Atomphysik keine andere Deutung als die hier gegebene zuläßt, steht fest.

8. *Folgerungen.* Gegen diese Ergebnisse haben sich, ebenso wie früher gegen die verwandten, aber weniger radikalen Ergebnisse der Relativitätstheorie, viele Physiker instinktiv zur Wehr gesetzt. Es sei als erstes gesagt, daß diese Gegenwehr sehr begreiflich ist. Wer sie zu leicht nimmt, zeigt dadurch nur, daß er vermutlich selbst noch nicht erkannt hat, wie tief der Bruch mit dem bisherigen Programm der Physik ist, der von ihm verlangt wird. Die physikalischen Gründe dafür, daß der Bruch heute als endgültig angesehen werden muß, können hier nicht vorgelegt werden. Was wir aber folgern sollen, wenn wir ihn als unvermeidlich anerkannt haben, das können wir prüfen.

Sollten wir nur mit Widerwillen lernen, daß es falsch war, die Urbestandteile der Materie der Mechanik der Tische, Stühle und Billardkugeln zu unterwerfen? Lag in diesem Programm nicht dieselbe Naivität gegenüber der Wirklichkeit wie in allen voreiligen Verallgemeinerungen des „physikalischen Weltbildes"? Was uns unbefriedigt läßt, ist auch im Grunde nicht, daß die alten Anschauungen versagen, sondern daß an ihre Stelle nichts unmittelbar verständliches Neues tritt. Verzichten wir darauf, ein Lebewesen wie eine Maschine zu erklären, so bleibt uns immer das unmittelbare Partnerverhältnis zu ihm als Entschädigung; das Entsprechende fehlt uns bei den Atomen. So empfinden wir die Aufgabe des eigentlichen Verständnisses der Atome noch als ungelöst. Sie mag es sein; dann liegt der Fehler aber nicht in den Sätzen der Physik, sondern in unserem Verständnis dieser Sätze. Die Sätze sind abstrakt mathematisch gefaßt. Vergleichen wir sie etwa einer Notenschrift. Wer nicht Noten lesen kann, dem ist sie tot; wer sie aber versteht, der hört aus ihr die Melodie und erkennt nun erst die innere Notwendigkeit, die diese Zeichen verband. Nach dieser inneren Notwendigkeit der neuen Physik haben wir zu suchen, aber nicht in der Form eines Anschlusses an überholte Bilder, sondern indem wir ihre Funktion im großen Prozeß unserer Erkenntnis verstehen.

Welches ist diese Funktion der neuen Physik in der Erkenntnisentwicklung? Unsere Betrachtungen, die mit Fragen begonnen haben, münden damit wieder in eine Frage aus. Eine vollgültige Antwort wird weder ein einzelner Mensch noch auch nur eine einzelne Wissenschaft geben können. Die Atomphysik wird sich freilich in den nächsten Jahrzehnten experimentell und theoretisch weiter vervollkommnen und schließlich technische Anwendungen finden; sie wird sich dadurch einen ähnlichen Platz in der Praxis des menschlichen Zusammenlebens erwerben, wie ihn die klassische Physik schon besitzt. Die grundsätzliche Frage aber, die wir stellen, setzt zum wenigsten die Zusammenarbeit von Physik und Philosophie voraus. Sie stellt sich damit hinein in den Zusammenhang der vielen Fragen, die sich heute an den Grenzen der Wissenschaften gegeneinander und aller Wissenschaften gegen das Leben erheben, und die alle zum Thema die organische Einheit des Wissens haben, welche selbst ein Teil der größeren Einheit des Lebens ist. Diese Fragen können nur im tätigen Zusammenwirken mehrerer angegriffen werden, denn die Vereinigung auch nur des wichtigsten Wissens unserer Zeit in einem Kopfe ist unmöglich geworden. Den Ergebnissen dieser Bemühung wollen wir hier nicht mit Vermutungen vorgreifen. Es genügt, wenn etwas von der Haltung deutlich geworden ist, in der einige Vertreter der heutigen Physik bereit sind, in die Zusammenarbeit einzutreten.

Vielleicht darf zusammenfassend soviel gesagt werden:

Ein „Weltbild" ist zerstört, gründlicher, als man hätte erwarten können. Das ist kein Unglück, sondern eine heilsame Lehre. Ein Weltbild ist mehr als eine wissenschaftliche Theorie; es soll, wenigstens symbolisch, das Ganze der Wirklichkeit umfassen. Diese Berücksichtigung des Ganzen ist, von den beweisbaren Einzelerkenntnissen aus gesehen, stets ein Glaube; es ist der Glaube, der die Voraussetzung unseres Lebens ist. Auch das alte physikalische Weltbild versuchte, das Ganze darzustellen, aber mit unzureichenden Mitteln, und darum mußte es scheitern. Die Physik war aber die erste Wissenschaft von der Natur, die ein geschlossenes System besaß, und so spielte sie unabhängig von dem „Weltbild" gleichsam die Rolle eines Mustergutes unter den Wissenschaften. Vielleicht fällt ihr diese Rolle jetzt in einem neuen Sinne zu. Die neue Physik ist das erste geschlossene, mit mathematischer Exaktheit faßbare System einer Naturerkenntnis jenseits der Grenzen des mechanischen Weltbildes. Tun wir das unsere, daß sie sich dieser Rolle als würdig erweist.

Die Atomlehre der modernen Physik

Eine kritische Betrachtung ihrer Grundlagen

Die vorliegende Betrachtung möchte kritisch sein in dem Sinne, den Kant diesem Wort gegeben hat. Sie will also nicht einzelne Behauptungen der modernen Physik kritisieren, sondern prüfen, welche allgemeinen Voraussetzungen ihr zugrunde liegen, wie diese Voraussetzungen sich im Aufbau der Wissenschaft auswirken und welcher Wert ihr daher im Rahmen des menschlichen Erkenntnisstrebens überhaupt zugeschrieben werden darf. Eine vollständige Untersuchung dieser Frage ist, heute wenigstens, undurchführbar. Wir beschränken uns daher hier auf einen der wichtigsten Begriffe der modernen Physik, den des Atoms, und auf diejenigen seiner Anwendungen, die über die reine Physik hinaus von Interesse sind.

1. Die Existenz der Atome. Vor mir liegt ein Stück Kohle. Ich zerschlage es mit einem Hammer. Ich zerkleinere die Stücke. Ich mahle den Grus, der so entsteht, zum feinsten Kohlestaub. Ein Körnchen des Staubs, unter dem Mikroskop betrachtet, ist noch immer ein Stück Kohle, das mit feineren Apparaten gewiß weiter und weiter geteilt werden könnte. Geht es so bis ins Unendliche weiter oder hört einmal die Möglichkeit des Teilens grundsätzlich auf? Gibt es Teile der Materie, welche selbst keine Teile mehr haben?

Diese Frage ist uralt. Leukipp und Demokrit gelten als die Urheber der Lehre von den letzten, teil-losen Teilen der Materie, den A-tomen. Sie schrieben dieser Lehre eine entscheidende Bedeutung für die Erkenntnis der Welt zu und machten damit die Frage nach der unendlichen Teilbarkeit der Materie zu einer Grundfrage der Philosophie. Es ist sehr schwer, aus den erhaltenen literarischen Bruchstücken den genauen Sinn jener ersten Atomlehre zu erschließen. Wenigstens einen Gedankengang, der ihr zugrunde gelegen zu haben scheint, wollen wir aber andeuten, weil er in allen späteren philosophischen Atomlehren wirksam geblieben ist.

Die Philosophen der eleatischen Schule hatten die Wirklichkeit des Werdens und der Veränderung geleugnet. Denn — so lehrten sie — das Sein wäre nicht Sein, wenn es Veränderung enthielte. Werden ist der Übergang vom Nichtsein zum Sein, Vergehen der Übergang vom Sein zum Nichtsein. Das Nichtsein aber ist eben nicht; es gibt kein Nichtsein und somit keine Veränderung. Darum ist das wahre Seiende zu denken als eine unteilbare und unwandelbare Wirklichkeit von der vollkommensten Gestalt — der Gestalt einer Kugel; unsere Welt aber der vielfachen und wandelbaren Gestalten ist nur eine Illusion. Entkleidet man diesen Gedankengang der altertümlichen Ausdrucksweise, die wir als logisch naiv empfinden, so bleibt doch in ihm zum wenigsten das bis heute wirksame Motiv unseres Denkens bestehen, daß das Bleibende hinter der Flucht der Erscheinungen zu suchen und zu fordern sei. Wir glauben zu begreifen, daß eine Substanz bleibt, was sie ist; über der Veränderung liegt stets ein Hauch von Unbegreiflichkeit.

Dieses eleatische Problem sucht die Atomlehre nun zu lösen durch eine geistreiche Umdeutung: Jenes unveränderliche Sein der Eleaten gibt es allerdings, aber nicht nur einmal, sondern in Zehntausenden von Zehntausenden von Exemplaren. Die Atome, unteilbare kleinste Bausteine der Welt, sind das eleatische Seiende. Sie selbst sind unwandelbar, durch die stete Änderung ihrer gegenseitigen Lage aber bringen sie allen Wandel der Erscheinungen hervor. In der Frage, ob die Veränderung, welche die erscheinende Welt uns täglich zeigt, wirklich sei oder eine Illusion, wird beiden Parteien ihr Recht. Denn einerseits ist die Veränderung nicht ein Trug der Sinne, sondern besteht in der wirklichen Bewegung der Atome. Andererseits aber ist sie kein Wandel der Substanzen, denn die Atome ändern sich selbst nicht, und nur uns erscheinen ihre Bewegungen wie die Entstehung, Verwandlung und Vernichtung von Gegenständen. Modern gesagt: nicht die Substanz Wasser vergeht beim Kochen, indes die Substanz Dampf entsteht, sondern die Substanz H_2O verändert die Anordnung und den Bewegungszustand ihrer Atome.

Diese Lehre mußte immer wieder Anklang finden, weil sie aus verführerisch einfachen Voraussetzungen die Fülle der Erscheinungen zu erklären verspricht. So hatte sie zum Beispiel einen starken Anteil an der Entstehung der Unterscheidung zwischen „primären" und „sekundären" Eigenschaften der Dinge. Wärme, Farbe, Geschmack und Geruch sind gar keine „wirklichen Eigenschaften" der Dinge, sondern sie sind nur die Art, wie die

Lage und Bewegung gewisser Atome dem Menschen ins Bewußtsein tritt; wirklich ist allein die Raumerfüllung und Ortsveränderung der Atome. Wie einheitlich ist dieses Weltbild — und wie arm!

Hier haben wir die Kehrseite der verlockenden Einfachheit. Zu allen Zeiten hat man gegen die Atomlehre den Vorwurf erhoben, der sich für uns Heutige im Begriff des Materialismus verdichtet. Ist Raumerfüllung wirklich das letzte Wesen der Materie? Ist Materie eine selbständige Realität, und wie steht sie zu den anderen Wirklichkeiten, die wir kennen: Leben, Seele, Geist? Die Antwort der reinen Atomlehre auf diese Fragen empfand man als ungenügend. Gedankliche Schwierigkeiten, die man in den Begriffen des Atoms und des leeren Raumes fand, kamen hinzu.

Wir wollen hier den zweitausendjährigen Streit der Philosophen über unsere Frage, so lehrreich er ist, nicht verfolgen. Solange dem philosophischen Denken keine Erfahrung zur Seite steht, vermag es zwar die Frage von allen Seiten zu beleuchten und das Bewußtsein für ihre Tiefe zu schärfen, es vermag aber nicht sie zu lösen. Es war der Wendepunkt in der Geschichte der Atomvorstellung, als die Naturwissenschaft ihr eine konkrete Gestalt geben mußte, um spezielle Erfahrungen mit ihrer Hilfe zu erklären. Mochte diese Gestalt philosophisch noch so naiv sein, es war mit ihr der Anschluß an die beobachtete, erlebte Wirklichkeit gefunden, und sorgfältiges Sammeln und Deuten immer neuer Erfahrungen führte schließlich zur Korrektur der ursprünglichen voreiligen Vereinfachungen. Diesen Weg wollen wir nun verfolgen.

Den Anfang der modernen naturwissenschaftlichen Atomlehre machte die Chemie. Man wollte erklären, daß zwei chemische Elemente sich stets in konstanten Gewichtsverhältnissen miteinander verbinden. Zu diesem Zweck nahm man an, jedes Element bestehe aus lauter gleichbeschaffenen und somit auch gleichschweren Atomen, und das „Molekül" der Verbindung enthalte stets dieselbe Anzahl von Atomen von jedem ihrer Elemente. Selten hat ein so einfacher wissenschaftlicher Gedanke so umfassende Wirkungen ausgeübt. Valenzbegriff und Strukturformeln und schließlich die räumlichen Molekülmodelle der Stereochemie ordneten den unermeßlichen Erfahrungsbereich der Chemie und erklärten zahllose Einzelheiten. Diese Erfolge brauchen hier nicht ausführlich geschildert zu werden.

Das erste Übergreifen dieser Gedanken auf die Physik geschah in der Wärmelehre. Nachdem der Satz von der Erhaltung der Energie die Wärme als eine Energieform anzusehen gelehrt hatte, lag es nahe, sich diese

Energieform nunmehr anschaulich vorzustellen durch die Annahme: Wärme ist Bewegung der Atome. Die kinetische Ableitung der Gasgesetze und die statistische Erklärung des zweiten Hauptsatzes der Thermodynamik waren die wichtigsten Erfolge dieser Annahme. Um die Wende vom 19. zum 20. Jahrhundert besaßen Chemie und Physik schon ein reiches Wissen über die Atome. Aber man wußte all dies nur so, wie ein guter Kriminalist nach Indizien seinen Fall rekonstruieren kann, noch ehe der Täter gefaßt ist. Man glaubte im allgemeinen an die Atome und wußte: wenn sie existieren, dann müssen sie die und die Eigenschaften haben. Zweierlei aber wußte man nicht: Sind die Atome letzten Endes nur eine zweckmäßige Arbeitshypothese oder existieren sie wirklich? und: Sind diese sogenannten Atome der Naturwissenschaft, wenn sie existieren, auch Atome im Sinne der Philosophie, das heißt letzte unteilbare Einheiten?

Beide Fragen werden nahezu gleichzeitig beantwortet aber in entgegengesetztem Sinne. Wir wissen heute: die Atome der Chemie existieren, aber sie sind teilbar. Dieser Gegensatz zwischen erfüllten und enttäuschten Erwartungen geht noch tiefer. Einerseits hat die innere Geschlossenheit der modernen Atomphysik und die wachsende Fülle ihrer Anwendungen uns ein vollkommeneres Bild von der Einheit der Natur gegeben, als man noch vor wenigen Jahrzehnten erhoffen konnte. Andererseits unterscheidet sich die Wurzel dieser Einheit, die Mechanik der Atome, in überraschender und auf den ersten Blick befremdender Weise von dem Bild, das sich sowohl die philosophische wie die naturwissenschaftliche Atomhypothese von dem Verhalten der letzten Einheiten der Materie gemacht hatte. Wir schildern diese neue Atomphysik zunächst, um ihre Grundlagen dann kritisch zu prüfen.

2. *Der Bau der Atome.* Der überzeugendste Beweis für die Existenz der Atome ist es heute, daß man die Bahnspur, die ein rasch fliegendes Atom in einem Gas hinterläßt, in der Nebelkammer dem Auge sichtbar machen und photographieren kann. Dabei fliegen aber im allgemeinen schon keine kompletten chemischen Atome mehr, sondern Bruchstücke von Atomen. Man kann heute also schon kaum mehr von den Beweisen für die Existenz der Atome reden, ohne gleichzeitig auf ihren inneren Bau einzugehen.

Ehe wir uns darauf einlassen, stellen wir rückblickend die Frage: Mit welchem Grad von Recht nennt man die teilbaren Materieklümpchen, die man nun endeckt hat, weiterhin Atome? Das Recht stammt aus der

Chemie. Die „Atome“ der modernen Physik haben alle die Eigenschaften, welche die Chemiker ihren Atomen zugeschrieben haben. Alle Atome eines Elements sind gleich (bis auf die durch die Entdeckung der Isotopie bedingte Einteilung jedes Elements in eine kleine Anzahl verschiedener Sorten), und eine Verbindung entsteht durch die Zusammenlagerung von Atomen zu Molekülen. Daher bleiben die chemischen Eigenschaften der Materie erhalten bei mechanischer Unterteilung bis zu den Atomen herab, aber nicht darüber hinaus. Jeder Teil eines Stückes Kohle, bis zum einzelnen Kohlenstoffatom, ist wieder ein Stück Kohle; die Teile eines Kohlenstoffatoms aber sind nicht mehr Kohle, sondern sie sind gewisse „Elementarteilchen“, aus denen ebenso alle anderen Atome zusammengesetzt sind. Im übrigen ist auch der innere Zusammenhalt eines Atoms fester und von anderen Gesetzen beherrscht als der von Atomen untereinander.

Wir unterteilen nun die Frage nach dem inneren Bau des Atoms in drei Unterfragen. Wir fragen nach den Bausteinen des Atoms, nach den Gesetzen ihres Zusammenwirkens und nach der Anwendung der gewonnenen Erkenntnisse in Wissenschaft und Praxis. —

Zunächst die Bausteine. Jedes Atom besteht aus einem sehr kleinen, massigen Kern (Durchmesser etwa 10^{-12} cm) und einer ausgedehnten Hülle (Durchmesser etwa 10^{-8} cm). Die Hülle ist nicht kompakt, sondern stellt lediglich den Aufenthaltsraum der ebenfalls sehr kleinen Elektronen dar, deren Anzahl gleich der Ordnungszahl des Elements im periodischen System ist. Die Existenz des Elektrons als „Atom der Elektrizität“ wurde zuerst auf Grund des Gesetzes der Elektrolyse postuliert; in Reinkultur, frei von Atomkernen, beobachten wir es als Kathodenstrahl. Die Kleinheit des massiven, schwerdurchdringlichen Kerns folgt aus der hohen Durchlässigkeit des Atoms für schnellbewegte Elektronen oder Kernbruchstücke. Der Kern ist positiv elektrisch geladen, das (normale) Elektron negativ; ihre gegenseitige Anziehung bindet die Hülle an den Kern. Der Kern ist wiederum zusammengesetzt. Seine Bausteine sind zwei etwa gleich schwere Teilchen: das positiv elektrisch geladene Proton und das ungeladene Neutron. Beide sind bekannt als Trümmer, welche aus Kernen durch Beschießung mit anderen, sehr schnell bewegten Kernen herausgeschlagen werden können, das Proton außerdem als Kern des leichtesten Elements, des Wasserstoffs.

Außer dem Proton, dem Neutron und dem Elektron kennt die Physik heute noch einige weitere „Elementarteilchen“, die aber nicht in Atomen als permanente Bausteine vorkommen: das „Positron", ein positiv geladenes Elektron; das „Meson", ein unlängst in der Höhenstrahlung entdecktes Teilchen, dessen Masse zwischen der des Protons und der des Elektrons liegt; das bisher nur theoretisch postulierte „Neutrino", ein ungeladenes, sehr leichtes Teilchen. In gewissem Sinne ist auch die Zusammenfassung der Lichtenergie im „Lichtquant" hierherzuzählen.

Sind diese Teilchen nun noch weiter teilbar? Die Erfahrung liefert uns darauf bisher keine Hinweise. Sie zeigt dafür eine andere Eigenschaft der Elementarteilchen: sie können sich ineinander verwandeln. So entsteht aus einem Lichtquant unter Umständen ein Elektron und ein Positron und umgekehrt aus Elektron und Positron ein oder zwei Lichtquanten; aus einem Neutron entsteht ein Proton und ein Elektron, aus einem Proton ein Neutron und ein Positron, aus einem Meson ein Elektron; in den drei letztgenannten Fällen entsteht wahrscheinlich zugleich ein Neutrino. Es ist die hervorragendste Aufgabe der heutigen Atomphysik, die einheitliche Realität aufzuspüren, die hinter diesen verschiedenen Erscheinungsformen der Materie steckt. Die Betrachtungen des dritten Abschnitts dieses Aufsatzes werden vielleicht die Gründe begreiflich machen. welche einige Physiker zu der Vermutung bringen, daß die Wurzel dieser Einheit nicht mehr in einer weiteren räumlichen Teilbarkeit der Teilchen zu finden sei. —

Nun die Gesetze, nach denen die Atombausteine zusammen wirken. Zunächst ist negativ zu sagen: es sind nicht die Gesetze der klassischen Mechanik. Man kann die Elementarteilchen nicht als Massenpunkte oder kleine ausgedehnte Körper ansehen, die sich nach der Newtonschen Kinematik und Dynamik bewegen. Das läßt sich besonders einleuchtend begründen an dem bekannten Vergleich des Atoms mit einem Planetensystem. Die Analogie ist deutlich: Wie Kern und Elektronen klein sind gegen die Ausdehnung des Atoms, so sind Sonne und Planeten klein gegen die Ausdehnung des Planetensystems; der Raum wird nicht dauernd erfüllt, sondern nur in ständiger Bewegung immer wieder durchmessen. Das Newtonsche Kraftgesetz, das die Planeten um die Sonne kreisen läßt, lautet sogar mathematisch ebenso wie das Coloumbsche Kraftgesetz, das die Elektronen an den Kern bindet. Trotzdem kann die Analogie gerade die grundlegende Behauptung der chemischen Atomlehre nicht erklären, daß nämlich alle Atome desselben Elements gleich sind: gleich groß, gleich in ihrer Reaktion auf umgebende Atome; die Spektralanalyse fügt auf Grund der Existenz scharfer Spektrallinien hinzu: nur zu inneren

Schwingungen exakt gleicher Frequenz anregbar. Nun kennen wir zwar nur ein Planetensystem und können daher nicht aus Erfahrung sagen, ob sie alle gleich sind; aber sicher ist, daß in der klassischen Mechanik kein Gesetz existiert, das verbietet, daß sie verschieden wären. Käme zum Beispiel ein anderer Stern der Sonne vorübergehend sehr nahe, so würden durch seine Gravitationswirkung alle Planeten aus ihrer Bahn abgelenkt, und nach dem Vorübergang bliebe ein völlig verändertes System von Bahnen zurück. Die Atome nun stehen dauernd unter solchen Einflüssen von Nachbarn. Darüber hinaus tragen sie in sich selbst eine Ursache ständiger Veränderung: Die bewegten Ladungen der kreisenden Elektronen müßten nach der klassischen Elektrodynamik unausgesetzt Licht ausstrahlen. Durch den damit verbundenen Energieverlust müßten die Elektronenbahnen ständig schrumpfen und die Elektronen schließlich in den Kern fallen.

In Wirklichkeit zeigt die Erfahrung, daß alle Atome einen Normalzustand haben, in dem sie überhaupt nicht strahlen und stets einen und denselben Durchmesser behalten. Führt man dem Atom einen bestimmten, endlichen Energiebetrag zu, so geht es in einen nächsthöheren Zustand über, aus dem es unter Lichtausstrahlung, bei der das ganze zugeführte Energiequantum auf einmal wieder abgegeben wird, in den Grundzustand zurückkehren kann. Kleinere Energiebeträge kann das Atom im Grundzustand überhaupt nicht aufnehmen. Dagegen schließt sich an den nächsthöheren Zustand eine Reihe noch höherer Zustände an. Der Begriff des „stationären Zustands", zu dem man so geführt wird, läßt sich aus der klassischen Physik nicht mehr ableiten; er ist ein Grundbegriff der spezifischen Atommechanik: der Quantentheorie.

Die Quantenmechanik ist heute ein ebenso in sich geschlossenes System von Gesetzen wie die klassische Mechanik. Sie steht zur klassischen Mechanik nicht eigentlich im Gegensatz. Sie ist vielmehr umfassender und enthält die klassische Mechanik als einen Grenzfall in sich, welcher gültig wird für das Zusammenwirken einer sehr großen Anzahl von Atomen. Die Struktur der Quantenmechanik können wir hier nur andeuten.

Es ist eine der wichtigsten Erfahrungen der Atomphysik, daß alle physikalischen Gebilde, die oben als „Teilchen" bezeichnet wurden, unter gewissen experimentellen Bedingungen auch als Wellen in Erscheinung treten können. Zwischen der Behauptung: „das Elektron ist ein Teilchen" und: „das Elektron ist eine Welle" besteht nun ein kontradiktorischer Gegensatz. Denn ein Teilchen ist seiner Definition nach dann, wenn es an einem bestimmten Ort ist, nicht gleichzeitig an einem anderen Ort, ein Wellenvorgang hingegen findet, ebenfalls seiner Definition nach, gleichzeitig in einem ausgedehnten Raumgebiet statt. Dieser Gegensatz wird aufgelöst durch die Behauptung: Ein atomares „Teilchen" ist eine physische Realität, die jenseits der Grenzen unmittelbarer Wahrnehmung liegt, und die wir in unseren räumlichen und zeitlichen Begriffen überhaupt nicht mehr anschaulich beschreiben können. Es ist daher strenggenommen weder ein Teilchen noch eine Welle. Um aber von ihm überhaupt eine Kenntnis zu erhalten, müssen wir es mit irgendeinem Meßapparat in Verbindung bringen; im einfachsten Fall etwa mit einem Mikroskop oder einem Beugungsgitter. Die Reaktion des Meßapparates auf das atomare Gebilde interpretieren wir nun notgedrungen in unseren anschaulichen Begriffen: „da und da wurde ein Teilchen gesehen" oder: „eine Welle von der und der Wellenlänge wurde abgebeugt". Die Begriffe „Teilchen" und „Welle" oder genauer „räumlich diskontinuierlicher" und „räumlich kontinuierlicher Vorgang" treten also nur auf als durch unsere Anschauungsformen geforderte Deutungen eines nicht mehr unmittelbar anschaubaren Geschehens.

Man kann in der Form der sogenannten Unbestimmtheitsrelationen die Grenzen angeben, bis zu denen jedes der beiden Bilder physikalisch sinnvoll bleibt. Sie lassen sich aus der Forderung ableiten, daß zwischen den aus beiden Bildern gezogenen Konsequenzen noch keine Widersprüche auftreten dürfen. Hat man zum Beispiel den Ort, an dem sich ein Teilchen befindet, sehr genau festgestellt, so muß man im Wellenbild sagen: es existiert hier ein auf einen sehr kleinen Raum zusammengedrängtes „Wellenpaket". Ein solches Wellenpaket ist nun aber nicht stabil, sondern läuft sofort auseinander. Das bedeutet nun wiederum im Teilchenbild, daß man keine bestimmte Geschwindigkeit und Richtung angeben kann, in der das Teilchen weiterläuft; die Anwendung des Begriffs der Geschwindigkeit eines Teilchens wird hier in gewissem Umfang unbestimmt, und zwar um so mehr, je genauer der Ort des Teilchens bekannt war. Man könnte dagegen einwenden: man kann doch ein Teilchen bekannter Geschwindigkeit vorgeben und während seines Fluges seinen Ort messen; dann kennt man Ort und Geschwindigkeit genau. Hierzu muß man aber das Teilchen in Wechselwirkung bringen mit irgendeinem anderen Gebilde, zum Beispiel einem Lichtquant, das nun als „Meßgerät" dient. Durch diese Wechselwirkung wird das beobachtete Teilchen notwendigerweise um einen gewissen Betrag aus seiner Bahn abgelenkt, und zwar zeigt sich, daß dieser Betrag um so größer werden kann, je genauer die Ortsmessung sein soll. Das wäre noch nicht schlimm, wenn man den Betrag der Ablenkung genau wüßte; man könnte ihn dann nachträglich rechnerisch als Korrektur an der ursprünglich angenommenen Geschwindigkeit anbringen. Um diesen Betrag zu bestimmen, müßte man aber zunächst einmal Ort und Geschwindigkeit (genauer: Impuls) des Lichtquants genau kennen. Nun gilt aber auch für das Lichtquant die Unbestimmtheitsrelation. Man tritt also in die Messung von vornherein mit einer Unbestimmtheit gewisser im Teilchenbild definierter Größen ein, welche sich nachträglich nicht mehr zum Verschwinden bringen läßt. Um die Schranken der Unbestimmtheitsrelation durch eine Messung zu überschreiten, müßte man daher ein Meßgerät haben, das selbst nicht der Unbestimmtheitsrelation unterworfen wäre, und das hieße wohl zum wenigsten, das nicht aus der uns bekannten Materie bestünde.

Die Grenze der anschaulichen Darstellung ist aber noch keine Grenze der wissenschaftlichen Erkenntnis überhaupt. Wir können prüfbare Voraussagen machen über den Ausfall aller Experimente, die sich mit atomaren Gebilden anstellen lassen. Zu diesem Zweck ordnen wir ihnen symbolisch eine mathematische Funktion (die „Ψ-Funktion") zu, aus der durch gewisse Operationen die Wahrscheinlichkeit für den Ausfall bestimmter Experimente gewonnen werden kann. Man erhält also Aussagen der Form: „Mit der und der Wahrscheinlichkeit wird man ein Elektron an diesem Ort vorfinden." Daß man hierbei im allgemeinen nicht mit Sicherheit, sondern nur mit Wahrscheinlichkeit prophezeien kann, ist nur ein anderer Ausdruck der Tatsache, daß wir die atomaren Gebilde nicht in einem der beiden Bilder vollständig beschreiben können. Wenn ich zum Beispiel jederzeit mit Gewißheit prophezeien könnte, an welchem Ort ich ein bestimmtes Elektron vorfinden werde, so würde mich ja nichts hindern zu sagen: das Elektron ist ein Teilchen, das sich in Wirklichkeit an diesem Ort befindet. Tatsächlich kann ich aber zwar den Ort in einem Augenblick durch eine Messung genau bestimmen, muß aber nach der Unbestimmtheitsrelation auf eine gleichzeitige genaue Angabe einer Geschwindigkeit verzichten, und weiß daher nicht, wohin das „Teilchen" im nächsten Augenblick gelaufen sein wird; ich kann also den Ort kurz nach der Messung wiederum nur mit Wahrscheinlichkeit prophezeien.

Man hat diesen Sachverhalt als ein Versagen des Kausalgesetezes bezeichnet. Besser hätte man wohl von einem Versagen des Determinismus der klassischen Physik gesprochen. Dieses folgt wiederum aus dem Versagen der „dinglichen Objektivierbarkeit“ des Naturgeschehens. Damit ist folgendes gemeint: Wir können zwar jede einzelne in den Begriffen der anschaulichen Welt formulierte Frage experimentell beantworten (Messung eines Ortes, einer Geschwindigkeit, einer Wellenlänge), wir können auch einzelne Ketten kausal verknüpfter Ereignisse nachweisen, wir können diese Einzelausschnitte aber nicht mehr zu dem Gewebe anschaulicher und kausaler Verknüpfungen zusammenfügen, das erst die aus unveränderlichen „Dingen“ bestehende objektive Natur des bisherigen naturwissenschaftlichen Weltbildes ausmacht. Jede Aussage über das Atom hat nur einen klaren Sinn in bezug auf die Messung, durch die sie gewonnen wurde. Wir können wählen, welchen Ausschnitt der Wirklichkeit wir jeweils anschaulich erfassen wollen; das Ganze aber entzieht sich dem Zugriff des messenden Menschen. —

Wir verlassen hier die grundsätzliche Erörterung und wenden uns für einen Augenblick den Anwendungen der gewonnenen Erkenntnisse zu. Nur wer die Anwendungen aus der täglichen Praxis der Wissenschaft kennt, pflegt ein sicheres Gefühl für die Unausweichlichkeit des eingeschlagenen Weges zu haben.

Die Anwendungen liegen teils in der Physik, teils in den Nachbarwissenschaften und haben sich schon ihren Weg ins praktische Leben gebahnt. In der Physik ist das klassische Anwendungsgebiet die Spektroskopie. Die Spektrallinien geben unmittelbare Kunde von den inneren Bewegungen des Atoms, und die beiden wichtigsten Entwicklungsstufen der Atommechanik fanden ihre erste Bestätigung durch die quantitative Berechnung der Spektren der beiden einfachsten Atome: Wasserstoff und Helium. Von anderen Anwendungsgebieten seien nur genannt die Erklärung der metallischen Leitfähigkeit, des Ferromagnetismus, der spezifischen Wärmen, und die Neuschaffung ganzer Wissenschaftszweige, wie sie die Elementumwandlungen der „modernen Alchemie“, der Kernphysik, und die Erforschung der kosmischen Strahlung darstellen. In diesen neuen Disziplinen wird übrigens besonders deutlich, wie experimentelle und theoretische Forschung Hand in Hand arbeiten. So bot erst die experimentelle Entdeckung des Neutrons die Grundlage für die heutige Theorie vom Bau des Atomkerns, und andererseits waren zum Beispiel die beiden anderen neuen Elementarteilchen Positron und Meson schon vor ihrer experimentellen Entdeckung von der Theorie postuliert.

Die Vielzahl möglicher Anwendungen auch in den Nachbarwissenschaften ergibt sich von selbst aus der Tatsache, daß alle Gegenstände, für welche sich die Naturwissenschaft interessiert, aus Atomen aufgebaut sind. So haben der Valenzbegriff und die Grundtatsachen der chemischen Bindung eine atomphysikalische Erklärung gefunden, und in der Untersuchung von Reaktionsabläufen und ähnlichen Fragen der physikalischen Chemie haben die atomphysikalischen Begriffe grundsätzliche Bedeutung erlangt. Die Entdeckung, daß so wichtige biologische Vorgänge wie Genmutationen durch die Absorption eines einzelnen Energiequants ausgelöst werden können, eröffnet den Ausblick auf ein Anwendungsfeld von noch nicht abschätzbarer Weite. Von ähnlicher Bedeutung sind die Anwendungen in der Astronomie (Astrophysik). Die Kenntnis der Gesetze der Atomhülle erlaubt unter anderem, aus Spektraluntersuchungen den wichtigen Schluß zu ziehen, daß die chemischen Elemente sowohl auf den Sternen wie in der diffusen interstellaren Materie nicht nur dieselben sind wie auf der Erde, sondern auch im großen und ganzen im selben Mischungsverhältnis vorkommen wie bei uns; und die ausgearbeitete Theorie des Atomkerns gestattete es neuerdings, auf Elementumwandlungen im tiefsten Inneren der Sterne als Quellen ihrer ständig ausgestrahlten Energie zu schließen und damit dem Problem der Sternentwicklung und der Entstehung der chemischen Elemente näherzukommen.

In den letzten Jahren ist die Atomphysik zu einem Ruhm im breiten Publikum gelangt, den sich ihre Vertreter noch vor kurzem nicht hätten träumen lassen, und den sie sich schwerlich gewünscht haben. Die Ursache dafür ist die praktische Anwendung der Forschungen, die bis dahin am Schreibtisch und im Laboratorium vor sich gingen, in der technischen Ausnützung der Energie der Atomkerne. Auf die Fragen, die damit zusammenhängen, möchte ich hier nicht eingehen. Lieber möchte ich noch ein anderes Beispiel der praktischen Anwendung der Atomphysik erwähnen: die Verwendung radioaktiver Stoffe als Indikatoren in der Chemie und Physiologie. Man kann heute fast alle Elemente in radioaktiver Form darstellen und besitzt damit ein wichtiges Werkzeug für Stoffwechseluntersuchungen und auch für die Therapie.

3. *Kritik des Atombegriffs.* Ohne Zweifel gibt die Atomphysik der Naturwissenschaft ein höheres Maß innerer Einheit, als sie je besessen hat. Aber ist die Einheit nicht mit dem Preis der Unanschaulichkeit zu teuer erkauft? Es war das Programm der Atomlehre, die unbegreifliche Vielheit

der Erscheinungen auf eine begreifliche Einheit zurückzuführen. Ist die Einheit, die wir gewonnen haben, noch begreiflich, wenn der Weg zu ihr durch den Dualismus zweier „Bilder“ führt und bei einer abstrakten mathematischen Funktion endet? Freilich richtet sich die Wahrheit nicht nach unseren Wünschen, sondern wir müssen unsere Wünsche nach der erkannten Wahrheit richten. Aber ist die Atomphysik eine endgültige Wahrheit? An ihrem außerordentlichen Erfolg ist nicht zu zweifeln, aber ist nicht auch sie nur eine Zwischenstufe, die einmal überwunden sein wird, und bleibt uns nicht die Hoffnung, daß eine spätere Stufe zur Einheit auch die erwünschte Anschaulichkeit wieder hinzufügen wird?

Der Rest des vorliegenden Aufsatzes kann als ein Versuch gelten, etwas zur Beantwortung dieser Frage beizutragen. Wir vergleichen das Programm der Atomlehre mit der Erfüllung, die es bis heute gefunden hat, und zwar zunächst in Hinblick auf den Atombegriff selbst und dann unter dem allgemeineren Gesichtspunkt der Anschaulichkeit des Weltbildes. Wir werden dabei einen Zusammenhang finden zwischen den Einwänden, welche einsichtige Kritiker des Programms — wir nennen vor allem Kant und Goethe — schon seit langem erhoben haben, und den Schwierigkeiten der Gegenwart. Zwar läßt sich auch auf solche Betrachtungen keine Prophezeiung von absoluter Gewißheit über die weitere Entwicklung unserer Erkenntnis aufbauen. Aber sie können uns doch lehren, was vernünftigerweise zu erhoffen ist, und auch, auf welche Seite in dem großen, unablässigen Kampf der Geister wir uns stellen, wenn wir uns für diese oder für jene Hoffnung entscheiden. —

Seit langem haben Philosophen den Begriff des räumlich ausgedehnten Atoms kritisiert, so zum Beispiel Leibniz im Briefwechsel mit Huygens, und Kant in der Antithesis der zweiten Antinomie in der Kritik der reinen Vernunft. Kants Gedankengang läßt sich in modernerer Sprache so zusammenfassen: Da es kein kleinstes Raumgebiet gibt, lassen sich Teile des von einem Atom erfüllten Raumes denken. Also lassen sich auch Teile des Atoms denken, welche diese Teile des Raumes ausfüllen. Somit ist es widersinnig, zu sagen, das Atom habe keine Teile. Kurz: Atombegriff und Raumanschauung, beide in voller Strenge genommen, sind unvereinbar.

Man kann darauf erwidern, daß wir die Teile des Atoms, weil wir sie denken können, doch noch nicht wirklich voneinander trennen können. Kant will aber auch mit seinem Gedankengang nicht beweisen, daß alle Substanz bis ins Unendliche teilbar sei. Er sucht vielmehr in der zweiten

Antinomie sowohl die These der Existenz kleinster Teile wie die Gegenthese der unendlichen Teilbarkeit ad absurdum zu führen und so die Vernunft in ihre Schranken zu weisen, welche sie mit diesen beiden, über die Grenzen jeder möglichen Erfahrung hinausgehenden Behauptungen überschritten habe. Hingegen läßt er anstatt jenes absoluten für einen relativen, empirischen Atomismus Raum, den man angewandt auf die spätere Atomtheorie der Chemie etwa so formulieren könnte: Die Teile des Atoms sind denkbar, und es ist deshalb eine empirische Frage, ob wir sie trennen können; können wir es heute nicht, so werden wir es vielleicht doch später können. Solange wir die Atome aber nicht teilen können, steht dem nichts im Wege, daß wir sie in der Wissenschaft so behandeln, als ob sie unteilbar wären (ihre mögliche Teilbarkeit nicht leugnen, aber ignorieren).

Wieweit hält sich dieser Gedankengang, der die Atomhypothese gar nicht auf ihre Wahrheit, sondern auf ihre Zweckmäßigkeit hin beurteilt, gegenüber den ursprünglichen, metaphysischen Erklärungsabsichten der antiken Atomisten (und der modernen Materialisten) zurück! Um so besser entspricht er, im ganzen gesehen, der Entwicklung und dem Geist der modernen naturwissenschaftlichen Atomlehre. Er erschöpft aber die Ergebnisse der neuesten Atomphysik nicht. Diese deutet nämlich den Atombegriff in einer etwas absoluteren Weise und muß daher die Erkenntnis von der Unvereinbarkeit von Atombegriff und Raumanschauung teilweise in umgekehrter Richtung als Kant zur Kritik der Raumanschauung verwenden.

Die Physik hat sich schon in der kinetischen Wärmetheorie genötigt gesehen, in einem sehr strengen Sinne die Unteilbarkeit der Atome zu behaupten. Man faßt dort die Wärme als ungeordnete Bewegung der Atome auf und erklärt zum Beispiel die allgemeine Tendenz zum Temperaturausgleich in der Natur damit, daß sich mit der Zeit stets der statistisch wahrscheinlichste Zustand einstellt, nämlich derjenige, in dem alle Atome (genauer: alle Freiheitsgrade) im Mittel dieselbe kinetische Energie besitzen. Nun erhebt sich die Frage, ob sich nicht auch die Teile des Atoms gegeneinander bewegen können, ob das Atom zum Beispiel zu inneren Schwingungen fähig ist. Nimmt man etwa an, das Atom sei nur deshalb nicht teilbar, weil seine Teile durch sehr starke Kräfte aneinander gebunden seien, so müßten innere Schwingungen jedenfalls möglich sein. Dadurch würde aber zu den äußeren Freiheitsgraden des Atoms eine unkontrollierbare Anzahl innerer Freiheitsgrade hinzugefügt und damit der kinetischen Deutung der einfachsten Erfahrungen der Boden entzogen.

Betrachtet man das Atom in Strenge als ausgedehnte, kontinuierlich im Raum verteilte Materie, so ist die Zahl der inneren Freiheitsgrade sogar unendlich, und es kann sich überhaupt nie ein Wärmegleichgewicht einstellen; die Atome einer wahren Substanz müssen allmählich selbst „warm werden“, und schließlich verschwindet die gesamte Wärmeenergie in die unendlich vielen Schwingungen von sehr kleiner Wellenlänge (dies ist genau dieselbe Paradoxie, die in der Strahlungstheorie als „Ultraviolettkatastrophe“ bekannt ist und zur ersten Aufstellung der Quantentheorie führte). Man konnte versuchen, die Schwierigkeit durch künstliche Auswege, wie etwa die Annahme unendlich großer Kräfte im Atom, zu umgehen. Besonders deutlich trat sie aber ins Bewußtsein der Physiker, als aus der beobachteten spezifischen Wärme einatomiger Gase folgte, daß die Atome normalerweise selbst zu der einfachsten Relativbewegung ihrer Teile, der bloßen Rotation (oder mindestens zum Austausch von Rotationsenergie) unfähig sind.

Es sind gerade die unanschaulichen Züge der Quantentheorie, welche diese Schwierigkeit aus der Welt geschafft haben. Betrachten wir etwa das Wasserstoffatom im Grundzustand. Ebenso wie es unfähig ist, Energie abzugeben, so ist es auch unfähig, Energie aufzunehmen, ausgenommen ein Energiequantum, das ausreicht, es in einen der höheren Zustände zu bringen. So große Energiemengen kommen aber in der normalen Wärmebewegung fast nie vor und spielen daher für die Einstellung des Gleichgewichts keine Rolle. Gerade die der klassischen Physik fremde Eigenschaft des Zustandes, „stationär“ zu sein, verhindert also die Paradoxie. Diese Eigenschaft hängt nun aber in tieferer Weise mit dem Gegensatz zwischen Atombegriff und Raumanschauung zusammen.

Man kann kurz sagen: solange wir das Gebilde als Atom betrachten, verzichten wir darauf, über die Teile des von ihm erfüllten Raumes nähere Aussagen zu machen; wenn wir den Raum in seinem Inneren im einzelnen untersuchen, zerstören wir das Atom. Dies sei im einzelnen erläutert: Das Wasserstoffatom im Grundzustand hat eine bestimmte räumliche Ausdehnung. Die Quantentheorie verzichtet darauf, anzugeben, wo innerhalb dieses Raumes das Elektron sich gerade befindet. Sie beschreibt das Elektron vielmehr nach dem Wellenbild als eine durch den ganzen Raum des Atoms verteilte Ladungsdichte. Die feste Verteilung dieser Ladungsdichte ist eine Eigenschaft des Grundzustandes; sie zu ändern, zu Schwingungen zu erregen, bedeutet eben, das Atom unter großem Energieaufwand in einen höheren Zustand zu heben. So charakterisiert diese Dichtverteilung das in sich geschlossene, in allen Individuen exakt gleiche Gebilde „Wasserstoffatom". Nun kann man aber auch mit Hilfe eines sehr genauen Meßinstruments nach dem Ort des Elektrons im Atom fragen, und man wird eine bestimmte Antwort bekommen: „Hier an diesem Ort befindet sich das Elektron." Damit weiß man natürlich auch, daß sich die gesamte Ladung des Elektrons an diesem Ort befindet; die kontinuierliche Dichteverteilung ist zerstört. Um das zu erreichen, mußte man aber dem Elektron durch das Meßinstrument sehr viel Energie zuführen, so viel, daß es im allgemeinen nunmehr sofort den Atomverband verlassen wird. Nun hat man also räumliche Relationen der Teile des Atoms nachgewiesen, aber damit hat man das Atom zerstört.

Das Eigentümliche der Quantentheorie ist, daß sie keine der beiden widersprechenden Betrachtungsweisen — weder die atomistische noch die räumlich-anschauliche — als falsch erklärt. Einerseits können wir die räumliche Lokalisierung des Elektrons erzwingen; andererseits kommen die chemischen und thermischen Phänomene, welche zum Atombegriff führten, nur zustande an Atomen, in denen wir auf die Lokalisierung der Elektronen verzichten. Die Mechanik im klassischen Sinne setzt die Anwendbarkeit der räumlichen Anschauung voraus, die Chemie führt zum Atomismus; so kann man auch sagen: mechanische und chemische Beschreibungsweise des Geschehens im kleinen schließen einander aus. Beide sind menschliche Verfahrensweisen, von der Natur Kenntnis zu gewinnen, und behalten ihre Richtigkeit für den Zweck, für den sie gemacht sind; keine von beiden aber darf als alleinberechtigte Beschreibung einer objektiven Natur gelten.

Dies lernen wir aus der modernen Physik über die Grenzen des alten Programms einer zugleich mechanischen und atomistischen Naturerklärung. Daß man beides einst als vereinbar, ja beinahe als identisch ansah, kam nur daher, daß man unbewußt (so wie wir heute bewußt) darauf verzichtete, die Mechanik auf das Innere der Atome selbst anzuwenden — eine Inkonsequenz, die gerade L e i b n i z deutlich gesehen hat. Umgekehrt lernen wir aus der alten Paradoxie des Atombegriffs über die moderne Physik: sie muß auf die Raumanschauung verzichten, weil und soweit sie im strengen Sinn atomistisch sein will, und sie muß auf die dingliche Objektivität der Natur verzichten, um auf dieselbe Realität, der Forderung der Erfahrung gemäß, sowohl die Raumanschauung wie den Atombegriff anwenden zu können.

4. Anschauung und Anschaulichkeit. Wir wenden uns zur grundsätzlichen Frage des Weltbildes. Mögen uns auch die begrifflichen Zusammenhänge des modernen Verzichts klargeworden sein — bedeutet die Anschaulichkeit des Weltbildes nicht eine unabdingbare Forderung an jede Wissenschaft? Wer auf sie verzichtet, entfernt sich von dem für uns klassisch gewordenen Ideal der Naturerkenntnis; entfernt er sich aber darüber hinaus nicht vom lebendigen Leben?

Was heißt aber Anschaulichkeit? Dieser Begriff wird in zwei verschiedenen, ja beinahe gegensätzlichen Bedeutungen verwandt. Anschaulich ist es zunächst, wenn ich erzähle, was ich angeschaut habe. Anschaulich nennt man eine Schilderung, die das Bild eines angeschauten Gegenstandes in der Seele des Zuhörers wieder erstehen läßt. Anschaulich im höchsten Maße ist die Naturwissenschaft Goethes, die uns das Urphänomen in der Anschauung finden lehrt. Demgegenüber ist das Programm der Atomlehre von vornherein unanschaulich. Alle Dinge werden des Wesens beraubt, das ihnen die unmittelbare Anschauung und Empfindung zuschreibt, und zurückgeführt auf das Verhalten der Atome, die niemand je gesehen hat. Das Licht ist „in Wirklichkeit" eine verborgene Bewegung in Dimensionen von unsichtbarer Kleinheit, ähnlich Schall und Wärme und, durch Vermittlung der Chemie, selbst Geruch und Geschmack. Der Glaube an die unmittelbare Wahrheit der sinnlichen Anschauung wird geopfert für die Hoffnung auf ein einheitliches Weltbild.

An dieses Weltbild knüpft nun eine andere Auffassung der „Anschaulichkeit" an. Sie besteht in der Hoffnung, auch das Nichtanschaubare — nämlich das Atom — werde sich nach dem Bilde des Anschaubaren vorstellen lassen. Nach der Lehre, die von Demokrit bis in unser Jahrhundert hinein herrschte, fehlen dem Atom alle Eigenschaften sinnlich wahrnehmbarer Dinge, ausgenommen die geometrischen: Größe, Gestalt, Lage. (Dazu kamen in der neueren Ansicht die der Anschauung schon weniger zugänglichen dynamischen Eigenschaften: Masse, Kraft, Energie.) Diese Eigenschaften der Atome zu erforschen, ja auf sie möglichst alle anderen Naturerscheinungen zurückzuführen, galt nun als eine anschauliche Naturerklärung, obwohl sie die Natur alles unmittelbar anschaulich Gegebenen entkleidete. Ohne Zweifel war das ein großer Entwurf. Aber sollen wir bedauern, daß er gescheitert ist? War es nicht eben die platte Anschaulichkeit der Geometrie der Atome, welche alles Wirkliche in eine Mechanik von kleinen Billardkugeln auflöste und den äußersten Materialismus zu rechtfertigen schien? Nachdem das Atom die letzte sinnliche Qualität verloren hat, ist seine wahre Bedeutung für das physikalische Weltbild erst ganz klargeworden: die wirkliche, aber unserer unmittelbaren Anschauung entzogene Einheit dessen, was unsere Anschauung nur als eine Vielheit von Erscheinungen kennt, ist in ihm gesetzmäßig zusammengefaßt und symbolisch dargestellt, aber nicht mechanisch erklärt.

Immerhin ist damit ein Verzicht ausgesprochen. Wenn Goethe das mechanistische Denken bekämpfte, so wollte er damit nur die Erkenntnis schützen, die ihm in der Anschauung schon unmittelbar gegeben war. Uns aber bleibt nach dem Verzicht auf das mechanische Modell keineswegs eine unmittelbare Anschauung vom Atom zurück, sondern die abstrakte Mathematik der ψ-Funktion. Diesen Verzicht müssen wir als die natürliche Folge des Unternehmens verstehen, das die Naturwissenschaft der Neuzeit darstellt. Die Welt der Technik und zumal die Welt der modernen Experimentierkunst ist nicht der natürlich gegebene Lebensbereich des Menschen. Die moderne Naturwissenschaft wendet die äußersten Anstrengungen daran, Erfahrungen zu machen, die der ursprüngliche Mensch nicht machen kann, und aus ihnen noch Gegenstände und Zusammenhänge zu erschließen, die vermutlich keiner unmittelbaren Erfahrung je zugänglich sein werden. Nichts hat Goethe an Newton so sehr getadelt, wie daß er sich in ein dunkles Zimmer einschloß und nur einen Spalt im Fenster offen ließ, als er die Gesetze des Lichtes studieren wollte; nichts zeigt umgekehrt so deutlich, wie genau sich Newton der methodischen Voraussetzungen der modernen Wissenschaft bewußt war.

Die Wissenschaft hat diesen Weg nicht leichtfertig beschritten. Die in der Anschauung unmittelbar gegebene Welt läßt sich, „geheimnisvoll am lichten Tag", nicht vollständig aus sich selbst heraus deuten. Immer wieder drängt sie uns Fragen auf, die über die Grenzen des Anschaubaren hinausführen. Um diese Fragen wenigstens einen Schritt weiterverfolgen zu können, schaffen wir uns „mit Hebeln und mit Schrauben", mit Höchstspannungsanlagen und mit Ultramikroskopen eine Welt früher unbekannter künstlicher Erlebnisse. Der abstrakte Charakter der Erkenntnis, welche diese Welt uns vermittelt, ist das treue Abbild des Weges, der zu ihr führt. Zumal an der Undinglichkeit der atomaren Welt wird das deutlich. Jedes Experiment ist ein Zwang, den wir der Natur auferlegen. Sie muß auf den Zwang reagieren, und das Gesetz dieser Reaktion können wir in Formeln fassen. Aber jede Aussage gilt nur in bezug auf das Experiment, durch das sie gewonnen wurde, und kann nicht verallgemeinert werden auf einen hypothetischen objektiven, ungestörten Zustand der Teilchen oder Wellen, die wir im Experiment gesehen haben; denn wir müssen uns eingestehen, daß wir diese anschaulichen Erscheinungsformen des Wirklichen durch unser Experiment selbst erst geschaffen haben.

Es darf wohl zum Abschluß dieser Betrachtung bemerkt werden, daß wir hier unter physikalischem Blickwinkel einen der geheimnisvollsten Punkte der menschlichen Erkenntnisfähigkeit überhaupt zu sehen bekommen haben. Es ist eigentlich nur der physikalischen Denkweise neu, aber im seelischen und geistigen Leben der Menschen den Einsichtigen wohlbekannt, daß das Erkenntnisvermögen selbst eine Art schöpferischer Kraft besitzt. Wenn das physikalische Weltbild den lebendigen Zusammenhang von Ich und Welt — welche beide, tätig und leidend zugleich, erst in der Wechselwirkung mit ihrem Gegenpol werden, was sie sind — in das schematische Gegenüber von Subjekt und Objekt zerlegt, so ist das selbst im Grunde eine produktive Umdichtung der Wirklichkeit. Während es sich aber dabei im allgemeinen nur um ein Weglassen und Wegdenken von Erlebnissen handelt, bringt die moderne Physik ihre Erfahrungen selbst erst gleichsam durch einen Gewaltakt hervor. Das Experiment, das den Zustand des Wirklichen, den es uns zeigt, selbst erst erzeugt, ist eine besonders eindrucksvolle materielle Manifestation des Geistes, der nur erkennt, indem er schafft.

Die Auswirkung des Satzes von der Erhaltung der Energie in der Physik

Der Energiesatz ist vielleicht derjenige Satz der neuzeitlichen Naturwissenschaft, der in den meisten Einzeldisziplinen angewandt wird. Zur Physik hat er aber ein besonderes Verhältnis. Er ist aus der Physik hervorgegangen und hat sich in der Physik zuerst bewährt. Seine Anwendung auf andere Erfahrungsbereiche ist daher vielfach als der erste Schritt zu einer grundsätzlichen Unterwerfung dieser Bereiche unter die physikalische Denkweise empfunden worden. Er ist ein Kernstück derjenigen, in der zweiten Hälfte des 19. Jahrhunderts entwickelten Anschauungsweise geworden, die man vielleicht als „physikalisches Weltbild" bezeichnen kann.

Wer sich andererseits über den genauen Sinn des Energiesatzes informieren will, sei es aus speziellem Interesse oder um das „physikalische Weltbild" genauer zu prüfen, der wird seine Rolle in der Physik ansehen müssen. Hier ist vor allem die Tatsache bemerkenswert, daß er die in vieler Hinsicht revolutionäre Entwicklung der theoretischen Physik im 20. Jahrhundert zwar nicht unbeeinflußt, aber unerschüttert mitgemacht hat. Er ist nicht wie der größte Teil der „klassischen Physik" auf einen bestimmten „Geltungsbereich" eingeschränkt worden. Er gilt vielmehr mit Sicherheit für alle die Phänomene, für die wir heute überhaupt eine geschlossene theoretische Darstellung besitzen, und es ist uns sogar keine Erfahrung bekannt, zu deren vorläufiger Beschreibung wir auch nur die Hypothese eines Versagens des Energiesatzes für zweckmäßig hielten.

Diese Tatsache könnte die Vermutung nahelegen, die Gültigkeit des Energiesatzes müsse a priori unabhängig von jeder speziellen Erfahrung eingesehen werden können. Die moderne Physik hat allerdings so viele schlechte Erfahrungen mit derartigen Vermutungen gemacht, daß sie bis zur Erbringung eines bündigen Beweises a priori (für den nicht einmal Ansätze vorliegen) auf die Möglichkeit einer empirisch bedingten Einschränkung des Geltungsbereichs des Satzes gefaßt sein wird. Es ist aber interessant nachzuforschen, welche Eigenschaften des Satzes ihn allen bisherigen Krisen entzogen haben, und wenigstens einige Betrachtungen über seine mutmaßliche Bedeutung für die Zukunft daran anzuknüpfen.

Das Hauptaugenmerk der vorliegenden Betrachtung ist daher auf die „konstruktive" Bedeutung des Satzes gerichtet, d. h. auf die Rolle, die er beim Aufbau der Gedankensysteme der Physik gespielt hat und seinem Wesen nach spielen kann. Diese Fragestellung liegt in der Mitte zwischen der philosophischen und der praktischen Fragestellung. Die beiden letzteren Fragen fordern aber angesichts der Physik der Gegenwart ebenfalls ihr Recht und sollen daher wenigstens berührt werden. Doch soll die Erörterung der philosophischen Bedeutung des Energiesatzes nur kurz gefaßt werden und lediglich den Punkt berühren, der durch die neueste Physik in etwas veränderte Beleuchtung rückt: die Beziehung der beiden M a y e r-schen Prinzipien der Energieerhaltung und der Auslösung zum Kausalprinzip. Ebenfalls in Kürze wird die praktische Seite des Satzes behandelt werden: Wir wollen uns wenigstens einen Überblick und ein paar Einzelbeispiele beschaffen für die große Zahl von Fällen, in denen die Anwendung des Energiesatzes zur Aufstellung von Energiebilanzen oder zu ähnlichen Zwecken ein entscheidendes Hilfsmittel der heutigen physikalischen Forschung ist.

I. Die konstruktive Bedeutung des Energiesatzes

1. Klassische Physik. Der Energiesatz ist die Verallgemeinerung eines Satzes aus der Mechanik. Sein erstes wichtiges Anwendungsfeld ist die Wärmelehre; davon legt seine Bezeichnung als „erster Hauptsatz der Thermodynamik" Zeugnis ab. Schließlich hat er eine wesentliche Rolle gespielt beim Aufbau der einzigen Theorie der klassischen Physik, die nicht auf Mechanik hat zurückgeführt werden können: der Elektrodynamik. Die folgende Betrachtung gliedert sich daher nach diesen drei Theorien. Von der Optik braucht nicht ausführlich geredet zu werden, da sie durch die elektromagnetische Lichttheorie auf die Elektrodynamik zurückgeführt ist.

M e c h a n i k. Der historische Ausgangspunkt für die Aufstellung des Energiesatzes der Mechanik ist eine an H u y g e n s anknüpfende Betrachtung von L e i b n i z über die in einem bewegten Körper erhaltene Kraft[1]. Es ist für das Folgende wesentlich, daß wir uns ihren Inhalt ins Gedächtnis rufen.

Descartes[2] hatte behauptet, die Kraft, die in einem bewegten Körper enthalten ist, sei gegeben durch das Produkt aus seiner Masse und seiner Geschwindigkeit (m · v). Leibniz[3] widersprach dieser Ansicht, indem er speziell Körper ins Auge faßte, die ihre Geschwindigkeit durch freien Fall erlangt haben. Er betrachtete zwei verschiedene Körper, die man auf verschiedene Höhe gehoben und dann fallen gelassen hat, die daher auch mit verschiedener Geschwindigkeit auf dem Erdboden ankommen. Er setzte nun voraus, die beiden Körper hätten beim Ankommen auf dem Erdboden dann dieselbe Kraft, wenn es gleich viel Arbeit gekostet hatte, die beiden Körper auf ihre jeweilige Ausgangshöhe zu heben. Habe z. B. der erste Körper eine doppelt so große Auftreffgeschwindigkeit wie der zweite, so würde man nach Descartes vermuten, dafür müsse der zweite Körper doppelt so schwer sein wie der erste, um dieselbe Kraft zu enthalten. Leibniz aber behauptet, er müsse zu diesem Zweck viermal so schwer sein wie der erste (d. h. die Kraft sei zum Quadrat der Geschwindigkeit proportional: $m \cdot v^2$). Zur Begründung verwendet er das Galileische Fallgesetz, nach dem man einen Körper zur Erlangung doppelter Auftreffgeschwindigkeit nicht auf die doppelte, sondern auf die vierfache Höhe heben muß. Nun muß man aber sicher dieselbe Arbeit aufwenden, um ein Pfund viermal nach einander je um einen Fuß, im ganzen also um vier Fuß zu heben, um um vier Pfund einmal um einen Fuß zu heben. Man wird also in der Tat dieselbe Arbeit aufwenden müssen, wenn man den zweiten Körper viermal so schwer wählt wie den ersten.

An diesen Gedankengang hat sich der lange Streit über das „wahre" Maß der einem Körper innerwohnenden Kraft angeschlossen. Dieser Streit ist für uns Heutige nur noch schwer verständlich, weil es dabei schließlich nur noch um eine Bezeichnungsfrage ging. Denn in der Tat ist sowohl die von Descartes wie die von Leibniz betrachtete Größe in der Mechanik wichtig, und es steht beim Aufbau des Systems der Mechanik in unserem Belieben, welche der beiden Größen wir als „Kraft" bezeichnen wollen. Die heutige Physik bezeichnet keine der beiden Größen als Kraft, sondern die von Descartes eingeführte Größe als Impuls, die von Leibniz eingeführte als Energie. Doch bedeutet es eine wichtige begriffliche Arbeit, die einmal geleistet werden mußte, zu erkennen, daß man sich diese Freiheit der Bezeichnung nehmen durfte. Denn wir haben die Freiheit, einen bestimmten Begriff mit einem beliebigen Namen zu bezeichnen, ja keineswegs für alle Begriffe einer Theorie, sondern nur für diejenigen, die durch eine Definition ausdrücklich auf andere, schon als bekannt vorausgesetzte Begriffe zurückgeführt werden. Um überhaupt verständlich zu sein, muß eine Theorie stets einen Schatz von Begriffen, die für den gerade vorliegenden Zweck als hinreichend klar gelten können, aus der Umgangssprache entnehmen und kann mit ihrer Hilfe eine relativ kleine Zahl von Begriffen genau definieren. Zu diesen aus der Umgangssprache heraus sich anbietenden Begriffen gehörte beim Aufbau der Theorie der Mechanik der Begriff „Kraft", und es zeigte sich erst durch Diskussionen der genannten Art, daß dieser Begriff nicht hinreichend klar war.

Die Betrachtungsweise von Leibniz ist deshalb folgenreich gewesen, weil er schon in seiner Definition stillschweigend voraussetzte, die „Kraft" müsse bei den verschiedenen Phasen des betrachteten Vorgangs erhalten bleiben, und so gerade auf diejenige Größe geführt wurde, die später den Ausgangspunkt für den allgemeinen Satz von der „Erhaltung der Energie" bilden sollte. Dieser Gedanke der Erhaltung steckt in der Voraussetzung, die Kraft sei dann gleich groß, wenn gleiche Arbeit zu ihrer Erzeugung aufgewandt werden mußte. Dabei wird die Kraft gar nicht sofort wahrnehmbar; sie steckt zunächst gleichsam verborgen in dem unter Arbeitsaufwand gehobenen Körper. Heute nennt man die „lebendige Kraft", die in der Geschwindigkeit des bewegten Körpers steckt, seine kinetische Energie und seine (vor dem Fall) durch Arbeitsaufwand zustande gekommene Fähigkeit, kinetische Energie zu erlangen, seine potentielle Energie. Indem der Körper fällt, verwandelt sich seine potentielle Energie in kinetische; prallt er elastisch zurück und steigt wieder zur Anfangshöhe auf, so verwandelt sich kinetische Energie in potentielle. Die allgemeine Mechanik beweist, daß unter bestimmten Bedingungen für die wirkenden Kräfte (z. B. Fehlen von Reibung) die Summe der kinetischen und der potentiellen Energie konstant ist.

In dieser Begriffsbildung steckt bereits das Grundprinzip des allgemeinen Energiesatzes: Obwohl die Erfahrung uns einen ständigen Wandel der Erscheinungen zeigt, gibt es etwas, was durch alle Veränderungen hindurch unverändert bleibt. Dieser Gedanke kommt einem tief eingewurzelten Bedürfnis unseres Denkens entgegen. Man ist bereit gewesen, einen so abstrakten Begriff wie den der potentiellen Energie, die sich schon in ihrem Namen als bloße „Möglichkeit" verrät, einzuführen, um dafür die zeitliche Konstanz der Gesamtenergie einzutauschen. Nicht selbstverständlich ist aber, daß „die Natur uns den Gefallen tut“, d. h. daß man überhaupt eine durch die beobachtbaren Eigenschaften des Gegenstandes (in unserem Beispiel durch die Höhe des gehobenen Körpers) eindeutig bestimmte Größe finden kann, welche die kinetische Energie jederzeit zu einer Konstanten ergänzt. In der Tat ist dies ja auch nicht mehr möglich, wenn man die Reibung berücksichtigt: durch die Reibung geht einem Körper Energie ohne mechanisch faßbare Kompensation verloren. An dieser Stelle setzte Julius Robert Mayer ein.

Der allgemeine Energiesatz. Wir brauchen hier die Leistung Mayers und seiner Nachfolger nicht historisch zu schildern; es genügt, sie begrifflich zu charakterisieren[4].

Durch die Überzeugung, daß sich in der Wärme, dem Licht, der chemischen Affinität, der Elektrizität, dem Magnetismus ebenso viele Formen von Energie verbergen, gelang es, dem Erhaltungssatz universelle Gültigkeit zu verschaffen. Man konnte nun die Energie durch die Wandlung ihrer Formen hindurch verfolgen; so fand sich die durch Reibung verlorene kinetische Energie als Wärme wieder usw. Diese Anschauungsweise wurde dadurch zu einer fundierten Theorie, daß es gelang, auf Grund der Erfahrung für jedes der genannten Erscheinungsgebiete ein quantitatives Gesetz anzugeben, das gestattete, aus den beobachteten Bestimmungsstücken eines Zustands die in ihm enthaltene Energie wirklich auszurechnen. Dabei schloß man sich naturgemäß an die Mechanik an. Man maß etwa die durch irgendeinen Prozeß geleistete Arbeit durch die Höhe, in die er ein gegebenes Gewicht heben konnte. Die Berechnung der Energie eines physikalischen Gebildes lief dann darauf hinaus, die Arbeit auszurechnen, die dieses Gebilde bei einer vorgegebenen Veränderung seines Zustands leisten konnte, oder die aufgewandt werden mußte, um eine solche Veränderung hervorzubringen. In der Angabe dieses „Arbeitsäquivalents“ jeder beliebigen Zustandsänderung bzw. in der Forderung, daß ein derartiges Äquivalent auch für alle noch nicht theoretisch erfaßten Vorgänge existieren müsse, lag daher der eigentlich physikalische Gehalt des Energiesatzes. Daß man auch nach anfänglicher Verkennung die Priorität Mayers anerkannte, lag doch wohl weniger an seinen allgemeinen Betrachtungen über die Naturkräfte, als daran, daß er als erster einen durch einen richtigen Gedankengang aus der Erfahrung gewonnenen Wert für das Arbeitsäquivalent der Wärme angegeben hatte.

Der Inhalt des Energiesatzes kann nun in der Form ausgedrückt werden: Das Arbeitsäquivalent einer Zustandsänderung hängt nur vom Anfangs- und Endzustand ab, aber nicht von der Art, wie der eine in den andern übergeführt wird. Es handelt sich nur um den im ganzen abgegebenen Energiebetrag und nicht um den Weg, auf dem er abgegeben wird. Man erkennt den Zusammenhang mit dem durch viele Erfahrungen wahrscheinlich gemachten Satz von der Unmöglichkeit des Perpetuum mobile, d. h. einer periodisch wirkenden Maschine, die ständig, ohne sonstige Änderung des Zustandes der Maschine oder ihrer Umgebung, Arbeit leistet. Denn hinge die Energieabgabe beim Übergang von einem Zustand eines Systems in einen andern von der Art ab, in der der Übergang bewerkstelligt wird, so könnte man zur Energieabgabe den freigebigeren und zur Rückführung des Systems in den ursprünglichen Zustand den sparsameren Weg wählen und hätte damit im ganzen freigegebene Energie übrig behalten, ohne daß sich der Endzustand des Systems vom Anfangszustand unterschiede; wiederholte man den Prozeß regelmäßig, so hätte man die gewünschte Maschine.

Diese Betrachtung enthüllt, was für eine ungeheuere Kühnheit der Extrapolation von einigen bekannten Erfahrungen auf alle noch nicht bekannten Erfahrungen in einem Satze von der Art des Energiesatzes steckt. Denn würde in der ganzen Welt auch nur ein einziges Perpetuum mobile aufgefunden, so wäre der Energiesatz falsch. Diese Kühnheit teilt der Energiesatz allerdings mit allen allgemeinen Naturgesetzen, welche eine Regel angeben, nach der *alle* Erscheinungen einer bestimmten Art verlaufen sollen. Es ist immer von neuem erstaunlich, zu bedenken, daß sich unter den in einem Jahrhundert intensivster physikalischer Forschung gewonnener Erfahrungen, die alle zur Zeit der Aufstellung des Satzes noch unbekannt waren, nicht *ein* glaubwürdiges Beispiel einer Durchbrechung des Gesetzes gefunden hat.

Immerhin kann man die Frage stellen, was sich denn in der Physik ändern würde, wenn heute ein Perpetuum mobile entdeckt würde. Unsere Überzeugung von der allgemeinen Gesetzmäßigkeit der Natur würde dadurch wohl nicht wankend werden. Wir würden vielmehr erwarten, daß dieses Perpetuum mobile zum Arbeiten ganz bestimmter physikalischer Bestimmungen bedürfe, und würden versuchen, diese Bedingungen empirisch zu ermitteln und schließlich auf Grund der neuen Erfahrungen ein neues allgemeines Gesetz zu formulieren, das etwa den Inhalt hätte: Der

Energiesatz gilt dann und nur dann, wenn die und die Bedingungen erfüllt sind. Damit wäre der Energiesatz auf gewisse Geltungsgrenzen beschränkt, und man könnte vielleicht hoffen, ihn schließlich als einen Spezialfall eines noch allgemeineren Gesetzes zu erkennen. Doch lohnt es vorderhand nicht, diese Spekulation weiter zu verfolgen; lohnender wäre es, ein Gefühl für die Gründe der durchgängigen Bewährung gerade dieses Satzes zu gewinnen.

Auf eine Eigentümlichkeit des allgemeinen Energiesatzes sei noch hingewiesen. Das Arbeitsäquivalent einer Zustandsänderung gibt nur die Differenz der Energieinhalte zweier Zustände an. Dagegen bleibt der absolute Wert der Energie, der gesamte Energieinhalt eines Körpers unbestimmt. Man erkennt dies schon an der potentiellen Energie des freien Falls: Offenbar wäre es willkürlich, einem Körper, gerade wenn er auf der Erdoberfläche liegt, die potentielle Energie null zuzuerteilen, da diese Definition, z. B. von der Höhe über dem Meer abhinge oder der Körper auch in ein Bohrloch fallen und so negative potentielle Energie annehmen könnte. Solange man nicht den absolut energieärmsten Zustand kennt, in den ein Körper übergehen kann, ist daher die Energie nur bis auf eine additive Konstante bestimmt. Hierin unterscheidet sich der Satz von der Erhaltung der Energie wesentlich von dem Satz von der Erhaltung der Masse, mit dem er schon früh in Parallele gesetzt wurde. Der Unterschied ist erst durch die Vereinigung beider Sätze in der Relativitätstheorie aufgehoben worden.

Anwendung auf Wärme und Elektrizität. Die historische Bedeutung des Energiesatzes für die *Wärmelehre* ist doppelter Natur. Er entschied erstens über die Unrichtigkeit der sogenannten materiellen Wärmetheorie, welche die Wärme als einen besonderen Stoff auffaßte, und er bot zweitens das Fundament für den Aufbau einer geschlossenen mathematischen Theorie der Wärmeerscheinungen. Obwohl letztere ein besonders schönes Beispiel für die „konstruktive" Verwendung des Satzes ist, beschränken wir uns hier auf einige Bemerkungen zum ersten Punkt.

Die materielle Wärmetheorie hielt die Wärme für eine Art Materie, welche weder entstehen noch vergehen könne. Schon die Beobachtung der unbegrenzten Wärmeproduktion durch Reibung widersprach dieser Annahme, und mit der Anerkennung der Wärme als einer Energieform unter anderen war der Bruch mit der alten Theorie vollzogen. Die neue Lehre nannte man im allgemeinen die „mechanische Wärmetheorie". Damit war zunächst noch nicht die Ansicht bezeichnet, daß Wärme in Wirklichkeit eine Form der Bewegung sei, sondern nur, daß sie in mechanische Arbeit übergeführt werden könne. Mayer selbst faßte die Wärme nicht als Bewegung, sondern als eine selbständige Energieform auf. Er sagte, so wenig man aus der Überführbarkeit der potentiellen Energie in Bewegung folgere, die potentielle Energie sei in Wirklichkeit Bewegung, ebensowenig könne man aus der Überführbarkeit der Wärme in Bewegung folgern, die Wärme sei selbst eine Art der Bewegung.

Trotzdem hat gerade der Energiesatz am meisten zur Ausbreitung derjenigen „mechanischen Naturauffassung" beigetragen, die der Meinung war, alle Phänomene der beobachtbaren Natur würden durch rein mechanische Wirkungen der kleinsten Teile der Materie (und des hypothetischen Äthers) hervorgebracht; ja eine physikalische Theorie stelle noch keine wirkliche Erklärung der von ihr behandelten Erscheinungen dar, solange sie diese Erscheinungen nicht auf Mechanik zurückgeführt habe. Durch diese Ansicht wird nämlich der allgemeine Energiesatz als besonderes Naturgesetz entbehrlich. Denn wenn man annimmt, daß alle zwischen den kleinsten Teilchen auftretenden Kräfte durch eine nur von ihrer gegenseitigen Lage abhängigen Energie bestimmt sind (daß es also im kleinen keine Reibung gibt), so gilt vermittels der mechanischen Grundgesetze automatisch der Energiesatz. Die empirisch allgemeine Gültigkeit des Energiesatzes ist dann nur ein Hinweis auf die Geltung dieser verborgenen Mechanik und eine Aufforderung, die in der Erfahrung auftretenden Energiearten auf mechanische Energieformen der kleinsten Teilchen zurückzuführen. So gilt dann z. B. die Wärme als kinetische Energie, die chemische Energie als eine bestimmte potentielle Energie der Atome. Man hat nach dem Vorgange von Helmholtz diesen Gedankengang geradezu als Begründung des allgemeinen Energiesatzes verwendet.

Eine Fülle von Erfahrungen hat schließlich in der Tat bewiesen, daß Wärme als ungeordnete Bewegung der Atome aufgefaßt werden muß. Die auf dem Energiesatz basierende Thermodynamik ist dadurch auf eine statistische Mechanik der Atome gegründet worden. Um so wichtiger ist daher vom grundsätzlichen Standpunkt aus, daß der Energiesatz auch in der Elektrodynamik gilt, welche nicht hat auf Mechanik zurückgeführt werden können.

Die Anwendung des Energiesatzes beim Aufbau einer begrifflich geschlossenen *Elektrodynamik* soll hier wiederum nur erwähnt werden. So gestattet der Energiesatz mit einigen einfachen Zusatzannahmen, die mathematische Form des Induktionsgesetzes abzuleiten. Welches aber ist die grundsätzliche Lage der Elektrodynamik gegenüber dem Energiesatz?

Da man jedenfalls zunächst über die Art, in der allenfalls die elektrischen und magnetischen Vorgänge auf Mechanik reduziert werden könnten, nichts wußte, mußte man die Elektrodynamik an Hand der einzelnen Erfahrungen als „phänomenologische Theorie“ entwickeln. Dabei hat sich gezeigt, daß man sie als eine „Feldtheorie“ aufbauen muß. D. h. die elektromagnetischen Vorgänge wirken nicht unmittelbar in die Ferne, sondern sie erfüllen den ganzen Raum, und jede Wirkung wird nur von einem Punkt auf seinen Nachbarpunkt und so fort übertragen. Daher muß auch die elektromagnetische Energie im Raume ausgebreitet sein, und sie muß in eindeutiger Weise durch die Größen bestimmt sein, durch die man den Zustand des elekromagnetischen Feldes bestimmt, also durch die beiden Vektoren der elektrischen und der magnetischen „Feldstärke“. In welcher mathematischen Form hängt sie nun von diesen Feldgrößen ab? Dafür können Erfahrungen über die Arbeitsleistung des Feldes einen Hinweis geben. Man kann aber aus der Bedingung, daß der Energiesatz gelten soll, von vornherein einige Schlüsse ziehen. Denn die Energie muß offenbar eine solche Funktion der Feldgrößen sein, daß sie sich — solange keine Energiezufuhr oder -abfuhr stattfindet — bei beliebigen Änderungen des Feldes nicht ändert. Setzt man die Gesetze, denen die Veränderung der Feldgrößen folgt (die Maxwellschen Feldgleichungen), schon als bekannt voraus, so kann man durch diese Bedingung die Zahl der möglichen Funktionen bereits außerordentlich einschränken. Man kann sogar keineswegs auf Grund jeder beliebigen Feldgleichung, die man sich ausdenken könnte, eine Funktion konstruieren, die die geforderte Eigenschaft hat. Der Energiesatz stellt daher eine einschneidende einschränkende Bedingung für die Möglichkeit der Aufstellung neuer Theorien dar: Man darf nur solche Gleichungen in Betracht ziehen, für die es möglich ist, eine Energiefunktion zu definieren.

Praktisch muß man, da die Energie des Feldes durch den Raum ausgedehnt ist, den Begriff der räumlichen Dichte der Energie einführen. Die Energie kann durch den Raum strömen. So strömt von einem Radiosender ständig Energie in die Umgebung ab; und nur wenn vom Sender ausgegangene Energie den Empfänger trifft, vermag dieser die Sendung wahrzunehmen. Der Energiesatz besagt dann, daß das Integral der Energiedichte über einen Raum, dem Energie weder zugeführt noch entzogen wird, konstant ist. Betrachtet man ein Raumgebiet, durch dessen Grenzen Energie strömt, so muß die zeitliche Änderung des Integrals über die Energiedichte im Innern des Gebiets gleich dem Integral der Energieströmung durch die Oberfläche sein. Die Energie wird also genau wie strömende Materie in der Hydrodynamik behandelt.

Dies alles gilt unabhängig davon, ob man der Elektrodynamik ein mechanisches Modell unterlegen kann oder nicht. Nun sind alle Versuche eines derartigen Modells ganz unbefriedigend ausgefallen, und schließlich hat Einstein aus dem Michelson-Experiment geschlossen, daß der vermutete Äther, dessen Mechanik hinter der Elektrodynamik stecken sollte, nicht einmal die Feststellung einer ihm objektiv zukommenden Geschwindigkeit (bzw. eines Koordinatensystems, in dem er ruht) zuläßt. Man hat daher schließlich darauf verzichtet, weiter nach einem mechanischen Modell der Elektrodynamik zu suchen. Ja, es hat sogar der Gedanke Boden gewonnen, umgekehrt die Mechanik auf eine Feldtheorie nach der Art der Elektrodynamik zu gründen. Damit zeigt sich zum erstenmal zweifelsfrei die Unabhängigkeit des Energiesatzes von der mechanischen Naturauffassung. Als selbständiges Prinzip tritt er in die moderne Entwicklung der theoretischen Physik ein.

2. *Neuere Physik.* Kennzeichnend für die theoretische Physik seit 1900 ist das Ernstmachen mit dem soeben angedeuteten Programm. Schritt für Schritt dem Druck neuer Erfahrungen nachgebend, verzichtet man immer vollständiger darauf, die Gültgkeit der klassischen Mechanik oder einer ihr nachgebildeten Theorie für die ganze Natur vorauszusetzen. Man sucht vielmehr eine eigenständige Theorie der von der klassischen Mechanik nicht erfaßten Erscheinungen zu entwickeln und umgekehrt die klassische Mechanik als einen „Grenzfall" der neuen Theorie, d. h. als das Ergebnis ihrer Anwendung auf einen bestimmten, eingeschränkten Fragenkreis zu begreifen.

Die neue Basis konnte nun freilich nicht gleichsam durch einen Sprung eingenommen werden. Sie steht vielmehr aus methodischen Gründen in einem unauflöslichen Zusammenhang mit der klassischen Physik und ist nur auf dem Wege über die klassische Physik erreichbar. Denn die klassische Physik umfaßt bereits den Bereich der uns leicht zugänglichen Erfahrungen. Alle neueren Theorien fußen auf Experimenten, die nur mit äußerst verfeinerter Versuchstechnik ausgeführt werden konnten. Die Wirkungsweise der Apparate, die bei diesen Experimenten verwendet werden, muß nun natürlich aufs genaueste theoretisch bekannt sein, wenn aus den Versuchsergebnissen ein eindeutiger Schluß gezogen werden soll. Diese Theorie der Meßapparate aber muß offenbar der klassischen Physik entnommen werden. Denn erstens soll ja erst die vollzogene Deutung des Experiments die Basis einer neuen Theorie liefern; diese kann daher für die erste Deutung noch nicht zur Verfügung stehen. Zweitens aber wird auch nach Aufstellung der neuen Theorie der größte Teil der Vorgänge im Meßapparat der klassischen Physik richtig beschrieben sein, da der Apparat ja selbst nicht — so wie die mit seiner Hilfe untersuchten Effekte — der unmittelbaren Wahrnehmung entzogen, sondern lediglich ein besonders zubereiteter Gegenstand unserer täglichen Erfahrungswelt ist und damit dem Geltungsbereich der klassischen Physik angehört. Als Beispiel genüge der Hinweis auf das Mikroskop, das selbst ein handfester sichtbarer Gegenstand ist, das uns aber das Bild von Gegenständen vermittelt, die jenseits der Sichtbarkeitsgrenze liegen.

So bahnen wir uns schrittweise einen Weg vom Bekannten zum Unbekannten und beschreiben daher jedes neuentdeckte Objekt notgedrungen zunächst — versuchsweise — mit der schon bekannten Physik, um uns dann durch die Erfahrung gegebenenfalls eines Besseren belehren zu lassen. Daher ist der Entwicklungsgang der modernen Physik die Geschichte eines schrittweise immer radikaler werdenden Verzichts auf einzelne zentrale Thesen der klassischen Physik unter bewußter Konservierung des jeweils unangetasteten Restes. In dieser Entwicklung können bis zur Gegenwart drei Hauptphasen unterschieden werden: die Relativitätstheorie, die Quantentheorie und die heute erst im Werden befindliche Theorie der Elementarteilchen. Die beiden ersten Theorien haben den Begriff der Energie wesentlich vertieft und damit die Bedeutung des Energiesatzes erweitert. Es ist anzunehmen, daß auch die dritte Theorie eine entscheidene Rolle spielen wird. Wir wenden uns nun den einzelnen Theorien zu.

Relativitätstheorie. Wir behandeln nur die spezielle Relativitätstheorie. Die allgemeine Relativitätstheorie stellt zwar eine wichtige begriffliche Möglichkeit dar. Die mit ihr eingeleitete Entwicklung kann aber wohl noch nicht als abgeschlossen gelten, und im jetzigen Augenblick ist die Anzahl möglicher empirischer Prüfungen der Theorie noch recht gering. Die Frage des Energiesatzes würde in ihr schwerlich losgelöst von allgemeinen kosmologischen Betrachtungen darzustellen sein, auf die wir hier verzichten wollen.

Für unsere Fragestellung ist der wichtigste Satz der Relativitätstheorie der Satz von der Trägheit der Energie. Er läßt die beiden Fundamentalsätze von der Erhaltung der Masse und der Erhaltung der Energie in einen einzigen Satz verschmelzen.

Daß die Materie weder entstehen noch vergehen könne, ist ein uralter Glaubenssatz der meisten Naturwissenschaftler und der mehr „materialistisch" eingestellten Philosophen. Nachdem die Mechanik den Begriff der Masse in seiner doppelten Bedeutung als träge Masse — gemessen durch den Widerstand der Materie gegen eine Änderung ihrer Trägheitsbewegung — und als schwere Masse — gemessen durch das Gewicht der Materie — präzisiert hatte, nahm der genannte Glaubenssatz die Form eines Erhaltungssatzes für die Masse an. Empirisch nachgeprüft und damit wissenschaftlich folgenreich wurde der Satz zuerst durch die Einführung der Wägung in die Chemie (L a v o i s i e r). Er hat sich seitdem in der Erfahrung immer bestätigt. Die Einführung des Erhaltungssatzes der Energie geschah von vornherein in Analogie zu ihm. Energie und Masse, „Kraft und Stoff" erschienen nun als die beiden eigentlichen Realitäten der physischen Welt.

Nun sagte die Relativitätstheorie voraus und ist darin durch eine Fülle von Erfahrungen bestätigt worden, daß mit jedem Energiebetrag ein proportionaler Betrag Masse verknüpft ist: die Energie selbst ist träge und wägbar. Ein materielles Teilchen (etwa ein Elektron), das nahezu mit Lichtgeschwindigkeit fliegt, setzt jeder weiteren Beschleunigung einen mit der schon erreichten Geschwindigkeit wachsenden Trägheitswiderstand entgegen: seine Masse ist um einen Betrag gestiegen, der von seiner kinetischen Energie herrührt. Führt man einige vorher getrennte Bestandteile von Atomkernen (Protonen und Neutronen) zur Bildung eines Atomkerns zusammen, so wird dabei ein Energiebetrag frei, der um so größer ist, je stabiler die Bindung der Bausteine im Kern ist. Im selben Maß, wie die Energie entweicht, nimmt die Masse des Kerns ab; er zeigt einen „Massendefekt", verglichen mit der Summe der Massen seiner Bestandteile. Die Energie möge in Form elektromagnetischer Strahlung entweichen: das Strahlungsfeld transportiert dann eine seiner „Energiedichte" proportionale „Massendichte", die wir heute in gewissen Fällen sogar wieder materialisieren" (nämlich zur Erzeugung von Elektronenpaaren verwenden) können.

Hiermit ist uns das früher vermißte absolute Maß der Energie gegeben. Denn wenn jede Energie Masse hat, so kann ein Körper jedenfalls nicht mehr Energie abgeben als seiner gesamten Masse entspricht (jedenfalls sofern man nicht mit der Möglichkeit des Auftretens negativer Massen zu rechnen braucht). Eine andere Frage ist, ob ein Körper seine gesamte Masse in Form von Energie abgeben kann, womit er wohl zugleich seine eigene materielle Existenz aufgeben würde. Für eine bestimmte Sorte von Materie, die Elektronen, ist die Frage heute experimentell bejahend entschieden. Für die Atomkerne, die den Hauptbeitrag zur Masse der Materie liefern, liegen noch keine derartigen Erfahrungen vor.

Jedenfalls kann der Satz von der Erhaltung der Energie heute nur aufrechterhalten werden, wenn man auch die wägbare Masse, die keine unmittelbaren energetischen Wirkungen zeigt, die sogenannte „Ruhmasse" der Körper, als eine Energieform ansieht und in die Energiebilanz aufnimmt. Selbstverständlich könnte man auch sagen, der Satz von der Erhaltung der Masse könne nur aufrechterhalten werden, wenn man auch die Energie als eine Form der Masse (oder als einen „Träger" von Masse) auffaßt. Die beiden Prinzipien sind eben vollkommen in eins verschmolzen.

Unsere Beachtung verdient ferner die Verschmelzung der Energie mit dem Impuls zum „Energie-Impuls-Vierervektor". Als Vektor bezeichnet man eine Größe, die zugleich eine Richtung im Raum angibt; so z. B. die Geschwindigkeit eines Körpers, die ja erst bestimmt ist, wenn sowohl ihr Betrag wie ihre Richtung bekannt ist. Der Impuls eines Körpers, als das Produkt aus seiner Masse und seiner Geschwindigkeit, hat dieselbe Richtung wie die Geschwindigkeit, ist also auch ein Vektor. Die Energie hingegen ist schon durch die Angabe ihres numerischen Wertes charakterisiert; sie hat keine räumliche Richtung. Eine derartige Größe nennt man im Gegensatz zu einem Vektor einen „Skalar" (alle „Skalare" kann man auf einer „Skala" anordnen, während zwei dem Betrag nach gleiche Vektoren noch in der Richtung unterschieden sein können). Ein Vektor ist erst durch die Angabe von drei Zahlen charakterisiert. Man kann z. B. willkürlich irgendein dreidimensionales rechtwinkliges Koordinatensystem festlegen und den Vektor kennzeichnen durch die drei Projektionen der im Raum festliegenden Strecke, durch die man ihn darstellen kann, auf die drei Koordinatenachsen. Diese Projektionen heißen die Komponenten des Vektors. Die Komponenten sind aber selbst eigentlich keine physikalischen Realitäten, denn derselbe Vektor hat, wenn man ein anderes Koordinatensystem zugrundlegt, natürlich andere Komponenten. Doch genügt es, die

Komponenten in irgendeinem Koordinatensystem zu kennen, da man dann die Komponenten in jedem anderen Koordinatensystem berechnen kann.

Die spezielle Relativitätstheorie vergleicht nun den Ausdruck der physikalischen Realitäten in Koordinatensystemen, die nicht nur durch verschiedene Lage der Achsen gegeneinander ausgezeichnet sind, sondern die sich mit verschiedener Geschwindigkeit bewegen. Die physikalischen Eigenschaften, die man einem Körper zuschreibt, hängen von dem Koordinatensystem ab, in dem man ihn betrachtet. Mißt man z. B. die Geschwindigkeit eines Eisenbahnzugs von der ruhenden Erde aus, so hat sie, und damit auch der Impuls und die kinetische Energie des Zuges, einen bestimmten Betrag. Mißt man die Geschwindigkeit hingegen bezogen auf ein Koordinatensystem, das sich mit dem Zug in gleicher Geschwindigkeit mitbewegt, so hat sie natürlich den Wert null; bezogen auf dieses Koordinatensystem muß man auch dem Impuls und der Energie den Wert null geben. Umgekehrt hat der Zug, von einem außerirdischen Koordinatensystem, etwa der Sonne, aus betrachtet, Anteil an der sehr großen Geschwindigkeit der Erde in ihrer Bahn und damit sind auch sein Impuls und seine Energie als außerordentlich groß anzusehen. D. h. Energie und Impuls sind eigentlich Relationsbegriffe. In der klassischen Physik hätte man freilich nach dem „wahren Impuls“ und der „wahren Energie“ fragen können, welche sich aus der auf ein „absolut ruhendes Koordinatensystem“ bezogenen „wahren Geschwindigkeit“ ergeben. Doch ist ein derartiges absolut ruhendes Koordinatensystem physikalisch nie festzustellen gewesen, und die Relativitätstheorie behauptet die grundsätzliche Relativität der geradlinig gleichförmigen Bewegungen, d. h. die grundsätzliche Gleichberechtigung aller gegeneinander geradlinig und gleichförmig bewegten Koordinatensysteme.

Formal findet dies seinen Ausdruck, indem die drei Komponenten des Impulses mit der Energie zusammengefaßt werden als die vier Komponenten eines sogenannten „Vierervektors“ (die hierbei symbolisch eingeführte vierte Dimension ist die Zeit). D. h. man betrachtet Impuls und Energie als Ausdruck einer bestimmten, für den jeweiligen Körper charakteristischen Realität; gleichsam seiner dynamischen Potenz. Dieser Ausdruck aber ist ein anderer in jedem Koordinatensystem, und wir begnügen uns damit, daß wir Impuls und Energie für jedes Koordinatensystem kennen. Nach der „wahren Energie“ eines Körpers zu fragen, ist so sinnlos, wie wenn man die „wahren Komponenten“ eines Vektors wissen wollte. In jedem Koordinatensystem gilt der Satz von der Erhaltung der Energie; nur ändert sich der numerische Wert, den wir der Energie beilegen, wenn man ein neues Koordinatensystem, also einen neuen Standpunkt, wählt.

Charakteristisch ist nun für die Relativitätstheorie, daß die Energie gerade mit dem Impuls zusammengefaßt wird, für den ja ebenfalls ein Erhaltungssatz gilt. Energie und Impuls stehen, als Ausdruck der dynamischen Eigenschaften eines Körpers, seinem Ort zu einer bestimmten Zeit als dem Ausdruck seiner geometrisch-kinematischen Eigenschaften gegenüber, und es existiert ein einheitlicher dynamischer Erhaltungssatz, den man kurz als Energie-Impuls-Satz bezeichnen mag.

Natürlich hängt mit der Energie auch die Masse eines Körpers vom Koordinatensystem ab. Es gibt aber eine für einen Körper charakteristische Masse: das ist derjenige Wert einer Masse, den man in dem Koordinatensystem mißt, von dem aus gesehen der Körper sich in Ruhe befindet. In diesem Koordinatensystem hat mit seiner Geschwindigkeit auch sein Impuls und seine kinetische Energie den Wert null. Die dann noch vorhandene Masse nennt man die Ruhmasse des Körpers und die ihr zugeordnete Energie die Ruhenergie.

Quantentheorie. Auch die Quantentheorie beginnt damit, die Energie mit einer anderen physikalischen Größe in einen unerwarteten engen Zusammenhang zu bringen, nämlich mit der Frequenz eines Schwingungsvorgangs. Planck betrachtete bei der Aufstellung der Quantenhypothese die Lichtstrahlung, die von einem schwingenden Körper (etwa einem Atom) ausgeht. Er nahm an, dabei werde die Schwingungsenergie nicht kontinuierlich auf das Strahlungsfeld übertragen, sondern in einzelnen Energiequanten, deren Größe E proportional der Frequenz ν des Schwingungsvorgangs ist, also der Anzahl von Schwingungen je Sekunde: $E = h \cdot \nu$. Der aus den Experimenten bestimmbare Proportionalitätsfaktor h ist das Plancksche Wirkungsquantum.

Diese Annahme war durch die Erfahrung nahegelegt und hat sich seitdem glänzend bewährt. Sie war aber von der klassischen Physik aus vollkommen unverständlich. Heute wissen wir, daß sie der Ausfluß einer Grundtatsache alles atomaren Geschehens ist: des Dualismus von Wellen- und Teilchenbild. Jeder materielle Körper (also z. B. ein Atom oder ein Elektron) kann unter gewissen Umständen als kontinuierlich durch den Raum ausgebreitete Welle in Erscheinung treten und jeder Wellenvorgang (z. B. Licht) als Wirkung einzelner lokalisierter Teilchen. Es hängt von der

Art des angestellten Experiments ab, unter welchem der beiden Bilder sich ein physikalisches Objekt unserer Wahrnehmung darstellt. Wir haben uns hier an die oben erwähnte Sonderstellung der klassischen Physik als Zugangsweg auch zu allen neu erschlossenen Bereichen zu erinnern. „Teilchen" und „Welle" sind zwei anschauliche Bilder, die dem Begriffsschatz der klassischen Physik entstammen. Man könnte denken, der Dualismus würde sich vermeiden lassen, wenn man beide Bilder aufgäbe und durch eine dritte, der klassischen Physik völlig fremde Begriffsbildung ersetzte. Nun sind aber die beiden Bilder die schlichte Beschreibung dessen, was man in den Experimenten sieht; ihr klassischer Charakter ist schon dadurch bedingt, daß wir nicht anders als auf dem Weg über den klassisch beschreibbaren Bereich der Natur eine sinnliche Wahrnehmung von Wirkungen der Atome empfangen können. Selbst wenn wir jenen dritten Begriff besäßen, würden wir die aus ihm zu ziehenden Folgerungen für den Vergleich mit der Erfahrung doch stets in die Sprache der klassischen Physik übersetzen müssen.

Der Dualismus bedingt nun, daß man bei der Charakterisierung des Zustands eines Objekts nebeneinander zwei ganz verschiedene Gruppen von Begriffen verwendet. Im Teilchenbild reden wir von dem Ort, dem Impuls, der Energie eines Teilchens, im Wellenbild von der Wellenlänge, der Frequenz, der Ausbreitungsgeschwindigkeit einer Welle. Sind Bestimmungsstücke eines Zustands nach dem einen Bild gegeben, so taucht die Frage auf, ob damit schon etwas über die Bestimmungsstücke im andern Bild gesagt ist. Dies ist nun in der Tat der Fall. Die Planck sche Gleichung ist der Ausdruck dieser Beziehung zwischen den beiden Bildern. Ein Gebilde, das im Teilchenbild eine bestimmte Energie hat, hat im Wellenbild eine zu dieser Energie proportionale Frequenz. Eine zweite fundamentale Beziehung, die von De Broglie entdeckt wurde, kommt hinzu: Der Impuls p eines Teilchens ist mit der Wellenzahl k der zugeordneten Welle (d. h. der Anzahl von Wellenlängen je Zentimeter) verknüpft nach der Gleichung $p = h \cdot k$.

Diese Beziehungen spielen in der Quantentheorie die Rolle von Axiomen, die zwar durch die Erfahrung nahegelegt sind, aber nicht mehr aus anderen Grundgesetzen abgeleitet werden können. Immerhin gestattet aber der Energiesatz in der Fassung, die ihm die Relativitätstheorie gegeben hat, abzuleiten, daß die Beziehung zwischen Wellen- und Teilchenbild, wenn sie überhaupt in der Form derart einfacher Gleichungen geschrieben werden kann, gerade die Planck-De Brogliesche Form haben muß. Denn noch ehe man weiß, welche Größen des Wellenbildes der Energie und dem Impuls eines Teilchens entsprechen, ist es sicher, daß diese Größen des Wellenbildes erstens mit der Zeit sich nicht ändern dürfen (Erhaltungssatz) und daß zweitens ihre Abhängigkeit vom Koordinatensystem dieselbe sein muß wie die von Energie und Impuls (Existenz eines Vierervektors). Betrachte ich nun einen gleichmäßig im Raum fortschreitenden Wellenzug, so sind die beiden Größen, welche sich bei dieser Bewegung nicht ändern, gerade seine Frequenz und seine Wellenlänge; und man kann zeigen, daß die Frequenz und die Anzahl von Wellenlängen je Zentimeter, gemessen in der Fortschreitungsrichtung, gerade einen Vierervektor bilden. Diese Überlegung bildet ein Musterbeispiel für die konstruktive Verwendung des Energiesatzes.

Trotz dieser seiner fundamentalen Rolle hat der Energiesatz bei der Entstehung der heutigen Fassung der Quantentheorie einmal eine Krise durchgemacht. Es ist lehrreich, Ursachen und Auflösung dieser Krise zu betrachten. Sie entsprang aus der Erkenntnis, daß die Beziehung zwischen Welle und Teilchen teilweise statistischer Natur sein muß. Fragen wir einmal, welche Größe des Wellenbildes dem Ort entspricht, an dem das zugeordnete Teilchen sich befindet. Der Wellenzug befindet sich nicht nur an einem Ort, sondern an vielen Orten zugleich. Trotzdem kann ich aber durch eine geeignete Meßanordnung (ein Mikroskop, einen Szintillationsschirm) den Ort des Teilchens innerhalb des von der Welle erfüllten Gebiets genau messen. Der Ort, den ich dabei finde, ist nicht etwa durch die Form der Welle determiniert, sondern er schwankt auch bei genau gleichen Vorbedingungen von Fall zu Fall. Es zeigt sich, daß die Intensität der Wellenerregung an einem Ort die Wahrscheinlichkeit bestimmt, gerade an diesem Ort ein Teilchen vorzufinden; mehr als diese Wahrscheinlichkeit folgt aus dem Wellenbild nicht.

Nun ist aber die Energie eine Eigenschaft der Teilchen; wo wir ein Teilchen finden, finden wir einen beträchtlichen Energiebetrag auf einen sehr kleinen Raum konzentriert. Wenn nun Teilchen in nicht streng vorhersagbarer Weise irgendwo im Raum vorgefunden werden können, so verlieren wir damit die Übersicht über das Strömen der Energie. Kann dabei der Energieerhaltungssatz gewahrt bleiben?

Bohr, Kramers und Slater[5] haben 1924 in der Tat versuchsweise eine Theorie vorgeschlagen, nach welcher der Energiesatz im Einzelfall nicht gelten sollte. Diese Theorie beruht auf zwei Annahmen: 1. die Intensität der Welle gibt die Wahrscheinlichkeit der Anwesenheit eines Teilchens an; 2. durch das Auftreffen eines Teilchens an einem Ort ändert sich die Form der zugeordneten Welle an den anderen Orten nicht. Betrachten wir nun etwa einen Wellenzug, der dadurch entsteht, daß ein Atom ein einziges Lichtquant der Energie $h \cdot \nu$ aussendet. Wir zerlegen nun den Raum, in dem die Welle sich befindet, in zwei gleiche Teile und suchen zuerst im einen und dann im anderen Teil nach dem Lichtquant. Für jeden der beiden Teile ist die Wahrscheinlichkeit, in ihm ein Lichtquant anzutreffen, nach der 1. Annahme gleich ½. Nach der 2. Annahme wird nun aber die Form der Wellenfunktion im zweiten Raumteil durch den Ausfall der Messung im ersten Raumteil gar nicht beeinflußt, d. h. einerlei, ob man im ersten Teil ein Lichtquant gefunden hat oder nicht, bleibt die Wahrscheinlichkeit, im zweiten Teil ein Lichtquant zu finden, immer noch ½. Es sind also vier gleich wahrscheinliche Ausgänge des Gesamtexperiments möglich: In keinem der beiden Raumteile findet sich ein Lichtquant, oder nur im ersten oder nur im zweiten oder in beiden Teilen je eines. Da nun die Frequenz ν der Welle und damit die Energie $h \cdot \nu$ des Lichtquants festgelegt ist, erweist sich der Energieinhalt der ganzen Welle im ersten Falle als null, im zweiten und dritten Falle als $h \cdot \nu$, im vierten als $2 \cdot h\nu$. Somit ist nur im zweiten und dritten Fall die im Feld vorgefundene Energie gleich der hineingesteckten; im ersten ist sie verschwunden, im vierten verdoppelt. Im statistischen Mittel also würde der Energiesatz noch gelten, im Einzelfall aber nicht.

Wir erwähnen diese Theorie, weil sie zeigt, wie naheliegend angesichts der statistischen Natur der Atomphänomene ein Verzicht auf die strenge Gültigkeit des Energiesatzes war. Lediglich neue Erfahrungen (Versuche von Bothe und Geiger[6] und von Compton und Simon[7] haben gegen diese Theorie entschieden. Sie haben gezeigt, daß auch im Einzelprozeß der Energiesatz gilt. Damit mußte eine der beiden Voraussetzungen der Theorie fallengelassen werden; und da die erste Vorbedingung dafür ist, daß Wellen- und Teilchenbild überhaupt vereinbart werden können, mußte man auf die zweite verzichten. In unserem Beispiel heißt das: Man weiß von vornherein, daß das Wellenfeld genau ein Lichtquant der Energie $h \cdot \nu$ enthält. Findet man das Lichtquant im ersten Raumteil, so ist es sicher nicht im zweiten. Die Wahrscheinlichkeit, es im zweiten Raumteil zu finden, wird daher mit dem Augenblick, in dem man das Lichtquant im ersten Raumteil gefunden hat, momentan von ½ auf null herabgesetzt, d. h. die Intensität der Lichtwelle im zweiten Raumteil nimmt momentan von einem endlichen Wert auf null ab. Findet man umgekehrt, daß das Lichtquant nicht im ersten Raumteil ist, so nimmt damit die Wahrscheinlichkeit, es im zweiten Raumteil zu finden, momentan von ½ auf 1 zu; die Intensität der Welle im zweiten Raumteil verdoppelt sich. In dieser sprunghaften Änderung der Wellenfunktionen durch den Beobachtungsakt (der sog. „Reduktion der Wellenpakete") äußert sich die Tatsache, daß die Wellen in der Quantenmechanik nicht an sich seiende physikalische Realitäten, sondern Ausdruck einer durch Messung erworbenen Kenntnis des experimentierenden Menschen sind und daher durch Erwerbung einer neuen Kenntnis in der Tat momentan geändert werden können. Der Grenzübergang zu den an sich seienden Wellenfeldern der klassischen Physik geschieht durch Vermehrung der Anzahl der Lichtquanten im Wellenzug; denn wenn die Welle viele Lichtquanten enthält, so ändert die Feststellung, daß ein einzelnes Lichtquart im ersten Raumteil angetroffen wurde, fast nichts an der Intensität im zweiten Raumteil.

Aber auch die charakteristischen Eigenschaften der Teilchen — und damit die Energie — sind nun nicht an sich seiende Gegebenheiten, sondern Ausdruck einer durch Messung erworbenen Kenntnis. Betrachten wir etwa ein Teilchen, dessen Ort in einem bestimmten Augenblick sehr genau gemessen worden ist. Damit ist die Wahrscheinlichkeit, es an irgendeinem anderen als dem beobachteten Ort vorzufinden, gleich null. Im Wellenbild haben wir es also durch ein „Wellenpaket" darzustellen, dessen Intensität überall außer an der beobachteten Stelle gleich null ist. Ein derartiges Wellenpaket hat nun aber gar keine definierte Frequenz und Wellenlänge. Das bedeutet aber, daß ihm auch kein definierter Wert von Energie und Impuls entsprechen kann. Während also der vorher betrachtete ausgedehnte Wellenzug von bestimmter Frequenz und Wellenlänge nur statistische Voraussagen über den Ort des Teilchens zuließ, können wir nun umgekehrt keine bestimmte Voraussage über den Impuls und die Energie machen, welche man an dem Teilchen bei einer Messung finden würde; für jeden möglichen Ausfall des Experiments läßt sich wiederum nur eine Wahrscheinlichkeit angeben (sie ist gegeben durch den Anteil der betreffenden Frequenz bzw. Wellenlänge an einer Fourier-Analyse des Wellenpakets).

Die quantitative Formulierung dieses Zusammenhangs in der Heisenbergschen Unbestimmtheitsrelation besagt, daß genaue Impulskenntnis zu einer genauen Ortskenntnis im ausschließenden Verhältnis steht, und genaue Energiekenntnis zur genauen Festlegung eines Zeitpunkts. Wir erläutern dies am Fall der Energiemessung näher. Der Energie des Teilchens entspricht die Frequenz einer Welle. Um aber einer Welle überhaupt eine definierte Frequenz zuschreiben zu können, muß man sie so lange schwingen lassen, daß inzwischen mehrere Wellenberge und -täler vorüberstreichen; denn andernfalls handelt es sich gar nicht um eine periodische Welle, sondern um einen einmaligen Stoß, dem keine „Freqenz" zukommt. Also ergibt sich schon aus der Planckschen Beziehung, daß auch die Energie eines Teilchens nicht für einen sehr kurzen Zeitmoment, sondern nur für eine gewisse Zeitspanne definiert ist. Mißt man die Energie in einer kürzeren Zeitspanne, so erhält man einen unbestimmten Wert. Dies hat praktische Konsequenzen. Z. B. können nach der Quantenmechanik im Einklang mit der Erfahrung Teilchen ein Hindernis, zu dessen Überwindung ihre Energie nach der klassischen Physik nicht ausreicht, gleichwohl mit einer gewissen Wahrscheinlichkeit durchqueren („Tunneleffekt"). Das Hindernis muß dazu nur so schmal sein, daß die kurze Zeit, während der das Teilchen sich auf dem Hindernis befindet, gar nicht ausreicht, um die Energie, die das Teilchen in diesem Zustand hat, genau zu definieren. Dann besteht eine gewisse Wahrscheinlichkeit dafür, daß das Teilchen bei einer Messung in dieser Zeitspanne eine höhere Energie zeigt als vor und hinter dem Hindernis und daher ohne Widerspruch zum Energiesatz das Hindernis überqueren kann. Der springende Punkt dieser Überlegung ist also, daß man zwar vor und nach dem Hindernis genug Zeit hat, um die Energie des Teilchens beliebig genau zu definieren, nicht aber während des Durchquerens des Hindernisses selbst; und dementsprechend nimmt die Wahrscheinlichkeit für das Durchqueren des Hindernisses ab, je breiter das Hindernis, je genauer festlegbar also die Energie des Teilchens während des Durchquerens ist.

Das Beispiel zeigt, daß der Energiesatz in der Quantenmechanik zwar nie falsch, aber in gewissen Fällen gleichsam suspendiert wird. Man darf seine Gültigkeit stets dann, aber auch nur dann voraussetzen, wenn experimentelle Bedingungen vorliegen, welche wenigstens grundsätzlich gestatten, seine Gültigkeit nachzuprüfen. Der Vergleich mit der älteren Vermutung von Bohr, Kramers und Slater zeigt, daß diese Einschränkung nicht nur eine Folge unserer beschränkten Kenntnis der Natur ist, sondern daß sie die notwendige logische Voraussetzung für den Einbau des

Dualismus von Wellen und Teilchen in das System der klassischen Physik ist. Wollten wir die charakteristischen Größen eines der Bilder als an sich seiende Eigenschaften der Natur auffassen, so müßten wir zulassen, daß Sätze wie der Energiesatz bei der empirischen Nachprüfung wirklich versagen.

Theorie der Elementarteilchen. Die Quantentheorie erklärt nicht die charakteristischen Eigenschaften der verschiedenen Sorten von Elementarteilchen, die wir heute kennen. Es ist daher sicher, daß sie noch durch eine neue, bisher unbekannte Theorie ergänzt werden muß. Die Erfahrung bietet uns schon einige Anhaltspunkte für die Eigenschaften dieser neuen Theorie. Da an Hand der Erfahrung auch die Frage, ob in der neuen Theorie der Energiesatz noch gelten werde, diskutiert worden ist, gehen wir auf diese Überlegungen kurz ein.

Gewisse Atomkerne senden — beim sog. β-Zerfall — Elektronen aus und wandeln sich dabei in Kerne einer anderen Sorte um. Die Energie des Ausgangskernes und die des Endkerns ist jeweils genau festgelegt. Nach dem Energiesatz hätte man daher zu erwarten, daß alle von einem Ausgangskern einer bestimmten Sorte ausgehenden Elektronen dieselbe Energie hätten, nämlich eben die Energiedifferenz von Anfangs- und Endkern; denn eine andere beobachtbare Energieabgabe außer der Emission des Elektrons findet bei dem Vorgang nicht statt. Tatsächlich haben diese Elektronen aber sehr verschiedene Energien, die lediglich alle zwischen dem Wert null und einem gewissen Maximalwert liegen. Bohr[8] hat daher die Möglichkeit in Betracht gezogen, daß bei diesem Vorgang der Energiesatz verletzt werde. Eine nähere experimentelle Untersuchung des Vorgangs hat allerdings sehr wahrscheinlich gemacht, daß eine andere, von Pauli[9] aufgestellte Vermutung richtig ist: daß nämlich gleichzeitig mit dem Elektron jeweils ein ungeladenes Teilchen (ein sog. „Neutrino") ausgesandt wird, das sich nur infolge einer sehr geringen Wechselwirkung mit der Materie bisher jeder direkten Beobachtung entzogen hat. Man hat nämlich gefunden, daß die Energiedifferenz zwischen Ausgangs- und Endkern gerade gleich der maximalen Energie ist, die ein emittiertes Elektron haben kann. Es liegt nun sehr nahe, anzunehmen, daß in jedem Fall gerade dieser Energiebetrag ausgesandt, aber auf die beiden Teilchen in einem von Fall zu Fall wechselnden Verhältnis verteilt wird; dann wird man Elektronen verschiedener Energie beobachten, die aber stets zwischen null und jenem Maximalwert liegt.

Die Erfahrung scheint also wiederum zugunsten des Energiesatzes entschieden zu haben. Besonders interessant ist aber ein rein theoretisches Argument von L a n d a u für diesen Ausgang der Frage, das B o h r[10] selbst zitiert hat. Nehmen wir einmal an, bei der Emission des Elektrons verschwinde am Ort des Kerns ein gewisser Energiebetrag spurlos. Damit verschwindet zugleich eine gewisse Masse. Also wird sich auch die Gravitationswirkung des Kerns auf seine Umgebung vermindern. Da sich nach der speziellen Relativitätstheorie keine Wirkung schneller ausbreitet als mit Lichtgeschwindigkeit, muß auch die Änderung des Gravitationsfeldes, die durch diese Massenänderung bedingt ist, als Welle mit (höchstens) Lichtgeschwindigkeit nach außen laufen. Versucht man nun nach irgendeiner Differentialgleichung für das Gravitationsfeld (z. B. derjenigen der allgemeinen Relativitätstheorie) diesen Wellenvorgang zu beschreiben, so zeigt sich stets, daß er Masse transportiert: In der Welle strömt ebensoviel Masse nach außen, wie im Innern verschwunden ist. Somit hat die Wellengleichung die Annahme eines Energieverlustes automatisch korrigiert. Wenn irgendwo Energie unkompensiert verschwindet, muß sie in der Form einer Gravitationswelle wieder auftreten; vielleicht ist das Neutrino das der Gravitationswelle zugeordnete Teilchen. Selbstverständlich wäre es möglich, auch die Gravitationstheorie so abzuändern, daß sie diesen Massentransport nicht enthielte. Es sollte nur gezeigt werden, wie tief die Annahme des Energiesatzes in der Struktur der heutigen Theorien verankert ist, so daß es unmöglich ist, ihn zu streichen, ohne zugleich das ganze Gerüst der Theorie umzugestalten.

Viel mehr ist über die Rolle des Energiesatzes in der kommenden Physik heute noch nicht zu sagen.

II. Energiesatz und Kausalität

J. R. M a y e r betrachtete den Energiesatz als die physikalisch genaue Fassung des alten Satzes „causa aequat effectum“ und setzte ihn damit in enge Beziehung zum Prinzip der Kausalität. Er kam dazu durch die Erklärung der Energie (oder der „Kraft“ in seiner Bezeichnungsweise) als Ursache der Bewegung von Materie. Doch umfaßt offenbar der Energiebegriff nicht die Gesamtheit möglicher Ursachen materieller Veränderungen. Die bemerkenswerte weitere Gruppe von Phänomenen, in denen Ursache und Wirkung nicht in einem zahlenmäßig festgelegten Verhältnis zueinander stehen, sondern auf die eher die Redensart „kleine Ursachen, große Wirkungen" anzuwenden ist, faßte er unter dem Begriff der Auslösung zusammen.

Wir prüfen in Kürze drei Fragen: Welche Rolle spielt die von Mayer behauptete Beziehung zwischen Energiesatz und Kausalprinzip im Aufbau der Physik? Wird durch die sog. Krise des Kausalprinzips in der modernen Atomphysik auch der Energiesatz betroffen? Welche Bedeutung hat der Begriff der Auslösung für die Physik?

1. Causa aequat effectum. Man kann nicht behaupten, der Energiesatz sei eine logische Folge des Prinzips der Kausalität. Dazu ist das Prinzip der Kausalität zu wenig präzisiert und der Energiesatz zu speziell. Eher könnte man den Energiesatz als die genauere Formulierung eines Teiles des allgemeinen Kausalprinzips bezeichnen, und zwar als eine Formulierung, die erst auf Grund der Erfahrung möglich geworden ist.

Gewöhnlich versteht man unter dem Kausalprinzip in der Physik nur die Behauptung, daß zwischen den Zuständen desselben Gebildes zu verschiedenen Zeiten ein eindeutiger funktionaler Zusammenhang bestehe: „Ist der Zustand eines abgeschlossenen Systems in einem Zeitpunkt vollständig bekannt, so ist damit grundsätzlich auch sein Zustand in jedem anderen Zeitpunkt bestimmt." Dieses Prinzip ist offenbar logisch unabhängig vom Energiesatz. Es kann richtig sein, auch wenn die Energie nicht erhalten bleibt (z. B. in der reinen Mechanik bei Reibungskräften), und es könnte falsch werden, obwohl die Energie erhalten bliebe (z. B. wird es in der Quantenmechanik wenigstens in seiner Anwendbarkeit eingeschränkt). Doch umfaßt dieses Prinzip, das wir kurz als das Prinzip des Determinismus bezeichnen können, nicht die Gesamtheit der Vorstellungen, die wir mit dem Begriffspaar „Ursache und Wirkung" verbinden. Man erkennt dies schon an der Asymmetrie der beiden Begriffe. Während nach dem Determinismus die Vergangenheit ebenso durch die Zukunft determiniert ist wie die Zukunft durch die Vergangenheit, sagen wir, daß eine Ursache eine Wirkung hervorbringe, aber nicht umgekehrt. Zum selben Vorstellungskomplex gehört es, daß wir, wenigstens im täglichen Leben, nicht einfach einen Zustand als die Ursache eines anderen Zustandes ansehen, sondern uns unter einer Ursache irgendeine an sich daseiende Kraft vorstellen, welche die Fähigkeit besitzt, etwas zu „bewirken". Diese Seite des Ursachbegriffs ist es offenbar, welche Mayer durch seine Deutung der „Erhaltung der Kraft" wiedergeben wollte.

Die moderne Physik ist dieser Denkweise so entfremdet, daß viele ihrer prominenten Vertreter den Determinismus überhaupt als die einzige prüfbare und sinnvolle Formulierung des Kausalprinzips ansehen. Es ist daher vielleicht notwendig, hier eine kurze Rechtfertigung des anderen Sprachgebrauchs vorzunehmen. Der Unterschied von Ursache und Wirkung, der sich bei einem determiniert ablaufenden Vorgang auf den Unterschied von früher und später reduziert, hat einen sehr viel prägnanteren Sinn bei jeder Wechselwirkung des Menschen mit seiner Umwelt. Der Mensch kann durch willkürliche Handlungen die Zukunft beeinflussen, aber nicht die Vergangenheit. Da wir keine kausale Beschreibung menschlicher Willensakte besitzen, beginnt mit jeder derartigen Handlung für uns eine einseitig in die Zukunft laufende Kausalkette. Unsere Willensakte treten nur als Ursachen und nicht als Wirkungen in unserer Beschreibung der Wirklichkeit auf. Jedes Experiment ist ein derartiger Akt; gerade die Freiheit, die experimentellen Bedingungen nach Belieben zu wählen und die vorausgesagten Wirkungen zu prüfen, macht den Wert des Experiments für die kausale Analyse der Natur aus. Daher kann man die Gesetze der Physik im allgemeinen in die Form bringen: „Wenn der Zustand A realisiert wird, tritt der Zustand B als seine Folge ein.“ Auch die Analyse der nicht von uns hervorgebrachten Naturphänomene geschieht nach diesem Schema: Wir betrachten den von selbst in der Natur eingetretenen Zustand als Ursache, aus welcher wir nach dem konditionalen Schema des allgemeinen Gesetzes die Wirkung berechnen. Der Unterschied ist nur, daß man bei einem unbeeinflußten Naturgeschehen den Anfangspunkt legen kann, wo man will. Daß dies aber noch nicht identisch ist mit dem vollen Determinismus, wird deutlich in der Quantenmechanik, die nur unter Berücksichtigung der konditionalen Form der Naturgesetze überhaupt gedeutet werden kann.

Die Unterscheidung von Ursache und Wirkung ist also in der Naturbeschreibung sinnvoll, weil wir in der Naturwissenschaft, wenn auch meist unausdrücklich, den Unterschied von Vergangenheit und Zukunft benützen, den man vielleicht in die Worte kleiden könnte, daß die Vergangenheit faktisch, die Zukunft hingegen ein Feld der Möglichkeiten ist. Die tatsächliche Darstellung der Naturerscheinungen setzt nie den vollen Determinismus, sondern stets die Möglichkeit der Variation der Bedingungen, sei es praktisch oder wenigstens in der Form ihrer Denkschemata, voraus. Falsch war nur die noch im „mechanischen Weltbild“ ausgesprochen oder unausgesprochen stehende Voraussetzung, wir könnten a priori einsehen, welche Wirkung eine gegebene Ursache haben müsse (die besondere „Begreiflichkeit“ von Wirkung durch Druck und Stoß, durch Zentralkräfte, durch Nahewirkung oder ähnliches). Die inhaltliche Erfüllung des Schemas von Ursache und Wirkung ebenso wie die etwaigen Grenzen seiner Anwendbarkeit lernen wir erst aus der Erfahrung.

In welchem Sinne kann nun der Energiesatz eine Erfüllung dieses Schemas darstellen? In M a y e r s Sinne schlägt er gleichsam die Brücke zwischen den Begriffen der Kausalität und der Substanz. „Ursache“ bedeutet etymologisch eine bestimmte „Sache“; „causa“ hat sich zu „chose“ verdinglicht. In der Tat ist es für den Menschen wichtig, diejenige Sache, dasjenige Objekt zu kennen, das man in der Hand haben muß, um bestimmte Wirkungen ausüben zu können. Ein derartiges „Objekt“ ist nun zweifellos die Energie. So konnte man die beiden Erhaltungssätze von Materie und Energie in der Tat auch als Erhaltungssätze der Dinge und der Ursachen empfinden.

Doch sind damit einerseits die bloß auslösenden Ursachen weggefallen. Und andererseits hat die moderne Vereinigung der beiden Erhaltungssätze den Energiesatz der Kausalitätskategorie noch ferner und der Substanzkategorie noch näher gerückt. Soweit diese alten Kategorien auf die heutige Forschungslage überhaupt noch angewandt werden können, wird man heute im Energiesatz nicht mehr die Erfüllung des Schemas der Kausalität, sondern der Substanz erblicken. Doch zeigt sein Werdegang, daß eben der Sinn dieser Kategorien selbst sich mit jedem Fortschritt der Wissenschaft verschiebt.

2. Verhältnis zur quantenmechanischen Analyse des Kausalproblems. Durch das Obige ist eigentlich die zweite Frage schon beantwortet. Da der Energiesatz mit dem Determinismus nichts und mit der allgemein gefaßten Kausalität weniger als mit der Substanz zu tun hat, wird er durch die Quantenmechanik, welche nur den Determinismus revidiert, nicht betroffen. Wir haben ja auch schon gesehen, wie umgekehrt eben durch die empirische Gültigkeit des Energiesatzes der entscheidende gedankliche Fortschritt der Quantenmechanik, ihre Kritik des Dingbegriffs, erzwungen wurde. Dabei sei hier nur der logische Zusammenhang mit wenigen Worten gekennzeichnet.

Die Quantenmechanik behält das Prinzip des Determinismus in seiner Fassung als Konditionalsatz bei. Wenn ein Zustand A bekannt ist, läßt sich auch aus ihr der vorangegangene oder nachfolgende Zustand B desselben Gebildes berechnen, und zwar nach den Gesetzen der klassischen Physik. Sie schränkt aber die Möglichkeit der Erfüllung der mit „wenn“ eingeleiteten Bedingung ein (man kann stets nur eines von zwei zueinander „komplementären“ Bestimmungsstücken eines Zustandes kennen) und entzieht damit dem Prinzip einen Teil seines Anwendungsbereiches. Damit fällt die aus dem Determinismusprinzip früher gezogene Folgerung weg, alle Vorgänge seien an sich determiniert, und es sei nur Sache unserer Erkenntnis, die Art der Determination zu ermitteln. Hingegen bleibt jeder einzelne Vorgang weiterhin determinierbar, wenn man nämlich die experimentellen Voraussetzungen für die Ermittlung der ihn determinierenden Faktoren schafft; nur wird damit die gleichzeitige Determination des jeweils „komplementären“ Vorgangs unmöglich gemacht.

Das Objekt der quantenmechanischen Kritik ist also gar nicht der Begriff des Kausalnexus, sondern der des „Dinges oder Vorganges an sich“. Man könnte daher eher von einer Kritik der Substanzkategorie reden. Doch zeigt die Gültigkeit des Energiesatzes, daß auch diese Ausdrucksweise mindestens zweideutig ist. Besser wird man sagen: Die Quantenmechanik erkennt den Relationscharakter der Kategorien. Substanz, Kausalität usw. bezeichnen nicht Realitäten an sich, sondern von Menschen erkannte Realitäten. Die Grenze ihrer Anwendung ist also dort erreicht, wo die Bedingungen nicht mehr existieren, welche die Herstellung einer erkennbaren Realität ermöglichen. So darf man ja, wie weiter oben gezeigt wurde, die Gültigkeit auch des Energiesatzes nur dann voraussetzen, wenn die experimentellen Bedingungen eine Energiemessung wenigstens grundsätzlich zulassen.

3. *Auslösung.* Die Energieverhältnisse allein bestimmen den Ablauf des Geschehens nicht. Ob z. B. das Gewicht einer Uhr sinkt und damit seine potentielle Energie auf dem Umweg über die kinetische Energie des Uhrwerks in Wärme umwandelt, hängt davon ab, ob das Pendel angestoßen ist oder nicht. Der kleine Energiebetrag des Pendelanstoßes wirkt „auslösend“. So verstanden, ist jede Detailanalyse eines physikalischen Vorgangs ein Studium auslösender und „dirigierender“ Wirkungen.

Im spezifischen Sinn auslösend sind die Wirkungen aller Meßapparate der modernen Physik. Sie alle sollen ja Vorgänge, die unseren Sinnen nicht mehr unmittelbar wahrnehmbar sind, in einer kontrollierbaren Weise zum Hervorbringen sinnlich wahrnehmbarer Wirkungen veranlassen. Man denke nur an das Mikroskop, das Fernrohr, den Spitzenzähler, den Lautsprecher und so fort.

Im theoretischen Bereich sei nur auf ein Auslösungsproblem von größter Bedeutung hingewiesen: die Physik und Chemie der Vorgänge im lebenden Organismus. Schon das Wachstum eines Organismus aus einer Eizelle und noch mehr das Studium der Genmutationen beweist, daß die determinierenden Faktoren für das Lebensgeschehen auf kleinstem Raum zusammengedrängt, ja teilweise von atomarer Größenordnung sind.

III. Die Energiebereiche der Physik

Die Anwendung des Energiesatzes beginnt mit der Aufstellung der Arbeitsäquivalente. Man muß die Energiebeträge der verschiedenen Energieformen ineinander umrechnen können. Der Physiker verwendet dabei als fundamentales Energiemaß das Erg, das ist das Doppelte der kinetischen Energie eines Gramms Materie, das sich mit der Geschwindigkeit 1 cm/s bewegt. Das ist eine sehr kleine Maßeinheit. Ein Geschoß der Masse 10 kg und der Geschwindigkeit 1000 m/s hat $5 \cdot 10^{13}$ erg.

Die Gravitationsenergie bestimmt sich nach der Gleichung 1 mkg $=$ $0{,}98 \cdot 10^{8}$ erg; d. h. mit rund 10^{8} erg kann man 1 kg 1 m hoch heben.

Im mechanischen Maß ausgedrückt sehr groß ist die Wärmeenergie. Es ist 1 cal $= 4{,}19 \cdot 10^{7}$ erg $= 0{,}427$ mkg; d. h. mit der Energie, die man braucht, um eine Menge Wasser um $1\,^{0}$ zu erwärmen, kann man dieselbe Menge Wasser 427 m hochheben. Nach der kinetischen Theorie der Wärme ist dies begreiflich. Die Wärme ist eine verborgene ungeordnete Bewegung der Materie, und zwar fliegen z. B. die Moleküle der Luft bei normaler Temperatur mit etwa 400 m/s, d. h. die meisten sichtbaren Bewegungen sind geringfügig, verglichen mit der verborgenen Wärmebewegung.

Noch größer sind die chemischen Energien. Die Verbrennung von 18 g Knallgas zu Wasser liefert 68 000 cal. Atomtheoretisch gesprochen heißt das, daß die potentiellen Energien der Atome groß sind verglichen mit ihren mittleren kinetischen Energien. Das ist einleuchtend, da eine in kinetische Energie umgesetzte potentielle Energie von Atomen sich alsbald als Wärme über sehr viele Atome verteilt.

Die chemischen Energien waren bis vor kurzem die größten, die wir willkürlich technisch verwerten konnten. In doppelter Hinsicht gibt es aber in der Natur Energien, welche die chemischen weit übersteigen; sie zeigen sich als große Energiekonzentrationen in der Atomphysik und als große Energiemengen in der Astrophysik.

Das Energiemaß der Atomphysik ist das Elektronenvolt (eV). Es ist die Energie, die ein Elektron erhält, wenn es eine Spannung von 1 Volt durchläuft. Bei der oben genannten Knallgasreaktion werden auf ein gebildetes Wasserstoffmolekül fast drei Elektronenvolt frei. Ein Elektronenvolt ist $1{,}6 \cdot 10^{-12}$ erg. Dieses Energiemaß ist also sehr klein, da es die Energie, gerechnet auf ein einzelnes Atom, ausdrückt. Da 18 g Wasser $6 \cdot 10^{23}$ Wassermoleküle enthalten, ist ihre gesamte Energieerzeugung gleichwohl sehr groß.

Alle chemischen Reaktionen beruhen auf Umlagerungen in der Hülle des Atoms; dabei werden Energien von der oben angegebenen bis herab zu kleinen Bruchteilen eines Elektronenvolts je Atom frei. Sehr viel größer sind die Energieumsätze bei Umlagerungen im Atomkern. Sie betragen etwa 1 bis 160 Millionen Elektronenvolt je Atom. Diese Reaktionen sind die Energiequelle der Atombombe.

Noch sehr viel größere Energiekonzentrationen finden sich in der kosmischen Ultrastrahlung. Diese Strahlung besteht aus einzelnen, sehr rasch bewegten Teilchen, die aus einem noch unbekannten Ursprung stammend den Weltraum durchqueren und gleichmäßig von allen Seiten die Erde treffen. Die durchschnittliche kinetische Energie eines derartigen Teilchens ist etwa 10 Milliarden (10^{10}) Elektronenvolt. Doch existieren in der Ultrastrahlung Teilchen mit 10^{14}, ja vielleicht 10^{16} eV.

Die größten bekannten Energiemengen enthalten die Sterne. Die kinetische Energie der Erde auf ihrer Bahn um die Sonne ist $2{,}7 \cdot 10^{40}$ erg. Die Sonne strahlt im Jahr 10^{41} erg aus. Diese Strahlung hat sie nach Ausweis der geologischen Daten seit wenigstens zwei Milliarden Jahren aufrechterhalten. Es gibt Sterne, die das Tausendfache dieser Menge im Jahre ausstrahlen.

Die ungeheure Ausstrahlung der Sonne ist durch den Energiesatz zu einem physikalischen Problem geworden. Denn der Energiesatz fordert, daß diese Energie vorher in der Sonne enthalten war oder in sie laufend hineingebracht wird; er stellt damit die Frage nach dem Mechanismus dieser Energielieferung. Mit dieser Frage begann die eigentliche Physik der Sonne. M a y e r selbst hat die Frage aufgeworfen und durch die Annahme beantwortet, es handle sich bei der ausgestrahlten Energie um die umgewandelte potentielle Gravitationsenergie der Meteoriten, die dauernd in die Sonne stürzen. Es erwies sich aber, daß diese Energie nicht ausreicht. Über verschiedene andere Hypothesen gelangte man schließlich zu der heutigen, theoretisch und empirisch gut gestützten Ansicht, daß es sich um Energie der Atomkerne handelt, die in der Mittelpunktsregion der Sonne Umwandlungen durchmachen. Die Sonne wäre also eine von der Natur selbst aufgestellte große Maschine zur Auswertung der Atomkernenergie. Diese Energiequelle reicht für mehr als das Zehnfache des von der Erfahrung verlangten Mindestalters der Sonne aus.

Das Verhältnis der Quantenmechanik zur Philosophie Kants

Die moderne Physik hat philosophische Fragen aufgeworfen, die im Rahmen der bekannten philosophischen Systeme der Vergangenheit und der Gegenwart schwerlich eine vollständige Antwort finden werden. Die vorliegende Arbeit möchte der Vorbereitung einer sachgemäßen Antwort dienen, indem sie einige bereits bekannte philosophische Thesen prüft, die sich auf die Fragen der Physik beziehen. Sie stellt sich also keine historische, sondern eine vorbereitend-systematische Aufgabe. Die Beschränkung der besprochenen Physik auf die Quantenmechanik erfolgt nur, um den Kreis der Fragen nicht von vornherein zu weit zu ziehen; da die Quantenmechanik zugleich die empirisch am besten belegte und die radikalste der modernen Theorien ist, kann man aus ihr wohl gegenwärtig am meisten für die philosophischen Fragen lernen. Die Beschränkung der besprochenen philosophischen Lehren auf das System Kants ist nicht ausschließlich. Aber das Ungenügen der heute mit ihm konkurrierenden naivrealistischen und positivistischen Ansichten drängt die Fragestellung von selbst in die Richtung, die Kant eingeschlagen hat. Die Antworten, die Kant auf seine Grundfragen gegeben hat, erweisen sich angesichts der modernen Physik weder als richtig noch als falsch, sondern als zweideutig. Indem wir versuchen, an Hand der heutigen Erkenntnisse eine richtige und eine unrichtige Deutung der Kantschen Thesen auseinanderzuhalten, gewinnen wir ein Prinzip der Kritik der Kantschen Philosophie und zugleich einen Ausgangspunkt für die weitere philosophische Bearbeitung der modernen Physik.

I. Der Inhalt der Quantenmechanik

Es ist zunächst notwendig, die Behauptungen der Quantenmechanik kurz zusammenzufassen. Dabei interessieren uns zunächst die Fragen, ob die Quantenmechanik, wie man oft gesagt hat, auf die Anschaulichkeit der Naturbeschreibung und auf das Kausalprinzip verzichtet habe. Wir werden sehen, daß beide Thesen ungenau sind, und daß der entscheidende Punkt der Quantenmechanik im Verzicht auf die „Objektivierbarkeit" des Naturgeschehens liegt. Wir prüfen schließlich, wieweit den Behauptungen der Quantenmechanik vom physikalischen Standpunkt aus Endgültigkeit zugesprochen werden kann.

1. Anschaulichkeit. Der Begriff der Anschaulichkeit ist vieldeutig. In der modernen Physik bekommt er einen eingeschränkten, aber genauen Sinn durch die Gleichsetzung von „anschaulich" und „klassisch". In welchem Sinn und mit welchem Recht werden beide Begriffe gleichgesetzt?

Als „klassische Physik" bezeichnet man heute die Newtonsche Mechanik, die Maxwellsche Elektrodynamik und alle die Disziplinen, die sich durch irgendeine modellmäßige Deutung ihrer Grundphänomene auf Mechanik und Elektrodynamik zurückführen lassen; so die Akustik (auf Grund der Deutung des Schalls als Wellenbewegung), die Wärmelehre (auf Grund der kinetischen Theorie der Wärme), die Optik (auf Grund der elektromagnetischen Lichttheorie). In welchem Sinne ist diese Physik nun „anschaulich"? Auf diese Frage pflegt man die Antwort zu erhalten: sie beschreibt alle physikalischen Phänomene als Zustände von Gebilden, die sich im dreidimensionalen euklidischen Raum befinden, und als Änderungen dieser Zustände in einer eindimensionalen, objektiven Zeit. Doch ist dies offenbar ein sehr abstrakter Begriff von Anschaulichkeit. Man denke einmal an das, was Goethe unter Naturwissenschaft verstand: das Anschauen der reinen Phänomene. Die klassische Physik bleibt gerade nicht beim Anschauen der Urphänomene Licht, Schall, Wärme stehen, sondern führt sie auf unanschaubare, nur indirekt beweisbare Bewegungsvorgänge zurück. Das Weltbild der klassischen Physik, für das diese Bewegungsvorgänge schließlich die einzigen Realitäten waren, leugnete somit geradezu die physische Realität des Angeschauten und überließ es den unfertigen Wissenschaften der Sinnesphysiologie und Psychophysik, nachträglich zu erklären, wie jene Phänomene der Anschauung „zustande kommen". Die klassische Physik zahlt diesen Preis, um dafür die Einheitlichkeit des Weltbildes zu erkaufen. So projiziert gleichsam die anschaulich gegebene Welt auf eine Ebene reiner Begriffe.

Aber immerhin ist es eben die anschaulich gegebene Welt, die durch diese Projektion abgebildet wird. Zwar sind dem Anschauungsvermögen des normalen Menschen keineswegs alle Sätze der euklidischen Geometrie unmittelbar einleuchtend oder gar selbstverständlich; aber wenn man unsere Anschauung von dem Raum, in dem wir die äußeren Gegenstände vorfinden, überhaupt in die Sprache einer axiomatisierten Geometrie übersetzen wollte, sah man sich eindeutig auf die euklidische Geometrie geführt. Zwar enthält das unmittelbare Erlebnis des Lichtes nichts von Wellenvorgängen; aber wenn man die Erscheinungen der Lichtausbreitung — bis in ihre durch die Worte Interferenz und Beugung angedeuteten Feinheiten hinein — überhaupt durch zusammenhängende Begriffe darstellen wollte, mußte man von einem räumlich und zeitlich periodisch modulierten Feld der Lichterregung reden. So bilden die Sätze der klassischen Physik die Struktur der durch die Anschauung gegebenen Welt ab; die Begriffe der klassischen Physik bilden die Präzisionssprache, in welcher der Physiker angibt, wie ein Apparat gebaut werden soll, und mitteilt, was er gesehen hat.

Die klassische Physik hat dadurch eine eigentümliche Mittelstellung zwischen der Welt der Empfindungen und der Welt der Dinge. Für eine Theorie der Empfindung und Wahrnehmung gibt sie die objektiven Dinge an, welche die Empfindung auslösen und in der Wahrnehmung erscheinen. Z. B. gestattet sie beim Vergleich von Reiz und Reaktion, den Reiz objektiv zu definieren. Umgekehrt liefert sie bei der Erforschung der Objekte der Außenwelt, die sich heute mehr und mehr jenseits des unmittelbar Wahrnehmbaren abspielt, die Sprache, in der jede Botschaft, die uns von jenen nicht direkt wahrgenommenen Objekten kommt, ausgedrückt werden muß. Da alles Angeschaute mit der klassischen Physik beschrieben wird, ist die klassische Physik nun in der physikalischen Forschung der Repräsentant der Anschauung.

An dieser Stelle lernen wir zu unterscheiden zwischen zwei Bedeutungen der klassischen Physik: als Weltbild und als methodisches Hilfsmittel. In der Physik sind untrennbar miteinander verwoben Aussagen auf Grund unmittelbarer Wahrnehmung und Extrapolationen auf nicht Wahrgenommenes, ja in vielen Fällen auf praktisch nicht Wahrnehmbares. Das Weltbild der klassischen Physik nimmt an, auch alles Nichtwahrgenommene müsse — wenigstens in den Grundzügen — dieselben Eigenschaften haben wie das Wahrgenommene. Dies ist eine Hypothese, und zwar, wie die heutige Physik lehrt, eine in weitem Umfang falsche Hypothese. Die klassische Physik als methodisches Hilfsmittel bleibt von dieser Kritik unbetroffen. Denn immer verlangt die empirische Nachprüfung der physikalischen Sätze, daß wenigstens indirekt eine Verbindung zwischen dem Objekt und der Wahrnehmung hergestellt wird (z. B. durch Vergrößerungs- und Verstärkungseinrichtungen, deren bekanntestes Beispiel das Mikroskop ist). Der wahrgenommene Vorgang in der Natur oder im Meßapparat wird aber jedenfalls mit den Begriffen der klassischen Physik beschrieben. Aus dieser Tatsache ergibt sich sogar eine Vorbedingung für die Richtigkeit jeder neuen Theorie: sie muß in dem Grenzfall, in dem sie auf Gegenstände unserer täglichen Erfahrung angewandt wird, in die klassische Physik übergehen. —

Wodurch unterscheidet sich nun die Quantenmechanik von der klassischen Physik? Sie hat entdeckt, daß dasselbe physikalische Objekt zwei verschiedene, einander scheinbar ausschließende Erscheinungsformen besitzt: Teilchen und Feld (oder Welle). Diese beiden Formen, unter denen alle atomaren Objekte im Experiment erscheinen, sind nicht aus einer größeren Anzahl gleichwertiger Möglichkeiten herausgegriffen; sie bilden vielmehr eine vollständige Disjunktion. Ein Teilchen ist ein physikalisches Gebilde, das sich, wenn es sich an einem Ort befindet, nicht gleichzeitig an einem davon entfernten Ort befinden kann; ein Feld ist ein durch den Raum verbreitetes Gebilde. Die Teilchen-Natur eines Gebildes folgt aus allen Experimenten, die eine Lokalisation seiner Wirkungen beweisen (z. B. Nebelkammeraufnahmen); die Feld-Natur eines Gebildes folgt aus allen Experimenten, die ein Zusammenwirken mehrerer voneinander entfernter Orte beweisen (Interferenz). Welchen Sinn kann nun die Behauptung haben, ein Elektron sei sowohl Teilchen als auch Feld? Die Erfahrung zeigt zwar sowohl Lokalisations- als auch Interferenzeffekte der Elektronen. Wie wird aber der hierin scheinbar liegende Widerspruch vermieden? Der Widerspruch besteht nicht zwischen den tatsächlich beobachteten Eigenschaften des Elektrons; er tritt nur auf, wenn man annimmt, diese Eigenschaften kämen dem Elektron auch dann zu, wenn man darauf verzichtet, sie zu beobachten. Dies sei an einem Beispiel erläutert.

Habe ich ein Elektron soeben an einem bestimmten Ort vorgefunden, so sagt das Teilchenbild: an diesem Ort ist ein Teilchen; das Wellenbild: hier ist ein auf engstem Raum zusammengedrängtes „Wellenpaket". Beide Darstellungen sind richtig und widersprechen einander nicht. Aber nach einiger Zeit müßte das Teilchen in irgendeiner Richtung davongelaufen sein, das Wellenpaket hingegen sich nach allen Richtungen ausgebreitet haben. Der hierin liegende scheinbare Widerspruch wird vermieden durch die Bemerkung, daß ich den Impuls (also Bewegungsrichtung und -größe) des Elektrons gar nicht kenne; denn die Ortsmessung setzt die Wechselwirkung des Elektrons mit einem ortsfesten Meßapparat voraus, der dem Teilchen bei seiner Bewegung beliebige Ablenkungen geben kann. Ich kann also auch nach dem Teilchenbild nur prophezeien, daß ich das Teilchen bei einer wiederholten Ortsmessung irgendwo in der Nähe des ersten Ortes finden werde; und es ist die statistische Grundannahme der Quantenmechanik, daß die Wahrscheinlichkeit, das Elektron an einem bestimmten Ort vorzufinden, durch die Intensität der ihm entsprechenden Welle an demselben Ort gegeben ist. Der Widerspruch, der darin liegt, daß das Teilchen nur e i n e Bahn durchlaufen und daher nicht, wie das Wellenbild fordert, jeden Punkt der Umgebung erreichen kann, wird also dadurch vermieden, daß der Impuls, aus dem ich die Bahn des Teilchens vorausberechnen könnte, nicht bekannt ist und ich daher nicht weiß, w e l c h e Bahn das Teilchen zurücklegen wird; oder umgekehrt, Wellenbild und Teilchenbild lassen sich nur dann vereinbaren, wenn angenommen wird, daß der Impuls eines Teilchens von bekanntem Ort gar nicht bekannt sein kann. Wollte man, wie es in der klassischen Physik ohne weiteres möglich wäre, den Impuls durch eine zweite Messung bestimmen, so würde dadurch – wie man wieder aus der gleichzeitigen Gültigkeit des Wellenbildes ableiten kann — infolge der Wechselwirkung des Elektrons mit dem neuen Meßapparat sein Ort eben um so viel unbestimmt, daß die dem Wellenbild widersprechende Vorausberechnung der Bahn nun wegen Ortsunkenntnis unmöglich wäre.

Was folgt aus diesen Gesetzmäßigkeiten für die Frage nach der Anschaulichkeit der Quantenmechanik? Die ganze obige Betrachtung hält sich im Rahmen der Anschauung. Wir haben nicht angenommen, daß Teilchen- und Wellenbild dort, wo die Erfahrung sie verlangt, doch nur genäherte Darstellungen seien. Vielmehr gilt in der Quantenmechanik der Satz von der Persistenz der klassischen Gesetze; er besagt: wenn irgendeine klassisch definierte Größe durch Messung bekannt ist, so sind alle Folgerungen, die nach der klassischen Physik aus dieser Kenntnis gezogen werden können, exakt richtig. Das heißt man kann jedes Bild da, wo es aus der Erfahrung gefordert ist, in aller Strenge anwenden; nur darf man nicht annehmen, die Bestimmungsstücke, welche durch das gerade vorliegende Experiment nicht angegeben werden, hätten gleichwohl bestimmte Werte. Wir haben also nicht auf die Anschaulichkeit der Naturbeschreibung verzichtet, sondern nur darauf, den anschaulichen Bestimmungsstücken der Natur einen vom jeweiligen Beobachtungszusammenhang unabhängigen „objektiven" Sinn zuzuschreiben.

Dies wird besonders deutlich durch den allgemeinen Formalismus der Quantenmechanik. Er beschreibt unser Wissen über ein Objekt durch die Angabe einer abstrakten „ψ-Funktion". Die Verbindung dieser Funktion mit der Erfahrung besteht darin, daß aus ihr die Wahrscheinlichkeit für jeden möglichen Ausfall jedes möglichen Experiments vorausgesagt werden kann. Dabei sind alle „möglichen Experimente" nur Messungen klassisch definierter Größen. Soweit man also „klassisch" und „anschaulich" gleichsetzen darf, ist die Quantenmechanik eine völlig anschauliche, aber nicht objektivierbare Naturbeschreibung.

2. *Kausalität.* Die Quantenmechanik macht gewisse Voraussagen nur mit Wahrscheinlichkeit, z. B. die Voraussage des Impulses, den man an einem Elektron von bekanntem Ort messen wird. Bedeutet das einen Verzicht auf das Kausalprinzip?

Wenn wir die klassische Physik als kausal bezeichnen, so schränken wir damit den Begriff der Kausalität ebenso ein wie oben den der Anschaulichkeit. Kausalität heißt in der klassischen Physik nichts weiter als Existenz eines eindeutigen funktionalen Zusammenhangs zwischen den Zuständen zu verschiedenen Zeiten: „Ist der Zustand eines abgeschlossenen Systems in einem Zeitpunkt vollständig bekannt, so kann man den Zustand des Systems in jedem früheren oder späteren Zeitpunkt grundsätzlich berechnen." Dieser Konditionalsatz wird nun in der Quantenmechanik nicht falsch, sondern unanwendbar, weil die Voraussetzung niemals realisiert ist: Der Zustand eines Systems kann nicht im klassischen Sinne vollständig bestimmt werden, da die Gewinnung einer Kenntnis (z. B. des Ortes eines Teilchens) die der dazu „komplementären" Kenntnis (z. B. des Impulses) ausschließt. Der Konditionalsatz selbst gehörte aber eigentlich nur dem klassischen „Weltbild" und nicht der Praxis an, in der ja niemals ein Zustand vollständig bekannt war. Man konnte vielmehr praktisch nur so viel berechnen, als aus den jeweils bekannten Bestimmungsstücken des Systems folgte, d. h. man konnte nur diejenigen Folgerungen ziehen, auf welche die jeweils unbekannten Bestimmungsstücke keinen Einfluß haben konnten. Dies bleibt nun auch in der Quantenmechanik richtig. In der Quantenmechanik gilt der Konditionalsatz, den wir oben als den Satz von der Persistenz der klassischen Gesetze bezeichnet haben und der, auf das vorliegende Problem angewandt, aussagt: „Sind einige Bestimmungsstücke des Zustandes eines

Systems bekannt, so können alle diejenigen Bestimmungsstücke früherer oder späterer Zustände berechnet werden, die mit den bekannten nach der klassischen Physik in einem eindeutigen Zusammenhang stehen." Dies ist aber genau das Kausalprinzip der klassischen Physik. Der Unterschied zwischen der Quantenmechanik und der klassischen Physik liegt also überhaupt nicht in dem Konditionalsatz des Kausalprinzips, sondern nur in den Grenzen, bis zu denen die objektive Bestimmung eines Zustandes vorgetrieben werden kann.

Die Fortdauer des klassischen Kausalprinzips ist kein Zufall. Ein Apparat ist ja nur soweit zum Experimentieren geeignet, als in ihm das Kausalprinzip gilt. Nur wenn z. B. im Mikroskop ein Kette eindeutiger Zusammenhänge vom Objekt zum Bild führt, kann man aus Lage und Gestalt des Bildes auf Lage und Gestalt des Objektes schließen. Somit ist das experimentelle Kenntnisnehmen von der Natur an die Anwendbarkeit des Kausalprinzips auf die Meßinstrumente geknüpft. Man kann in der Tat an Beispielen zeigen, daß ein Apparat dort aufhört, zum Messen geeignet zu sein, wo die quantenmechanische Unbestimmtheit in ihm den Rückschluß vom beobachteten auf den zu untersuchenden Vorgang zu einem statistischen macht.

3. *Objektivierbarkeit.* Jede Beobachtung setzt eine Kausalkette voraus und liefert ein anschauliches Ergebnis. Wir können nur eines nicht mehr: die einzelnen Anschauungsfragmente und Kausalketten zum Modell einer an sich seienden Natur zusammenfügen. Vielmehr hängt es von unserer frei gewählten experimentellen Anordnung ab, welche der zueinander „komplementären" Seiten der Natur wir zu Gesicht bekommen, und die Kenntnis eines Sachverhaltes schließt die Kenntnis des dazu komplementären Sachverhaltes aus.

Wir werden nun vor die Kardinalfrage der Quantenmechanik gestellt: Handelt es sich dabei um Schwierigkeiten unserer Kenntnisnahme oder des Begriffs der objektiven Natur selbst? Darf man voraussetzen, daß die uns jeweils unbekannt bleibenden Bestimmungsstücke an sich existieren und nur „verborgen" sind, oder darf man das nicht voraussetzen? Die heutige Fassung der Quantenmechanik entscheidet sich für die zweite Antwort. Sie leugnet die Existenz verborgener Parameter; zwar nicht dann, wenn die Unkenntnis lediglich auf dem Verzicht auf eine an sich quantenmechanisch mögliche Kenntnisnahme beruht, aber dann, wenn die unbekannte Größe wegen der zu genauen Kenntnis einer zu ihr komplementären Größe nicht bekannt sein kann. Dies ist keine leere Behauptung, sondern ein Satz mit bestimmten logischen Konsequenzen. Es habe z. B. ein unbekanntes Bestimmungsstück X nur zwei mögliche Werte x und y, d. h. bei einer Messung von X sollen nur diese beiden Meßresultate möglich sein. Es soll ferner eine Behauptung A geben, die falsch ist, sowohl wenn die Messung von X den Wert x, wie wenn sie den Wert y ergeben hat. Dann dürfte aus der Annahme, die unbekannten Werte existieren an sich, gefolgert werden: „X hat sicher entweder den Wert x oder den Wert y; in beiden Fällen ist A falsch; also ist A sicher falsch." Diese Folgerung ist aber nach der Quantenmechanik falsch, denn A kann z. B. die Aussage sein: die zu X komplementäre Größe Z hat den bestimmten Wert z (d. h. bei einer Messung von Z wird man mit Gewißheit den Wert z finden). Diese Aussage ist nach der Quantenmechanik falsch, wenn X überhaupt einen bestimmten Wert hat, sie ist aber richtig, wenn man unter Verzicht auf die Messung von X die Größe Z gemessen und den Wert z gefunden hat.

Unser Beispiel hat uns auf eine fundamentale logische Eigenschaft der Quantenmechanik geführt. In ihre Aussagen geht die Kenntnis, die wir von der Natur haben, explicite ein. So ist in unserem Beispiel, wenn X bekannt ist, der Satz „Z hat s i c h e r den Wert z", oder, anders ausgedrückt, „ich weiß, daß Z den Wert z hat", falsch, dagegen der bloße Satz „Z hat den Wert z" weder falsch noch richtig, sondern ungewiß, denn bei einer Messung von Z könnte ja der Wert z herauskommen. Es ist der entscheidende Unterschied der Quantenmechanik von der klassischen Physik, daß sie ihre Sätze gar nicht aussprechen kann, ohne die Art der Kenntnis mit auszudrücken.

Diese Feststellung ist von der Praxis der Physik aus ebenso natürlich, wie sie vom Weltbild nicht nur der klassischen Physik, sondern auch der Philosophie aus revolutionär ist. Eine vollständige experimentelle Aussage, so wie sie im Versuchsprotokoll steht, lautet schematisiert: „Ich habe an diesem Versuchsobjekt unter diesen Versuchsbedingungen diesen Zustand beobachtet." Die Hypothese der klassischen Physik lautet, daß dieser Satz stets ersetzt werden dürfe durch den Satz: „An diesem Versuchsobjekt besteht dieser Zustand", und daß Sätze der letztgenannten Art notwendigerweise entweder richtig oder falsch sein müßten, einerlei, ob es einen Menschen gibt, der weiß, ob sie richtig oder falsch sind. Diese Hypothese hat sich in der älteren Physik stets bewährt. Sie entspricht darüber hinaus einem Grundmotiv fast aller Wissenschaft und Philosophie: dem Glauben an ein objektives Vorhandensein der Gegenstände unserer Erkenntnis. Zwar kann man nicht leugnen, daß jeder empirische Sachverhalt ein vom Menschen gewußter Sachverhalt ist. Aber man wünscht aus diesem Satz keine in die Struktur unseres Wissens selbst eingreifenden Folgerungen zu ziehen. Der Streit der philosophischen Systeme ging höchstens darum, ob der Satz für unseren allgemeinen Begriff von der Wirklichkeit von Bedeutung sei oder nicht. D. h. man setzte voraus, daß man ohne Änderung der begrifflichen Struktur der Wissenschaft über ihre Objekte, von denen wir wissen, reden könne, ohne ausdrücklich Bezug darauf zu nehmen, daß wir sie wissen; und man diskutierte nur, welchen Sinn die daraus von der naiven Wissenschaft gezogene Folgerung habe, daß die Objekte unabhängig von unserem Wissen „wirklich" existieren. Die Quantenmechanik hingegen leugnet schon die Voraussetzung dieser Diskussion. Die neue Basis der Quantenmechanik versuchen wir nun formal-logisch und ontologisch noch genauer zu charakterisieren.

Formal-logisch gesehen verwendet die Quantenmechanik einen mehrwertigen Wahrheitsbegriff, in dem eine Aussage neben den Wahrheitswerten „wahr" und „falsch" den Wahrheitswert „unbestimmt, und zwar mit der und der Wahrscheinlichkeit, wahr zu sein", haben kann. Sei etwa A eine Aussage über einen bestimmten konkreten Sachverhalt. Dann hat die volle experimentelle Aussage die Form: „Ich weiß, daß A gilt." Die klassische Physik arbeitet statt dessen nur mit „objektiven" Sätzen der Form: „A gilt." Die volle experimentelle Aussage läßt zwei Arten der Negation zu: die Negation des objektiven Satzes: „Ich weiß, daß A nicht gilt" und die Negation des Wissens: „Ich weiß nicht, ob A gilt." Für die klassische Physik ist von diesen beiden Negationen nur die Negation des objektiven Satzes eine wirkliche Aussage über die Natur. Die Negation des Wissens hingegen kann nach ihr umgeformt werden in den Satz: „A gilt oder A gilt nicht; und ich weiß nicht, welches von beiden zutrifft." Für die Quantenmechanik hingegen kann der objektive Satz „A gilt" im allgemeinen überhaupt nur sinnvoll ausgesprochen werden, wenn die volle experimentelle Aussage „Ich weiß, daß A gilt" zutrifft. Für die Quantenmechanik sind weiterhin die volle experimentelle Aussage und ihre beiden Negationen drei einander gleichgeordnete Aussagen über die Natur. Die klassische Umformung der Negation des Wissens ist falsch; an ihrer Stelle gilt als Folgerung aus der Negation des Wissens der Satz: „Weder gilt A noch gilt A nicht."

Ontologisch bedeutet dies, daß der Begriff des Objekts nicht mehr ohne Bezugnahme auf das Subjekt der Erkenntnis verwendet werden kann. Freilich wird nicht das empirische Subjekt mit seinen Affekten und seinem persönlichen Schicksal in die Physik eingeführt, sondern es gehen nur zwei Grundfunktionen des Bewußtseins in jeden Satz der Naturbeschreibung ein: Wissen und Wollen. Dies wird vielleicht am deutlichsten aus dem Satz, daß die ψ-Funktion die Wahrscheinlichkeit für jeden möglichen Ausfall jedes möglichen Experiments angibt. Das erste „möglich" drückt ein Nichtwissen aus; möglich ist ein Vorgang, von dem ich weder weiß, daß er eintreten wird, noch weiß, daß er nicht eintreten wird. Das zweite „möglich" hingegen drückt ein Wollenkönnen, ein Vermögen aus; möglich ist ein Experiment, das ich entweder ausführen oder unterlassen kann. Es gehört zum quantenmechanischen „Nichtwissen", daß ich das Nichtgewußte grundsätzlich jederzeit wissen kann, wenn ich nur will. Die einzige Bedingung, welche die Komplementarität der verschiedenen Fragestellungen auferlegt, ist, daß ich, wenn ich etwas Bestimmtes wissen will, auf das dazu komplementäre Wissen verzichte. Die Grenze zwischen dem Gewußten und dem Nichtgewußten ist also selbst nichts „Objektives", sondern ich kann sie nach meiner Willkür legen, wohin ich will; nur zum Verschwinden bringen kann ich sie nicht. —

Es sei noch eine Erläuterung angeführt. Man hat gelegentlich die Unbestimmtheit von Zustandsgrößen in Zusammenhang gebracht mit der Störung des Objekts durch den Beobachtungsakt. Diese Ausdrucksweise ist mißverständlich. Denn sie erweckt den Eindruck, als habe das Objekt, ehe es beobachtet wird, gewisse Eigenschaften, die nur durch den Beobachtungsakt zerstört würden. So interpretiert würde sie aber eben einen Rückfall in die vor-quantenmechanische Denkweise bedeuten. Richtiger muß man sagen: Vorbedingung für die Möglichkeit, einem Gegenstand eine bestimmte Eigenschaft zuzuschreiben, ist eine Meßanordnung, die gestattet, diese Eigenschaft festzustellen. Gehe ich nun durch Anwendung einer neuen Meßanordnung dazu über, eine zu der vorher gemessenen komplementäre Größe zu messen, so existieren die Bedingungen nicht mehr, unter denen die vorher gemessene Größe überhaupt einen bestimmten Wert haben konnte. Der physische Eingriff in das Geschehen, der notwendig ist, um die alten Versuchsbedingungen durch die neuen zu ersetzen, ist es nun, den man in der zitierten Ausdrucksweise als die „Störung des Objekts durch die Beobachtung" bezeichnet. Dieser Ausdruck hat also nur einen klaren

Sinn, wenn nicht das fiktive „ungestörte“ Objekt, sondern ein schon durch Beobachtung bekanntes Objekt einer Beobachtung neuer Art unterworfen wird.

4. Die Frage der Endgültigkeit. Ist diese Änderung des Objektbegriffs nun unvermeidlich und endgültig? Auf diese Frage ist zunächst mit der Gegenfrage zu antworten: Was kann man überhaupt unter der „Endgültigkeit“ einer physikalischen Theorie verstehen? Innerhalb des Begriffssystems einer fertigen Theorie lassen sich strenge Beweise führen. Daß aber eine Theorie der Erfahrung genau angemessen ist, läßt sich nie mit mathematischer Strenge zeigen. Selbst wenn sie alle bekannten Erfahrungen richtig darstellen könnte, bliebe die Möglichkeit zukünftiger widersprechender Erfahrungen offen. Einen eingeschränkten Begriff der Endgültigkeit hat sich die Physik aber mit dem Begriff des Geltungsbereiches einer Theorie geschaffen. Richtig heißt eine Theorie nicht, wenn sie alle nur denkbaren Erfahrungen umfaßt, sondern wenn es überhaupt eine Gruppe von reproduzierbaren Erfahrungen gibt, welche durch sie richtig dargestellt werden. Stellt eine zweite Theorie eine umfassende Gruppe von Erfahrungen dar, so muß immerhin gefordert werden, daß sie für die durch die erste Theorie dargestellten Erfahrungen in diese erste Theorie als einen „Grenzfall“ übergeht. So hat die klassische Physik einen Geltungsbereich, die Quantenmechanik einen anderen, weiteren; beide sind, was nun eigentlich eine Tautologie ist, für ihren Geltungsbereich endgültig.

Die anfangs gestellte Frage kann nun nur bedeuten: könnte es nicht eines Tages eine noch umfassendere Theorie als die Quantenmechanik geben, welche die von der Quantenmechanik abgewiesene Frage nach den objektiven Werten unbestimmter Größen doch noch zu beantworten gestattete? Diese Möglichkeit ist nicht streng logisch auszuschließen. Man kann der neuen Theorie nur eine einschränkende Bedingung auferlegen: es läßt sich zeigen, daß sie das Geforderte nur leisten kann, wenn sie auf die Persistenz der klassischen Gesetze verzichtet. Sie müßte also im Gegensatz zur Quantenmechanik statt der Beschreibung des unmittelbar Wahrgenommenen durch die klassische Physik eine andere einführen, und zwar in so einschneidender Weise, daß die oben besprochene Unterscheidung von Teilchen und Feld verwischt würde; das Verhalten eines lokalisierten Teilchens müßte in einer Weise, die man klassisch als Beweis für das Vorhandensein eines Feldes ansehen würde, vom Zustand des ganzen Raumes abhängen. Die Schwierigkeit, sich dergleichen auch nur vorzustellen, und das Scheitern aller bisher in dieser Richtung unternommenen Versuche ist vielleicht für den Physiker das stärkste Argument, eine nochmalige Revision gerade dieser Züge der Quantenmechanik nicht zu erwarten.

Da es sich aber um eine physikalisch nicht streng entschiedene Frage handelt, ist es notwendig, die Gegenargumente zu hören. Diese sind nun, so wie sie heute vorgebracht werden, bewußt oder unbewußt philosophischer Natur. Sie beruhen auf einem metaphysisch gearteten Glauben an die Existenz einer schlechthin objektiven Außenwelt oder auf der — vor allem an Kant anknüpfenden — Überzeugung, daß die Denkmittel der klassischen Physik Vorbedingungen jeder möglichen Erfahrung und darum aus der Erfahrung heraus nicht kritisierbar seien. Wir sehen uns also, wie bei jedem großen naturwissenschaftlichen Fortschritt, aus der wissenschaftlichen Diskussion heraus zum Philosophieren aufgefordert.

Wir weichen dieser Aufforderung nicht aus. In dem nun anzustrengenden Prozeß fungiert die Physik nicht mehr als Richter, sondern als Zeuge. Die Existenz der Quantenmechanik als begrifflich geschlossene Theorie beweist uns, noch ehe über ihre Endgültigkeit entschieden ist, jedenfalls die logische Möglichkeit einer Theorie, welche den soeben genannten philosophischen Forderungen widerspricht. Sie gibt uns damit das Mittel in die Hand, in den Beweisketten der Einwände Lücken festzustellen und zu zeigen, daß die Einwände jedenfalls nicht Gegenbeweise, sondern Glaubenssätze sind. Sie regt uns schließlich an, uns den Hintergrund des Glaubens klarzumachen, aus dem die Einwände stammen.

II. Philosophische Vorfragen.

1. Problemstellung. Wenn wir uns nun aufs philosophische Gebiet wagen, suchen wir, durch manche schlechte Erfahrung zielloser philosophischer Debatten gewarnt nach einem Leitfaden, einem methodischen Prinzip. Wir nehmen die Physik zum Vorbild und versuchen, uns wie sie an die Phänomene zu halten. Wir wollen uns bemühen, allgemeine Sätze nicht unbesehen zu glauben, sondern zu fragen: Was wissen wir schon, und welche Ansichten folgen aus diesem Wissen bereits, welche gehen darüber hinaus? Ob mehr zu erreichen ist, muß der Versuch lehren. Meist kann die Philosophie dem denkenden Menschen den Entschluß zur Wahl eines eigenen Standpunktes nicht abnehmen, sondern nur ihm zeigen, was er tut, wenn er sich zu diesem oder jenem Standpunkt entschließt.

Das Objekt unserer Untersuchung ist das, was der Physiker „Erfahrung" nennt. Die Physik hat einen festen Begriff von Erfahrung und beschränkt sich darauf, zu prüfen, ob das, was sie im einzelnen behaupten will, wirklich Erfahrung sei. Wir wollen untersuchen, worin diese Erfahrung eigentlich besteht und woher sie ihre Gewißheit bezieht.

Wir wählen ein Beispiel eines primitiven Erfahrungssatzes: „Hier steht ein Stuhl." Wollen wir die Quelle unserer Kenntnis genau bezeichnen, so sagen wir: „Ich sehe einen Stuhl." An diesem Satz können wir wenigstens dreierlei unterscheiden: den Stuhl, das Sehen, den Satz. D. h. es gibt Dinge, es gibt Empfindungen, es gibt Urteile. Die drei sind uns aber gleichzeitig und zusammengehörig gegeben. Nur durch die Empfindung weiß ich von Dingen, und nur von Dingen weiß ich durch die Empfindung. Ferner ist mein Wissen von Dingen und Empfindungen zum mindesten nur komplett in der Form von Urteilen, und nur auf Dinge und Empfindungen beziehen sich die Urteile, mit denen wir uns hier beschäftigen werden.

Es ist nun wohl ein Drang nach Vereinfachung, der die Menschen immer wieder veranlaßt hat, die drei Elemente zu trennen. Wir werden es im folgenden vor allem mit den Versuchen zu tun haben, entweder im Ding oder in der Empfindung das eigentlich „Wirkliche" zu sehen. Den ersten Versuch nennen wir Realismus, den zweiten Sensualismus.

2. *Der Realismus der klassischen Physik.* Die Physik beruht darauf, daß man Urteile fällen kann, welche über das durch unmittelbare Empfindung Gegebene hinausgehen. Ohne diese Tatsache hätte nicht einmal die Sprache einen Sinn, welche wir verwenden, um die einzelne Erfahrung mitzuteilen. Welche Empfindungen sind z. B. mit dem Ausdruck: „dieser Stuhl" bezeichnet? Es ist zunächst eine Reihe wirklicher Empfindungen (Gestalt, Farbe der Teile usw.), von denen ein kleiner Teil meinem Bewußtsein als diese Empfindungen gegenwärtig ist, ein größerer Teil ihm vergegenwärtigt werden kann, wenn ich die Aufmerksamkeit auf sie richte; noch niemals aber habe ich mir die Gesamtheit aller Empfindungen, die ich auch nur an diesem einen Stuhl habe, ins Bewußtsein rufen können. Es schließt sich eine Reihe bloß möglicher Empfindungen an, die ich augenblicklich nicht habe, aber durch freien Entschluß herbeiführen könnte (Anblick der Rückseite des Stuhls, Körpergefühl beim Sitzen auf dem Stuhl, Anstrengung beim Tragen des Stuhls usw.). Erst die berechtigte Erwartung, daß jene möglichen Empfindungen eintreten, wenn ich dazu das Nötige tue,

gibt dem Begriff Stuhl die Bedeutung, die er tatsächlich hat. In derselben Weise geht über das direkt Wahrgenommene hinaus die Erwartung, daß die Dinge so wie bisher auch in Zukunft mit sich identisch bleiben, und allgemein die Erwartung der Reproduzierbarkeit von Erfahrungen, welche die Grundlage für die Aufstellung von Naturgesetzen bildet. Ich darf sogar so weit gehen, wissenschaftlich von Dingen zu reden, die ich nie gesehen habe (z. B. eine in einem fremden Laboratorium aufgestellte Versuchsanordnung, oder ein Kontinent, den ich noch nicht besucht habe), die nie jemand gesehen hat (die Rückseite des Mondes), die voraussichtlich nie jemand sehen wird (die inneren Teile der Erdkugel).

Alle diese Tatsachen faßt unser alltägliches Bewußtsein und mit ihm die klassische Physik zusammen in der Überzeugung, daß es wirkliche Dinge gibt, welche existieren, einerlei, ob sie wahrgenommen werden oder nicht. In diesem Sinne sind wir alle praktisch Realisten. Wir kennen uns selber gar nicht anders als in einer realen Welt lebend. Wir wollen nun aber versuchen, zu unterscheiden, was in diesem Realismus schlichte Beschreibung des unserem Bewustsein unmittelbar Gegebenen ist, und was an ihm Theorie ist. Die soeben geschilderte Sachlage selbst bewirkt, daß diese Grenze nicht ganz leicht zu ziehen ist. Wir können nicht etwa ein allgemeines Kriterium dafür angeben, wo in jedem Einzelfall diese Grenze liegt, sondern wir können nur zwei grundsätzlich verschiedene Fassungen der realistischen Überzeugung unterscheiden. Diese beiden Fassungen wollen wir den praktischen und den prinzipiellen Realismus nennen.

Die Unterscheidung geht aus von der Tatsache, daß immerhin alle „Dinge", von denen wir reden können, grundsätzlich auf unsere Erfahrung bezogen sind. Dies gilt schon von unseren alltäglichen Urteilen und wird am deutlichsten dort, wo wir die Kenntnis von der Außenwelt mit methodischer Bewußtheit anstreben: in der Naturwissenschaft. Zwar prüft die Physik nicht jedes über die Wahrnehmung hinausgehende Urteil tatsächlich nach, aber sie unterstellt jedes derartige Urteil grundsätzlich der Kontrolle der Erfahrung: eine einzige fraglose Gegenerfahrung genügt, um es aus der Physik auszuscheiden. Die Physik redet zwar nicht nur von erfahrenen, aber nur von (direkt oder indirekt) erfahrbaren Dingen. Als Objektivierbarkeit wollen wir nun die Eigenschaft unserer gewöhnlichen Aussagen über Dinge bezeichnen, daß ihr Inhalt nicht von den Bedingungen abhängt, unter denen die sie verifizierenden Erfahrungen gewonnen werden. Der praktische Realismus sagt dann nur aus, daß es objektivierbare Aussagen über die Außenwelt gibt, und daß diese sogar den Bereich unserer normalen Erfahrung erfüllen. Der prinzipielle Realismus sagt hingegen aus, daß es keine nicht objektivierbaren Aussagen gebe.

Erst die Quantenmechanik hat erlaubt, diese Unterscheidung sauber durchzuführen. Denn erst ihr Beispiel hat uns darauf aufmerksam gemacht, daß der prinzipielle Realismus keine logische Folge des praktischen ist. Der praktische Realismus ist die Haltung sowohl der klassischen wie der modernen experimentellen Physik und zugleich die theoretische Haltung der Quantenmechanik. Der prinzipielle Realismus entspricht dem klassischen „Weltbild". Vom empirischen Standpunkt aus besteht heute offenbar kein Grund mehr, am prinzipiellen Realismus festzuhalten. Der Wunsch danach, der gleichwohl sehr verbreitet ist, entspringt aus einer dritten Auffassung, die wir als metaphysischen Realismus bezeichnen können.

Der metaphysische Realismus unterscheidet sich von den bisher besprochenen Thesen dadurch, daß es schwer ist, ihm eine prüfbare Fassung zu geben. Er besagt etwa: „Die Dinge existieren in Wirklichkeit." Es ist nur die Frage, was ein solcher Satz bedeuten mag. Für den praktischen Realismus ist er eine reine Tautologie, denn die Dinge sind ja das durch die Erfahrung Gegebene, und es ist daher unklar, was man als existent bezeichnen soll, wenn nicht die Dinge. Der metaphysische Realismus aber gibt sich im allgemeinen mit dieser Deutung nicht zufrieden. Er ist überzeugt, daß die Welt „an sich", unabhängig von unserer Erfahrung, eine Welt von Dingen sei, und folgert daraus den prinzipiellen Realismus, d. h. die Unabhängigkeit jeder richtigen Aussage über Dinge von der Art der Erfahrung.

Es ist wichtig, zu erkennen, daß der metaphysische Realismus keine wissenschaftliche These, sondern eine Weltanschauungsform ist. Er gewährt seinem Anhänger die Beruhigung, daß er in einem entscheidenden Punkt wisse, wie die Welt beschaffen sei. Wer ihn aufgibt, muß sich zunächst vorkommen wie „Kolumbus, der den Mut besaß, alles bis dahin bekannte Land zu verlassen in der fast wahnsinnigen Hoffnung, jenseits der Meere doch wieder Land zu finden" (Heisenberg). Dies ist eine der menschlichen Entscheidungen, die durch philosophisches Denken allein nicht erzwungen werden können. Doch kann das Denken sie vorbereiten. Es kann in unserem Fall zeigen, daß schon der Sinn der Worte, in denen der metaphysische Realismus seine These ausspricht, unklar ist. Dies ist in der empiristischen Philosophie geschehen. Wir wenden uns ihr zu und kommen am Schluß des Aufsatzes noch einmal auf den eigentümlichen Charakter persönlicher Entscheidung zurück, den die Philosophie hier angenommen hat.

3. *Sensualismus und Positivismus.* Die empiristische Philosophie geht aus von der Überzeugung, daß wir alles, was wir wissen, durch die Sinne wissen (Locke). Wir stellen die Kritik dieser Ansicht zurück und verfolgen ihre Konsequenzen. Die erste folgerichtige Weiterbildung ist die Lehre von Berkeley, daß wir überhaupt nichts über eine wirkliche Welt wissen. Wir brauchen nicht auf Berkeleys einzelne Argumente einzugehen; es genügt der Hinweis, daß ja jeder Sinneseindruck Trug, Täuschung oder Halluzination sein könnte. Zwar folgt aus diesem Gedankengang nicht, daß den Sinneseindrücken keine wirkliche Welt entsprechen kann, sondern nur, daß ihnen keine wirkliche Welt zu entsprechen braucht; aber eben dies genügt, um jeden Schluß von der Erfahrung auf die wirkliche Welt zu entwerten. Die nächste, wiederum folgerichtige Stufe stellt die Lehre von Hume und Mach dar, die als prinzipieller Sensualismus dem prinzipiellen Realismus analog gegenübergestellt werden kann. Sie argumentiert: Der metaphysische Realismus, der behauptet, hinter den Sinnesempfindungen stehe eine wirkliche Welt, und der Solipsismus, der behauptet, hinter den Sinnesempfindungen stehe keine wirkliche Welt, sind beide grundsätzlich weder beweisbar noch widerlegbar, da sie das einzige Beweismittel, das sie besitzen, die Erfahrung, nicht als Beweismittel gelten lassen. Also sind sie überhaupt keine wissenschaftlichen Sätze, sondern nur ein Mißbrauch der Worte. Es ist ein Mißbrauch der Worte, den Begriff „wirklich" auf eine jenseits jeder möglichen Erfahrung liegende Welt anzuwenden und damit erst den Sinnesempfindungen den abwertenden Charakter des „bloßen Scheins" zu geben. Sind uns nur Sinnesempfindungen gegeben, so können auch nur sie und, in abgeleitetem Sinn, die „Bündelungen" von Empfindungen zu „Dingen" oder „Naturgesetzen" wirklich genannt werden; alles, was den Anspruch erhebt, wirklich zu sein, muß auf Sinnesempfindungen zurückgeführt werden können.

Als Kritik des metaphysischen Realismus ist dieser Gedankengang eine der schönsten Anwendungen des methodischen Prinzips, dem auch wir uns anschließen wollen: daß man sich an das Gegebene halten solle. Wenn die Voraussetzung, daß uns nur Sinnesempfindungen gegeben seien, richtig ist, so ist auch die gezogene Folgerung einwandfrei. Wenn die Voraussetzung unrichtig ist, so bleibt die Art der Argumentation immer eine Warnung gegen die voreilige Erwartung, Begriffe wie „wirklich“ müßten unter allen Umständen einen präzisen Sinn haben. Der Gedankengang hat genug geleistet, wenn er uns mahnt, derartige Begriffe nicht ohne Besinnung darauf, welche Phänomene ihnen möglicherweise entsprechen könnten, zu verwenden. Ohne das Gefühl für Tragweite und Grenzen eines Begriffs, das nur die Übung in dieser Art der Besinnung verleiht, kann niemand hoffen, in tiefere philosophische Fragen einzudringen.

Als positive Behauptung verfällt der prinzipielle Sensualismus aber demselben Fehler wie der prinzipielle Realismus. Eben an der Kritik, die er dem Begriff des Dings gegenüber anwendet, läßt er es dem Begriff der Empfindung gegenüber fehlen. Unserem Bewußtsein sind keineswegs „Empfindungen an sich“ gegeben. Vielmehr nehmen wir unmittelbar „Dinge“ wahr, an denen erst eine neue Konzentration der Aufmerksamkeit einzelne Empfindungselemente entdeckt. Wir sehen nicht Farbflecke, sondern Bäume, Menschen, ja die Freude auf einem Gesicht — eine Realität, die kein Ding ist, aber noch weniger eine Sinnesempfindung. Es ist eine bloße Hypothese — und vermutlich eine falsche —, daß sich alles unserem Bewußtsein hinsichtlich der Dinge Gegebene in elementare Sinnesempfindungen analysieren lasse. Die Antwort, immerhin hätten wir doch die Dingbegriffe selbst als Kinder erworben zur Zusammenfassung der zunächst disparat vorliegenden Empfindungen, trifft den methodischen Sinn unseres Einwandes nicht. Denn unser erwachsenes Bewußtsein kennen wir wenigstens ein Stück weit, dasjenige, das wir als Kinder in jener ersten Zeit hatten, aber nicht. Es ist zwar sehr wichtig zu bedenken, daß unser Bewußtsein nicht immer da war, sondern geworden ist, aber als methodischer Ausgangspunkt der gesamten Erkenntnislehre kann nicht sein unbekannter Anfang, sondern nur der heutige Stand dienen. Vermutlich deuten wir die Hypothese der Analysierbarkeit in elementare Empfindungen in die kindliche Entwicklung hinein. Und diese Hypothese selbst ist im Grunde ein Relikt des Realismus, denn unsere Annahme distinkter Sinnesempfindungen ist weitgehend durch unsere Kenntnis der Sinnesorgane bestimmt. Es ist die Aufgabe der sinnesphysiologischen und -psychologischen Forschung, den berechtigten „praktischen Sensualismus“ vom prinzipiellen ebenso abzugrenzen, wie es die Quantenmechanik im Fall des Realismus getan hat. —

Der moderne „*Positivismus*" hat den Fehler des prinzipiellen Sensualismus erkannt. Er hat aber keinen neuen positiven Ansatz an die Stelle des verworfenen gesetzt, sondern lediglich das Prinzip der oben dargestellten Kritik der neuen Einsicht gemäß formuliert (und im übrigen meist in kritikloser Weise angewandt). Er nimmt dabei einen logisch-sprachlichen Standpunkt ein. D. h. er verbietet das Aussprechen „sinnloser Sätze" in der Wissenschaft. Er stützt sich etwa auf den folgenden Gedankengang: Wissenschaft beruht darauf, daß den Phänomenen (dem Gegebenen) Symbole (Worte, mathematische Zeichen) zugeordnet werden. Sie besteht in dem Versuch, zwischen diesen Symbolen Verknüpfungen herzustellen, welche die zwischen den Phänomenen bestehenden Verknüpfungen strukturgleich abbilden. Dem Sinn der Symbole entsprechend gibt es Verknüpfungsregeln. Den Regeln widersprechende Verknüpfungen sind nicht falsch, sondern sinnlos. So z. B. grammatisch unmögliche Sätze oder mathematisch unmögliche Behauptungen wie: „Der dritte Brennpunkt dieser Ellipse liegt da und da." Oft ist die Sinnlosigkeit eines Satzes oder einer Frage eine große Entdeckung, wie: „Wurzel welcher algebraischen Gleichung ist π?" oder: „Wo befindet sich dieses Elektron gegebenen Impulses?" Letztere Frage ist in der klassischen Physik sinnvoll, in der Quantenmechanik sinnlos.

Gegen diesen Gedankengang ist nichts einzuwenden, wenn geklärt ist, unter welchen Bedingungen man überhaupt wissen kann, ob ein Satz sinnlos ist. In Strenge ist dazu notwendig, daß der Satz einem geschlossenen System mathematischer Sätze angehört, in dem man eindeutig entscheiden kann, welche Aussagen überhaupt gebildet und welche bewiesen werden können. Es ist bemerkenswert, daß dies nicht nur in der reinen Mathematik, sondern auch in der Physik geschehen kann. Vorbedingung dafür ist das Bestehen einer in sich geschlossenen Theorie der jeweils betrachteten Phänomene. Man kann also vor der Aufstellung einer derartigen Theorie die Sinnlosigkeit einer Behauptung höchstens vermuten, aber nicht beweisen. Ferner bleibt wegen der Unabgeschlossenheit der Erfahrung stets der Vorbehalt künftiger Revision der Theorie. Daß man angesichts dieses Vorbehalts überhaupt wagt, die definitive Sinnlosigkeit gewisser Fragen bestimmt zu vermuten, beruht nur darauf, daß diese Vermutung den logischen Raum schafft für die Einführung neuer positiver Aussagen: so schafft z. B. die Vermutung der Sinnlosigkeit der gleichzeitigen beliebig genauen Angabe von Ort und Impuls den Raum für die Vereinbarkeit von Wellen- und Teilchenbild.

Beschränkt der Positivismus seine Behauptungen auf diese Fälle, so ist er richtig, sagt aber nicht mehr aus, als die Wissenschaft schon weiß. Er ist dann gewissermaßen die Nullmenge unter den philosophischen Systemen mit dem Verdienst der radikalsten Selbstkritik. Er hat weiter das Verdienst, gewisse wichtige logische Sachverhalte bekanntgemacht zu haben. Tatsächlich haben die Vertreter des Positivismus aber meist die engen Grenzen mißachtet, innerhalb deren der Begriff „sinnlos" einen Sinn hat, und haben ihre Kritik wahllos wie Sonne und Regen über Böse und Gute ausgegossen. Dabei wäre es möglich gewesen, die tieferen philosophischen Fragen in der Sprache des Positivismus wenigstens zu stellen.

4. Das Problem des A priori. Charakterisieren wir die Erkenntnis als das Zuordnen von Symbolen zu Phänomenen, so beschäftigt sich die reine Logik mit den Regeln der Verknüpfung von Symbolen untereinander, während die Philosophie außerdem fragen muß, wie es bei der Zuordnung der Symbole zu den Phänomenen eigentlich zugeht. Wir haben ja bemerkt, daß jedes Wort über die Phänomene im strengen Sinn hinausgeht. Andererseits brauchen wir die Sprache, um die Phänomene überhaupt zu kennzeichnen, mitzuteilen und zu unterscheiden. Das bedeutet aber, daß wir eigentlich gar nicht im Besitz der Phänomene sind. Das am unzweifelhaftesten Gegebene ist für einen Philosophen, der sich an die Phänomene halten will, immer noch die Sprache selbst. Es bedarf jedesmal einer besonderen Anstrengung, wenn nachgeprüft werden soll, ob ein Wort oder ein Satz die Phänomene wiedergibt; und das Ergebnis dieser Untersuchung kann stets nur in Sätzen ausgesprochen werden, welche andere Worte ununtersucht benutzen. Paradox könnte man dem positivistischen Glaubensbekenntnis: „Es gibt nur das Gegebene" entgegenhalten: „Es gibt gar kein Gegebenes", oder lieber genauer: „Es gibt kein definitiv oder schlechthin Gegebenes." Unsere Erkenntnisarbeit gleicht dem Entwirren eines Garnknäuels, bei dem wir die Enden nicht in der Hand haben, sondern von ein paar freigelegten Fäden in der Mitte nach beiden Seiten weiterschreiten müssen.

Indem wir erst die Dinge, dann die Empfindungen und schließlich den Begriff des Gegebenen selbst in Frage zogen, haben wir gewiß „alles bekannte Land verlassen" und befinden uns auf hoher See. Gibt es wenigstens ein paar Sterne, an denen wir uns orientieren können?

Die Physik hat sich in ihren speziellen Fragen in den letzten Jahrzehnten mehrfach in einer ähnlichen Lage befunden. Es hat sich dabei öfters bewährt, wenn man die Fragerichtung umkehrte und gerade den Sachverhalt, der die Quelle aller Schwierigkeiten war, voraussetzte und zum Ausgangspunkt des weiteren Aufbaus machte. Können wir den Sachverhalt, der uns hier in die Schwierigkeiten geführt hat, genau bezeichnen?

Wir fragten nach dem Wesen und den Quellen der Erfahrung. Dabei stellten wir fest, daß schon das einfachste Erfahrungsurteil Behauptungen involviert, deren Inhalt wir weder erfahren haben noch je in Vollständigkeit erfahren können. Empirie ist ohne nichtempirische Elemente nicht möglich. Der Versuch, die Erfahrung durch ihr Objekt (die Dinge) oder ihr Medium (die Empfindung, das Gegebene) eindeutig und vollständig zu charakterisieren, ist gescheitert. Wie wäre es, wenn wir die nichtempirischen Elemente der Erfahrung ins Auge faßten, ihre Existenz an die Spitze der Untersuchung stellten und ihre Wirksamkeit erforschten?

Nichtempirisch ist ein anderes Wort für a priori. Wir treten damit in den Problemkreis der Philosophie Kants ein.

III. Kant und die Quantenmechanik

1. Thesen Kants. Wir können hier nur gleichsam einen Pfeiler des großen Baues der Kantschen Philosophie betrachten, freilich den zentralen: seine Lehre von den Vorbedingungen und dem Objekt der empirischen Erkenntnis. Sie ist angedeutet durch die zwei Gegensatzpaare a priori — a posteriori und Erscheinung — Ding an sich.

Nach Kant hebt zwar alle unsere Erkenntnis mit der Erfahrung an, sie entspringt aber nicht alle aus der Erfahrung. Es gibt vielmehr Erkenntnisse a priori, d. h. Erkenntnisse, die ihre Rechtfertigung nicht der Erfahrung entnehmen. Wie kann man nachweisen, daß es solche Erkenntnisse tatsächlich gibt, und wie kann man begreifen, daß es sie geben kann?

A priori sind nach Kant alle die Erkenntnisse, denen Notwendigkeit und Allgemeinheit zukommt. „Erfahrung lehrt uns zwar, daß etwas so oder so beschaffen sei, aber nicht, daß es nicht anders sein könne. Findet sich also erstlich ein Satz, der zugleich mit seiner Notwendigkeit gedacht wird, so ist er ein Urteil a priori... Zweitens: Erfahrung gibt niemals ihren Urteilen wahre oder strenge, sondern nur angenommene und komparative Allgemeinheit (durch Induktion), so daß es eigentlich heißen muß: Soviel wir bisher wahrgenommen haben, findet sich von dieser oder jener Regel keine Ausnahme. Wird also ein Urteil in strenger Allgemeinheit gedacht, d. i. so, daß gar keine Ausnahme als möglich verstattet wird, so ist es nicht von der Erfahrung abgeleitet, sondern schlechthin a priori gültig." (K. d. r. V., 2. Aufl., S. 3/4 der Originalausgabe.)

Da diese Argumentation zwingend ist, sahen sich die empiristischen Gegner Kants gedrängt, die Notwendigkeit und Allgemeinheit der von KANT postulierten Erkenntnisse a priori zu leugnen. Wir wollen uns nicht in diese Debatte verlieren, sondern alsbald den Grund jener Leugnung prüfen. Es ist dies die empiristische Grundansicht, daß es gar keine Erkenntnis a priori geben könne, da Erfahrung unsere einzige Erkenntnisquelle sei. Haben wir diesen Einwand beseitigt, so können wir immer noch die einzelnen angeblich apriorischen Erkenntnisse prüfen.

Daß es Erkenntnisse a priori geben kann, sieht man nach Kant daraus ein, daß es sie geben muß, wenn es überhaupt Erkenntnis durch Erfahrung geben soll. Erkenntnis a priori ist nach Kant die Bedingung der Möglichkeit empirischer Erkenntnis. Sie ist das Element in unserer Erkenntnis, das nicht den Dingen, sondern unserem eigenen Erkenntnisvermögen entstammt. Kant macht also das, was wir normalerweise als empirische Erkenntnis oder empirische Wissenschaft unkritisiert hinnehmen, zum Objekt der Untersuchung und unterminiert damit in der Tat den Boden, auf dem das empiristische Gegenargument ruht. Er schlägt damit genau den Weg ein, den wir vorhin auf Grund unserer Analyse der Erfahrungsurteile für nötig hielten.

Man wird aber nicht sagen können, daß er diesen Weg bis zu Ende gehe. Fragt man nämlich, wie er die Notwendigkeit der Erkenntnis a priori für das Zustandekommen von Erfahrung nachweist, so wird man auf den anderen Gedankengang, der einfach das Bestehen der Erkenntnis a priori behauptet, zurückgeführt. Kant untersucht, welche von den Anschauungen, Begriffen und Urteilen, die unsere Erkenntnis ausmachen, nach seinem Kriterium der Notwendigkeit und Allgemeinheit a priori seien, und zeigt dann nur, daß ohne diese Erkenntnisse die übrigen nicht bestehen können. Er zeigt nicht in concreto, wie es bei der Fundierung der empirischen Erkenntnis auf die apriorische eigentlich zugeht (das Problem wird nur angerührt im Abschnitt vom Schematismus der reinen Verstandesbegriffe der K. d. r. V.) und sichert damit zugleich seine apriorischen Erkenntnisse nicht im einzelnen gegen den empiristischen Einwand. Er kann dies beides allerdings wohl gar nicht leisten, weil er sowohl den Begriff des Dings wie den der Empfindung naiver verwendet, als wir es heute dürfen.

Welche Erkenntnisse sind nun für Kant a priori? A priori sind zunächst die analytischen Urteile, deren Prädikat nichts ausspricht, als was im Begriff des Subjekts bereits gedacht ist. Die hierin liegende Problematik, zu der die moderne Logik einiges zu sagen hat, müssen wir hier beiseite lassen. A priori sind ferner die Formen der reinen Anschauung: Raum und Zeit; die Kategorien des Verstandes, unter denen die für die Physik wichtigen Begriffe Substanz und Kausalität angetroffen werden; schließlich zahlreiche synthetische Urteile, insbesondere die Axiome der Arithmetik und der (euklidischen) Geometrie. Wichtig ist es, welche Urteile der Physik a priori sind. In dieser Frage zeigt sich eine Entwicklung der Ansichten Kants. In der Kritik der reinen Vernunft werden einige Grundsätze, z. B. der von der Erhaltung der Materie, von der Trägheit, von der Gleichheit von Aktion und Reaktion, als einer „reinen", d. h. nichtempirischen Physik zugehörig genannt. In den Metaphysischen Anfangsgründen der Naturwissenschaft wird schon das Gravitationsgesetz a priori eingeführt. Und im Opus Postumum geht diese Tendenz so weit, daß man zweifeln kann, ob nicht — in heutiger Sprechweise — die sämtlichen Prinzipien der klassischen Physik als a priori gelten müßten. Man muß wohl in der Unsicherheit, die sich in dieser Entwicklung äußert, die Folge der soeben bemerkten Unklarheit über den Zusammenhang der apriorischen Erkenntnis mit der empirischen sehen. —

Die Idee der Erkenntnis a priori hat tiefgreifende Folgen für die Lehre vom Gegenstand der Erkenntnis. Kant geht aus von einer rein realistischen Denkweise. Er redet von Dingen oder Gegenständen, die unser Gemüt vermittels seiner, Sinnlichkeit genannten, rezeptiven Fähigkeit affizieren und Empfindungen hervorbringen. Dasjenige Wissen, das wir a priori besitzen, ist nun aber per definitionem nicht eine Folge dieser Einwirkung der Dinge auf unser Gemüt, selbst wenn es uns erst bei dieser Gelegenheit bewußt wird. Da also dieses Wissen nicht aus den Dingen stammt, kann man aus ihm auch nichts auf die Dinge folgern. So ist z. B. der Raum eine notwendige Form unserer äußeren Anschauung, denn wir können uns Gegenstände gar nicht anders als im Raum vorstellen. Aber eben weil wir dies a priori wissen, können wir es nicht durch Erfahrung den Gegenständen abgelesen haben, und somit können wir die Räumlichkeit den Gegenständen, so wie sie an sich sind, nicht mit Grund zuschreiben. Erkenntnis wovon ist dann aber die Erkenntnis a priori? Sie ist die Vorbedingung für die Möglichkeit der Erfahrung, also Erkenntnis von den notwendigen Eigenschaften der Dinge, sofern wir Erfahrung von ihnen haben — der Dinge als Erscheinung. Da aber alle unsere Erkenntnis auf der Erkenntnis a priori beruht, wissen wir von den Dingen an sich überhaupt nichts, sondern alle unsere Erkenntnis bezieht sich auf die Erscheinung.

Erscheinung darf aber nicht mit „bloßem Schein" verwechselt werden. Dinge können uns ja überhaupt nicht anders gegeben sein, als indem sie uns „erscheinen", und jeder Begriff, über den sinnvolle positive Aussagen gemacht werden können, also auch der des Scheins, kann nur innerhalb des Bereichs der Erscheinung angewandt werden. Meine ich, auf der Straße komme mir Herr Meier entgegen, und entdecke beim Näherkommen, daß es nicht Herr Meier ist, so war mein erster Eindruck bloßer Schein; aber ich habe ihn eben als Schein enthüllt, indem ich die „Erscheinung" des Entgegenkommenden genauer prüfte. Kant erklärt in dem Abschnitt der Kritik der reinen Vernunft über „Phaenomena und Noumena" ausdrücklich, daß von dem Begriffe des „Dinges an sich" nur der negative Gebrauch gemacht werden dürfe, dasjenige anzugeben, worüber überhaupt keine positive Aussage sinnvoll gemacht werden kann.

Man erkennt die Verwandtschaft dieser Gedanken mit der oben angeführten Kritik des Wirklichkeitsbegriffs. Man hat es daher KANT als Inkonsequenz vorgeworfen, daß er den Begriff des Dings an sich überhaupt noch gebrauchte und nicht als unsinnig ganz aus der Philosophie ausschloß. In der Tat müßte schon die Ausgangsbehauptung, daß die Dinge unsere Sinnlichkeit „affizieren", also die Ursache unserer Empfindungen sind, nun unter das Verbot positiver Behauptungen über das Ding an sich fallen; denn auch die Kategorie der Kausalität, dier hier verwendet wird, hat ihren legitimen Anwendungsbereich nur innerhalb der Erscheinung. Man müßte denn Kant so interpretieren, daß es die Dinge als Erscheinung seien, welche uns affizieren; doch würde dadurch die ganze Argumentation, daß wir von den Dingen nichts a priori wissen, falsch, da ja die Erscheinung nur mittels der Erkenntnisse a priori zustande kommt und man über sie daher in der Tat a priori etwas wissen kann.

Kant selbst hat sich anders entschieden. Viele Stellen der Kritik der reinen Vernunft verlieren jeden Sinn, wenn man das Ding an sich streicht. Die „Widerlegung des Idealismus" der zweiten Auflage beweist, daß KANT damals gar nicht die Möglichkeit in Betracht zog, die Frage, „ob es Dinge außer uns gebe", in dieser Form als sinnlos abzuweisen. Zweifellos hat sein System damit an einer entscheidenden Stelle eine logische Inkonsequenz. Wir glauben aber, daß eben durch diese Bruchstelle Sachverhalte den Weg in Kants System gefunden haben, die wegen seiner zu engen Voraussetzungen sonst daraus ausgeschlossen gewesen wären. Eben diese Vermutung machte eine Neuinterpretion Kants doppelt wichtig. —

Wir schließen zum Vergleich mit der Atomphysik noch eine Bemerkung über Kants Antinomienlehre an. Nach Kant gibt es Fragen, die sich unserem Denken unausweichlich aufdrängen, auf die aber gleichwohl keine Antwort gegeben werden kann, weil sie den Bereich der möglichen Erfahrung grundsätzlich hinter sich lassen. Hierdurch entstehen Antinomien: das sind Paare einander entgegengesetzter Antworten auf dieselbe Frage, welche beide begrifflich einwandfrei begründet werden können. Die Auflösung dieses „dialektischen Scheins" liegt eben darin, daß schon die Ausgangsfrage, als nichts über mögliche Erfahrung besagend, abgewiesen werden muß, und daher die Vernunft, wenn sie sich doch auf diese Frage einläßt, gleichsam leerläuft und unter dem Schein positiver Aussagen in Wahrheit nichts aussagt.

Wir betrachten als Beispiel die zweite Antinomie, die des Atomismus. Hier lautet die Thesis: „Eine jede zusammengesetzte Substanz in der Welt besteht aus einfachen Teilen, und es existiert überall nichts als das Einfache, oder das, was aus diesem zusammengesetzt ist", und die Antithesis: „Kein zusammengesetztes Ding in der Welt besteht aus einfachen Teilen, und es existiert überall nichts Einfaches in derselben." Der Beweis der Thesis lautet im wesentlichen: „Denn, nehmet an, die zusammengesetzten Substanzen beständen nicht aus einfachen Teilen; so würde, wenn alle Zusammensetzung in Gedanken aufgehoben würde, kein zusammengesetzter Teil, und (da es keine einfachen Teile gibt) auch kein einfacher, mithin gar nichts übrigbleiben, folglich keine Substanz sein gegeben worden." Der Beweis der Antithesis bemerkt, daß jeder einfache Teil der Substanz (jedes „Atom") notwendigerweise noch einen gewissen Raum erfüllt, und daß wir, indem wir die Teile des erfüllten Raumes denken, bereits auch Teile des Atoms denken.

Vom heutigen, mehr phänomenalistischen Standpunkte aus, der statt „zusammengesetzt" lieber „teilbar" sagt, mögen diese Beweise fragwürdig erscheinen. Sie sind es nicht von einem streng realistischen Standpunkt aus, der durch die Annahme wirklicher Dinge, deren Eigenschaften nicht (wie z. B. „teilbar") in Hinblick auf unsere praktischen Fähigkeiten definiert sind, die Phänomene nicht nur beschreiben, sondern „erklären" will. So erweist sich Kants Gedankengang wiederum als Kritik des Dingbegriffs, sofern dieser die Grenzen möglicher Erfahrung überschreitet. Denn in der Tat kann durch den direkten Versuch nicht entschieden werden, ob Materie unbegrenzt teilbar sei oder nicht. Einen praktischen Atomismus der Physik hingegen, der seine kleinsten festgestellten Teilchen im Bewußtsein der darin liegenden Fiktion so behandelt, als ob sie unteilbar wären, hält Kant geradezu für einen besonders fruchtbaren Gedanken.

2. *Vergleich mit der Quantenmechanik.* Wir stellen nun der Lehre Kants ein konkretes Modell zur Seite, indem wir sie als Beschreibung der Erkenntnissituation der modernen Physik interpretieren. Diese Interpretation setzt eine absichtliche Naivität voraus. Denn Kant beansprucht, mit denselben Begriffen eine präzise Erkenntnislehre der Physik und „jede künftige Metaphysik, die als Wissenschaft wird auftreten können", fundiert zu haben. Indem wir nun seine Begriffe an Hand einer ihm noch unbekannten Situation auf die Physik hin deuten, wird uns ein Teil ihrer auf die Metaphysik zielenden Bedeutung entgleiten. Doch dürfte dieses vorübergehende Entgleiten gerade auch für die metaphysische Auswertung der Kantschen Philosophie nützlich sein, weil es gestattet, die von Kant oft in einen Knoten geschlungenen Fäden der verschiedenen Problembereiche einzeln zu verfolgen.

Der Physiker erforscht die Dinge der Außenwelt. Er gewinnt von ihnen Kenntnis nur vermittels der sinnlichen Erfahrung. Somit ist jede Kenntnis, die wir überhaupt von den Dingen erhalten, anschaulich; und, damit aus ihr überhaupt eindeutig geschlossen werden kann, muß sie in einem kausalen Zusammenhang stehen. Dies wissen wir a priori, d. h. unabhängig von dem einzelnen Erfahrungsakt. Anschaulichkeit und Kausalität sind aber zunächst noch vage Ausdrücke. Ihren exakten Sinn bekommen sie erst im Begriffssystem der klassischen Physik. Für den heutigen Physiker, der weiß, daß er jede Erfahrung in der Sprache der klassischen Physik formulieren muß, ist de facto die gesamte klassische Physik a priori. Dies wird an keinem Beispiel so deutlich wie an dem der quantenmechanischen Dualismusexperimente; denn diese legen den Grund zu einer nichtklassischen Theorie lediglich durch klassisch interpretierte Meßresultate.

Nun gibt es aber an den Dingen einiges zu erforschen, was unserer sinnlichen Erfahrung nicht direkt gegeben ist, z. B. die kleinsten Teilchen, aus denen die Dinge bestehen. Denkt man an die Bedeutung der Atomlehre in der Chemie, so wird man sogar geneigt sein zuzugeben, man habe erst verstanden, wie die Dinge an sich selbst sind, wenn man die Art ihres Aufbaus aus ihren kleinsten Teilen verstanden hat. Selbst wenn dieses Verständnis einmal durch ein noch tieferes abgelöst werden sollte, ist es jedenfalls tiefer als das durch die direkte Erfahrung vermittelte.

Wie können wir aber von den Atomen etwas erfahren? Letzten Endes nur durch sinnliche Wahrnehmung, also in der Sprache der klassischen Physik. Gerade weil wir aber a priori, d. h. durch bloße Berücksichtigung der Art, wie wir experimentieren, wissen können, daß wir vom Atom nur diejenigen Wirkungen direkt erfassen können, die sich klassisch darstellen lassen, haben wir keinen empirischen Grund, zu folgern, auch die Atome selbst, sofern sie nicht beobachtet werden, müßten den Gesetzen der klassischen Physik genügen. Die klassische Physik gibt die Art und Weise an, in der das Atom allein in Erscheinung treten kann; eben darum sagt sie nichts über das Atom an sich aus.

Indem wir aber so den Begriff eines „Atoms an sich" bilden, zerrinnt er uns bereits wieder unter den Händen. Über das Atom an sich weiß die Physik überhaupt nichts durch Erfahrung. Dieses Vakuum wird von der Quantenmechanik ausgenutzt, um einen scheinbaren Widerspruch in der Erfahrung zu beseitigen. Teilchen- und Wellenbild widersprechen einander dann, wenn man die beobachteten Erscheinungen als Eigenschaften an sich seiender Teilchen oder Wellen deutet. Der Widerspruch verschwindet, wenn man die anschaulichen Begriffe von Teilchen und Wellen konsequent nur auf Erscheinungen anwendet. Der Begriff des Atoms an sich hat nun nur die negative Bedeutung, zu zeigen, welche Art von Begriffen man in die Physik nicht einführen soll. Nicht einmal objektive physikalische Existenz, d. h. die Fähigkeit, physikalisch definierbare Prädikate zu haben, selbst wenn wir sie nicht kennen, darf man dem „Atom an sich" zusprechen. Bis hierher läßt sich K a n t s Gedankengang wörtlich übertragen.

Nun gibt es aber keine festgelegte Grenze zwischen Dingen, von denen wir Erfahrung haben, und Dingen, von denen wir keine Erfahrung haben. Wir zwingen das Atom ja gerade durch das Experiment, in Erscheinung zu treten. Für die logische Verknüpfungsform der Komplementarität, d. h. für die Tatsache, daß die zur Hervorbringung einer bestimmten Erscheinung notwendigen experimentellen Hilfsmittel das Auftreten gewisser anderer Erscheinungen unmöglich machen, fehlt nun aber das Analogon in der Lehre K a n t s. Das hängt eben damit zusammen, daß K a n t die Rolle des

Willens beim Aufbau der empirischen Welt nicht genug berücksichtigt. Die Komplementarität erlaubt, die Verknüpfung zwischen den Erscheinungen der atomaren Welt nicht nach dem Modell des „Atoms an sich" und doch in angebbarer Weise, nämlich durch die stastistische ψ-Funktion, herzustellen. So entsteht eine nichtklassische Physik der Atome, welche den apriorischen Charakter der klassischen Physik gleichwohl nicht leugnet, sondern voraussetzt.

Besonders instruktiv ist vielleicht die Anwendung der Komplementarität auf die Atomismus-Antinomie. Die „Atome" der Chemie sind bekanntlich physikalisch weiter teilbar in Kern und Elektronen. Für die Chemie aber beruht ihre ausgezeichnete Bedeutung gerade darauf, daß sie mit chemischen Methoden nicht weiter teilbar sind, und daß sie zudem, sofern sie demselben Isotop desselben Elements angehören, untereinander alle exakt gleich sind. Es ist also die erste Aufgabe der Atomphysik, diese chemischen Grundtatsachen zu erklären. Dies ist nun aber dem klassischen Teilchenbild, nach dem sich die Elektronen auf beliebigen Bahnen um den Kern bewegen können, unmöglich. Man braucht dazu vielmehr den Begriff des stationären Zustands. Er behandelt, so wie wir ihn nach der Wellenmechanik verstehen, das Atom als Ganzes und verzichtet auf die Angabe der Bahn der Elektronen. Wenn nun aber jemand fragt, wo im Atom sich in einem bestimmten Augenblick ein Elektron befindet, so kann er durch eine Ortsmessung alsbald eine konkrete Auskunft erhalten. Bei dieser Ortsmessung wird aber der Impuls des Elektrons so weit unbestimmt, daß es nunmehr in der Mehrzahl der Fälle befähigt ist, den Atomverband zu verlassen. Man hat dann also zwar den Ort des Elektrons erfahren, aber das chemische Atom zerstört.

Man sieht, daß diese „Komplementarität von Chemie und Mechanik" genau die Argumente der Kantschen Atomismus-Antinomie verwendet. Will man Chemie, d. h. die Erklärung der Eigenschaften der Materie durch das Zusammenwirken ihrer kleinsten Teile, so müssen diese Teile unzusammengesetzt gedacht sein. Dann darf es aber keinen Sinn haben, davon zu reden, was in den Teilen des von ihnen ausgefüllten Raumes geschieht. Will man umgekehrt Atommechanik, d. h. will man wissen, was im Innern des Atoms geschieht, so kann man durch ein Experiment die Antwort erhalten. Damit vernichtet man aber das Atom und hat ein Gebilde in der Hand, das zusammengesetzt und analysierbar, aber in dieser Form niemals Baustein der uns in der Erfahrung gegebenen Materie ist.

3. Folgerungen für den Begriff „a priori“. Was haben wir nun aus diesem Vergleich gelernt?

Zunächst haben Begriffe, die von Kant absolut gemeint waren, einen eigentümlichen Relationscharakter bekommen. Eine Erkenntnis a priori sollte nach Kant nicht nur Voraussetzung, sondern auch Bestandteil jeder möglichen, auf ihr Objekt bezüglichen Wissenschaft sein. Die Aprioritäten der klassischen Physik aber sind zwar methodische Voraussetzung, aber nicht inhaltlicher Bestandteil der Quantenmechanik; oder genauer, inhaltlicher Bestandteil nur insoweit, daß die klassische Physik ein Grenzfall der Quantenmechanik bleibt. Sie werden zwar nicht falsch, aber — eine von Kant nicht vorausgesehene Möglichkeit — in der Anwendbarkeit beschränkt. D. h. es wird zwar keine nicht raumzeitliche Erfahrung, keine bei Nachprüfung nicht kausale Verknüpfung von Erfahrungen aufgewiesen. Aber es zeigt sich, daß eine durchgängige Verknüpfung aller Erfahrungen in einem klassischen Modell nicht möglich ist, und daß wir nur zu wählen haben, wo wir durch experimentelle Nachprüfung klassische Verknüpfungen schaffen wollen und wo nicht.

Eine dieser Voraussetzungen a priori ist der praktische Realismus im weiter oben definierten Sinn, d. h. die Tatsache, daß uns nicht „Empfindungen an sich“, sondern Wahrnehmungen von Dingen gegeben sind, und daß man in der Weise der klassischen Physik auch von gerade nicht wahrgenommenen Dingen unbedenklich reden darf. Dies ist ein relativer, berechtigter Gebrauch des Ausdrucks „Ding an sich“. Seine Grenze ist die Grenze des praktischen Realismus. Der Zusammenhang mit dem absoluten Begriff des Dings an sich, den Kant benutzt, besteht zunächst nur in der formalen Identität des Kantschen Schlusses auf die Unerkennbarkeit des Dings an sich mit unserem Schluß auf die Möglichkeit eines nichtklassischen Verhaltens der Atome. —

Unsere Einstellung zum A priori in der modernen Physik unterscheidet sich von den üblichen Auffassungen. Zwei von ihnen sind leicht zurückzuweisen, da sie das Problem nicht sehen. Dies sind die dogmatisch-empiristische These, welche überhaupt die Existenz apriorischer Elemente in der Erkenntnis leugnet, und die dogmatisch-aprioristische These, welche die Ergebnisse der modernen Physik leugnet, weil sie den vorgefaßten Begriffen von Erkenntnis a priori widersprechen. Mit der ersten haben wir uns zur Genüge auseinandergesetzt; die zweite sollte schon durch die logische Möglichkeit einer Theorie wie der Quantenmechanik auf die Fragwürdigkeit ihrer Voraussetzungen hingewiesen werden. Eine dritte, ernster zu nehmende Möglichkeit ist der Versuch, die Erkenntnis a priori nicht, wie wir es tun, umzudeuten, sondern in ihrem Umfang einzuschränken. Auch in der Quantenmechanik gilt ja noch eine erweiterte „Kausalität", wenn man zuläßt, daß mathematisch formulierte Wahrscheinlichkeitszusammenhänge unter diesen Begriff fallen. Überhaupt ist die reine Mathematik (Arithmetik, Analysis, allgemeine Formen der Geometrie) für sie ein selbstverständliches, a priori gegebenes Denkmittel.

Doch scheint uns diese Auffassung einerseits zu bescheiden, andererseits zu kühn zu sein. Sie ist zu bescheiden, indem sie nicht beachtet, daß in dem eingeschränkten Sinn der methodischen Voraussetzung in der Quantenmechanik auch das klassische Kausalprinzip und die euklidische Geometrie gilt; dieser Sachverhalt muß doch jedenfalls philosophisch beachtet werden. Sie ist wahrscheinlich zu kühn, wenn sie hofft, durch Einschränkung der Ansprüche Kants doch noch ein festumgrenztes System von Erkenntnissen a priori zu finden, die Bestandteile jeder künftigen Wissenschaft sein müssen. Über diese letzte Frage kann zwar nur die zukünftige Entwicklung der Wissenschaft bündig entscheiden. Aber der einmalige Mißerfolg der Voraussage KANTs läßt uns daran zweifeln, ob seine Kriterien überhaupt ausreichen, um Erkenntnisse a priori in seinem absoluten Sinn zu ermitteln.

Wir kehren damit zurück zur Kritik von Kants Begründung der Erkenntnisse a priori überhaupt. Man unterscheidet die psychologische und die transzendentale Aufweisung eines Apriori. Erstere zeigt nur, daß wir eine bestimmte Vorstellung unentrinnbar haben, und daß sie vielleicht genetisch die Quelle bestimmter anderer Vorstellungen ist. Letztere geht hingegen von fertiger, zugestandener Erkenntnis aus und untersucht logisch ihre notwendigen Vorausetzungen. Man pflegt nur die letztere als echte Aufweisung gelten zu lassen, da das psychologische Vorhandensein einer Vorstellung ja nicht ihre logische Notwendigkeit beweist. Obwohl nun aber Kant selbst die Idee der transzendentalen Aufweisung gefaßt hat, ist sein tatsächliches Aufweisungverfahren gegen das psychologische nicht deutlich abgegrenzt. Psychologischer Natur ist z. B. die Begründung der Apriorität des Raumes durch den Satz: „Man kann sich niemals eine Vorstellung davon machen, daß kein Raum sei, ob man sich gleich ganz wohl denken kann, daß keine Gegenstände darin angetroffen werden." (Kr. d. r.

V., 2. Aufl., S. 38.) Diese Art der Argumentation begegnet uns nun aber überall in der Kritik der reinen Vernunft. Als zweites Beispiel sei nur noch die Begründung für den synthetischen Charakter der Gleichung $7 + 5 = 12$ (Kr. d. r. V., 2. Aufl., S. 15) genannt, mit dem Argument „... und ich mag meinen Begriff von einer solchen möglichen Summe noch so lange zergliedern, so werde ich doch darin die Zwölf nicht antreffen." Gerade der Gefühlston des „noch so lange" läßt den Eindruck einer gewissen Unsicherheit entstehen, welche dem Kenner der modernen Axiomatisierungsprobleme der Mathematik begreiflich ist. So werden wir schließlich auf die generelle Frage geführt, ob eigentlich daraus, daß man ein Urteil „zugleich mit seiner Notwendigkeit denkt", bereits folgt, daß man es mit Recht zugleich mit seiner Notwendigkeit denkt. Das Entsprechende gilt von der Allgemeinheit der Urteile.

Diese Frage darf nicht mit der empiristischen Kritik der Begriffe Notwendigkeit und Allgemeinheit verwechselt werden. Der Empirist, oder „Psychologist", der unsere Begriffe „wahr", „notwendig" und „allgemeingültig" psychologisch „erklären" will, übersieht, daß er im selben Atemzug Sätze aufstellt, die er für wahr hält, aus denen er Folgerungen zieht, die ihm notwendig scheinen usw. Anders ausgedrückt: Die Begriffe der Logik bezeichnen Phänomene unseres Bewußtseins, die uns unmittelbar gegeben sind; schon ehe wir die empiristische Frage stellen, wissen wir, was „wahr", „notwendig" usw. heißen soll. Es kann nun eine lehrreiche Untersuchung sein, der psychologischen Genese dieses Begriffes nachzuspüren. Aber wie beim Versuch, die gegebenen „Dinge" der Erfahrung nach „Empfindungen" zu analysieren, ist auch hier der logische Tatbestand methodisch das Gegebene, und die psychologische Deutung ist eine Hypothese, die ihr Recht erst von Fall zu Fall durch ihre Leistung zu erweisen hat.

Indem wir aber voraussetzen, daß die Frage nach Notwendigkeit und Allgemeingültigkeit eines Urteils sinnvoll ist, dürfen wir bezweifeln, ob es eine absolute, d. h. einmalige und endgültige Antwort auf diese Frage gibt. Den Glauben an einen derart absoluten logischen Wert von Urteilen teil K a n t mit fast der gesamten Tradition unserer Philosophie. Anderer Meinung sind fast nur die Skeptiker, die aber mit den Deutungen zugleich die Phänomene verwerfen und so die Probleme leugnen, statt sie zu lösen. Anderer Stimmung freilich ist auch P l a t o n, wenn er durch Dialektik und Mythos die Spannung des Erkenntnisakts vor dem Abgleiten in den fixierten, gleichsam gefrorenen Aussagesatz rettet. Und stellt nicht in der Tat der logische Absolutismus ebenso eine Übertreibung des Gegebenen dar wie etwa die Ersetzung des praktischen Realismus durch den prinzipiellen?

Was war uns über die Rolle der Sprache in der Philosophie deutlich geworden? Wir brauchen die Sprache, um überhaupt philosophieren zu können. Andererseits wissen oder ahnen wir von jedem Wort, daß es nicht genau ein Gegebenes bezeichnet. Wir haben kein Mittel, dem ein für allemal abzuhelfen, sondern können nur von Fall zu Fall einzelne Worte unter Verwendung anderer, selbst unkritisierter Worte kritisieren. Wir haben keinen Grund zu der Vermutung, daß das im Bereich des Denkens anders sein werde als im Bereich der Wahrnehmung. Wir brauchen Begriffe, die diesem eigentümlich schwebenden Charakter aller Erkenntnis gerecht werden.

In diesem Sinn ist unsere Deutung des Begriffs „a priori" gemeint. Daß jedes Experiment klassisch beschrieben wird, wissen wir nicht sicherer, als daß jede Erfahrung von der Außenwelt räumlich ist; der erste Satz ist sogar um so viel fragwürdiger, als er mehr behauptet. Beide Sätze haben nicht logische, sondern faktische Notwendigkeit. Man sollte nicht sagen: „Jedes nur mögliche Experiment muß klassisch beschrieben werden", sondern: „Jedes wirkliche, uns bekannte Experiment wird klassisch beschrieben, und wir wissen nicht, wie wir es anders machen sollten." Diese Aussage genügt nicht, um zu beweisen, daß der Satz für jede nur mögliche künftige Erkenntnis a priori ist. Aber das ist auch nicht die Anforderung der konkreten wissenschaftlichen Situation. Uns genügt zu wissen, daß er für die Quantenmechanik a priori ist. Das bedeutet, daß er gilt, unabhängig von jeder einzelnen derjenigen Erfahrungen, die in der Quantenmechanik überhaupt betrachtet werden, und zwar deshalb, weil er die Bedingung der Möglichkeit derartiger Erfahrungen angibt. Dieser Nachweis, der am fertigen System der Quantenmechanik vollzogen werden kann, ist im genauen Sinn der obigen Definition eine transzendentale Aufweisung, nur in dem bescheideneren Rahmen, den unsere veränderte Auffassung bedingt.

Indem „a priori" so zu einem Relationsbegriff wird, bestehen keine Bedenken, eine Erkenntnis, die in bezug auf eine zweite a priori ist, unter einem anderen Aspekt gleichwohl als empirisch zu bezeichnen. Z. B. ist ja die klassische Physik selbst an Hand der Erfahrung entstanden. In ihr gibt es wiederum Verhältnisse, die dem Verhältnis ähnlich sind, das sie zur Quantenmechanik hat; z. B. setzt die Elektrodynamik die Mechanik methodisch voraus. Die klassische Mechanik selbst ist wiederum nicht rein empirisch oder rein a priori. Sie vom soeben gewonnenen Standpunkt aus zu analysieren, wäre eine der nächsten Aufgaben.

Wir wollen diese Aufgabe hier nicht mehr angreifen, sondern nur noch auf zwei miteinander zusammenhängende Eigentümlichkeiten derartiger Probleme hinweisen. Die Mechanik ist das methodische Apriori der Elektrodynamik, und die ganze klassische Physik dasjenige der Quantentheorie. Inhaltlich hingegen ist das Verhältnis umgekehrt. Die Quantentheorie ist eine fundamentalere Naturerkenntnis als die klassische Physik und erklärt z. B. selbst erst die Möglichkeit der Existenz fester Körper, die doch in der klassischen Physik notwendig sind, um überhaupt die elementaren räumlichen Maßbestimmungen zu realisieren. In diesem spezifischen Sinn erklärt also die Erkenntnis a posteriori nachträglich erst, was in der Erkenntnis a priori schon vorausgesetzt war. Es ist ein Fehler vieler erkenntnistheoretischer Ansätze, diesen fruchtbaren Zirkel aller Erkenntnis nicht beachtet zu haben.

Diese Tatsache kann auch ein eigentümliches Umschlagen der Aprioritätsverhältnisse zur Folge haben. Wollten wir z. B. die klassische Mechanik analysieren, so würden wir bei der Frage, was uns denn eigentlich empirisch gegeben sei, nicht mehr um die konkrete Analyse der Sinneswahrnehmung herumkommen. In dieser zeigt sich auf einmal, daß wir — da wir die klassische Physik besitzen — die Objekte dieser Wahrnehmung sehr viel besser kennen als den Wahrnehmungsvorgang selbst (und zwar nicht nur als den physischen Vorgang im Sinnesorgan, sondern als das Phänomen der Empfindung). In einem veränderten Sinne wird nun also die klassische Physik für die Wahrnehmungstheorie a priori. Es würde sich wohl allerdings empfehlen, zur Kennzeichnung dieser verwickelten Situationen, die Kant nicht voraussehen konnte, den nun schon sehr beanspruchten Begriff „a priori" durch genauer angepaßte Begriffe zu ersetzen.

4. Meditationsstufen. Wir haben uns in die Anwendung der Begriffe Kants auf die Physik verloren und nicht beachtet, daß sie die Grundlage einer allgemeinen Philosophie, ja einer Metaphysik bilden sollten. Wenn aber die geplante Philosophie der Physik von der philosophischen Seite her Vertrauen verdienen soll, müssen wir, ehe wir auch nur ihr Programm fest aufstellen, noch einmal zu jenem tiefsten Anliegen Kants zurückkehren. Haben wir überhaupt noch einen festen Punkt, von dem aus wir philosophieren können?

Als Physiker sind wir vom Realismus ausgegangen, der seinem Anhänger durch den Glauben an die objektive Existenz der Dinge metaphysische Beruhigung verschafft. Als wir die Fragwürdigkeit des metaphysischen Beasismus erkannten, schien uns Kants Begriff des Apriori wenigstens einen absolut sicheren Punkt in den Fundamenten des eigenen Denkens zu gewährleisten. Nun scheint das Apriori selbst aus einer notwendigen zu einer bloß faktischen Gegebenheit zu werden, die jedenfalls weiterer Zergliederung fähig und bedürftig ist. Wir versuchen noch einmal, der Probleme Herr zu werden, indem wir die Quelle der Schwierigkeiten selbst zum Ursprung einer neuen Betrachtungsweise machen. Der Gedanke des Apriori bezweckte, Phänomene, die uns aus den Objekten der Erkenntnis heraus unverständlich waren, durch einen Blick auf die Bedingungen, unter denen überhaupt Objekte erkannt werden können, begreiflich zu machen. Nun haben wir einen schwebenden Charakter der wissenschaftlichen Begriffe gefunden, der mit unseren Vorstellungen von Wissenschaft nicht vereinbar scheint; um ihn zu begreifen, treten wir für einen Augenblick neben die Wissenschaft und schauen die Bedingungen an, unter denen sie als Prozeß des menschlichen Bewußtseins überhaupt möglich ist.

Wir haben uns entschlossen, nicht zu sagen: „Jedes Experiment muß klassisch beschrieben werden", sondern einfach: „Jedes Experiment wird klassisch beschrieben." Damit ist unseren Sätzen die faktische, fast möchte man sagen, historische Situation der Physik zugrunde gelegt. In der Tat hat Aristoteles seine Erfahrungen noch nicht klassisch beschrieben; und obwohl wir es uns nicht vorstellen können, können wir nicht logisch ausschließen, daß eine spätere Menschheit wiederum eine andere Beschreibung wählen wird als wir; es ist ja nicht einmal bewiesen, daß unsere Anschauungs- und Wahrnehmungsfähigkeiten konstant sind. Um von dem klar reden zu können, was wir tatsächlich wissen, brauchen wir auch keine Spekulationen über das zu machen, was wir nicht wissen. Sollte man nicht sagen, die historische Situation des menschlichen Bewußtseins gehöre mit zum Apriori der Physik?

Nach dem Sensualismus und dem Psychologismus tritt uns hier im Historismus zum drittenmal die Versuchung entgegen, den Begriff des Wissens unvermerkt durch den eines genetisch erklärten Meinens zu ersetzen. Aber gerade wenn wir diese Versuchung abweisen, können wir dem „historischen Apriori" erst seinen genauen Sinn geben. Wir behaupten also nicht, es gebe bloß historisch bedingtes Meinen und kein Wissen

Formal nicht, weil man, indem man „Meinen" sagt, den Begriff „Wissen" schon voraussetzt. Inhaltlich nicht, weil z. B. die Physik die Verbindung zwischen den historisch bedingten Formen ihres Wissens geradezu postuliert; so ist alles, was an der Physik des Aristoteles überhaupt richtig ist, in der klassischen Physik enthalten, wenn auch z. T. in anderer Ausdrucksweise, und das Entsprechende erwarten wir für das Verhältnis unserer Physik zu jeder zukünftigen. Wir schließen uns auch nicht der gefährlicheren historistischen Formel an, jede Epoche habe ihre eigene Wahrheit, wenigstens nicht, wenn der Begriff „Wahrheit" dabei so naiv verstanden wird, daß er die Wahrheit der Physik mit umfaßt, und wenn zugelassen wird, daß die „Wahrheiten" verschiedener Epochen einander widersprechen. Denn dann ist der Satz nur eine gewandtere Umschreibung des vorhergehenden. Andere Zeiten können anderes wissen als wir, und sie können auch nachweisen, daß wir uns geirrt haben, aber wenn wir sagen, etwas sei wahr, so meinen wir damit jedenfalls, daß zu keiner Zeit das Gegenteil wahr sei. Daß die Ausdrucksweisen sich ändern und daher gelegentlich nicht widersprechende Inhalte in widersprechender Form ausgedrückt werden, ist natürlich zugegeben. Ebenso ist zugegeben, daß verschiedene Bewußtseinszustände durch entgegengesetzte Aussagen in jeweils „wahrer" Weise ihre Haltung zu den tiefen menschlichen Fragen dokumentieren können; aber diesen Sachverhalt wünschen wir eben in einer Weise zu berücksichtigen, die den Sinn der wissenschaftlichen Wahrheit nicht zerstört.

Indem wir aber in dieser Weise den Sinn wissenschaftlicher Sätze, ihren Anspruch, wahr zu sein, gegen eine historische Relativierung schützen, müssen wir gleichwohl zugeben, daß uns die Wahrheit faktisch immer nur in der Form gegeben ist, welche der Bewußtseinszustand unserer Epoche zuläßt, und daß nicht einmal die Möglichkeit besteht, über die dadurch gesetzten Grenzen hinaus zu spekulieren. Wenn wir nach einem deutlichen Begriff für diese Tatsache suchen, müssen wir Ausschau halten nach einem bekannten Vorgang im Bewußtsein, der ebenfalls den vollen Wahrheitsanspruch mit der anerkannten Abhängigkeit vom jeweiligen Zustand des Bewußtseins verbindet. Wir finden ihn in der Meditation.

Meditation ist eine Aneignung einer Wahrheit durch das Bewußtsein, bei der nicht nur der Inhalt, sondern die Struktur des Bewußtseins verändert wird. Sie hängt damit zusammen, daß Erkenntnis selbst ein Lebensvorgang ist. Vergleichen wir sie mit einem Vorgang der vitalen Sphäre des menschlichen Lebens. Beim Reitenlernen nützt es mir nichts, daß der Reitlehrer und auch ich selbst weiß, was ich in jeder Lage tun müßte; der Augenblick muß kommen, in dem ich instinktiv das Richtige tue, in dem ich „reiten kann". Diese Fähigkeit aber wird nur erworben durch den Versuch zu reiten, obwohl ich es zweifellos zunächst nicht kann, und durch fortgesetzte Übung. Ebenso verhält es sich, wenn ich das noch ungebärdigere Pferd der Erkenntnis reiten will. Stetes Anschauen, Durchdenken, Sichvergegenwärtigen und Einüben der Wahrheit, im Wechsel zwischen dem Durchwandern des schon bekannten Gebietes und dem immer wiederholten Anklopfen an Türen, die sich noch nicht geöffnet haben, in der ständigen Bereitschaft, das eigene Wesen der erkannten Wahrheit anzugleichen — das etwa ist der Beitrag, den der Wille zur Meditation leistet. Der Vorgang, der sich dann vollzieht, wenn diese Willenseinstellung da ist, stammt aus den Kräften des Unbewußten und besteht in einer langsamen, aber tatsächlichen Verwandlung der Beschaffenheit des Bewußtseins. Er ist in seinem Wesen nicht verschieden von jedem Vorgang des Reifwerdens. Auch der Erwachsene hat ein anderes Bewußtsein als das Kind; er hat andere Willenseinstellungen und Triebe, und er verwendet Vorstellungen und Begriffe mit Selbstverständlichkeit, die für das Kind überhaupt keinen begreiflichen Sinn haben. Alle höhere Erkenntnis aber kann nicht ohne eine bewußte Einstellung des Willens auf den Erkenntnisvorgang gewonnen werden, und es gibt Erkenntnisse, die nur auf dem im strengen Sinn meditativen Wege zugänglich sind.

Wollen wir die Bedeutung der Meditation „erkenntnistheoretisch" bezeichnen, so greifen wir noch einmal auf den Begriff des „Gegebenen" zurück. Es sind uns keineswegs elementare Empfindungen gegeben, sondern Dinge und ähnliche Sinneinheiten. Was uns aber gegeben ist oder wird, hängt von unserem eigenen Zustand ab. Wer reiten kann, weiß aus dem Instinkt heraus, was er vorher höchstens theoretisch wußte. Dem Kind, das noch nicht lesen kann, ist ein bekritzeltes Papier gegeben, dem lesenlernenden Kind Buchstaben, dem Erwachsenen ganze Worte und selbst Sätze, und zwar so, daß die Buchstaben nicht mehr einzeln gegeben sind (wenn es nicht so wäre, blieben beim Korrekturlesen nicht so viele Druckfehler stehen). Im unmittelbaren persönlichen Kontakt sind mir viele von den Seelenregungen meiner Mitmenschen gegeben; durch eine veränderte Einstellung aber, z. B. durch Mißtrauen, können sie mir verlorengehen. Die Bedeutung der Einstellung des „Glaubens" für das Bewußtsein beruht nicht darauf, daß der Glaube Unbewiesenes für wahr hält, sondern darauf, daß er durch das Wegräumen des im Zweifel liegenden „Mißtrauens“ die Voraussetzung dafür schafft, daß uns gewisse nicht leicht zugängliche Sachverhalte „gegeben werden“ können. In diesem Sinne kann man nun auch sagen: Die Meditation verändert das Bewußtsein so, daß ihm etwas gegeben wird, das ihm vorher nicht gegeben werden konnte.

Alle Schulen systematischer Meditation kennen den Begriff der Meditationsstufen. Es liegt im Wesen der Meditation, daß sie sich die Wahrheit, die nicht auf einmal erflogen werden kann, allmählich aneignet. Auf diesem Wege gibt es Stationen, die der Reihe nach durchlaufen werden müssen, weil eine die Voraussetzung, das „A priori“ der nächsten bildet. Selbstverständlich bedeutet dies kein starres Schema; es sind plötzliche Durchblicke in eine an sich noch unzugängliche Tiefe oder Höhe möglich. Aber es ist immerhin erstaunlich, wie gesetzmäßig sich die Entwicklung des Bewußtseins vollzieht.

Die Entwicklung der Wissenschaft und der Philosophie nun kann als eine große Meditation aufgefaßt werden. Die Entwicklungsphasen, von denen jeweils die spätere die frühere gleichzeitig voraussetzt und relativiert, entsprechen den Stufen der Meditation. So bezeichnet in der Frage nach dem Gegenstand der Physik der mit der klassischen Physik meist verbundene metaphysische Realismus eine erste Stufe. Die skeptische und sensualistische Kritik des Realismus ist eine antithetische Zwischenstufe, ein Übergangszustand, der nur die negative Bedeutung hat, die Notwendigkeit des Heraustretens aus der ersten Stufe klarzumachen. Die quantenmechanische Verwendung des Dingbegriffs nur in bezug auf mögliche Beobachtungen, welche bewußten Gebrauch von der Tatsache macht, daß die Physik ein Wissen der Menschen ist, bedeutet eine neue positive Stufe.

Jede Stufe kann durch das charakterisiert werden, was auf ihr notwendig und allgemein gilt, durch ihr Apriori im psychologisch absoluten Sinne. Wenn durch den Übergang zur nächsten Stufe dieses Apriori als solches aufgelöst wird, so wird es damit doch nicht als Erkenntnis entwertet; es wird zu einer speziellen wissenschaftlichen Einsicht mit einem angebbaren Geltungsgrund und angebbaren Geltungsgrenzen.

Der Übergang von einer Stufe in die nächste, obwohl durch Argumente veranlaßt, kann nicht logisch erzwungen werden. Der Schritt aus einer Stufe heraus bedeutet stets zuerst einen Schritt ins Dunkel. Denn die beiden Stufen, als verschiedene Bewußtseinszustände, verstehen einander im Grunde nicht, vor allem die frühere nicht die spätere. Die frühere kennt die geistigen Phänomene nicht, die der späteren gegeben sind, und muß darum notwendigerweise jeden Versuch, von ihnen zu reden, mißverstehen; sie wird in unserem Beispiel jede Kritik des metaphysischen Realismus als einen Zweifel an der „Wirklichkeit" der physischen Dinge auffassen müssen. Die spätere Stufe ihrerseits enthält allerdings die Fundamentalsätze der früheren unter ihren „empirischen" Urteilen; sie verliert aber im allgemeinen mehr und mehr das Verständnis für die besondere metaphysische Dignität, die diesen Sätzen vorher zugeschrieben wurde, und kommt bei Debatten in die Schwierigkeit, gar nicht mehr in einer für sie selbst sinnvollen Sprache formulieren zu können, was mit jenen Sätzen über ihre empirische Bedeutung hinaus gemeint war.

Wie haben wir nun Kant zu deuten? Er beginnt auf der Stufe des metaphysischen Realismus. Von ihr wird er fortgedrängt, nicht wie die moderne Physik durch Erfahrungen, sondern durch die Entdeckung des A priori. Er erkennt, daß das, was der metaphysische Realismus glaubt, gar nicht aus den ihm gegebenen Erfahrungen abgeleitet werden kann und doch auch nicht weggelassen werden darf, weil es die Voraussetzung dafür darstellt, daß ihm diese Erfahrungen gegeben werden können. Durch diese Erkenntnis gewinnen die Sätze des Realismus aber eine veränderte Bedeutung; eine neue Meditationsstufe ist erreicht. Diese Stufe sucht Kant anzudeuten durch die Unterscheidung von Erscheinung und Ding an sich. Er braucht im Grund den Begriff des Dings an sich nur, um das Ding als Erscheinung in seinen Charakter als „Gegenstand" und gleichzeitig in seiner ausdrücklichen Bezogenheit auf den erkennenden Menschen festzuhalten; es also vor dem Zurückgleiten entweder in die naiv-realistische oder in eine ebenso naive solipsistische Deutung zu bewahren. Diese Gefahr liegt in der Lehre Kants deshalb besonders nahe, weil er auf rein philosophischem Wege zu der neuen Stufe gelangt ist und daher die Naturwissenschaft, die er vorfindet, nicht in ihrer Struktur ändert, sondern nur umdeutet. Vom rein physikalischen Standpunkt aus kommt daher die „kopernikanische Wendung" Kants doch nur auf eine Änderung der Nomenklatur hinaus, aus der nichts folgt. Erst die Quantenmechanik hat dieselbe Meditationsstufe auf physikalischem Wege erreicht und hat von der neuen Freiheit, die sie der physikalischen Begriffsbildung gibt, Gebrauch gemacht zur Schaffung einer Physik, die gar nicht mehr realistisch gedeutet werden *kann*. So hat eigentlich erst die moderne Physik das leere Schema der Kantschen Lehre von der Natur ausgefüllt, freilich unter den in einem solchen Fall unvermeidlichen Änderungen und Umdeutungen.

Nun bleibt die noch ungelöste Aufgabe, eine der Meditationsstufe der Quantenmechanik entsprechende Philosophie wirklich durchzuführen. Es war aber vielleicht erlaubt, diese vorläufigen Betrachtungen gleichsam als Bitte um Zusammenarbeit und Kritik jetzt schon vorzulegen.

Die Unendlichkeit der Welt

Eine Studie über das Symbolische in der Naturwissenschaft

1. Naturwissenschaft und Symbolik. Ist die Welt unendlich? Drei Fragen sind hier in einer enthalten: Erstreckt sich die Welt ohne Grenze im Raum? Ist sie von ewiger Dauer? Gibt es in ihr ein Unendlichkleines, so daß jedes noch so kleine Ding noch weiter teilbar wäre?

Diese Fragen drängen sich unserem Denken in einer gewissen Stufe seiner Entwicklung auf. Wie sollen wir sie aber lösen? So viele Erfahrungen wir sammeln mögen, ihre Gesamtmenge bleibt immer endlich. Unter allem, was wir durch Erfahrung kennen, gibt es ein fernstes Ding, ein frühestes Ereignis, eine kleinste Einheit. Eben diese Grenze der Erfahrung aber beunruhigt unser Denken. Wir fragen uns, was jenseits der Grenzen liegen möge, und suchen es noch in Erfahrung zu bringen. Damit wird freilich immer nur eine neue Grenze der Erfahrung und nicht die Unendlichkeit erreicht. Aber wir setzen bei diesem Verfahren doch voraus, daß es jenseits jeder erreichten Grenze noch etwas gebe, sei es auch nur der leere Raum oder die leere Zeit. So setzen wir unwillkürlich die Unendlichkeit der Welt voraus, obwohl wir uns sagen müssen, daß keine positive Erfahrung diese Voraussetzung je wird bestätigen können. Auch unsere Phantasie unterliegt diesem Zwiespalt, denn wir können uns ebensowenig eine unüberschreitbare Grenze wie die Unendlichkeit wirklich vorstellen.

Wie haben sich die Menschen verhalten, wenn ihnen diese Fragen entgegentraten? Einige vorsichtige Forscher haben auf eine Antwort verzichtet. Die meisten Denker aber, und mit ihnen ganze Zeitalter, haben sich bestimmte Meinungen über die Frage nach der Unendlichkeit der Welt gebildet. Wovon ließen sie sich dabei leiten? Die ausgesprochenen Begründungen waren verschieden, aber stets spiegelte sich in dem Ergebnis etwas von dem grundsätzlichen Verhältnis ihrer Träger zur Natur. Vor allem in solchen Fragen, in denen nicht zwingende Tatsachen die Antwort bestimmen, ist die wissenschaftliche Meinungsbildung zugleich symbolisch für eine Geisteshaltung, für ein Lebensgefühl. Diese Seite der Unendlichkeitsfrage soll im folgenden durch die abendländische Geistesgeschichte bis zur Gegenwart verfolgt werden.

Warum kann uns, zumal heute, das Symbolische in der Naturwissenschaft bewegen? Vielen unter uns erscheinen gerade die physikalischen Entdeckungen unseres Jahrhundert als Ausdruck einer geistigen Wandlung, die weit über die Grenzen der Physik hinausgreift. Dabei liegt es uns fern, zu glauben, die physikalischen Entdeckungen seien die Ursache dieser Wandlung. Noch viel weniger darf man meinen, die neuen Theorien seien aufgestellt worden, um eine solche Wandlung zu veranlassen oder auch nur auszudrücken. Sie haben sich als nüchterner Ausdruck beobachteter Tatsachen aufgedrängt. Wenn wir gleichwohl einen genauen Zusammenhang zwischen ihnen und dem Denken und Erleben unserer Zeit finden, so wird diese Entdeckung einen um so tieferen Eindruck in uns hinterlassen. Wir können wichtige Seiten unseres Wesens in ihnen wie in einem Spiegel sehen, und wir fühlen uns gedrängt, zu ergründen, wie eine solche Spiegelung überhaupt möglich ist, und was sie zeigt. Wir wollen uns daher als Vorbereitung für die Unendlichkeitsfrage für einen Augenblick der grundsätzlichen Frage des Symbolischen in der Naturwissenschaft zuwenden.

Mit den Worten „Symbol", „Ausdruck", „Spiegelung" haben wir einen Tatbestand umschrieben, der am allgemeinsten vielleicht mit dem Namen „Bedeutung" belegt werden kann. Die wissenschaftlichen Sätze sind uns nicht nur um ihrer selbst willen wichtig, sondern auch weil sie auf etwas anderes deuten, nämlich auf einen Geisteszustand oder auf eine Art, Mensch zu sein. Sie be-deuten uns etwas. Es ist nun entscheidend, daß wir die Bedeutung in diesem Sinne nicht als etwas Einmaliges, Überraschendes ansehen, sondern in ihr ein Grundphänomen des menschlichen Daseins erkennen. Welche Fülle von Bedeutungen begegnet uns im Leben!

Der Träger des umfassendsten Bedeutungsschatzes ist die Sprache. Jedes Wort ist ein Schall, der etwas anders als diesen Schall bedeutet; so bedeutet etwa der Schall, den wir erzeugen, wenn wir das Wort „Apfel" aussprechen, etwas von diesem Schall völlig Verschiedenes, nämlich einen wirklichen Apfel. Da jede ausgearbeitete Erkenntnis der Sprache bedarf, setzt Erkenntnis also stets schon das Bestehen von Bedeutungen voraus.

Die Bedeutung ist aber nicht auf die Sprache beschränkt. Es gibt die großen Symbole: die Fahne, die Krone, das Kreuz. Es gibt im täglichen Leben die sichtbaren, greifbaren Zeichen, die nicht beachtet werden im Hinblick auf das, was sie selbst sind, sondern nur im Hinblick auf das, was sie bedeuten: die Schrift, die Münze, das Verkehrssignal. Es gibt Handlungen, die etwas bedeuten, sei es durch Konvention, wie der Händedruck, sei es als spontane Ausdrucksbewegung, wie Lachen und Weinen. Wer Traumsymbolik kennt, weiß, wie eine Vorstellung sogar im Unbewußten eine andere bedeuten kann. Auch die Kunst setzt Bedeutung voraus. Nicht nur bedeutet das Bild den dargestellten Gegenstand. Auch die Musik bedeutet in einer für uns geheimnisvollen Weise die Bewegung der Seele. Und das Beispiel der Musik erinnert uns daran, daß die Fähigkeit der Kunst, „Unaussprechliches auszusagen“, eine besondere Art der Bedeutung ist, die sich noch unterscheidet von dem Abbilden, das die bildende Kunst mit der Photographie, und von der Begrifflichkeit, die die Dichtung mit der Sprache des Alltags und der Wissenschaft gemein hat.

Was ist nun das Gemeinsame dieser Bedeutungen? Man könnte sagen: in allen Fällen steht ein Ding für ein anderes. Man würde also die Bedeutung als eine Beziehung zwischen zwei Dingen, dem „Zeichen“ und dem „Bezeichneten“, ansehen; dabei soll der Begriff des Dings auch Nichtmaterielles umfassen. Das Entscheidende liegt aber nicht im bloßen Vorhandensein einer Beziehung. Es verbirgt sich vielmehr in dem Wörtchen „für“ Wir verwenden das Zeichen an Stelle des Bezeichneten. Wir wollen aber damit das Bezeichnete nicht etwa verdrängen, sondern wir wollen es gerade durch das Zeichen gegenwärtig halten. In diesem Sinne ist das Zeichen „für“ das Bezeichnete da. Solange das Zeichen unreflektiert verwendet wird, ist sogar die Zweiheit von Zeichen und Bezeichneten dem Bewußtsein nicht gegenwärtig.

Wenn ein Kind weint, so sehen wir nur die Tränen und das verzerrte Gesicht; den Kummer kann man nicht unmittelbar aufweisen. Für das Kind aber ist nur der Kummer gegenwärtig. Die Tränen sind nicht Flüssigkeitstropfen, sondern sie sind der Kummer selbst. So faßt es auch die Umwelt auf. Wenn der ältere Bruder sagt: „Die kleine Schwester weint“, so meint er damit nicht, daß sie Tränen im Gesicht hat, sondern daß sie bekümmert ist. Oder genauer: er meint beides zugleich, weil die Tränen der Kummer sind. Freilich können sich die Tränen in einem Augenblick in Flüssigkeitstropfen „verwandeln“; etwa wenn sie dem Kind auf die Hand tropfen und es dort stören. Hier ist die „Träne an sich“ entdeckt. Der „Kummer an sich“ wird entdeckt, wenn man erfährt, daß man bekümmert sein kann ohne zu weinen, und weinen ohne bekümmert zu sein. Trotz dieser Entdeckung werden auch die nächsten Tränen des anderen wieder naiv als Ausdruck eines Kummers genommen; es bedarf einer ganz neuen Einstellung, die wir Mißtrauen nennen, um dieses unmittelbare Gegebensein des Kummers in den Tränen zu zerstören. Ebenso drängt der nächste eigene Kummer wieder zu Tränen, und erst die tiefe Veränderung in der menschlichen Haltung, die das Älterwerden bringt, führt in manchen Fällen zu neuen Zeichen oder zur Ausdruckslosigkeit.

Dieses Beispiel gilt mutatis mutandis für alle Bedeutungszusammenhänge, vor allem auch für die Sprache. Wenn ich „Apfel“ sage, braucht kein Apfel vor mir zu liegen. Wenn ich „Kummer“ sage, kann ich das Gemeinte überhaupt nicht anders als durch Zeichen zur Anschauung bringen. Aber in beiden Fällen ist meine Aufmerksamkeit eben nicht von dem Schall „Apfel“ oder „Kummer“, sondern von dem Gemeinten, dem wirklichen Apfel oder dem wirklichen Kummer beansprucht. In dem Augenblick, in dem ich auf den Vorgang des Sprechens oder auch nur auf den „Wortlaut“ reflektierte, zerstöre ich den selbstverständlichen Zusammenhang des Wortes mit dem Ding. Ich kann dazu genötigt werden durch das Versagen der Ausdrucksmöglichkeiten, durch die Ungenauigkeit und das Ungenügen der Sprache. In einer reflektierten Weise kann ich den Zusammenhang wiederherstellen z. B. durch die Definition, welche das, was das Wort bezeichnen soll, ausdrücklich nennt. Um es aber nennen zu können, muß die Definition andere Worte unreflektiert verwenden; sie setzt andere Zeichen voraus, in denen das Bezeichnete noch unmittelbar gegenwärtig ist.

Ein Zeichen, das man nicht einfach durch Aufweisung des bezeichneten Gegenstandes überflüssig machen kann, wollen wir ein Symbol nennen. Mit diesem Wortgebrauch umfassen wir auch diejenigen Zeichen, die man im ernstesten Sinne des Wortes Symbole nennt. Der Fetzen Tuch einer Fahne kann eben deshalb ein fast heiliger Gegenstand werden, weil er das einzige sichtbare Zeichen einer unsichtbaren, aber für unser Leben entscheidenden Wirklichkeit ist. Mit Absicht nehmen wir aber auch die scheinbar banalsten Worte der Umgangssprache in den Bereich des Symbolischen mit auf. In der alten Überzeugung von der magischen Kraft des Wortes ist die Erkenntnis ausgedrückt, daß am Anfang der Sprache das Symbol steht. Erst wer das Wort hat, hat das Ding ganz. Die Ursachen dafür, daß dieses

Bewußtsein verblaßt ist, sind eines besonderen Nachdenkens wert. Wir werden im folgenden einige Erscheinungen finden, die mit ihnen zusammenhängen. Philosophisch wichtig ist, daß wir den Begriff der Bedeutung nicht völlig auf den Begriff des reinen Seins zurückführen konnten. Da uns das Sein der bezeichneten Dinge erst durch die Zeichen hindurch faßbar wird, setzt umgekehrt eine genaue Erklärung des Seinbegriffs schon den Begriff der Bedeutung voraus. Doch verfolgen wir diese Frage hier nicht weiter, sondern wenden uns wieder der Naturwissenschaft und ihrem Verhältnis zur Symbolik zu.

Naturwissenschaftliche Erkenntnis kann in doppelter Weise symbolisch sein: indem sie selbst Symbol ist, oder indem sie Symbole vorfindet und verwendet. So wie jede andere Lebensäußerung kann auch die naturwissenschaftliche Erkenntnis unwillkürlich etwas von dem ausdrücken, was im Menschen ist. Sie wird dann, zunächst unbewußt, vielleicht aber auch bewußt anerkannt, zum Symbol seines Wesens oder seines Zustandes.

Auf der anderen Seite aber kann der Gegenstand der Wissenschaft, die Natur selbst, von uns als Symbol genommen werden. Der naive Mensch hat zu allen Zeiten im Gesicht der Natur wie im Gesicht eines Mitmenschen gelesen. Die Natur droht und kann versöhnt werden. Das bewegte Meer zürnt dem Menschen, der heitere Himmel will ihm wohl. Götter und Dämonen sind die Seele der Natur. Die Sterne bezeichnen das menschliche Schicksal. Die Ordnung der Schöpfung ist ein Lobpreis des Schöpfers. Noch im 18. Jahrhundert stellte man Extremalprinzipien als Naturgesetze auf, weil sie der göttlichen Weisheit würdig sind. In dieser Entwicklungsreihe zeigt sich der Übergang von der unbewußten, selbstverständlichen Natursymbolik, die mit der unbewußten Symbolik der menschlichen Ausdrucksbewegungen vergleichbar ist bis zum bewußten Stellen und Bejahen der Frage, ob die Naturerscheinungen in einem objektiven Sinne zugleich als Zeichen für etwas anderes zu nehmen seien. Im allgemeinen hat die Naturwissenschaft der Neuzeit freilich diese objektive Natursymbolik verworfen.

Die Unendlichkeitsfrage führt uns zunächst auf den symbolischen Wert der Naturwissenschaft im ersten Sinne. Wir werden in der Wissenschaft den Menschen wiederfinden, der sie gemacht hat. Die zweite Frage, welche die objektive Natursymbolik betrifft, überschreitet bei weitem die Grenzen unserer Untersuchung. Wir werden sie soweit verfolgen, als unser Gegenstand es erfordert, werden sie aber schließlich ohne konkrete Lösung zurücklassen müssen.

2. *Altertum: der endliche Kosmos.* Die Erde ist eine runde Scheibe, vom Strome des Okeanos rings umflossen. Dieser Satz aus dem frühen Weltbild der Griechen ist zugleich eine Behauptung über Tatsachen und ein Symbol. Ohne Zweifel hielt man ihn im wörtlichen Sinn für wahr. Die Kenntnis vom Atlantischen Ozean jenseits der Säulen des Herakles und vom Indischen Ozean jenseits von Arabien machte ihn sogar zu einer sehr vernünftigen geographischen Hypothese. Gleichzeitig aber drückte er in sinnfälliger Weise etwas vom griechischen Weltgefühl aus. Andere geographische Kenntnisse hätten ihn wohl in den Einzelheiten, aber nicht grundsätzlich verändert.

Die Welt ist endlich, denn sie ist geordnet. Hier sind unsere Felder und Häfen. Gehen wir über die Berge oder fahren wir über das Meer, so kommen wir zu neuen Ländern und fremden Völkern. Auch diese wohnen in festen Grenzen. Jenseits ihrer Wüsten und Wälder mögen nochmals andere Völker wohnen. Aber einmal muß ein Ende erreicht sein. Denn — so darf man vielleicht dem unausgesprochenen Empfinden Worte verleihen — das Grenzenlose wäre das Unbegreifliche, das Unbegreifliche aber ist nicht.

Für das Raumgefühl des modernen Menschen ist es schwer verständlich, daß man nicht über jede erreichte Grenze hinausfragt. Der Okeanos mag die Grenze der Menschenwelt sein. Aber ist er selbst unbegrenzt? Oder was kommt jenseits des Okeanos? Für uns liegt die Vermutung nahe, man habe in jenen frühen Zeiten einfach vergessen, diese Frage zu stellen. Die spätere Geschichte lehrt ja, daß die Menschheit einmal auf die Fragen stoßen mußte. Trotzdem tut diese Vermutung dem griechischen Bilde unrecht. Sie verkennt das Fundament eines andersartigen Bewußtseins, auf dem jenes Bild ruht und das es symbolisch ausdrückt. Sie muß es verkennen, solange sie sich der Besonderheit ihrer eigenen Voraussetzungen und der Symbolik, die auch in unserer eigenen Unendlichkeitsidee steckt, nicht bewußt ist.

Mythologisch ist Okeanos einer der Titanen. Er gehört also zu jenen Urgewalten, mit deren Niederwerfung die Herrschaft der olympischen Götter beginnt. Maß und Ordnung, Bild und Begriff entstammten der Welt der Olympier. Darum ist diese Welt ihrem Wesen nach endlich. Die graue Vorzeit, die unermeßliche Ferne gehören ihr nicht zu. Okeanos aber ist eine der bildlichen Verdichtungen jener maßlosen Welt „jenseits der Grenzen", in der es im Grunde keine Gestalt, von der es keinen Begriff gibt. Wer in sie eindringen will, unternimmt nicht nur Unmögliches, sondern Frevelhaftes. Denn er verläßt das Maß, das ihm als einem Menschen die Götter bestimmt haben, und dessen Verkörperung die Götter selber sind. Darum kann und soll man nicht fragen, wie breit das Wasser des Okeanos sei oder was jenseits dieses Wassers komme. —

Die griechische Wissenschaft hat die Lehre von der Erdscheibe bald hinter sich gelassen, und die griechische Philosophie hat sich eingehend mit dem Begriff des Unendlichen beschäftigt. In der ausgereiften Gestalt ihres wissenschaftlichen Weltbildes, dessen astronomische Lehren von Ptolemäus zusammengefaßt wurden und dessen philosophischer Gehalt im wesentlichen von Aristoteles stammt, haben die Griechen aber der Nachwelt den vielleicht vollkommensten Ausdruck hinterlassen für ihren Glauben an die Welt, die endlich ist, weil sie geordnet ist.

Die Erde ist eine Kugel in der Mitte der Welt. Um sie kreisen die sieben Planeten. Ihre Bahnen kann man mathematisch darstellen: sie sind aus Kreisbewegungen zusammengesetzt. Die Führung auf diesen Bahnen geschieht nach der verbreitetsten Anschauung durch sieben konzentrisch umeinander gelagerte Kristallkugeln, auf denen die Planeten angebracht sind. Um sie dreht sich als äußerste Kugel die Sphäre der Fixsterne.

Dieses Bild stellt die astromonischen Beobachtungen mit aller wünschbaren Genauigkeit dar. Es wurde anderthalb Jahrtausende lang nicht revidiert, weil es von der Erfahrung her keiner Revision bedurfte. So drängte sich auch den Astronomen die Frage nicht auf, was sich jenseits der Fixsternsphäre befinde. Auch zu der heutigen Lehre, daß die Fixsterne nicht auf einer Kugel angeordnet sind, sondern verschiedene Entfernungen von uns haben, lag kein Anlaß vor, da man die Entfernungen der Fixsterne nicht messen konnte. Nur die Philosophie durchdachte die Frage nach den Grenzen und dem, was jenseits der Grenzen ist, und sie fand eine logisch befriedigende Antwort.

Nach Aristoteles ist außerhalb der Fixsternsphäre kein Körper. Ebensowenig ist dort aber „leerer Raum", denn leeren Raum gibt es nicht. Für uns scheint es freilich selbstverständlich, daß der Raum an sich unendlich sei, auch wenn er nur endliche Körper „enthalten" sollte. Doch ist schon dieser Begriff vom Raum als einem an sich, unabhängig von der Materie vorhandenen Etwas, eine moderne und keineswegs denknotwendige Vorstellung. Für die Griechen gibt es nicht den Begriff des „Raumes" sondern nur den des „Orts". Jeder Körper ist an einem Ort. So ist sein Ort ein Prädikat, das dem Körper zukommt. Wo aber kein Körper ist, da fehlt das Subjekt, dem man das Prädikat des Ortes zukommen lassen könnte. Ein leerer Ort wäre der Ort von nichts, also kein Ort. Dieser Schluß ist keineswegs sophistisch. Er ist vielmehr eine notwendige Konsequenz der am Sein orientierten aristotelischen Logik, nach der ein Satz falsch ist, wenn es gerade kein Ding gibt, für das er gilt.

Man könnte einwenden, in der euklidischen Geometrie sei doch der Begriff des unendlichen Raumes schon vorgebildet. Aber auch E u k l i d redet nicht vom Raum, sondern von den geometrischen Figuren. Diese definiert er durch Konstruktionsvorschriften. Er sagt nicht: „durch zwei Punkte gibt es eine Gerade", sondern: „durch zwei Punkte soll man eine Gerade ziehen". Jede praktisch konstruierbare Figur aber ist endlich. Das ist selbstverständlich für geschlossene Figuren, wie Kreis, Dreieck usw., es gilt aber auch in etwas anderem Sinne für die Gerade. Diese faßt zwar die moderne Geometrie meist als unendlich auf, für E u k l i d aber ist sie nur immer weiter fortsetzbar. Dem entspricht es, daß er in einem besonderen Postulat die Fortsetzung einer gegebenen begrenzten Geraden in gegebener Richtung fordert; dies geschieht praktisch mit dem Lineal, also stets nur um endliche Stücke.

Diesen Unterschied der Auffassungen kann man durch das aristotelische Begriffspaar von Akt und Potenz (Wirklichkeit und Möglichkeit) erläutern. Die Gerade ist aktuell, in Wirklichkeit, stets endlich; sie ist aber potentiell, der Möglichkeit nach, unendlich, denn es entspricht ihrer Natur, immer weiter verlängert werden zu können. A r i s t o t e l e s bestreitet, daß es aktuell Unendliches überhaupt gebe, denn dieses müßte selbstwidersprechende mathematische Eigenschaften haben. Darum kann auch die Welt nicht unendlich sein. A r i s t o t e l e s hat also die Endlichkeit der Welt nicht naiv vorausgesetzt, sondern er hat sie aus der Überzeugung von der Begreiflichkeit der Welt abgeleitet. Diese Überzeugung wird nicht als besonderer Satz ausgesprochen, sondern sie geht als selbstverständliche, undiskutierte Voraussetzung in alle Schlüsse ein. Sie findet jedoch eben darum in den Ergebnissen der Schlüsse einen symbolischen Ausdruck von vollkommener Deutlichkeit. Während im Okeanos-Mythos das Unendliche und darum Unbegreifliche wenigstens als großes Bild jenseits der Grenzen der endlichen Welt sichtbar wird, ist nun mit dem begrifflichen Erfassen des Begreifbaren das Unbegreifbare — wenigstens in räumlicher Hinsicht — überhaupt verschwunden: die Welt ist endlich, und jenseits ihrer Grenzen ist kein Ort.

Auch die Frage nach der zeitlichen Unendlichkeit haben die Griechen gestellt. Im Mythos ist die Welt im allgemeinen in ähnlicher Weise zeitlich wie räumlich begrenzt. Weltentstehungsmythen pflegen zu beginnen: „Im Anfang war . . .“ Damit ist eine Macht an den Anfang gesetzt, nach deren Herkunft nicht mehr gefragt wird. Ähnlich schneiden Weltuntergangsmythen das Fragen nach einer unendlichen Zukunft ab. Die griechische Philosophie aber zieht eine unendliche Dauer der Welt in Betracht. Nach Aristoteles ist das Himmelsgebäude ungeworden und unvergänglich. Eine andere Lehre, welche endliche und unendliche Dauer eigenartig verbindet, ist die von periodisch wiederkehrenden Weltkatastrophen und einer ewigen Wiederholung aller Geschehnisse. Man könnte fragen, ob diese Lehren nicht unsere Behauptung von der symbolischen Bedeutung der Endlichkeit für das griechische Denken widerlegen. Aber der Ausgangspunkt ist für Aristoteles wie schon für die Eleaten nicht die Unendlichkeit der Dauer, sondern die Unveränderlichkeit des Seins. Diese aber entspringt letzten Endes der Forderung nach der Begreiflichkeit des Seins; die Veränderung als den Übergang zwischen Sein und Nichtsein überhaupt zu begreifen, ist ja eines der schwersten Probleme für das griechische Denken gewesen. So drücken räumliche Endlichkeit und zeitliche Unwandelbarkeit in gleicher Weise den noch tiefer liegenden Glauben an die Begreiflichkeit des Seins aus.

Auf die Frage des Unendlichkleinen wollen wir hier nicht näher eingehen. Es mag genügen, daran zu erinnern, daß die Griechen die Erfinder des Atombegriffs sind.

3. *Mittelalter: die endliche Schöpfung.* Auch dem Mittelalter ist die Welt endlich. Aber ihre Endlichkeit bedeutet etwas anderes als im Altertum; denn ihr steht gegenüber der unendliche Gott.

Die Welt ist endlich im Raum. Das ptolemäische Bild wird aus der antiken Wissenschaft übernommen. Es stimmt mit der astronomischen Erfahrung überein, die man auch in wissenschaftsfernen Jahrhunderten nie ganz beiseite setzen konnte, weil z. B. die Bestimmung des richtigen Ostertermins von ihr abhing. Das ptolemäische Bild ist ferner mit dem Text der Bibel leicht zu vereinbaren. Es gibt schließlich den natürlichen Rahmen ab für die mittelalterliche Deutung der Welt. Inmitten der Welt steht die Erde, auf der sich das eigentliche Ziel des Weltlaufs, die menschliche Heilsgeschichte, abspielt. Die himmlischen Sphären gehören ebenfalls der Schöpfung an, sind aber Gott näher, dessen eigentlicher Sitz, trotz seiner Allgegenwart, vorwiegend jenseits der Fixsternsphäre, im „Empyreum“ gedacht wird. Damit ist nicht etwa die Endlichkeit des Raumes aufgehoben. Denn Gott als der Schöpfer der Welt und somit auch des Raumes ist selbst unräumlich. Darum können auch auf das Empyreum räumliche Bestimmungen nicht im eigentlichen Sinne angewandt werden. Auch eine Seele, der Gott es gewährt, die göttlichen Dinge im Empyreum zu schauen, wird diese nicht mehr in räumlicher Weise wahrnehmen. Die letzten Gesänge von Dantes Göttlicher Komödie mögen uns eine Vorstellung von diesem Vorgang geben.

Die Welt ist auch endlich in der Zeit. Sie hat einen ersten Tag: den ersten Schöpfungstag; und einen letzten Tag: den Tag des Gerichts. Der erste Schöpfungstag ist historisch nahezu aufs Jahr genau datierbar. Wann der Tag des Gerichts kommen wird, weiß zwar niemand; doch haben ihn fast alle christlichen Epochen in naher Zukunft erwartet. Vor der Schöpfung und nach dem Gericht ist keine Zeit. Denn Gott ist überzeitlich und hat mit der Welt die Zeit geschaffen. Dies ist die folgerichtige Lehre; für weniger philosophische Gemüter mochte die Auskunft gelten, die noch Luther auf die Frage gab, was Gott in der langen Zeit vor der Schöpfung getan habe: „Er saß in einem Birkenwäldchen und schnitt Ruten für Leute, die unnütze Fragen stellen.“ Hier wie im Altertum sind die „unmöglichen Fragen“ nicht nur logisch unbeantwortbar, sondern es gebührt dem Menschen auch nicht, sie zu stellen. Nach dem Gericht wird zwar eine neue Welt und das ewige Leben erwartet; doch bedeutet dies nicht ein Leben von zeitlich unendlicher Dauer, sondern einen Zustand, der nicht mehr in zeitlicher Weise vorgestellt werden kann. Im übrigen ist auch die Lehre von der endlichen Zeit nicht nur durch den Bibeltext festgelegt, sondern sie drückt das einzig mögliche Verhältnis des mittelalterlichen Menschen zur Geschichte aus. Die Geschichte ist ja ein zielstrebiger Ablauf, in dem Gott seinen Heilsplan verwirklicht, und zumal nachdem einmal „in der Fülle der Zeiten“ Christus erschienen ist, bleibt kein sinnvoller Inhalt für eine unveränderlich fortdauernde Welt.

Gott aber ist nicht endlich. Er ist allmächtig, allwissend, allgegenwärtig und ewig. Dies alles setzt voraus, daß sein Wesen in keiner Hinsicht Grenzen hat. Doch ist auch die Unendlichkeit Gottes nicht in erster Linie begrifflich aufzufassen. Wie alle Dogmen ist sie Symbol eines Erlebnisses, das in der Sprache nur einen andeutenden Ausdruck finden kann. Nur wer dieses Erlebnis versteht, kann hoffen, seine Symbole zu begreifen. Im

Christentum ist eine neue Dimension der menschlichen Seele erschlossen. Sie muß gegenüber der bisherigen Welt als unendlich empfunden werden wenigstens in drei Dingen: in ihrer Sehnsucht, in ihrer sittlichen Forderung und in ihrer religiösen Erfüllung.

Die Welt ist endlich und darum begreiflich. Wer sie aber begreift, der sieht, daß sie eine Welt des Leidens ist. Gewiß sind Raum und Zeit die Träger ihrer Ordnung. Aber wer bis auf den Grund erfahren hat, was räumliche Trennung, was ungewisse Zukunft und unwiederbringliche Vergangenheit bedeuten, wer den Tod kennt, der kennt auch die Sehnsucht nach einem Reich, in dem die Schranken der Endlichkeit nicht mehr gelten. Dieses göttliche Reich nun lehrt und verkörpert Christus. Es überschreitet die Schranken der Endlichkeit in seiner Forderung und in seiner Erfüllung. Seine Forderung ist unbedingt: „Ihr sollt vollkommen sein wie euer Vater im Himmel." Erst diese Forderung macht deutlich, in welchem Maße die endliche Welt nicht nur eine Welt des Leidens, sondern eine Welt der Schuld ist. In der Erkenntnis seiner unentrinnbaren eigenen Schuld erfährt der Mensch seinen Abstand von Gott noch tiefer als im Erlebnis seiner Leiden. Aber Gott ist auch in der Gnade unendlich. Die Erlösung beginnt damit, daß der Mensch sich der Gnade nicht mehr verschließt, und sie besteht darin, daß er an der Fülle Gottes Anteil gewinnt. Jede Haltung, die der Mensch sich selbst geben kann, begrenzt ihn; Gottes Gabe ist es, daß in ihm die unbegrenzte Liebe zur Herrschaft kommen kann.

Das Christentum hat zur Welt ein doppeltes Verhältnis. Sie ist Gottes Schöpfung, aber sie ist von Gott abgefallen. Dogmatisch hängt die Möglichkeit dieses Abfalls eben mit dem Anteil an Gottes Vollkommenheit zusammen, den die Welt durch die Schöpfung erhalten hat. Gott hat den Menschen nach seinem Bilde geschaffen und hat ihm damit auch die Freiheit des Willens gegeben. Kraft dieser Freiheit hat der Mensch den Weg zur Abwendung von Gott gewählt. In dem Symbol Luzifers, dessen Abfall dem historischen Sündenfall Adams metaphysisch voranging, ist ausgedrückt, daß nicht nur der Mensch, sondern die gesamte Schöpfung an der Abwendung von Gott teilhat. Dieser Lehre entspricht ein doppeltes Erlebnis der Welt. Die ursprüngliche Schöpfung, die am Jüngsten Tag wiederhergestellt werden soll, ist das Abbild der Herrlichkeit Gottes, und auch die Schönheit und Ordnung der gefallenen Welt, die wir allein kennen, ist durch ihr bloßes Dasein ein ständiger Lobpreis des Schöpfers.

Denken wir daran, wie Franziskus Gott lobt gemeinsam mit unserem Bruder Sonne und der Schwester Mond, dem Bruder Wind und der Schwester Wasser! Aber die Schuld in der Welt ist der Ausdruck des Abfalls von Gott und das Leiden seine Folge. Die Ordnung der Welt ist darum doch gleichsam nur eine Ersatzlösung, um die Zeit bis zum Gericht zu überbrücken. Sie ist ein Gleichnis, das die Sehnsucht der Seele nach der göttlichen Vollkommenheit erwecken soll, die eigentlich der Schöpfung zugedacht ist.

Diese Spannung hat die Menschen in steter Bewegung gehalten. Vom Eintritt des Christentums in die Geschichte bis zum Ende des hohen Mittelalters überwiegt die Bewegung von der Welt zu Gott hin. Dann beginnt die Richtung der inneren Bewegung sich umzukehren, von Gott zur Welt zurück. Entscheidend für die Fruchtbarkeit der Bewegung war aber wohl nicht ihre Richtung, sondern das Verhältnis, in das sie die beiden Pole Gott und Welt zueinander brachte. Sie konnte den einen Pol zum andern gleichsam mitbringen, oder aber den einen über dem anderen vergessen. Für die frühe Zeit bedeutet das die Entscheidung, ob der Hinblick auf Gott die Welt ordnet und belebt, oder ob er sie in Vernachlässigung sinken läßt. Der entsprechenden Entscheidung in der Bewegung der neueren Zeit haben wir nun unsere Aufmerksamkeit zu widmen.

4. Übergang zur Neuzeit: die unendliche Welt als Symbol. Nikolaus von Kues hat in der Mitte des 15. Jahrhunderts als Erster die Unendlichkeit der Welt gelehrt. Er ging dabei von einer bewußt symbolischen religiösen Anschauung aus. Mit demselben Gedankengang aber leitete er über zur mathematischen Naturwissenschaft der Neuzeit.

Gottes Unendlichkeit kann mathematisch versinnbildlicht werden. In unserer Welt der endlichen Dinge gibt es kein größtes Ding. Um jeden endlichen Kreis kann ein noch größerer gezeichnet werden. Gott aber ist das absolut Größte, das Allumfassende. Insofern gleicht er einem unendlichen Kreis oder einer unendlichen Kugel. Während unsere Welt der Endlichkeit die Welt der Gegensätze ist, ist Gott als ihr Ursprung die Einheit der Gegensätze (coincidentia oppositorum). Diese Einheit ist für uns unbegreiflich. Aber eben ihre Unbegreiflichkeit wird durch die paradoxen mathematischen Eigenschaften des Unendlichen dargestellt. Je größer ein Kreis ist, desto weniger ist er gekrümmt, und ein in Strenge unendlicher Kreis wäre darum überhaupt nicht gekrümmt; der unendliche Kreis ist identisch mit der unendlichen Geraden. Wollen wir deutlich sehen, daß es sich hier nicht um Gedankenspiele, sondern um den Ausdruck von Erlebnissen handelt, so müssen wir uns daran erinnern, daß der Kusaner nur ein Gleichnis der mittelalterlichen Mystik abwandelt. Nach diesem Gleichnis, das auch Meister E c k h a r t verwendet, ist Gott eine unendliche Kugel, deren Mittelpunkt überall und deren Umfang nirgends ist. Kein Ding begrenzt Gott, sondern er umfängt alle; und kein Ding ist ihm fern, sondern jedes ruht in seinem Mittelpunkt. Das gilt zumal von jeder menschlichen Seele. Vor der Erlösung wollen wir ihm entlaufen und wissen nicht, daß wir es nicht können; und die Erlösung besteht nur darin, dieses Ruhens in Gott innezuwerden.

Gott hat nun nach der Lehre des Kusaners der Welt so viel von seiner Vollkommenheit mitgeteilt, als überhaupt möglich war, wenn sie noch von ihm verschieden sein sollte. Darum hat sie auch Anteil an seiner Unendlichkeit. Zwar ist sie nicht wie er „absolut" unendlich, aber sie ist „konkret" unendlich, d. h. sie ist die räumlich grenzenlose Mannigfaltigkeit der konkreten, endlichen Dinge. Gottes Unendlichkeit übersteigt jeden Begriff, und auch die unendliche Kugel ist nur sein Gleichnis. Die Welt hingegen ist im strengen geometrischen Sinne eine „unendliche Kugel". So ist die Welt selbst ein geometrisches Gleichnis Gottes. —

Zweierlei ist an diesem Gedanken bemerkenswert: die ausdrücklich symbolische Denkweise und die hohe Bewertung der Welt.

Die älteren Ansichten über die Endlichkeit der Welt waren nicht mit der Absicht ausgesprochen, symbolisch zu sein. Daß man sie gerade in dieser Form aussprach, war der selbstverständliche und unbeabsichtigte Ausdruck eines Lebensgefühls. Höchstens nachträglich, nachdem sie schon als gewiß galten, wurden symbolische Betrachtungen an sie angeknüpft. N i k o l a u s v o n K u e s hingegen verwendet das Symbol bewußt als Erkenntnismittel. Er geht von der Überzeugung aus, daß Dinge, die im Ursprung miteinander verwandt sind, zueinander in einem Verhältnis der Ähnlichkeit stehen müssen. Daher kann ein an sich unerkennbares Urbild durch seine leichter errkennbaren Abbilder wenigstens angenähert verstanden werden. So verstehen wir Gott nur nach dem Bilde der Welt, die aus ihm hervorgegangen ist. Unter den begreiflichen Dingen der Welt wiederum stehen am nächsten bei Gott diejenigen, die am wenigsten materiell sind, das sind die Begriffe der reinen Mathematik.

Die mathematische Symbolik ist ein uralter Besitz der Menschheit. Auf dem Weg von den konkreten Dingen zu ihrem nicht mehr konkret faßbaren Hintergrund ist die vollkommene Abstraktion die letzte Stufe, die dem Denken noch erreichbar ist. Zahlen und Figuren, als die leersten und ursprünglichsten Formen des Denkens, sind das einfachste und vielleicht reinste Gefäß, in das unaussprechbare Erlebnisse noch gegossen werden können. Die mathematischen Symbole sind zwar nicht die Wahrheit, aber sie zeigen so viel von ihr, als gezeigt werden kann, und verhüllen den Rest. Die Formgesetze der Kunst sind derjenige Überrest dieses Erlebnisses, der auch im Bewußtsein der Gegenwart noch vorhanden ist. Alle künstlerischen Formgesetze haben einen Kern einfachster Mathematik. Es sei nur an die Verhältniszahlen in der musikalischen Harmonie, an die Bedeutung der Symmetrie und regelmäßigen Abfolge in allen Künsten, an die bildnerische Schönheit der mathematisch einfachen Figuren erinnert. Und es ist ja eben das Geheimnis der Kunst, daß das strengste Gesetz der Form, das scheinbar mit dem Inhalt nichts zu tun hat, ihr erlaubt, Dinge auszusprechen, die sich der ungebundenen Rede entziehen.

Für den Kusaner — der hierin pythagoräisch-platonischen Überlieferungen folgt — verwendet nun aber nicht nur das menschliche Bewußtsein die Mathematik als Gleichnis, sondern die wirklichen Dinge selbst sind in ihren mathematischen Eigenschaften Gleichnisse ihres göttlichen Ursprungs. Hier eröffnet sich der Zugang zur modernen Naturwissenschaft. Denn nicht nur die paradoxe Mathematik des Unendlichen, die das nie als Ganzes wahrgenommene Universum mit Gott verbindet, findet Beachtung, sondern auch die Mathematik des Endlichen, welche das Verhalten der einzelnen Körper bestimmt. Nikolaus von Kues selbst hat sich um Einzelfragen der Naturwissenschaft bemüht. Wollen wir aber die volle Entfaltung seiner Denkweise in der mathematischen Physik und Astronomie sehen, so müssen wir um zwei Jahrhunderte weitergehen zu Johannes Kepler.

Kepler hatte seine berühmten Gesetze der Planetenbewegung gefunden, indem er für die äußerst verfeinerten Beobachtungen von Tycho Brahe eine zusammenfassende Darstellung suchte. Er stellte an diese Darstellung zwei Bedingungen: lückenlose Übereinstimmung mit der Erfahrung und mathematische Einfachheit. Diese beiden Bedingungen sind heute noch die Grundlagen der exakten Naturwissenschaft. Nachdem man sich einmal die Aufgabe gestellt hat, die Natur so zu begreifen, wie sie sich uns wirklich darbietet, ist die erste Bedingung nur eine Forderung der methodischen Sauberkeit und Gründlichkeit. Die zweite Bedingung hingegen könnte vom empirischen Standpunkt aus als eine willkürliche Zutat erscheinen, denn nichts in der Erfahrung gewährleistet uns von vornherein, daß die Beobachtungen überhaupt einem mathematisch einfachen Gesetz genügen werden. Trotzdem wird die Bedingung immer wieder, und immer wieder erfolgreich gestellt. Diesen Erfolg müssen wir fast wie ein Wunder empfinden, und Keplers Schriften sind durchweht vom Hauch der Begeisterung über die immer neue Bestätigung dieses Wunders. In seiner „Weltharmonik" verknüpft er dieses Erlebnis mit der Welt seines Glaubens und seiner künstlerischen Bildung durch den gemeinsamen Oberbegriff der Harmonie. Als harmonisch definiert er gewisse Längenverhältnisse, die in den im Sinne der euklidischen Geometrie konstruierbaren Figuren auftreten. Er zeichnet diese Figuren vor den nicht in Strenge (mit Lineal und Zirkel) konstruierten Figuren aus, weil nur sie nach seiner Ansicht auch für einen göttlichen Geist im eigentlichen Sinne „existieren". Er sucht dann nachzuweisen, daß sich die musikalischen Intervalle, die astrologischen Aspekte (deren Wirkung auf den Menschen er aus einer besonderen Empfänglichkeit der unbewußten Seele für die in ihnen auftretenden Harmonien erklärt) und die Bahngeschwindigkeiten der Planeten gemeinsam auf die so konstruierten Harmonien zurückführen lassen.

Wichtiger als diese zeitgebundenen Einzelheiten ist für uns die erkenntnistheoretisch-metaphysische Betrachtung, die Kepler an sie anknüpft. Die Harmonien sind wie alle mathematischen Begriffe nicht aus der Erfahrung abgeleitet, sondern haben ihren Ursprung im Geist selbst. Denn wie schon Platon erkannt hat, läßt die Mathematik Schlüsse von einer Sicherheit und Genauigkeit zu, welche die Erfahrung nicht gewähren kann. Andererseits finden wir die mathematischen Gesetze in der Natur vor, ja die Mathematik erweist sich als das tauglichste Handwerkszeug der Naturerklärung. Der Mensch begegnet also in der Natur gleichsam sich selbst wieder. Da er aber die Natur nicht selbst gemacht hat, deutet diese Begegnung auf einen gemeinsamen Ursprung. Die Natur ist göttlichen Ursprungs, und weil der Mensch nach Gottes Bilde geschaffen ist, kann er die Natur begreifen. Der Naturforscher denkt Gottes Schöpfungsgedanken nach.

Es ist kein Zufall, daß gerade an diesem Punkte der Entwicklung der Gedanke eines objektiven Symbolwertes der Natur durchdacht wird. Erinnern wir uns an die Symbolik einfacher Ausdruckserscheinungen, wie die des Weinens. Zunächst ist das Symbol so selbstverständlich, daß es gar nicht als Symbol empfunden wird, sondern als die Sache selbst. Erst nachdem man gelernt hat, begrifflich den Kummer von der Träne zu unterscheiden, hat der Satz: „Wer weint, ist traurig" einen Sinn. Der Satz wird wichtig, weil sein Gegenteil wahr sein könnte; erst das Mißtrauen zwingt das Vertrauen, sich zu äußern. Was die Welt bedeutet, muß man erst ausdrücklich sagen, wenn die Möglichkeit auftaucht, daß sie nichts bedeute.

Diese Möglichkeit aber taucht mit der Rückwendung von Gott zur Welt auf, mit der die Neuzeit beginnt. Nun wird das Diesseits überragend wichtig. Die Einzelheiten werden beachtet. Damit werden symbolische Formen, in denen das Mittelalter auf selbstverständliche Weise seinen Glauben und sein Erlebnis ausgesprochen hatte, zu leeren Autoritätsforderungen. Dem Mittelalter war die Wahrheit im Grunde schon etwas Gegebenes; der Mensch hatte sie sich nur anzueignen und sich selbst nach ihr zu formen. Jetzt hingegen wird die Methode wichtig, die den Weg zur unbekannten Wahrheit verbürgt und in allen Unternehmungen den Erfolg garantiert. Neben dem Symboliker Kepler steht der Methodiker Galilei. Descartes und Bacon wollen durch die richtige Methode die Philosophie neu begründen. Etwas früher schon hatte Machiavelli die Politik als methodisches Problem behandelt. In den jesuitischen Exerzitien wird selbst das religiöse Erlebnis methodisch gelenkt. Nur in dieser Zeit konnte auch die theologische Streitfrage, ob das Abendmahlsbrot der Leib Christi sei oder ihn nur bedeute, ihre überragende Wichtigkeit gewinnen; während das ursprüngliche christliche Empfinden die Frage nicht zu stellen brauchte, weil es Sein und Bedeutung im Erlebnis nicht trennte. Im Rahmen dieser Selbstbesinnung muß die bewußte, objektive Symbolik als ein Versuch gelten, die schon auseinanderstrebenden großen Wirklichkeiten Gott und Welt aneinander zu binden. Konnte dieser Versuch gelingen? —

Wir kehren noch einmal zum mittelalterlichen Ausgangspunkt zurück.

Die Lehre von Schöpfung und Sündenfall ist paradox. Die Annahme eines zugleich allgütigen und allmächtigen Gottes ist gedanklich unvereinbar mit der Anwesenheit des Leidens und der Schuld in der Welt. Gleichwohl konnte man auf keine der beiden Seiten dieser Lehre verzichten. Daß Leiden und Schuld die Welt erfüllen, läßt sich nicht leugnen. Aber auch die Vorstellung von Gottes Allmacht und Allgüte war nicht nur äußerlich durch ein Dogma festgelegt; nachdem das Erlebnis, das sich in ihr ausspricht, einmal den Menschen zugänglich war, vermochte ihnen keine geringere Vorstellung von Gott mehr zu genügen. Ein Gleichnis für Gott wie das der unendlichen Kugel, deren Mittelpunkt überall ist, bedeutet darum, so nahe es unserer Sehnsucht liegt, doch zugleich den Gipfel der Paradoxie. Bei seiner Deutung kommt in der Tat alles darauf an, daß diese Paradoxie erkannt und festgehalten wird. Dieses Gleichnis will ebenso wie alle ihm verwandten Sätze der Mystik nicht eine „richtige" Aussage über die Welt sein, wenigstens nicht, solange es in der Begriffswelt unseres täglichen Lebens gedeutet wird. Nur eine Änderung des gesamten Seins eines Menschen gibt ihm die Möglichkeit, eine neue „Meditationsstufe" zu betreten, auf der die Begriffe neue Bedeutungen zeigen. Nur so weit, als du Gott in deiner Seele allmächtig und allgütig wirken lässest, wirst du seine Allmacht und Allgüte begreifen. Dann wirst du allerdings wissen, daß du im Mittelpunkt Gottes bist, und nicht nur du, sondern alle Wesen und alles Geschehen. Soweit sich diese Verwandlung aber in dir noch nicht vollzogen hat, kannst du den Satz gar nicht verstehen und kannst ihn darum, wenn du redlich bist, auch nicht aussprechen, es sei denn als Ausdruck der Sehnsucht und des Glaubens. Denn nur in der Form der Paradoxie kann sich in der Vorstufe die Tatsache zeigen, daß es eine andere, eigentliche Stufe gibt; wer sich dem Stachel dieses Widerspruchs entzieht, entzieht sich dem Weg der Lösung.

Wenn Nikolaus von Kues die Welt an Gottes Unendlichkeit teilhaben läßt, so hebt er damit die Paradoxie nicht auf. In seiner Lehre von dem Zusammenfallen der Gegensätze in Gott und von der „wissenden Unwissenheit" (docta ignorantia), in der wir allein den Grund der Dinge erfassen können, macht er sie vielmehr gerade zum Ausgangspunkt. Erst auf jener anderen, eigentlichen Stufe gewinnt die äußerste Annäherung der Welt an Gott ihren Sinn. Nur der wissenden Unwissenheit enthüllt sich in jedem Ding der Ursprung. Nur die Liebe, die Gott selbst uns schenkt, begegnet in jedem seiner Geschöpfe dem Schöpfer.

Dies ist ein Sattelpunkt in der Entwicklung des Denkens. Schon der nächste, historisch wohl unvermeidliche Schritt, der Gott und Welt endgültig zu verbinden scheint, indem er sie gleichsetzt, ist in Wirklichkeit der Anfang ihrer unwiderruflichen Trennung. Schon bei Nikolaus von Kues scheint die Spannung des ursprünglichen Erlebnisses der Mystiker manchmal ins rein Gedankliche abzugleiten. Bei dem nächsten großen Verkünder der unendlichen Welt, Giordano Bruno, ist, mag er begrifflich auch den Unterschied von Gott und Welt noch zugeben, tatsächlich nur noch von der Welt die Rede. Auf die Welt fällt nun der Glanz der Unendlichkeit, der dem Altertum fremd und im Mittelalter Gott vorbehalten war. Um dieses Glanzes willen liebt und erobert der neuzeitliche Mensch die Welt. Noch Kepler empfindet mittelalterlich und kann seine Gedanken nur mit Schaudern durch die unendlichen Räume der Welt Giordano Brunos führen. Nicht viel später sieht man die Zertrümmerung der kristallenen Himmelssphären als eine Erlösung an von einer unerträglichen Einengung, in der kein freier Geist zu atmen vermochte.

Von diesem Punkt aus führen mehrere Wege weiter. In einigen großen Gestalten des modernen „Pantheismus" ist das Bewußtsein deutlich geblieben, daß diese Welt, die wir lieben, eine Welt des Widerspruchs ist, und daß darum die Lehre von der Göttlichkeit der Welt ein Geheimnis und eine unendliche Aufgabe enthält. Wo man hingegen den Widerspruch umging und sich an die Welt verlor, da enthüllte die Liebe zur Welt mehr und mehr einen dämonischen Charakter. Sehnsucht schlägt um in Gier, Erfüllung in Sattheit. Das bewundernde Schauen verwandelt sich in das zerlegende Wissen, das die Vorbedingung der unbegrenzten Macht ist. Das praktische Leben der Neuzeit enthält genug Beispiele für diese Entwicklung. Die Naturwissenschaft hat, zumal mit ihrer technischen Seite, an diesem zweiten Weg Anteil. In ihrer theoretischen Lehre ist sie einen dritten Weg gegangen, der freilich mit dem zweiten zusammenhängt, den Weg der Ernüchterung.

Kepler vernahm unmittelbar die göttliche Harmonie in der Planetenbewegung. Newton leitete die Keplerschen Gesetze aus einem mechanischen Grundgesetz ab, von dem er aus methodischen Gründen alle metaphysischen Hypothesen ferngehalten wissen wollte. Nur weil er mit diesem Gesetz die Entstehung des Planetensystems, seinen regelmäßigen Bau und seine Stabilität über sehr lange Zeiten nicht erklären konnte, sah er in diesen Punkten einen Beweis für die Existenz eines intelligenten Schöpfers. Laplace glaubte die mechanische Lösung der von Newton offengelassenen Frage gefunden zu haben und antwortete auf die Frage, wo denn nun in seinem System noch Raum sei für Gott: „Ich habe diese Hypothese nicht nötig."

Beide Schritte waren unvermeidlich. Keplers Weltbild ist die großartige Phantasie eines einzelnen. In seinen harmonischen Spekulationen sind tiefe Einsichten mit Irrtümern verbunden. Und gerade vom religiösen Standpunkt aus kann man fragen, wo denn in seinem Bild noch jene innere Spannung der Welt vorkomme. Wir empfinden seine Liebe zur Welt wohl nur darum als frei von dem Element des Dämonischen, weil sie so naiv hingerissen ist von der Größe Gottes in seiner Schöpfung, und weil wir wissen, was für ein Leben hinter ihr gestanden hat. Denkbar wäre vielleicht gewesen, daß Spätere eben im Sinne von Keplers Grundhaltung über ihn hinausgegangen wären. Aber hier setzt sich der methodische Charakter der neuzeitlichen Wissenschaft durch. Keplers astronomische Erkenntnisse waren lehrbar, sein religiöses Erlebnis nicht. Nachdem aber einmal der symbolische Zusammenhang zwischen Gott und Welt zerrissen ist, kann ein materieller Zusammenhang erst recht nicht gerettet werden. Der Schritt von Kepler zu Newton ist historisch begreiflich, der von Newton zu Laplace sachlich notwendig. Für Kepler deuten die positiven Erkenntnisse der Wissenschaft auf Gott, während für Newton gerade nur ihre Lücken für Gott Raum lassen. Derartige Lücken aber pflegen in der weiteren Entwicklung ausgefüllt zu werden, und die Wissenschaft darf sich nicht zufriedengeben, ehe sie ausgefüllt sind. Mögen auch die Hypothesen von Laplace im einzelnen falsch gewesen sein, so muß sich doch gewiß jeder Naturforscher das Ziel setzen, in seinem Arbeitsbereich die Hypothese Gott überflüssig zu machen. Gott und die abgeblaßten, halbreligiösen Begriffe, die man in neuerer Zeit oft für ihn eingesetzt hat, bezeichnen als naturwissenschaftliche Hypothesen zur Erklärung einzelner Fakten stets nur unfertige Stellen der Wissenschaft und befinden sich darum mit dem Fortschritt der Erkenntnis auf einem fortgesetzten und wenig ehrenvollen Rückzug.

5. *Neuzeit: Erweiterung der Grenzen der bekannten Welt.* Die Welt ist unendlich. Aber reicht unsere Phantasie aus, diese Welt mit der für sie notwendigen Unendlichkeit von Gestalten zu bevölkern? Mögen alle Sterne, die wir sehen, Sonnen sein, so ist doch damit, verglichen mit dem unendlichen, unbekannten Rest, nicht mehr ausgefüllt als mit einem einzigen Sandkorn. Die aktuell unendliche Welt bleibt eine unerfüllbare Forderung an unser Vorstellungsvermögen. Der wirkliche Gebrauch, den die Wissenschaft von der Unendlichkeitsvorstellung gemacht hat, liegt in der potentiellen Unendlichkeit der bekannten Welt. Wir dürfen die Grenzen der

bekannten Welt immer weiter hinausschieben und brauchen nicht zu fürchten, daß diesem Vordringen einmal anders als durch ein Erlahmen unserer Kräfte Halt geboten werde.

Dieses Hinausschieben der Grenzen begann schon, als man die Grenze unserer Kenntnis noch für die Grenze der Welt hielt. Kopernikus, der noch an die von der Fixsternsphäre umschlossene endliche Welt glaubte, mußte den Durchmesser dieser Sphäre schon um mehr als das Tausendfache größer annehmen als Ptolemäus. Zwar steht schon bei Ptolemäus der Satz, die Erde sei im Verhältnis zur Fixsternsphäre nur ein Punkt. Denn sonst müßte derselbe Stern, von verschiedenen, weit auseinanderliegenden Orten aus gesehen, in verschiedener Richtung zu stehen scheinen; er müßte, astronomisch gesprochen, eine „Parallaxe" zeigen. Wir alle kennen die Erscheinung, daß bei einer Eisenbahnfahrt die Telegraphenstangen rasch an uns vorbeieilen, fernere Häuser langsamer zurückbleiben und ferne Berge fast unbeweglich zu stehen scheinen. Die Richtung, in der wir einen Gegenstand sehen, ändert sich erst dann merklich, wenn wir eine Strecke zurückgelegt haben, die nicht zu klein ist im Vergleich mit der Entfernung des Gegenstandes von uns. Nun stehen die Sterne für unseren Blick fest, auch wenn wir die ganze Erde durchmessen. Daraus kann man ihre ungeheure Entfernung abschätzen. Freilich ist eine derartige Abschätzung immer an die Grenzen der Beobachtungsgenauigkeit gebunden. Eine sehr genaue Winkelmessung könnte vielleicht doch noch eine gewisse Richtungsänderung des Sterns ergeben; und so folgt aus dem ptolemäischen Argument nur eine untere Grenze für die wahre Größe der Welt. Diese untere Grenze nun vergrößert Kopernikus außerordentlich. Denn nach ihm ist ja die Erde selbst bewegt und durchmißt im Laufe eines Jahres auf ihrer Bahn um die Sonne eine Strecke, die — wie wir heute wissen — mehr als zwanzigtausendmal größer ist als der Durchmesser der Erde. In dem scheinbaren Zurückbleiben der Planeten, wenn die Erde an ihnen vorbeifliegt, liegt gerade die Erklärung, die Kopernikus für die gelegentliche „Rückläufigkeit" der Planetenbewegung gibt. Die Fixsterne aber zeigten für die damalige Meßgenauigkeit keine Spur eines Zurückbleibens; sie stehen während des ganzen Jahres fest an ihrem Platz am Himmel. Somit muß sogar der Durchmesser der Erdbahn verschwindend klein sein verglichen mit dem Abstand der Fixsterne. Der ungeheure leere Weltraum, der sich damit auftat, war für viele Astronomen ein Haupteinwand gegen Kopernikus. Tycho Brahe meinte, Gott könne nicht einen im Vergleich zum Sonnensystem so großen Raum ohne Verwendungszweck geschaffen haben; worauf Kepler erwiderte, ähnlich würde man dann auch über das Größenverhältnis des Elefanten zur Fliege urteilen können.

Als man jeden Fixstern als eine ferne Sonne ansehen lernte und die Unendlichkeit der Welt annahm, lautete die Frage nicht mehr: wie weit ist es bis zur Fixsternsphäre?, sondern: wie weit ist es bis zum nächsten Fixstern? Mit jeder Verfeinerung der Meßmöglichkeiten suchte man aufs neue nach der „jährlichen Parallaxe" der Fixsterne, d. h. nach ihrem Zurückbleiben gegen die Erdbewegung, das ihre Entfernung zu bestimmen gestatten mußte. Ehe man diese Parallaxe aber fand, trat eine andere, rein begriffliche Frage auf, nämlich die Frage nach dem räumlichen Bezugssystem für die Bestimmung von Orten und Bewegungen im Kosmos.

Für Ptolemäus und ebenso für Kopernikus hat die Welt einen Mittelpunkt. Jedem Körper kommt somit zu jeder Zeit ein wohldefinierter Ort in der Welt zu; modern ausgedrückt: es gibt ein „natürliches" Koordinatensystem in der Welt. In der unendlichen Welt kann hingegen jeder Punkt als Mittelpunkt aufgefaßt werden. Der alte Begriff vom Ort eines Körpers verliert seinen absoluten Sinn. Die radikale Folgerung hieraus wäre, den Begriff des Ortes grundsätzlich als Relationsbegriff aufzufassen. Man dürfte dann strenggenommen nicht sagen: „dieser Körper befindet sich an diesem Ort", sondern nur: „er befindet sich, von jenem anderen Körper aus gesehen, an diesem Ort". So dachte z. B. Leibniz. In der Physik hat sich statt dessen die Lehre Newtons durchgesetzt, welche der Ortsbestimmung grundsätzlich ihren absoluten Sinn zu sichern sucht durch die Einführung einer neuen physischen, aber immateriellen Realität: des „absoluten Raumes". Ein entscheidendes Argument für diesen Begriff war das rein physikalische, daß nur er eine einfache Formulierung des Trägheitsgesetzes und des Begriffs der Beschleunigung gestattete. Die Herkunft des Begriffs aber liegt zugestandenermaßen im religiös-symbolischen Denken. Bei Newton und seinen Vorläufern erscheint der unendliche absolute Raum als das physische Abbild oder auch als das „Sensorium" Gottes. Auch als die Physik diese Herkunft des Begriffs vergaß, behielt er für sie eine Bedeutung, die über den Grad empirischer Rechtfertigung, den man ihm geben konnte, hinausging. Man wird wohl sagen dürfen, daß er in unbewußter Weise die an die Stelle Gottes getretene absolute Natur symbolisierte.

In der Mitte des 19. Jahrhunderts fand man die erste Fixsternparallaxe. Bis dahin rückte die Grenze der ausmeßbaren Welt gleichsam im leeren Raume vor. Im Laufe eines knappen Jahrhunderts nahm sie dann alle dem bloßen Auge sichtbaren Himmelserscheinungen in sich auf. Inzwischen gestatteten die besseren Fernrohre immer schwächer leuchtende Himmelsobjekte zu sehen, und mit ihnen rückt die Grenze der bekannten Welt noch heute von Jahrzehnt zu Jahrzehnt weiter hinaus. Welches Bild von der Welt hat sich dabei ergeben?

Der Durchmesser unserer Erde beträgt 12 756 Kilometer. Der Mond ist etwa um das Dreißigfache dieser Strecke von uns entfernt, die Sonne aber um mehr als das Zehntausendfache, nämlich um rund 150 Millionen Kilometer. Ein Infanteriegeschoß würde bei gleichbleibender Geschwindigkeit in etwa 6 Jahren von der Erde zur Sonne fliegen. Das Licht legt dieselbe Strecke in 8 Minuten zurück.. Um die Sonne kreisen die Planeten, deren einer die Erde ist. Den fernsten bekannten Planeten, Pluto, erreicht das Sonnenlicht in etwa 6 Stunden. Alle diese Entfernungsbestimmungen beruhen grundsätzlich auf Messungen der Richtung, in der uns die Planeten von verschiedenen Orten der Erde aus erscheinen. Dabei genügt es, für einen besonders nahen Planeten dieses Verfahren anzuwenden; da wir die Mechanik der Planetenbewegung rechnerisch übersehen, können wir daraus mit Hilfe der beobachteten Bewegungen der Planeten alle anderen Entfernungen berechnen.

Die übrigen Planeten sind der Erde in ihrem Bau verwandt; insbesondere sind sie nicht selbstleuchtend. Die Sonne hingegen ist ein ungeheurer glühender Gasball. Ihr Durchmesser ist 1,39 Millionen Kilometer. Setzte man die Erde in ihre Mitte, so könnte der Mond sie in seinem natürlichen Abstand umkreisen, ohne die Sonne zu verlassen. Die Sonne besteht nach Ausweis ihres Spektrums aus denselben chemischen Elementen wie die Erde. Die Oberflächentemperatur der Sonne läßt sich aus der Zusammensetzung des von ihr ausgesandten Lichtes zu etwa 6000 Grad bestimmen. In ihrem Mittelpunkt muß nach einer gut begründeten thermodynamischen Abschätzung eine Temperatur von etwa 20 Millionen Grad herrschen. Die Quelle dieser Wärme liegt nach heutiger Kenntnis in Reaktionen der Atomkerne, bei denen sich ständig Wasserstoff in Helium verwandelt.

Die Fixsterne sind sonnenähnliche Körper. Auch sie sind aus denselben chemischen Elementen wie die Sonne und die Erde zusammengesetzt. Der nächste Fixstern, α Centauri, ist 40 Billionen Kilometer von uns entfernt.

Als Einheit für diese großen Längen wählt man das Lichtjahr, das ist die Strecke, die das Licht in einem Jahr zurücklegt. Die Entfernung von α Centauri beträgt 4 Lichtjahre. Diese Entfernung und diejenige anderer, einigermaßen naher Sterne wird nach der oben geschilderten Methode der Parallaxe bestimmt. Die Bahn der Erde um die Sonne erscheint von α Centauri aus unter einem Winkel von nicht ganz einer Bogensekunde (das ist etwa der zweitausendste Teil des Durchmessers, den der Mond von der Erde aus gesehen zeigt); um ebensoviel unterscheiden sich die Richtungen, in denen der Stern von der Erde aus gesehen in zwei um ein halbes Jahr auseinanderliegenden Zeitpunkten steht. Für wesentlich fernere Sterne ist diese Abweichung unmeßbar klein. Man hat aber mehrere indirekte Verfahren zur Bestimmung größerer Entfernungen entwickelt, unter denen dasjenige mit Hilfe der veränderlichen Sterne am weitesten trägt.

Gewisse Sterne (die „δ-Cephei-Veränderlichen") erleiden regelmäßige Schwankungen ihrer Helligkeit, die vermutlich auf Pulsationen des Sternkörpers beruhen. Man hat nun ein empirisches Gesetz gefunden: je heller ein δ-Cephei-Stern im Mittel ist, desto langsamer schwankt seine Helligkeit um diesen Mittelwert; die Länge der Schwankungsperiode ist eine eindeutige Funktion der Durchschnittshelligkeit des Sterns. Unter seiner „Helligkeit" ist dabei natürlich nicht die „scheinbare" Helligkeit verstanden, die er für unser Auge zeigt, sondern die gesamte von ihm ausgesandte Lichtmenge; denn wenn zwei an sich gleich helle Sterne verschieden weit von uns entfernt sind, so wird ja der nähere unserem Auge heller erscheinen. Da man die Entfernungen der δ-Cephei-Sterne zunächst nicht kennt, hat man das Gesetz auch nur dadurch aufgefunden, daß man δ-Cephei-Sterne miteinander verglich, die demselben Sternhaufen angehören und daher jedenfalls alle etwa dieselbe Entfernung von uns haben. Eine vollständige Erklärung des Gesetzes ist noch nicht geglückt; doch gehört offenbar zu jeder Schwankungsdauer eine bestimmte physikalische Konstitution des Sterns und somit eine bestimmte Helligkeit. Zur Entfernungsbestimmung wendet man es nun folgendermaßen an: Haben zwei δ-Cephei-Sterne dieselbe Schwankungsperiode, so müssen sie an sich gleich hell sein. Erscheinen sie uns verschieden hell, so müssen ihre Entfernungen verschieden sein. Kennt man nur für einen derartigen Stern die Entfernung durch direkte Messung, so kann man sie für alle übrigen aus ihrer scheinbaren Helligkeit berechnen. Die meisten Sternanhäufungen am Himmel enthalten δ-Cephei-Sterne, und so reicht unser Verfahren bis zu den äußersten

Entfernungen, in denen das Fernrohr überhaupt noch einzelne Sterne erkennen läßt.

Die Fülle der sichtbaren Sterne gehört einem großen Gesamtsystem an, dessen fernere Teile sich dem bloßen Auge nur im Schimmer der Milchstraße verraten. Da sich die Milchstraße als schmales Band rings um den Himmel zieht, muß sie die Gestalt einer ziemlich flachen Scheibe haben, und wir müssen uns nahe ihrer Mittelebene befinden. Ihr größter Durchmesser ist etwa 40 000 Lichtjahre. Sie enthält nach roher Schätzung hundert Milliarden leuchtender Sterne und eine an Gewicht ebenso große Menge nichtleuchtender Materie, die zumeist als Staub oder Gas im Raum verteilt ist. Unsere Sonne befindet sich in einem ihrer Außenbezirke.

Kleine neblige Objekte am Himmel, die sogenannten Spiralnebel, sind ferne Sternanhäufungen, die mit dem Milchstraßensystem verglichen werden können. In den nächsten von ihnen kann man noch einzelne δ-Cephei-Sterne wahrnehmen. Daraus ergeben sich als Entfernung z. B. für den berühmtesten unter ihnen, den Andromedanebel, etwa 700 000 Lichtjahre. Bei diesen näheren Nebeln kann man empirisch gewisse Beziehungen zwischen Gestalt und absoluter räumlicher Größe feststellen, aus denen man für fernere Nebel gleicher Gestalt die absolute Größe und — durch Vergleich mit ihrer scheinbaren Größe am Himmel — auch die Entfernung abschätzen kann. Der fernste den heutigen Fernrohren erreichbare Nebel ist etwa 500 Millionen Lichtjahre entfernt. Als das Licht, das wir heute photographieren, von ihm ausging, befand sich die Erde im frühen geologischen Altertum.

Die Gesamtzahl der Spiralnebel bis zu der Entfernung, in die unsere besten Beobachtungen dringen, kann zu etwa 100 Millionen geschätzt werden. Vielfach ordnen sich die Spiralnebel zu losen Anhäufungen zusammen. Diese „Nebelnester“ sind die größten bekannten Materiezusammenfassungen. Sie erfüllen den bekannten Raum ungefähr gleichmäßig. —

Ebenso wie die Grenzen des Raumes hat die Neuzeit auch die Grenzen der Zeit, die das Mittelalter anerkannte, gesprengt. Als die Geologie Fossilien „vorsintflutlicher“ Lebewesen fand, und als sie lernte, das Alter vergangener Erdepochen durch die Zählung von Jahresschichten in Sedimentgesteinen abzuschätzen, mußte man die Zeitrechnung nach der wörtlich gedeuteten biblischen Schöpfungsgeschichte aufgeben. Heute beruht die sicherste Zeitbestimmung geologischer Epochen auf den radioaktiven Mineralien. Einige Elemente, vor allem Uran und Thorium, wandeln sich unter Abspaltung von Helium langsam spantan in Blei um. Diese Umwandlung besteht in einem Zerfall des Atomkerns und ist, wie alle Vorgänge im Kern, durch äußere Eingriffe mechanischer, chemischer oder thermischer Natur völlig unbeeinflußbar. Aus der beobachteten Geschwindigkeit des Zerfalls folgt, daß sich z. B. von einer gegebenen Menge Uran in 4,5 Milliarden Jahren gerade die Hälfte in Blei verwandeln muß. Findet man nun ein uranhaltiges Material, so braucht man nur festzustellen, wieviel Blei sich in ihm schon angesammelt hat, um sein Alter zu kennen. Als das Alter des Minerals gilt dabei die Zeit, seit es sich aus seinen Bestandteilen zusammengefügt hat; denn seit diesem Augenblick konnte aus seinem Inneren kein Blei mehr verlorengehen. Mineralien aus den ältesten bekannten Erdschichten haben ein Alter von zwei Milliarden Jahren ergeben. Dies ist also eine untere Grenze für die Zeit, die seit der Entstehung der Erde verflossen ist. Für das Alter der Sonne und der übrigen Sterne gibt es Abschätzungen, die auf nicht sehr viel größere Zeiten schließen lassen. Wir werden diese Abschätzungen im nächsten Abschnitt besprechen, da sie schon mit der Kritik der Unendlichkeitsvorstellung zu tun haben. Dort werden wir auch den noch sehr viel unbestimmteren Schlüssen begegnen, die man auf die Zukunft des Kosmos zieht. —

Schließlich ist die Neuzeit ins „unendlich Kleine" vorgestoßen. Begrifflich geschah dies durch die Aufstellung der Differentialrechnung und des Kontinuitätsprinzips. Die Atomlehre der Chemie knüpfte dann freilich die Erfahrung zunächst an die antike Idee unteilbarer kleinster Einheiten an. Immerhin lehrt sie uns damit bereits materielle Gebilde von vorher nicht bekannter Kleinheit kennen. Ihr Durchmesser ist der hundertmillionste Teil eines Zentimeters (10^{-8} cm). Die Physik wies dann nach, daß diese „Atome" weiter zerlegt werden können in einen noch zehntausendmal kleineren Kern und eine diffuse Elektronenhülle. Der Kern wird heute weiter aufgespalten. Die Bewegungsgesetze der Atombestandteile geben freilich Anlaß, den Begriff des Unendlichkleinen mit Vorbehalten anzusehen.

6. Gegenwart: Kritik der Unendlichkeitsvorstellung. Es ist ein verbreitetes Empfinden, daß sich die exakte Naturwissenschaft der Gegenwart in einer Krise befinde. Worin besteht diese Krise? Sie ist nicht durch Zweifel an der naturwissenschaftlichen Methode, sondern durch ihre konsequente Anwendung entstanden. Sie hat auch den Umfang der naturwissenschaftlichen Kenntnisse nicht eingeschränkt, sondern erweitert und hat die innere

Einheit der gesamten Naturwissenschaft in ungeahntem Maße gefördert. Als den begrifflichen Gehalt der Krise kann man vielleicht die Kritik des Schlusses vom Endlichen aufs Unendliche bezeichnen.

Alle im vorigen Abschnitt geschilderten Schlüsse setzen voraus, daß die uns bekannten Naturgesetze auch in sehr fernen Räumen und Zeiten gelten. Beispielsweise kann man aus einer Parallaxe nicht in der geschilderten Weise die Entfernung eines Sterns bestimmen, wenn die Lichtstrahlen im Kosmos nicht mehr geradlinig laufen; und die Altersbestimmung der Erde wird hinfällig, wenn Uran in früheren Zeiten schneller oder langsamer zerfiel als heute. Man muß diese Fragen prüfen und hat sie geprüft. So zeigen die Überreste von Lebewesen, die den heutigen ähnlich waren, daß auch in früheren Erdperioden die organische Chemie denselben Gesetzen genügt hat wie heute; wieviel mehr ist dies dann von den schwerer beeinflußbaren Atomkernprozessen zu erwarten. Man kann ferner mehrere verschiedene Methoden der Altersbestimmung verwenden, die auf verschiedenartigen Naturgesetzen beruhen; die Übereinstimmung ihrer Ergebnisse stützt sie dann wechselseitig. Freilich verwenden alle derartigen Schlüsse Wahrscheinlichkeitsargumente. Doch ist es ja überhaupt die einzige Methode, die der empirischen Wissenschaft beim Aufstellen allgemeiner Sätze zur Verfügung steht, Wahrscheinlichkeiten durch Häufung der Belege zur praktischen Gewißheit zu steigern.

Mit dem Fortschritt unserer Kenntnisse sind wir aber in mehreren Richtungen an einen Punkt gekommen, an dem die Permanenz der Naturgesetze fraglich oder sogar aus der Erfahrung widerlegbar geworden ist. Und zwar wurden dabei nicht nur die speziellen Naturgesetze geändert, die den mit den allgemeinen Begriffen des unendlichen Raums, der unendlichen Zeit usw. gesteckten Rahmen ausfüllen, sondern es handelt sich jeweils um die Frage, ob diese allgemeinen Begriffe selbst noch statthaft seien: die Idee der unendlichen Erweiterbarkeit der bekannten Welt wurde als solche kritisiert. Diese Kritik setzte zunächst an ganz speziellen Punkten ein, an denen sie nahezu den Charakter eines technischen Details hatte. Heute aber ist schon zu sehen, daß sich hier auf vielen Anwendungsgebieten eine allgemeine Wahrheit durchsetzt. In unserer Übersicht, die notwendig summarisch sein muß, gehen wir denselben Weg vom Speziellen zum Allgemeinen. —

Die spezielle Relativitätstheorie kritisiert auf Grund der Erfahrung die Annahme, ein Körper könne eine beliebig große Geschwindigkeit haben.

Sie gibt vielmehr eine endliche Grenzgeschwindigkeit an: die des Lichts. Die Geschwindigkeit ist dabei nicht in bezug auf einen ruhend gedachten „absoluten Raum“ oder „Äther“ gemeint, sondern sie kann von jedem beliebigen anderen Körper aus gemessen werden. Dies erscheint zunächst widerspruchsvoll. Denn wenn etwa von einem ruhend gedachten Körper zwei Geschosse (z. B. Elektronen) beide nahezu mit Lichtgeschwindigkeit in entgegengesetzter Richtung abgesandt werden, so müßten sich nach unserer üblichen Anschauung die beiden Geschosse voneinander nahezu mit der doppelten Lichtgeschwindigkeit entfernen. Nach der Relativitätstheorie aber muß auch die Geschwindigkeit des einen Geschosses, vom anderen aus gemessen, kleiner als die Lichtgeschwindigkeit sein. Der Widerspruch wird aufgelöst durch eine genaue Untersuchung darüber, wie man Geschwindigkeiten tatsächlich mißt. Dabei ergibt sich die bekannte Kritik des Begriffs der Gleichzeitigkeit entfernter Ereignisse und eine neue Regel für die Zusammensetzung von Geschwindigkeiten. Nach der experimentellen Definition des Begriffs der Geschwindigkeit unter Berücksichtigung der neuen Naturgesetze darf man nämlich sehr große Geschwindigkeiten nicht mehr einfach additiv zusammensetzen; insbesondere ergibt die Lichtgeschwindigkeit, zur Lichtgeschwindigkeit hinzugefügt, wieder die Lichtgeschwindigkeit. Es ist nun noch zu prüfen, ob man nicht einfach einen Körper immer weiter beschleunigen könnte, bis er die Lichtgeschwindigkeit überschreitet. Es zeigt sich aber, daß auch die Energie der Bewegung eine Masse besitzen muß, und daß der Körper daher immer schwerer wird, je schneller er sich bewegt. Somit setzt er auch der weiteren Beschleunigung einen immer größeren Widerstand entgegen. Hätte er die Lichtgeschwindigkeit genau erreicht, so wäre seine Masse unendlich geworden und jede weitere Beschleunigung durch eine endliche Kraft wäre unmöglich. Dieser Massenzuwachs bei wachsender Geschwindigkeit ist experimentell direkt beobachtet worden. Wir sehen also am Sonderfall des Begriffs der Geschwindigkeit, wie neue Naturgesetze seiner Anwendung über eine endliche, angebbare Grenze hinaus jeden Sinn entziehen. Entscheidend ist dabei, daß wir den Begriff nicht naiv in einem Gebiet verwenden, von dem wir keine unmittelbare Anschauung mehr haben, sondern prüfen, welche Möglichkeiten für seine experimentelle Realisierung in jenem Gebiet noch bestehen.

Die Quantentheorie besagt, daß es keine „Wirkung“ geben kann die kleiner ist als das „Wirkungsquantum“. Sie kritisiert damit zugleich unsere

Vorstellung von beliebig kleinen Raum- und Zeitspannen. Sie verbietet uns zwar nicht grundsätzlich, ins beliebige Kleine vorzudringen, aber sie knüpft dieses Vordringen an bestimmte dynamische Bedingungen. Die Existenz der Körper der uns umgebenden Welt beruht auf der Stabilität der chemischen Atome. Diese Stabilität aber wird durch die Analyse des inneren Baus der Atome zerstört. Dies gilt nicht nur experimentell, sondern begrifflich. Denn aus den Eigenschaften der Bestandteile, in die wir das Atom zerlegen können, läßt sich nicht in einer raumzeitlich deutbaren Weise die Stabilität der Atome erklären. Sie ist vielmehr die Folge des neuartigen Naturgesetzes der kleinsten Wirkung. Erst die stabilen Atome schaffen die festen Gestalten, welche die Anwendung unserer Raum- und Zeitvorstellung auf Körper „an sich" ermöglichen. Unterhalb der Größe der Atome ist die Welt nicht mehr an sich räumlich gegliedert, sondern das Hineintragen der weiteren räumlichen Unterteilung in diesen Bereich ist ein menschlicher Gewaltakt, der die ursprüngliche Beschaffenheit der Atome zerstört.

Auch dieser Gewaltakt scheint aber nicht unbegrenzt möglich zu sein. Die neueste Entwicklung der Atomphysik legt die Vermutung nahe, daß es eine nicht mehr unterschreitbare „kleinste Länge" gebe. Die Konsequenzen dieser Annahme sind aber noch nicht im einzelnen geprüft. —

Auch für das unendlich Große scheinen sich Grenzen zu zeigen, die freilich noch nicht zu geschlossenen, empirisch gesicherten Theorien geführt haben. Doch lohnt es, die Indizien zu betrachten.

Bezüglich der zeitlichen Unendlichkeit des Weltgeschehens hat schon im vorigen Jahrhundert der zweite Hauptsatz der Thermodynamik Zweifel erweckt. Dieser Satz besagt, daß es in der Natur unumkehrbare Vorgänge gibt. So kühlt heißes Wasser sich unter Erwärmung seiner Umgebung von selbst ab; aber Wasser von Zimmertemperatur wird nicht unter Abkühlung seiner Umgebung von selbst heiß. Mathematisch besagt der Satz, daß es eine Größe, die „Entropie", gibt, die in einem gegen die Umgebung isolierten Gebilde nur zunehmen oder konstant bleiben, aber nie abnehmen kann. Atomtheoretisch betrachtet ist die Entropie das Maß der „Unordnung". Z. B. bedeutet die Versammlung der Wärmeenergie in einem Wassertopf eine „Ordnung", welche durch die Zerstreuung der Energie über die ganze Umgebung in Unordnung verwandelt wird. Ordnung ist ein Zustand, der nur auf ganz spezielle Weise realisiert werden kann und daher praktisch nie von selbst eintritt. Unordnung hingegen ist ein Sammelname für die Gesamtheit aller Zustände, in denen keine bestimmte Ordnung realisiert ist; sie kann also auf tausend verschiedene Weisen verwirklicht werden. Wenn also irgendeine nicht näher bestimmte Veränderung in der Natur erfolgt, so ist mit erdrückender Wahrscheinlichkeit zu erwarten, daß sie Ordnung in Unordnung überführt und nicht umgekehrt.

Jeder Vorgang in einem isolierten Gebilde hat nach dem zweiten Hauptsatz nur eine endliche Dauer. Man beginnt mit einem „geordneten" Zustand; z. B. einem Kessel heißen Wassers in einem kalten Zimmer. Dann laufen so lange Vorgänge ab, bis der „wahrscheinlichste" Zustand maximaler Unordnung erreicht ist; in unserem Beispiel: bis sich die Wärme im ganzen Zimmer gleichmäßig verteilt hat. Ist dieser Zustand erreicht, so geschieht nichts mehr. Diese Überlegung hat man auch auf die Welt im ganzen angewandt und gefordert, daß sie einem ereignislosen Zustand gleichverteilter Wärme, dem „Wärmetod", entgegengehe. Entsprechend muß gefolgert werden, daß sie einmal mit einem Zustand maximaler Ordnung begonnen habe. Anfang und Ende brauchen nicht scharf markiert zu sein; die Welt könnte aus einem Anfangszustand, der „von Ewigkeit her" bestanden hat, zuerst langsam und dann immer schneller in die Zeit der „Ereignisse" hineingeraten sein und ebenso allmählich wieder „erstarren". Man hat eingewandt, daß der zweite Hauptsatz für das Ganze einer unendlichen Welt, die einen unendlichen Energievorgang hätte, nicht zu gelten brauchte. Aber immerhin sind wohl Gebilde wie unser Milchstraßensystem und die Spiralnebel in hinreichender Nährung isoliert von Umwelteinflüssen; einerlei, was der übrigen uns unbekannten Welt geschieht, wird man jedenfalls erwarten, daß diese Systeme einen Anfang und ein Ende haben. Allgemein kann man sagen, daß jedenfalls jeder endliche Teil der Welt nur einen endlichen „Vorrat möglicher Ereignisse" hat.

Diese mehr formalen Betrachtungen haben in neuester Zeit einen greifbaren Inhalt bekommen durch Abschätzungen des Alters der bekannten Welt. Überraschenderweise hat sich für die chemischen Atome, die Sterne und die Spiralnebel nach völlig verschiedenen Methoden dasselbe Alter von etwa drei Milliarden Jahren ergeben. Die Altersbestimmung der chemischen Atome geht von den radioaktiven Elementen Uran und Thorium aus. Da diese Stoffe allmählich zerfallen, müssen sie entweder dauernd nachgebildet werden oder vor so „kurzer" Zeit entstanden sein, daß sie seitdem noch nicht wieder ganz zerfallen sind. Die erste Annahme ist heute sehr unwahrscheinlich geworden; wir kennen keine Stelle im Kosmos, welche die zur Bildung von Uran und Thorium erforderlichen physikalischen Bedingungen bietet. Entschließt man sich zur zweiten Annahme, so folgt ein Alter dieser (und wahrscheinlich aller zusammengesetzten) Elemente von rund 3 bis 5 Milliarden Jahren. Das Alter der Sterne läßt sich abschätzen, seit man die Quelle der von ihnen ständig ausgestrahlten Energie in den Kernreaktionen gefunden hat und die Geschwindigkeit der Erschöpfung dieser Quelle berechnen kann. Z. B. folgt aus dem heutigen Wasserstoff- und Heliumgehalt der Sonne, daß sie zwar schon einige Milliarden Jahre in der jetzigen Weise gestrahlt haben kann, aber nicht wesentlich länger.

Besonders bemerkenswert ist die Altersbestimmung der Spiralnebel. Diese Gebilde zeigen eine spektrale Verschiebung des von ihnen ausgesandten Lichts nach der roten Seite, die um so größer ist, je weiter der gerade betrachtete Nebel von uns entfernt ist. Dieses Phänomen deutet nach üblicher Auffassung darauf hin, daß alle Spiralnebel sich voneinander und somit auch von uns entfernen. Denn die Rotverschiebung des Lichtes besteht darin, daß in der Sekunde weniger Lichtwellen auftreffen als bei gewöhnlichem Licht, und eben dies ist zu erwarten, wenn die Nebel sich von uns entfernen. Nehmen wir diese Deutung einmal an, so folgt, daß die Spiralnebel in derselben Weise auseinanderstreben wie die Sprengstücke einer großen Explosion; denn nach einer solchen Explosion müssen in der Tat die am schnellsten fliegenden Sprengstücke nach Ablauf einiger Zeit auch schon am weitesten geflogen sein, so wie es die Abhängigkeit der Rotverschiebung von der Entfernung zeigt. Berechnet man nun aus der Fluggeschwindigkeit und dem gegenwärtigen Abstand der Spiralnebel den Augenblick der „Explosion“, so erhält man wiederum einen um etwa drei Milliarden Jahre zurückliegenden Zeitpunkt. Diese Übereinstimmung ist so auffallend, daß man ihr wohl eine reale Bedeutung zuschreiben möchte. Das hieße also, daß die Teile der heute bekannten Welt, Spiralnebel, Sterne und Atome, sich zu diesem Zeitpunkt aus einem vom heutigen wesentlich verschiedenen Zustand der Welt gebildet hätten.

Wie hat die Welt vor jenem Zeitpunkt ausgesehen? Wir wissen nicht, wie wir vom heutigen Zustand auf jenen früheren schließen sollen. Wir wissen auch nicht, ob man für den früheren Zustand die heute geltenden Naturgesetze voraussetzen darf. Wir wissen nicht einmal, ob jener Zustand noch die Voraussetzungen bietet, um den Begriff der Zeit in einem klaren Sinn auf ihn anzuwenden. Denn eine Brücke direkter „Erinnerung“ scheint nicht über jene Anfangskatastrophe hinauszuführen; und ob der Zustand „vorher" überhaupt die Möglichkeit bot, etwas wie eine „Uhr" ablaufen zu lassen, ist unbekannt. Eine Uhr muß ja „gehen", d. h. sie setzt voraus, daß etwas geschieht. Nach dem zweiten Hauptsatz aber ist es denkbar, daß für unsere Welt die Zeit der Ereignisse erst mit jener Anfangskatastrophe begonnen hat. Wir kehren damit noch einmal zur Deutung des zweiten Hauptsatzes zurück: wenn ein Naturgesetz zeigt, daß von einer unendlich gedachten Zeitspanne nur ein endlicher Teil mit wirklichen Ereignissen ausgefüllt werden kann, so liegt der Verdacht nahe, daß die Vorstellung der unendlichen Zeit einen unphysikalischen, nur gedanklich konstruierten Zeitbegriff voraussetzt. Man sollte dann erwarten, daß ein Zeitbegriff, der auf die Möglichkeit der physikalischen Realisierung von Zeitbestimmungen Rücksicht nimmt, automatisch zur Annahme einer endlichen Zeit führt. Der Einwand, auch wenn nichts geschehe, laufe doch „an sich" die Zeit ab, ist von derselben philophischen Fragwürdigkeit wie etwa die Behauptung, die Zustandsgrößen, welche die Quantenmechanik unbestimmt läßt, müßten doch „an sich" bestimmte Werte haben.

Die heute wahrscheinlichste inhaltliche Ausfüllung der Annahme des „Wärmetods" in der Zukunft sieht so aus, daß schließlich die Energiequellen der Sterne versiegen und die Spiralnebel sich im Raum völlig zerstreuen. Doch wird man eine bestimmte Prophezeiung noch weniger wagen als eine bestimmte Behauptung über die Vergangenheit. —

Für den Gedanken, daß die Welt vielleicht auch im Raum nicht unendlich sei, ist das mathematische Gewand schon vor hundert Jahren in der nichteuklidischen Geometrie gefunden worden. Nach dieser Geometrie ist z. B. eine zwar unbegrenzte, aber gleichwohl endliche Welt denkbar, die man sich durch den Vergleich mit der Oberfläche einer Kugel begreiflich machen kann. Fährt man auf der Erdoberfläche geradlinig in beliebiger Richtung, so trifft man niemals auf eine Grenze, aber man kehrt stets zum Ausgangspunkt zurück; und der gesamte Flächeninhalt der Erdoberfläche ist endlich. Ebenso wäre es denkbar, daß der Kosmos zwar nirgends „mit Brettern vernagelt" wäre, aber daß jeder gerade Weg in ihm schließlich in sich zurückführte, und der gesamte Rauminhalt der Welt endlich wäre. Einen derartigen Raum können wir uns zwar nicht als Ganzes anschaulich vorstellen. Es ist aber zu bedenken, daß sich auch die aktuelle Unendlichkeit des N e w t o n schen absoluten Raumes unserem Vorstellungsvermögen entzieht. Vorstellbar sind nur die endlichen Figuren, von denen die ursprüngliche euklidische Geometrie handelt.

Die allgemeine Relativitätstheorie hat den Gedanken eines derart endlichen Raumes als physikalische Hypothese eingeführt. Freilich sind auch noch andere, unendliche Raumformen denkbar; und es ist wahrscheinlich, daß die Erfahrung eine Entscheidung zwischen ihnen auf absehbare Zeit hinaus nicht gestatten wird. Sicher erschüttert ist aber die Selbstverständlichkeit der älteren Raumvorstellung. Nachdem die nichteuklidische Geometrie gezeigt hat, daß verschiedene Strukturen des Raums denkmöglich sind, liegt es nahe, mit der allgemeinen Relativitätstheorie anzunehmen, daß der Raum nicht eine fertige „Mietskaserne" ist, in welche die Materie einzieht, sondern daß die Materie selbst erst die Raumstruktur bestimmt. Damit kann aber selbst die Frage, ob der Raum endlich oder unendlich sei, nicht mehr unabhängig von der anderen Frage erörtert werden, was für Materie er enthält. —

Eine entsprechende Entwicklung hat schließlich auch der rein mathematische Begriff der Zahl durchgemacht. Die Mengenlehre hatte in der zweiten Hälfte des 19. Jahrhunderts den Begriff des aktuell Unendlichen in die Mathematik eingeführt. Man verglich und unterschied verschiedene unendliche Anzahlen, so z. B. die Anzahlen aller ganzen Zahlen und die Anzahl aller Punkte auf einer gegebenen Strecke. Man wählte sogar den abstrakten Begriff der „Menge", der endliche und unendliche Gesamtheiten gleichmäßig umfaßt, zum Ausgangspunkt aller mathematischen Begriffsbildung. Man schien dazu genötigt zu sein, wenn man die Grunddisziplin der neuzeitlichen Mathematik, die Differentialrechnung, einwandfrei begründen wollte. Die aristotelischen Einwände gegen das aktuell Unendliche konnten widerlegt werden.

Um die Jahrhundertwende zeigte sich aber, daß die Mengenlehre gleichwohl zu logischen Widersprüchen führt. In der Kritik, die zur Ausschaltung der Möglichkeit solcher Widersprüche notwendig war, entwickelte sich eine andere Auffasung von der Zahl, deren eindeutigste Fassung der sogenannte Intuitionismus gegeben hat. Man muß danach etwa sagen: Zahlen, als gedankliche Gebilde, gibt es nicht „an sich", sondern sie sind Ausdruck der Fähigkeit des Menschen, zu zählen. Daß es unendlich viele ganze Zahlen gibt, bedeutet demnach nur, wenn man noch so weit gezählt hat, so kann man doch immer noch weiter zählen. Zu den logischen Voraussetzungen dieses Zahlbegriffs gehört also die menschliche Freiheit, die zu der Gesamtheit des schon Geschehenen stets noch einen neuen Akt hinzufügen kann. Mathematische Aussagen, die mit den Worten „es gibt" beginnen (z. B.: „es gibt zwischen zwei Punkten auf einer Strecke stets noch einen weiteren Punkt"), gelten nur als sinnvoll, wenn für die Worte „es gibt" auch gesetzt werden kann: „man kann konstruieren bzw. angeben". Damit ist es klar, daß es aktuell unendliche Gesamtheiten nicht gibt, denn man kann zwar immer noch mehr konstruieren, als man schon konstruiert hat, aber stets nur endlich viel.

Die intuitionistischen Begriffe erwiesen sich nun freilich als zu eng zur Begründung des praktisch notwendigen Bestandes der Mathematik, insbesondere der Differentialrechnung. Die moderne „Beweistheorie" sucht daher die aktuell unendlichen Gesamtheiten als technische Hilfsbegriffe zu rechtfertigen. D. h. sie nimmt die vom intuitionistischen Standpunkt aus sinnlosen Aussagen nicht als selbstverständlich hin, sondern sucht unter ihnen diejenigen aus, deren Hinzufügung zur intuitionistischen Mathematik nicht zu einem logischen Widerspruch führt; diese Widerspruchsfreiheit muß jeweils ausdrücklich bewiesen werden. Diese Zusatzaussagen sind freilich vom intuitionistischen Standpunkt aus nicht eigentliche Mathematik, sondern ein formales Spiel mit Begriffen. Zu ihrer Rechtfertigung kann man nur darauf hinweisen, daß die Physik die Differentialrechnung praktisch braucht. Bedenkt man freilich, daß in der Physik Begriffe, wie der einer kleinsten Länge auftauchen, so erscheint es denkbar, daß die klassische Differentialrechnung hinsichtlich des Verhaltens der Dinge im kleinen ebenso nur eine von mehreren möglichen Theorien ist, wie die euklidische Geometrie hinsichtlich des Raumes im großen, und daß auch hier der Erörterung der experimentellen Möglichkeiten das letzte Wort bleibt. —

Zum Abschluß drängt sich uns eine Erinnerung an Kants Antinomienlehre auf. Nach Kant führt die Frage nach dem Unendlichen stets auf widerspruchsvolle Antworten, möge es sich nun um das Unendliche hinsichtlich der Größe oder der Kleinheit, hinsichtlich des Raums, der Zeit oder der Kette der Ursachen handeln. Das liegt daran, daß wir in zwei entgegengesetzten Richtungen fragen können und dabei entgegengesetzte Voraussetzungen machen müssen. Gehen wir von unserem eigenen Standort aus, so können wir nach immer ferner liegenden Gegenständen fragen, und es ist nicht einzusehen, wie wir damit an eine Grenze kommen sollen. Wollen wir umgekehrt von einer objektiven Wirklichkeit ausgehend unseren eigenen Zustand erklären, so können wir rein praktisch nicht „von unendlich her kommen", sondern müssen einen Anfangspunkt im Endlichen wählen. Soll nun die Erklärung definitiv sein, so daß hinter ihr nicht wieder eine andere steckt, so müssen wir jenen Anfangspunkt als unüberschreitbare Grenze des Fragens voraussetzen im Widerspruch zu der vorigen Annahme.

Die moderne Wissenschaft hat sich im allgemeinen auf einen „pragmatischen" Standpunkt gestellt. D. h. sie hat auf definitive Erklärungen von vornherein verzichtet und damit nur die eine Fragerichtung, die vom Menschen nach den Dingen hin, übrigbehalten; so fällt natürlich der Widerspruch fort. Die Gegenwart aber zeigt, daß das konsequent pragmatische Denken beide Seiten des Gegensatzes aufhebt. Vielleicht darf man die soeben geschilderten Ergebnisse und Kritiken in die programmatische Formel zusammenfassen: Die Welt ist nicht an sich endlich, sie ist aber auch nicht an sich unendlich. Objektiv vorhandene Dinge der uns vertrauten Beschaffenheit, von denen aus wir unsere eigene Situation erklären können, finden sich nur in einem endlichen Umkreis unseres eigenen Standorts. Diesen Umkreis können wir verlassen. Aber dann finden wir nicht mehr objektive Gegenstände, die schon vorher so da waren, sondern Zustände, die wir selber gemacht haben. Die Naturgesetze verwandeln sich aus Angaben über die seiende Welt in Angaben darüber, was man machen kann. Die beiden Seiten der Antinomie stehen nicht mehr im Widerspruch, sondern sie stehen zur Wahl. Wollen wir Seiendes aus Seiendem erklären, so müssen wir es in seiner Endlichkeit bestehen lassen; wollen wir „hinter es kommen", so müssen wir es zerstören. Wieweit wir es in beiden Fällen treiben können, zeigt nur von Fall zu Fall die Erfahrung. Gewiß ist aber, daß wir die Begriffe, die für das Endliche gelten — möge es sich dabei um Gegebenes oder um von uns Gemachtes handeln — nicht naiv dort verwenden dürfen, wo uns nichts mehr gegeben ist, und wir nichts mehr machen können.

7. *Zur Deutung der gegenwärtigen Lage.* Was bedeuten uns diese Ergebnisse? Drücken sie etwas von unserem Wesen, von unserer Lage aus?

Wohl keiner von uns hat die neue Denkweise der Naturwissenschaft von vornherein ohne Widerstreben angenommen. Auch wenn man sich überzeugt hatte, daß sich logisch keine Einwände gegen sie erheben lassen, blieb zum mindesten ein Unbehagen zurück, das sich in manchen

Fällen bis zu leidenschaftlichem Widerspruch steigerte. Zerstört die neue Denkweise nicht unsere Begriffe von Wahrheit und Wirklichkeit in den Grundlagen? Hebt sie nicht alles Absolute, alles Fraglose auf?

Wo um wissenschaftliche Sätze mit solchen Begründungen gekämpft wird, ist zu erwarten, daß sie nicht nur um ihrer selbst willen wichtig sind, sondern weil sie symbolisch stehen für menschliche Haltungen. Was bedeutete es für das praktische Leben der Menschen zur Zeit des Kopernikus, ob die Erde sich um die Sonne dreht oder in der Mitte der Welt ruht? Was braucht uns heutige Menschen die Bewegung der Spiralnebel und der Bau des Wasserstoffatoms zu kümmern? Wie können Erkenntnisse über die fernsten Bereiche der äußeren Welt die Ruhe der menschlichen Seele stören?

Ohne Zweifel ist das Weltbild der neuzeitlichen Naturwissenschaft von einer unbewußten Symbolik getragen. Wir haben ihren Ursprung kennengelernt. Die Würde, die im Mittelalter Gott vorbehalten war, ist in der Neuzeit der Welt zugefallen. Damit haben unsere Anschauungen vom Wesen der Welt es auch übernehmen müssen, uns den inneren Halt zu geben, den vorher der Glaube an Gott gegeben hatte. Überzeugungen wie die vom absoluten Raum und von der Zurückführbarkeit aller Naturerscheinungen auf die Geometrie und Mechanik der Atome verdanken ihre Stärke dieser Rolle, die ihnen meist unbewußt, im materialistischen Lager aber auch bewußt zugeteilt worden ist. Dasselbe lehrt uns auch die Erörterung der Unendlichkeitsfrage.

So hat der Schluß aus dem zweiten Hauptsatz der Wärmelehre auf eine begrenzte Dauer des Weltgeschehens einen Willen zum Widerspruch ausgelöst, der mit den logischen Lücken, die in dem Schluß stecken mochten, nicht erklärt ist. Vielmehr sträubt sich das Gefühl des modernen Menschen gegen die Vermutung, daß die Welt nicht unendlich dauere. Warum? Das Leiden jedes Menschen an Zeit und Vergänglichkeit ist wohl so groß, daß er an etwas der Vernichtung Enthobenes glauben muß, um leben zu können. Wer nicht mehr an ein ewiges Leben glaubte, der mußte wohl an eine unendliche Dauer der materiellen Welt glauben. Die symbolische Kraft dieses Glaubens läßt den Menschen kaum fühlen, daß ihm persönlich ja mit einer Fortdauer seiner Umwelt nach seinem eigenen Tode nur wenig genützt ist. Schließlich ist die Unendlichkeit der Welt in jeder Dimension das sinnfälligste Symbol des Fortschrittsglaubens. Dem Christen des Mittelalters war in der Heimkehr seiner Seele zu Gott ein genügendes, unendlicher Anstrengung wertes Ziel gesteckt. In dem Augenblick, in dem das Ziel des Strebens nach außen verlagert wird, erweist jedes Ding seinen nur begrenzten Wert, und der uns einwohnende Drang nach dem Absoluten vermag sich nirgends zu begnügen, sondern sieht jeden Schritt nur als Vorbereitung des nächsten gerechtfertigt. Nur die Vorstellung eines unendlichen Auswirkungsfeldes verschafft diesem Lebensgefühl wenigstens das Symbol einer Befriedigung; jeder Gedanke an eine noch so ferne Grenze beunruhigt es tief.

In diese Symbolik ist nun durch die Entdeckungen der Gegenwart eine tiefe Bresche geschlagen; ja ihre Fundamente sind bereits zerstört. Die neuen Erfahrungen und die durch sie wachgerufene methodische Besinnung haben den Einfluß der unbewußten Unendlichkeitssymbolik auf die Formulierung der Naturgesetze aufgehoben. In der Frage, wie die Naturgesetze zu lauten haben, hat die realistische Komponente der Naturwissenschaft wiederum über die symbolische gesiegt. Dieser Sieg stellt keine neue Entscheidung dar, sondern er ist nur die Folge der Entscheidung, die schon zur Zeit Galileis gefallen ist. Die Welt ist ein Bereich von Tatsachen, und unser Urteil über diese Tatsachen richten wir nach der Erfahrung, die wir über sie gewinnen können, und nicht nach dem Symbolwert, den sie für uns haben sollen. Könnte denn eine falsche oder fragwürdige Behauptung über Tatsachen uns noch ein glaubwürdiges Symbol abgeben? Neu ist nur die Entdeckung, daß wir die Selbstbeschränkung auf das Tatsächliche, zu deren Anwalt wir uns gemacht haben, an einer entscheidenden Stelle selbst noch nicht vollzogen hatten.

Wir haben den äußersten uns heute vorstellbaren Grad naturwissenschaftlicher Ernüchterung erreicht und blicken auf den durchmessenen Weg zurück. Zu allen Zeiten bedeutete die Welt Gott, aber in verschiedener Weise. Einst war sie selbst göttlich. Später wies sie auf ihren Schöpfer zurück. In der Neuzeit wurde sie zum Ersatz für Gott. Wir sind damit nicht etwa zu der Welt des vorchristlichen Heidentums zurückgekehrt, die selbst göttlich oder, wie man treffend gesagt hat, selbst voll war von Göttern. Nur als eine schöne, aber meist mißverstandene Erinnerung ist diese Welt für die Neuzeit wieder aufgetaucht. Der Weg zu ihr zurück war verstellt durch eine stärkere Triebkraft: den Drang nach dem Unendlichen. Die Götter der heidnischen Welt sind die Kräfte der Natur in uns und um uns. Unser natürlicher Lebensbereich aber ist endlich und bedingt. Das Christentum hat das Unendliche und Unbedingte zum Ziel des Strebens gemacht. Der säkularisierte Mensch der Neuzeit hat dieses Streben beibehalten und nur seine Erfüllung in einer anderen Ebene gesucht. Es ist darum das Wesen seines Verhältnisses zur Natur, daß er die Grenzen und Bedingungen seines ursprünglich natürlichen Daseins überschreitet. Er dringt, antik gesprochen, in einen Bereich vor, in dem es keine Götter gibt, oder dessen Götter uns fremd sind. Er gewinnt dafür ein Wissen und eine Macht, welche jeder früheren Zeit ebenso unerlaubt wie unmöglich erschienen wären. Wissen und Macht waren unsere Götter, und sie trugen den Nimbus des Unendlichen und des Unbedingten.

Heute beginnt sich zu enthüllen, was wir in Wahrheit erreichen können: nicht das Unbedingte, sondern die Einsicht in die Bedingungen unseres Wissens und unserer Macht. Wir wollten hinter die Erscheinung zu den Dingen selbst vordringen, um sie zu kennen und zu besitzen; nun zeigt sich, daß gerade jenseits unserer natürlichen Anschauungswelt sogar der Begriff des Dings nur definiert werden kann in bezug auf den Menschen, dem es erscheint, oder der es selbst macht. Wissen von der der Natur und Macht über die Natur sind ihrem Wesen nach endlich. Sie sind es nicht wie eine begrenzte Herrschaft, die sich in einem unbegrenzten Raum immer weiter ausdehnen könnte, sondern ihre Grenzen liegen dort, wo sie das, worum es ihnen geht, selbst erst hervorbringen müssen. Die Symbole, die ihre Unendlichkeit andeuteten, mußten gestürzt werden, weil sie selbst Träume und nicht wirkliches Wissen oder wirkliche Macht waren.

Haben wir uns hiermit zu begnügen? Bedeutet die Welt nichts? Ist nur derjenige glücklich — wenn es ihn gibt —, der es vermag, der Frage nach dem Sinn und dem Recht, mit dem er sein Wissen und seine Macht gebraucht, stets auszuweichen? Bleibt den anderen, die die Bewegung der Neuzeit durchlaufen haben, nicht mehr übrig, als daß neben die beiden alten Aspekte der Welt: das Leiden und die Schuld, als dritter die Sinnlosigkeit getreten ist?

Ich glaube das nicht. Ich glaube allerdings, daß wir als erstes den Abgrund sehen, das Vakuum ertragen müssen. Aber ich glaube, daß dieses Vakuum kein Ende, sondern die Aufforderung zu einer Entscheidung bedeutet. Spricht Gott nicht mehr zu uns? Die Ersatzsymbolik ist zusammengebrochen, nicht weil sie Symbolik, sondern weil sie Ersatz war. Schon das Schweigen, das an ihre Stelle tritt, ist beredt genug, denn es stellt uns vor unsere wirkliche Lage. Wir müssen wohl nur wissen, ob wir überhaupt Gott hören wollen, nicht da, wo wir ihn zu hören wünschen, sondern da, wo er wirklich zu uns spricht. —

Es ist wohl richtig, dies hier als Frage stehenzulassen. Im naturwissenschaftlichen Zusammenhang aber erhebt sich eine Teilfrage, die wir zum Abschluß erörtern wollen. Gesetzt, wir seien bereit zu hören und öffneten uns damit den entscheidenden menschlichen Erfahrungen, die auf uns warten, werden wir dadurch nicht aus der Naturwissenschaft unwiderruflich hinausgeführt? Zerfällt unser Leben dann nicht in zwei Bereiche: das eigentlich menschliche Dasein und die unvermeidliche, aber in sich sinnlose technisch-physikalische Welt? Können wir die Sinnentleerung der äußeren Welt rückgängig machen, ohne uns selbst zu betrügen?

Wir wenden unseren Blick noch einmal zurück auf die letzte große Verbindung von Naturwissenschaft und objektiver Symbolik. Inwiefern sind wir in einer anderen Lage als Kepler? Die rein naturwissenschaftlichen Voraussetzungen haben sich seit seiner Zeit in dem für die objektive Symbolik entscheidenden Punkte nicht geändert. Damals galt das mathematische Naturgesetz als das Medium, durch welches die Natur den Geist darstellt. Heute ist die mathematische Erfassung der Natur zwar um vieles weiter fortgeschritten. Sie ist uns so vertraut geworden, daß wir uns vielleicht weniger über ihre Möglichkeit wundern. Aber so wenig wie einst Kepler haben wir eine empirisch-rationale Erklärung für die Tatsache, daß gerade diejenigen Naturgesetze, die sich in der Erfahrung bewähren, vor allen anderen denkbaren immer wieder durch einen besonders hohen Grad mathematischer Einfachheit ausgezeichnet sind. Das oft angeführte Prinzip der Denkökonomie begründet höchstens, warum wir nach einfachen Gesetzen suchen, aber nicht, warum wir sie finden. Das wird am deutlichsten durch die Tatsache, daß wir oft lange vergeblich suchen und sehr wohl zwischen einer plausiblen Arbeitshypothese und einer fundierten Theorie zu unterscheiden wissen. Tiefer dringt der an Kant anknüpfende Gedanke, daß Gesetzlichkeit die Bedingung für die Möglichkeit von Erfahrung ist; daß wir ohne das Bestehen von Naturgesetzen nicht einmal die Begriffe bilden könnten, in denen wir nach ihnen fragen. Dieser Gedanke erklärt zwar nicht, warum es Naturgesetze und ihnen angemessene Begriffe gibt. Aber er zeigt, warum wir auf diese Frage im ganzen keine Antwort in Begriffen erwarten dürfen, die nach der Art der Naturwissenschaft gebildet sind. Denn die bloße Verwendung solcher Begriffe setzt ja das Bestehen der fraglichen Art von Gesetzen schon voraus.

Eben aus dieser Situation erwächst aber auch Keplers bewußt metaphysische Begründung. Rational äußert sich das in dem ausdrücklichen Zurückgehen auf Gott, also auf eine nicht mehr naturwissenschaftlich beschreibbare Realität, welche zugleich Ursprung der Natur und unseres Geistes ist. Hierin enthüllt sich aber zugleich eine Erfahrung von nicht naturwissenschaftlicher Art. Der Geist, der in der objektiven Ordnung der Natur dem Geheimnis seines eigenen Ursprungs begegnet, erlebt, wie das reine Sein gleichsam durchscheinend wird, als Träger einer nicht mehr aussprechbaren Bedeutung. Dieses Erlebnis spricht eine andere Schicht der Persönlichkeit an als das willkürlich reproduzierbare Sinnenerlebnis, das im physikalischen Experiment verwendet wird. Offenbar läuft die Frage, ob wir etwas wie eine objektive Natursymbolik für möglich halten, auf die andere Frage hinaus, wie wir uns zu den Erfahrungen dieser Schicht unseres Wesens verhalten.

Die Naturwissenschaft der Neuzeit hat sie aus dem Kreis ihrer verbindlichen Voraussetzungen ausgeschlossen und in die private Sphäre verwiesen. Sie hat damit das Ergebnis, zu dem sie nunmehr gelangt ist, vorweg festgelegt. Zugleich hat sie damit jener Schicht von Erfahrungen nach und nach die allgemeinverständlichen Ausdrucksmittel entzogen und ihr so den Weg zur vollen Bewußtheit immer mehr erschwert. Daß sie sie nicht ersticken konnte, beweist schon das Auftreten der Ersatzsymbolik. Unverfälschter spricht für den, der hören kann, das fast religiöse Verhältnis vieler tätiger Naturforscher zu ihrem Gegenstand. Die Scheu des modernen Wissenschaftlers, von dieser Seite seiner Arbeit zu reden, ist für den Hörenden in manchen Fällen so beredt wie die begeisterten Worte Keplers. Es bedarf nicht nur einer Haltung der Hingabe und des Glaubens, um die Voraussetzungen einer Entdeckung zu schaffen; sondern das Erschrecken vor der aufleuchtenden Wahrheit, vor dem Abgrund, in den wir schauen, wenn uns das Wirkliche, das wir nicht gemacht haben, mit einem Male unwidersprechlich gegenübersteht, ist nahe dem Erschrecken des Menschen vor Gott.

Erkenntnistheoretisch betrachtet ist die Trennung der Symbolik von der Naturwissenschaft also nur die Folge des Entschlusses zu einer bestimmten Methode. Historisch freilich scheint dieser Entschluß unvermeidbar gewesen zu sein. Er war selbst der Ausdruck einer bestimmten menschlichen Haltung. Wir werden aber folgern dürfen, daß eine erneute Änderung der menschlichen Haltung auch diese Frage in ein neues Licht rücken kann. Die Ergebnisse der heutigen Naturwissenschaft weisen selbst in dieser Richtung. Nicht das isolierte Ding, sondern nur das Ganze des Zusammenhangs Mensch-Ding gilt der modernen Physik als faßbare Wirklichkeit. Eine Änderung in einem Pol dieses Zusammenhangs kann den anderen nicht unberührt lassen. Es ist müßig, über die Auswirkungen dieser Änderung zu spekulieren, ehe sie selbst eingetreten ist. Gewiß wird sie das Rad der Geschichte nicht zurückdrehen. Sie wird den methodisch sauberen Begriff von Naturwissenschaft, den die Neuzeit erarbeitet hat, nicht zerstören. Aber sie wird uns einiges außerdem sehen lehren, was wir bisher übersehen haben, weil wir es nicht sehen wollten. An einem Tage, von dem heute noch niemand sagen kann, ob er nah oder fern ist, wird vielleicht ein neuer Mensch die Augen öffnen und sich mit Erstaunen einer neuen Natur gegenüber sehen.

Naturgesetz und Theodizee

Wohl kein Philosoph hat die Metaphysik und die mathematischen Wissenschaften mit einer so einheitlichen Bewegung des Denkens durchdrungen wie Leibniz. Was er in der Metaphysik dadurch an Klarheit gewann, hat er an Tiefe gewiß nicht eingebüßt. Vor allem hat er aber die mathematischen Wissenschaften damit vor den Hintergrund gestellt, vor den sie gehören. Wer seine Gedanken nachdenkt, erfährt, wie wir durch die Wahl unserer einfachsten mathematischen Begriffe metaphysische Entscheidungen fällen. Uns, die wir nicht mehr in der Welt der Aufklärung stehen, mag es fast erschrecken, wenn er wie in einem vollkommenen Uhrwerk mit der scheinbaren Mühelosigkeit selbstverständlicher mathematischer Schlußfolgerungen die Fülle des Wirklichen bis in seine Abgründe bewegt. Aber was wir von ihm zu lernen haben, ist der Zusammenhang aller Schichten des Seins. So wie wir die Zahl und die Bewegung denken, so denken wir unweigerlich auch Gott, und wer Gott anders zu denken wünscht als er, der muß es vermögen, auch die Zahl und die Bewegung anders zu denken.

Den Zusammenhang, den wir hier meinen, hat Heinrich Scholz[1] unlängst für die Grundgedanken der Theodizee und der Characteristica universalis dargetan. Er hat vor allem hervorgehoben, wie die Theodizee nach dem Muster der Extremalprinzipien der Physik gebaut ist. Die folgenden Seiten wollen nichts sein als der Kommentar eines Physikers zu diesen Gedanken. Sie verdanken ihre Entstehung nur dem Wunsche, dem Manne, der heute in Deutschland als einziger die Einheit von Metaphysik und Mathematik verkörpert, ein Zeichen der Freundschaft und der Verehrung zu geben.

1. Die Theodizee

Leibniz hat es gewagt, die wirkliche Welt als die beste der möglichen Welten zu bezeichnen.

Hat er die Welt nicht gekannt? Wußte er nicht, daß sie die Welt des ewigen, schuldlosen Leidens und die Welt der ewigen, unentrinnbaren Schuld ist?

Er wußte vom Leiden und der Schuld. Er kannte die Anklage, zu der sich Menschen haben verführen lassen, seit sie an einen Schöpfer der Welt glauben: Warum hast du, Gott, wenn du die Güte bist, keine bessere Welt geschaffen? Er wagte es, diese Anklage mit den Mitteln der Vernunft zu beantworten. Er wagte den Satz, Gott habe keine bessere Welt geschaffen, weil er keine bessere Welt schaffen konnte. Daß er aber keine bessere Welt schaffen konnte, lag nicht an einem Unvermögen, sondern daran, daß diese Welt die beste mögliche ist. Läßt sich dieses einsehen, so ist Gottes Schöpfung gerechtfertigt, die „Theodizee“ gelungen.

Leibniz gilt um dieses Gedankenganges willen als philosophischer Optimist. Aber wäre ein solcher Optimismus nicht eine sophistische Selbsttäuschung? Gesetzt, man könnte einsehen, daß eine bessere Welt als die unsere nicht möglich ist, würde das Übel in unserer Welt dadurch geringer? Was hilft es der leidenden Kreatur, zu wissen, daß es keine Welt geben kann, in der sie nicht leiden müßte? Wird dadurch nicht umgekehrt jede Hoffnung auf eine bessere Welt abgeschnitten? Müßte die These von Leibniz nicht gerade den äußersten Pessimismus zur Folge haben?

Leibniz hätte auf diesen Einwand wohl geantwortet, die Gesamtmenge des Guten in der Welt überwiege die Gesamtmenge des Übels, und so sei es immerhin besser, die Welt sei als sie sei nicht. Aber welchen wirklich Leidenden überzeugt dieser Gedanke? Enthüllt nicht der pessimistische Einwand zum wenigsten die dämonische Zweideutigkeit jedes Versuchs, das Rätsel des Daseins aufgehen zu lassen wie ein Rechenexempel? Das Sein Gottes ist das Gericht über den Menschen; kann da der Mensch auch nur versuchen, über Gott zu Gericht zu sitzen, sei es auch um ihn freizusprechen?

Aber vielleicht ist diese Zerstörung des vordergründigen Sinns der Theodizee notwendig, damit wir ein Erlebnis ahnen können, das Leibniz beim Wagnis des Nachdenkens über diese letzten Fragen gehabt haben mag, und das sich weniger im Inhalt seiner Behauptungen als in der großartigen Naivität seiner Gedankenführung spiegelt. Die Erkenntnis verändert den Menschen. Selbst die kleinen Übel des Alltags tragen wir ja leichter, wenn wir ihre Notwendigkeit einsehen. Das rührt nicht nur von dem elenden Troste her, der in dem Rat liegt, sich mit ihnen abzufinden, weil sie doch nicht zu vermeiden seien. Sondern das Bewußtsein wird mit einem neuen Gegenstand erfüllt. An die Stelle des rein tatsächlichen und in seiner Tatsächlichkeit unverständlichen Übels tritt ein größerer Zusammenhang, eine Notwendigkeit, ein Sinn. Ähnliches erlebt wohl der Philosoph im Sinne von Leibniz, wenn er die Welt im Ganzen betrachtet. Nicht mehr die Masse des einzelnen tatsächlichen Übels ist der Gegenstand seines Bewußtseins, sondern der Sinn des Ganzen. Gelänge es ihm, nicht mit dem Auge seiner beschränkten menschlichen Existenz, sondern mit dem Auge Gottes zu sehen, so wäre er der Wahl zwischen Optimismus und Pessimismus enthoben. Er würde einsehen, daß die Welt, wenn sie überhaupt sein soll, notwendig so sein muß wie sie ist, und würde darum nicht mehr sagen: „sie ist gut" oder „sie ist schlecht", sondern einfach: „sie ist". Hiermit wäre alles gesagt.

Vielleicht vermögen wir dies nachzuerleben. Vermögen wir es auch nachzudenken? Wir wenden uns der begrifflichen Struktur des Theodizee-Gedankens zu.

„Welt" im philosophisch strengen Sinne ist ein singulare tantum. Wir leben „in der Welt". Es gibt nicht „eine Welt" oder „Welten". Die „Welt des Barock", die „fernen Welten" der Astronomie sind nur Ausschnitte aus „der Welt". Leibniz spricht gleichwohl von „möglichen Welten". In welchem Sinne und mit welchem Recht?

Er steht auf dem Boden der abendländischen Metaphysik, für welche einzig Gott ein notwendiges Wesen ist. Sein Sein folgt aus seinem Begriff. Die Welt hingegen könnte sein oder auch nicht sein, so sein oder anders sein; sie ist kontingent.

Als Gott die Welt schuf, standen daher vor seinem Auge alle möglichen Welten zur Wahl; eine von ihnen, die beste, wählte er aus und gab ihr die Existenz. So wurde unsere Welt wirklich, sie wurde „die Welt". Jede mögliche Welt aber war potentiell ebenso „die Welt"; nur wurde ihr das Prädikat der Existenz versagt.

In eigentümlicher Weise wird durch diesen Gedankengang die Einzigkeit der Welt zum philosophischen Thema gemacht. Der Begriff der „Möglichkeit", der uns gestattet, Dinge ohne das Prädikat der Existenz zu denken, erlaubt es, neben die eine Welt, die wir allein kennen, die Fiktion anderer, nur gedachter Welten zu stellen. Diese Fiktion aber dient nur dazu, die „wirkliche" Welt unter allen möglichen durch bestimmte Eigenschaften auszuzeichnen und so ihre Kontingenz gleichsam wieder aufzuheben. Ihre Eigenschaften sind Bedingungen ihrer Existenz. Sie ist wirklich, weil sie so ist, wie sie ist; und sie ist einzig, weil ihre Eigenschaften einzig, nämlich optimal, sind.

Man könnte sagen, daß dieser Gedanke die Einzigkeit der Welt auf einem zwar für die alte Metaphysik notwendigen, aber für uns nicht mehr verbindlichen Umwege gewinne. „In der Welt sein" sei eine Grundbestimmung des Menschseins und damit eine Voraussetzung aller Erkenntnis. Darum könne auch der Begriff der Möglichkeit den Begriff der Welt nicht umfassen; es gebe Mögliches in der Welt, aber nicht mögliche Welten. Diese Frage gewinnt heute besonderes Gewicht angesichts des Versuchs von Heinrich Scholz, die Logik als den Inbegriff derjenigen Sätze zu definieren, die in jeder möglichen Welt gelten, und ihr damit den Charakter einer Metaphysik zuzuschreiben.

Wir wagen nicht, diese Frage hier in ihrer vollen Breite zu erörtern. Wir wollen uns beschränken, daran zu erinnern, daß der Gedankengang von Leibniz das philosophische Abbild von Überlegungen ist, die in der Physik zu Hause und dort ohne Zweifel legitim sind. Wir wollen uns den Inhalt dieser physikalischen Überlegungen vergegenwärtigen und verzichten an dieser Stelle darauf, auch die Legitimität ihrer Übertragung in die Philosophie ausdrücklich zu prüfen.

2. Extremalprinzipien als Naturgesetze

Der Gedankengang der Leibnizschen Theodizee ist genau dem der Extremalprinzipien der Physik analog. Betrachten wir als vielleicht zugänglichstes Beispiel das Fermatsche Prinzip des kürzesten Lichtweges. Dieses Prinzip besagt: Ein Lichtstrahl wählt stets denjenigen Weg, auf dem er die Strecke von seinem Anfangspunkt zu seinem Endpunkt in der kürzesten möglichen Zeit zurücklegt. Aus diesem Prinzip lassen sich die drei Grundgesetze der geometrischen Optik herleiten: das Gesetz von der geradlinigen Ausbreitung des Lichtes und die Gesetze der Spiegelung und Brechung. Das Prinzip drückt gleichzeitig die mathematische Bedingung der Erweiterung der nur mit dem Begriff des Strahles arbeitenden geometrischen Optik zu einer Wellenoptik aus und kann umgekehrt aus der Differentialgleichung, der die Lichtwellen genügen, hergeleitet werden.

Wir verdeutlichen uns den Inhalt des Prinzips, indem wir aus ihm seine einfachste Konsequenz, die geradlinige Ausbreitung des Lichtes, herleiten. Es seien zwei Punkte im Raum gegeben, etwa ein ferner Stern und ein Beobachter auf der Erde. Auf welchem Wege wird das Licht von dem Stern zur Erde gelangen? Nach dem Prinzip wird es den Weg wählen, auf dem es in der kürzesten Zeit ankommt. Die kürzeste Verbindung zwischen zwei Punkten ist die Gerade. Also wird das Licht geradlinig laufen.

Dieser Schluß bedarf einer Erläuterung. Wir haben stillschweigend vorausgesetzt, daß das Licht auf allen möglichen Wegen gleich schnell läuft; nur dann wird der geometrisch kürzeste Weg auch in der kürzesten Zeit zurückgelegt. Diese Voraussetzung ist im leeren Weltraum berechtigt. Hingegen folgt das Phänomen der Lichtbrechung gerade daraus, daß in verschiedenen Substanzen die Lichtgeschwindigkeit verschieden ist. Fällt ein Lichtstrahl z. B. schräg auf eine Wasseroberfläche, so wird er bekanntlich so „gebrochen", daß er im Wasser steiler abwärts läuft als vorher in der Luft. Im Wasser ist nämlich die Lichtgeschwindigkeit geringer als in der Luft. Die gerade Linie, welche die Lichtquelle in der Luft mit dem Endpunkt des Strahles auf dem Boden des Wassergefäßes verbindet, ist nun zwar wieder der geometrisch kürzeste Weg, aber nicht mehr derjenige, der in der kürzesten Zeit zurückgelegt werden kann. Das Licht gewinnt vielmehr Zeit, wenn es eine etwas längere Strecke in der Luft, also schneller, läuft, und dafür auf dem steileren und daher kürzeren Weg durch das nur langsam zu durchquerende Wasser geht. So weicht ja auch ein Fußgänger, der im Gelände rasch ein Ziel erreichen will, von der Luftlinie ab, wenn er dafür längere Zeit einem gebahnten Weg folgen kann.

Wir können nun den für das Prinzip charakteristischen Gebrauch des Begriffes „möglich" präzisieren. Als „mögliche Wege" gelten alle geometrisch denkbaren Verbindungslinien der Lichtquelle mit dem Ziel. Diese Wege sind im streng physikalischen Sinne eigentlich nicht möglich; das Naturgesetz, das im Fermatschen Prinzip formuliert ist, wählt ja einen unter ihnen als den wirklichen aus und stempelt damit die anderen zu realiter unmöglichen Wegen. Möglich sind sie also nur für eine bestimmte Betrachtungsweise, nämlich diejenige, die vom Fermatschen Prinzip noch absieht. Andererseits darf diese Betrachtungsweise nicht von allen Naturgesetzen absehen. Z. B. muß der Lichtgeschwindigkeit an jedem Punkte des Raumes der ihr dort nach den Naturgesetzen wirklich zukommende Wert zugeschrieben werden; daß das Licht im Wasser mit der Geschwindigkeit liefe, die es in der Luft hat, gilt nicht als möglich.

Man erkennt die Analogie zum Gedankengang von Leibniz. Leibniz würde z. B. eine Welt, in welcher der nach seiner Ansicht logisch notwendige Zusammenhang zwischen gewissen Gütern und gewissen Übeln nicht bestünde, nicht als eine mögliche Welt bezeichnen. Vielleicht darf man sagen, daß mögliche Welten in seinem Sinne alle, aber auch nur diejenigen Welten seien, welche alle der wirklichen Welt notwendig zukommenden Eigenschaften gleichfalls hätten, mit Ausnahme derjenigen Eigenschaften, die erst aus ihrem Sondercharakter als beste der möglichen Welten folgen. Sie sind also ebenso wie die möglichen Lichtwege bloße Gedankendinge, die zu einem methodischen Zweck konstruiert sind. Sie waren höchstens vor der Weltschöpfung im selben Grade objektiv möglich wie die wirkliche Welt; so wie man etwa sagen könnte, daß im Geiste Gottes alle Lichtwege möglich waren, ehe er verfügte, daß in der wirklichen Welt das Fermatsche Prinzip gelten solle.

Dieser Vergleich verliert sein etwas spielerisches Gepräge, wenn man bedenkt, daß die Extremalprinzipien der Physik für Leibniz nicht bloße Analogien, sondern entscheidende Konsequenzen des optimalen Charakters der wirklichen Welt sind. In der besten möglichen Welt müssen Extremalprinzipien gelten, und daß solche Prinzipien in der wirklichen Welt gelten, bestätigt, daß sie die beste ist. Der kürzeste Lichtweg ist der beste, und eine Welt, in der das Licht nicht den kürzesten Weg wählte, könnte schon darum nicht die beste sein. Diese mathematische Optimalität der Welt hat wahrscheinlich Leibnizens Interesse zeitweise sehr viel stärker gefesselt als die moralische; ja im Grunde ist seine Theodizee ein Versuch, die moralische Optimalität durchaus auf eine Art mathematischer Optimalität zurückzuführen. Daß heute nicht nur die Optik, sondern ebenso Mechanik und Elektrizitätslehre, ja sogar die neuartige Atomphysik, soweit wir sie schon mathematisch beherrschen, auf Extremalprinzipien zurückgeführt werden können, wäre für ihn ein Triumph. Freilich nur dann, wenn seine „optimistische“ Deutung der Extremalforderungen für uns noch einen Sinn hat. Können wir einen Sinn mit der Behauptung verbinden, der kürzeste Lichtweg sei der beste? —

3. Kausalität und Finalität

Man hat die Extremalprinzipien oft als Ausdruck eines finalen, eines zweckhaften Charakters des Weltgeschehens aufgefaßt. Im allgemeinen gelten uns die Naturgesetze als der Ausdruck einer die Natur durchwaltenden Kausalität, nach welcher jeweils der Zustand eines Dinges und seiner Umgebung in einem Augenblick den Zustand des Dinges im unmittelbar nachfolgenden Augenblick determiniert. Dieses Schema scheinen die Extremalprinzipien durch eine finale Gesetzmäßigkeit zu durchbrechen: der Lichtweg ist durch den Endpunkt bestimmt, den der Lichtstrahl erst nach der Durchlaufung dieses Weges erreichen soll. Der das Geschehen bestimmende Faktor scheint hier nicht eine „mechanische" Ursache, sondern ein in der Zukunft zu erreichender Zweck, ein Ziel zu sein. So schloß man auf einen die Natur beherrschenden Plan, also auf ein geistiges Prinzip in der Natur.

Eine banale Deutung dieses Finalismus ist sofort abzuweisen. Das Fermatsche Prinzip besagt bei strenger Formulierung nicht, daß der Lichtweg ein Minimum, sondern nur, daß er ein Extremum sein solle; er darf also auch ein Maximum sein. In der Tat gibt es Anordnungen optischer Geräte, in denen der wirkliche Lichtweg nicht der kürzeste, sondern der längste mögliche ist; dazwischen liegt der Grenzfall der „idealen optischen Abbildung", in dem von einem Punkt zu einem anderen, seinem „Bild", sehr viele Lichtwege führen, die alle realisiert sind, weil sie alle in derselben Zeit durchlaufen werden können. Es ist also nicht so, daß Gott „keine Zeit hätte" und daher das Weltgeschehen möglichst schnell abwickelte. Aber auch in der weiteren Fassung des Prinzips ist der wirkliche Weg vor allen möglichen Wegen in mathematisch durchsichtiger Weise ausgezeichnet. Und vor allem bleibt der finale Vorgriff auf die Zukunft erhalten; der Lichtweg bleibt durch seinen Endpunkt bestimmt.

Es sei gestattet, den Gegensatz der Kausalität und Finalität durch eine kurze begriffsgeschichtliche Betrachtung zu erläutern. Der Begriff der Ursache hat sich in der Neuzeit unter dem Einfluß der Naturwissenschaft verengt. Die Scholastik unterschied, anknüpfend an Aristoteles, die berühmten vier Arten von Ursachen: die causa materialis, formalis, efficiens und finalis. Die Untersuchung des eigentlichen Sinns dieser Unterscheidung würde tief in die Probleme der Aristotelischen Philosophie hineinführen. Ihren praktischen Gebrauch mag uns ein vereinfachendes Beispiel in Erinnerung rufen. Betrachten wir etwa ein Weinglas. Seine causa materialis ist der Stoff, aus dem es gemacht ist, also die chemische Substanz des Glases. Seine causa formalis ist (um beim einfachsten zu bleiben) seine Gestalt: die Kelchform. Seine causa efficiens ist das, was das Glas hervorgebracht hat: die Hand und der Atem des Glasbläsers. Seine causa finalis ist sein Zweck: daß man aus ihm Wein trinke. Dasselbe Ding hat also im allgemeinen zugleich alle vier Ursachen: sie machen einander nicht Konkurrenz, sondern geben die verschiedenen Gesichtspunkte an, unter denen man das Ding auf einen Ursprung (ἀρχή) zurückführen kann.

Die Neuzeit nennt demgegenüber eine Realität nur dann, wenn sie außerhalb des Dinges liegt, seine Ursache. Dadurch fallen zunächst die beiden ersten causae fort, die nur im Ding selbst gegenwärtig sind; Stoff und Form bezeichnen nach dieser Redeweise das Wesen, aber nicht die Ursache des Dinges. Dieser veränderten Ausdrucksweise entspringt die den ursprünglichen Sinn des Aristoteles durchaus verfehlende Polemik der Naturforscher der beginnenden Neuzeit gegen die scholastische These, daß „substanziale Formen“ oder „Qualitäten“ Ursachen sein könnten. Der Wandel in der Sache, der diesem Wandel des Ausdrucks entspricht, dürfte in der Wendung der Neuzeit zu einer instrumentalen Auffassung der Wissenschaft liegen. Neben das bewundernde Anschauen der Dinge tritt der Wunsch sie zu beherrschen. Wenn Wissen Macht ist, so muß es vor allem die Mittel kennen, die Dinge und Erscheinungen selbst zu machen oder doch zu beeinflussen; es muß zu jeder Sache ihre causa efficiens kennen. Das Kriterium dafür, daß man die causa efficiens wirklich kennt, ist, daß man das von ihr bewirkte Ereignis richtig vorhersagen kann. Damit hat sich der Begriff der Ursache so gewandelt, daß das Kausalprinzip in der neueren Naturwissenschaft geradezu mit dem Prinzip der vollständigen Voraussagbarkeit der Naturerscheinungen identifiziert worden ist. Der mathematische Ausdruck dieses Kausalbegriffs ist die Darstellung des Naturgeschehens durch Differentialgleichungen, welche den zeitlichen Differentialquotienten der Größen, die den Zustand eines Dinges charakterisieren, durch diese Größen selbst ausdrücken: der Zustand determiniert von Augenblick zu Augenblick selbst seine zeitliche Veränderung.

Die causa finalis schließlich wird durch dieses Hervortreten der causa efficiens in ein Zwielicht gerückt. Auf der einen Seite verträgt sich das instrumentale Denken der Neuzeit sehr wohl mit der Ansicht, die Naturerscheinungen seien nach einem Plan hervorgebracht; der Rückschluß aus planvoll erscheinenden Naturphänomenen auf die Zwecke des Weltschöpfers ist oft gewagt worden. Daß man damit vom aristotelischen Sinn der causa finalis bereits abwich, wurde meist nicht bemerkt. Auf der anderen Seite läßt aber gerade die Annahme, die Gesamtheit der causae efficientes bestimme das zukünftige Geschehen vollkommen, keinen Raum mehr für weitere, konkurrierende Finalursachen. Wenn der augenblickliche Zustand des Lichtstrahles seine weitere Bahn schon vollständig bestimmt, so kann diese Bahn — so scheint es wenigstens — nicht außerdem noch durch die Forderung beeinflußt werden, sie solle einen vorgegebenen Endpunkt so rasch wie möglich erreichen.

Es ist eine entscheidende, viel zu wenig ins Allgemeinbewußtsein gedrungene Erkenntnis der neuzeitlichen Mathematik, daß dieser Gegensatz zwischen kausaler und finaler Determination des Geschehens in Wahrheit gar nicht existiert, wenigstens nicht, solange es erlaubt ist, das Prinzip der Kausalität durch Differentialgleichungen und dasjenige der Finalität durch Extremalprinzipien zu präzisieren. Die Variationsrechnung lehrt uns dieselbe mathematische Forderung entweder durch ein Extremalprinzip oder durch eine Differentialgleichung auszudrücken: die Differentialgleichung gibt die Zusammenhänge an, die im kleinen (von Ort zu Ort) herrschen müssen, damit im großen der im Extremalprinzip geforderte Effekt erreicht werden kann (Euler). So kann man nach der Differentialgleichung ausrechnen, welchen Endpunkt ein Lichtstrahl erreichen wird, der in einer bestimmten Richtung abgegangen ist; dieser Ort ist gerade so bestimmt, daß der Lichtstrahl, um ihn in kürzester Zeit zu erreichen, die Richtung einschlagen mußte, die er tatsächlich eingeschlagen hat. Das finale „Ziel“ und das kausale „Gesetz“ sind also nur verschiedene Arten, dasselbe Prinzip auszudrücken. Das Ziel gibt nur die Folge an, die nach dem Gesetz notwendig eintreten muß, und das Gesetz ist gerade so eingerichtet, daß die von ihm beherrschten Wirkungen das Ziel realisieren. Der Vorgriff auf die Zukunft, der in der Vorstellung eines Ziels ausdrücklich ausgesprochen ist, liegt unausdrücklich ebenso in der Erwartung, daß das Gesetz immer und überall gelten werde. Gerade der strenge Determinismus läßt den Schluß vom Zukünftigen auf das Vergangene ebenso zu wie den vom Vergangenen auf das Zukünftige.

Wir haben soeben den mathematischen Hintergrund der Leibnizschen Lehre von der prästabilierten Harmonie betrachtet. Ein Uhrmacher beurteilt sein Uhrwerk in der Tat im selben Akt kausal und final; er richtet seine Räder gerade so ein, daß sie kraft ihrer mechanischen Eigenschaften den ihnen gesetzten Zweck von selbst erfüllen. So ist zwischen Kausalität und Finalität des Weltgeschehens vor Gott kein Unterschied. Für uns Heutige ist freilich auch diese Konstruktion nur ein Gleichnis und nicht die Wahrheit selbst. Metaphysisch liegt es uns sehr viel ferner als Leibniz, Gott als einen eminenten Uhrmacher anzusehen. Und physikalisch hat uns die Atomphysik gerade den Determinismus, die Grundlage der ganzen Konstruktion, aus der Hand genommen. Zwar wird auch die Atomphysik von Differentialgleichungen und Extremalprinzipien beherrscht, aber die Größen, die diesen mathematischen Relationen genügen, sind nicht mehr objektive Eigenschaften seiender Dinge, sondern bloße Hilfsgrößen, aus denen Wahrscheinlichkeiten von Meßresultaten berechnet werden können. Was bleibt in dem Leibnizschen Gedankengang für uns verbindlich?

Vielleicht dürfen wir sagen: es ist die Reduktion der Kausalität und Finalität auf ein höheres Prinzip, das mit der alten causa formalis eine gewisse Verwandtschaft zeigt. Wir konnten den Extremalprinzipien von vornherein keine grob finalistische Deutung geben; wir wüßten nicht zu sagen, welchen konkreten Zweck der Weltschöpfer mit dem Fermatschen Prinzip zu erreichen gedachte. Hätte man Leibniz diese Frage vorgelegt, so würde er wohl geantwortet haben: Die Zwecke Gottes sind höherer Art; Gott braucht nicht die Welt um eines Nutzens willen, sondern er will, daß sie vollkommen sei. Die Vollkommenheit einer Welt, in der Extremalprinzipien gelten, besteht aber darin, daß sie mit dem einfachsten, für den Geist durchsichtigsten Gesetz den größten Reichtum an Erscheinungen zusammenfaßt; sie besteht darin, daß eine solche Welt die größte geistige Schönheit besitzt.

Wörtlich dasselbe läßt sich über die mathematische Fassung der causa efficiens sagen. Gerade die mathematische Formulierung der Naturgesetze hat die grob mechanische Tendenz der neuzeitlichen Physik, die Ableitung aller Dinge aus „Druck und Stoß“, schließlich überwunden. Denn was im Grunde schon für die Newtonschen Axiome der Mechanik galt, wurde evident an den Differentialgleichungen der Elektrodynamik und der Atomphysik; diese Gleichungen sind vor anderen, denkbaren nicht dadurch ausgezeichnet, daß sie etwa einen schon vor ihnen klaren Begriff von mechanischer Wirkung mathematisch umschrieben. Sondern sie haben erst unseren Kausalvorstellungen einen präzisen Inhalt gegeben; ihre Rechtfertigung aber verdanken sie der Erfahrung, und ihren überzeugenden Charakter ihrer mathematischen Einfachheit. Die mathematische Form, in der Tat eine Art einer causa formalis, bleibt in der Physik als letzter faßbarer Gehalt unserer alten Kausalbegriffe übrig. Dabei wird der Begriff der Form auf den zeitlichen Ablauf ausgedehnt. Differentialgleichungen und Extremalprinzipien besagen, daß ein physikalischer Ablauf zeitlich ein Ganzes, eine Gestalt darstellt; Kausalanalyse erweist sich in einer Art, die nur von falschen Fronten aus paradox erscheinen kann, als die höchste Stufe der Morphologie.

Wir finden also mit Leibniz im mathematischen Naturgesetz den Geist in der Materie. Enthalten wir uns jeder metaphysischen Ausdeutung, so ist darin zunächst enthalten, daß die Materie so beschaffen ist, daß der Mensch sie denken kann; sie hat durch ihre Eigenschaft, möglicher Gegenstand des Denkens zu sein, Anteil am Geist. Daß dieser Satz nicht selbstverständlich ist, lehrt ein Blick auf den Problemkreis Kants. Weit darüber hinaus geht aber die mathematische Einfachheit der Naturgesetze. Auch der positivistische Naturforscher wird Leibnizens Theodizee in dem Bekenntnis nachvollziehen können, daß es keinem von uns je gelungen ist, sich eine andere mögliche Welt auszudenken, die mit so einfachen Grundgesetzen einen solchen Reichtum der Erscheinungen vereint.

Die Frage nach der Wirklichkeit des Geistes in der Natur, die wir damit aufgeworfen haben, vereint sich schließlich mit unserer Ausgangsfrage nach dem Recht und den Grenzen für die Anwendung des Begriffes der Möglichkeit. Wir bezeichneten oben die möglichen Lichtwege des Fermatschen Prinzips wie die möglichen Welten der Theodizee als bloße Gedankendinge, die zu einem methodischen Zweck konstruiert waren. Gegenüber der Fülle des Wirklichen haben sie die Armut des präzisiert Gedachten. Ein wirklicher Lichtweg ist für einen lebendig beobachtenden Menschen eine Straße der Wunder; ein möglicher Lichtweg ist eine geometrische Kurve und weiter nichts. Die „möglichen Dinge" sind aber andererseits notwendige Hilfsmittel des Denkens. Denn da wir nicht von vornherein die volle Wahrheit kennen, können wir das Wirkliche nicht anders denken, als indem wir es aus der Fülle des Möglichen aussondern. Das eine Wunder, daß wir Wirkliches überhaupt denken können, hat das zweite zur Voraussetzung, daß wir den Begriff der Möglichkeit sinnvoll denken können. Den Versuch, die Bedingungen anzugeben, unter denen dies geschehen kann, unternehmen wir hier nicht mehr,

Das Experiment

1. Die Begegnung von Subjekt und Objekt im Experiment

„Als G a l i l e i seine Kugeln die schiefe Fläche mit einer von ihm selbst gewählten Schwere herabrollen, oder T o r r i c e l l i die Luft ein Gewicht, was er sich zum voraus dem einer ihm bekannten Wassersäule gleich gedacht hatte, tragen ließ, oder in noch späterer Zeit S t a h l Metalle in Kalk und diesen wiederum in Metall verwandelte, indem er ihnen etwas entzog und wiedergab; so ging allen Naturforschern ein Licht auf. Sie begriffen, daß die Vernunft nur das einsieht, was sie selbst nach ihrem Entwurfe hervorbringt, daß sie mit Prinzipien ihrer Urteile nach beständigen Gesetzen vorangehen und die Natur nötigen müsse, auf ihre Fragen zu antworten, nicht aber sich von ihr allein gleichsam am Leitbande gängeln lassen müsse; denn sonst hängen zufällige, nach keinem vorher entworfenen Plane gemachte Beobachtungen gar nicht in einem notwendigen Gesetze zusammen, welches doch die Vernunft sucht und bedarf. Die Vernunft muß mit ihren Prinzipien, nach denen allein übereinkommende Erscheinungen für Gesetze gelten können, in einer Hand, und mit dem Experiment, das sie nach jenen ausdachte, in der anderen, an die Natur gehen, zwar um von ihr belehrt zu werden, aber nicht in der Qualität eines Schülers, der sich alles vorsagen läßt, was der Lehrer will, sondern eines bestallten Richters, der die Zeugen nötigt, auf die Fragen zu antworten, die er ihnen vorlegt. Und so hat sogar Physik die so vorteilhafte Revolution ihrer Denkart lediglich dem Einfalle zu verdanken, demjenigen, was die Vernunft selbst in die Natur hineinlegt, gemäß, dasjenige in ihr zu suchen (nicht ihr anzudichten), was sie von dieser lernen muß, und wovon sie für sich selbst nichts wissen würde. Hierdurch ist die Naturwissenschaft allererst in den sicheren Gang einer Wissenschaft gebracht worden, da sie so viel Jahrhunderte durch nichts weiter als ein bloßes Herumtappen gewesen war.“ (K a n t, Kritik der reinen Vernunft, Vorrede zur zweiten Auflage, S. XII bis XIII des Originals.)

Das Experiment ist nach diesen wahren Worten Kants ein Drama zwischen zwei Partnern, der „Vernunft“ und der „Natur“. Statt „Vernunft“ würden wir Heutigen lieber einfach „Mensch“ sagen. Denn auf der einen Seite kennt unsere Wissenschaft keine andere als die menschliche Vernunft, und eine übermenschliche Vernunft hätte wohl das Experimentieren nicht nötig; auf der anderen Seite reicht die bloße Vernunft zum Experimentieren nicht aus, sondern der Mensch muß dazu auch seine Hände und seine Augen gebrauchen. All dies wußte Kant auch, aber für uns liegt der Ton weniger einseitig auf der rationalen Komponente.

Das Experiment wäre demnach eine Auseinandersetzung zwischen Mensch und Natur. Aber nicht jede Auseinandersetzung zwischen diesen Partnern ist ein Experiment. Schärfer werden die Rollen beider Partner in diesem besonderen Vorgang durch die grammatischen Begriffe Subjekt und Objekt bezeichnet. Ein Experiment liegt nur dort vor, wo Erkenntnis erstrebt wird. „Erkennen“ ist ein transitives Zeitwort: jemand erkennt etwas. „Jemand“, das Subjekt, ist irgendein Mensch; „etwas“, das Objekt, ist irgendein Ding, Vorgang, Sachverhalt in der Natur. Im folgenden werde ich die Begriffe Subjekt und Objekt meist in bezug auf die durch das Experiment vermittelte Erkenntnis gebrauchen.

Was müssen die beiden Partner nun können, was müssen sie tun oder geschehen lassen, damit ein Experiment zustandekommt? Soeben wurde gesagt, daß der Mensch außer der Vernunft seine Hände und Augen dazu braucht. Erst die Dreiheit Denken, Handeln und Wahrnehmen macht das Experiment möglich. Welche Bedingungen müssen beide Partner erfüllen, damit diese Dreiheit von Vorgängen zwischen ihnen spielen kann?

Wir werfen einen ersten flüchtigen Blick auf die Seite des Subjekts. Am selbstverständlichsten ist unserer überlieferten Erkenntnistheorie wohl die Rolle der Wahrnehmung. Das Experiment ist eine Art sinnlicher Erfahrung. Experimentelle Erfahrung erschöpft sich aber nicht in rezeptiver Sinnlichkeit; ja, durch die vergleichende Betrachtung des Experiments sind wir nachträglich erst darauf aufmerksam geworden, wieviel Aktivität schon in der scheinbar „reinen“ Wahrnehmung steckt. Es genügt auch nicht, daß zur Wahrnehmung nur eine der beiden aktiven Verhaltensweisen hinzukommt: nur Denken oder nur Handeln. Im ersten Fall entsteht Philosophie, im zweiten Handwerk. Die neuzeitliche Naturwissenschaft ist das Kind einer Ehe zwischen Philosophie und Handwerk. Galilei steht mit Recht am Anfang der Darlegung Kants, denn er verkörpert wohl als erster die

Einheit, die weder Philosophie noch Handwerk mehr ist, weil sie beide enthält; jede seiner Manipulationen ist vom Gedanken, jeder seiner Gedanken von der experimentellen Prüfbarkeit geleitet.

2. Das Objekt in der Physik

Wir wenden uns nun der Objektseite zu und beschränken uns zunächst auf die physikalischen Wissenschaften. Es genügt nicht, daß der Mensch wahrnehmen, denken und handeln kann und will. Ein Experiment kommt nur zustande, weil und soweit die Natur ihrerseits wahrnehmbar, denkbar und behandelbar ist. Wie weit die Natur diese Eigenschaften hat, wissen wir nicht a priori. Die Bedingungen der Möglichkeit des Experiments, soweit sie auf der Objektseite liegen, lehrt uns erst die experimentierende Wissenschaft selbst kennen. Wie zu jedem einzelnen Experiment gehört zu dem Unternehmen der experimentellen Wissenschaft überhaupt der Mut, etwas zu unternehmen, dessen Ausgang ungewiß ist. Was hat uns nun die bisherige Entwicklung unserer Wissenschaft über diese Bedingungen ihrer eigenen Möglichkeit gelehrt?

Wiederum, wie schon auf der Subjektseite, scheint die Wahrnehmbarkeit der Naturerscheinungen die selbstverständlichste Voraussetzung des Experiments zu sein; wiederum führt ihre isolierte Betrachtung in die Irre. Würde nichts wahrgenommen, so wäre zwar die experimentelle Wissenschaft nicht möglich, würde aber alles wahrgenommen, so wäre sie nicht nötig. Das Experiment hat den Zweck, das bisher nicht Wahrgenommene zu erforschen; sei es, daß es einen bisher nicht wahrnehmbaren Vorgang selbst, sei es, daß es Wirkungen eines weiterhin unwahrnehmbaren Vorgangs zur Wahrnehmung bringt. Der sensualistische Wirklichkeitsbegriff Machs ist demgegenüber zum mindesten eine unzweckmäßige Umbenennung. „Esse est percipi" ist ein Satz, der dem Geist der experimentellen Wissenschaft nicht entspricht; erstens müßte es nicht heißen „wahrgenommen werden", sondern „wahrgenommen werden können", und zweitens müßte die „indirekte Wahrnehmung" zugelassen werden, d. h. die Wahrnehmung von Wirkungen eines selbst nicht Wahrgenommenen. Auch in der Nebelkammer sehe ich die Atome nicht, sondern ich sehe Wassertröpfchen und schließe auf Atome. Der Bau und die Expansion der Nebelkammer enthalten das Moment des Handelns, der Schluß auf die Atome das Moment des Denkens. Vielleicht darf man sagen: Unmittelbare sinnliche

Wahrnehmbarkeit eines Dings ist eine hinreichende, aber keine notwendige Bedingung unseres Glaubens an seine Wirklichkeit; unmittelbare sinnliche Wahrnehmbarkeit irgendeiner mit einem Ding zusammenhängenden Sache ist eine notwendige, aber keine hinreichende Bedingung dafür, daß die experimentelle Wissenschaft über dieses Ding Aussagen machen kann.

Die Brücke vom wahrnehmbaren zum nichtwahrnehmbaren Teil des Wirklichen schlägt das Denken. Es verknüpft die Wahrnehmungen durch den Begriff zum System, plant den experimentellen Eingriff und deutet sein Ergebnis. Es ist der Richter, der dem Zeugen Natur die Fragen vorlegt. Der Prozeß ist aber nur möglich, weil und soweit der Zeuge die Sprache des Richters versteht. D. h. zwar ist, wie Kant uns lehrte, die Anwendbarkeit der Kategorien unseres Denkens auf die Natur Bedingung der Möglichket von Erfahrung: nur soweit das Kausalprinzip gilt, kann ich eine Erscheinung als Wirkung einer nicht erscheinenden Ursache auffassen und so die Ursache erschließen; nur soweit Naturgesetze gelten, gibt es Konstanz der Erscheinungen, also sinnvolle Begriffe von Dingen, also wissenschaftliche Verständigung zwischen den Menschen über die Natur. Aber wir wissen nicht a priori und allgemein, daß die Natur sich dem Denken fügen werde. Wir versuchen die uns jeweils plausiblen oder selbstverständlichen Begriffsschemata auf immer neue Bereiche des Wirklichen anzuwenden und erproben experimentell, wie weit wir damit kommen. Die Tatsache, daß bestimmte Gesetze Bedingungen der Möglichkeit einer bestimmten Art der Wissenschaft sind, zwingt die Natur nicht, diesen Gesetzen zu gehorchen; wo sie ihnen nicht gehorcht, haben wir eben auf diese Art der Wissenschaft zu verzichten. So wenden wir die euklidische Geometrie, das Kausalgesetz, die Substanzkategorie erfolgreich auf unsere Meßgeräte an, aber eben mit diesen Geräten entdecken wir Phänomene, die denselben Prinzipien nicht mehr genügen. Daß uns bei Gegenständen von 10^{-8} cm oder 10^{8} Lichtjahren Größe dies zustößt, sollte uns vielleicht weniger wundern, als daß wir noch immer abstrakt mathematische, also denkbare Gesetzesschemata finden, denen solche Gegenstände gehorchen.

Das Denken unserer Wissenschaft bewährt sich erst im Handeln, im geglückten Experiment. Experimentieren heißt Macht über die Natur ausüben. Der Besitz der Macht ist dann der letzte Beweis der Richtigkeit des wissenschaftlichen Denkens. Die Grenzen der Anwendbarkeit gewisser Begriffe oder Gesetze zeigen sich uns daher in der Gestalt der Undurchführbarkeit gewisser Experimente — etwa der Ermittlung einer absoluten Geschwindigkeit — oder auch in der Gestalt der gegenseitigen Unverträglichkeit zweier Sorten von Experimenten wie Orts- und Impulsmessung an einem Elektron. Begriffe wie Relativität, Komplementarität, Invarianz gegen Transformationsgruppen tragen auch in der abstrakten Theorie diesem operativen Charakter unserer Wissenschaft Rechnung. Vertreter eines älteren Wissenschaftsideals sind oft erstaunt über die scheinbare Naivität, mit der wir die Nichtfeststellbarkeit eines Sachverhalts mit seinem Nichtbestehen „verwechseln". In Wahrheit hat unsere Wissenschaft nur ihre begriffliche Form um einen Schritt näher der Tatsache angepaßt, die seit Galilei bestand: daß ihr letztes Wahrheitskriterium das Experiment ist. Scharf zu prüfen haben wir nur, ob ein Experiment nur für uns wegen unzureichender technischer Mittel und Einfälle oder für jeden denkbaren Experimentator wegen eines dem entgegenstehenden positiven Naturgesetzes unausführbar ist.

Mögen die operativen Begriffsbildungen aber konsequent in einer experimentellen Wissenschaft sein, so offenbaren sie doch, daß wir an einem anderen geistigen Ort stehen als die Gründer dieser Wissenschaft. Für sie war die Natur eine vorhandene Wirklichkeit, die der Mensch nur kennenzulernen braucht. Der Sachverhalt, den der Kantsche Richter ermitteln will, steht vor der Ermittlung „an sich" fest. Das Naturgesetz gibt an, was objektiv, ohne unser Zutun, in der Natur geschieht; es ist ein Gesetz des Seienden. Für uns ist es ein Gesetz des Möglichen. Unserer Auffassung der klassischen Physik ist es wichtig, daß die mathematische Form ihrer Naturgesetze, die Differentialgleichung, erst eine eindeutige Lösung gibt, wenn Anfangsbedingungen gegeben werden; daß also das Naturgesetz die Form des Konditionalsatzes hat: „Wenn der Zustand A realisiert wird, tritt der Zustand B als seine Folge ein." Und in den nicht unmittelbar wahrnehmbaren Bereichen der Natur wird das Naturgesetz mehr und mehr nur eine Angabe über die Möglichkeit und den Ausfall von Experimenten; ein Gesetz unserer Fähigkeit, Phänomene hervorzubringen. Auch dieses Gesetz ist objektiv, denn mit bestimmten Mitteln lassen sich auch nur bestimmte Phänomene erzeugen. Aber was hier objektiv geregelt ist, ist nicht mehr ein Sein, sondern ein Wechselspiel von Handeln und Wahrnehmen. Von Objekten dürfen wir nur reden, soferne sie mögliche Objekte eines Subjekts sind. Auch dieser Satz ist fast eine Selbstverständlichkeit, denn wir definieren ja Erkenntnis als Erkenntnis eines Objekts durch ein Subjekt. Daß aber die Form unserer Sätze über Objekte rein logisch nicht mehr zuläßt, in ihnen stillschweigend davon abzusehen, daß sie jeweils von einem Subjekt ausgesprochen werden, das war nicht vorauszusehen. Die metaphysische Hoffnung der klassischen Physiker, durch ihre Wissenschaft den Halt am an sich Seienden zu gewinnen, fällt dahin. Die heutige Physik zwingt den Physiker zur Besinnung auf sich selbst als Subjekt.

3. Der geschichtliche Ort des Subjekts

Wir wenden uns zur Subjektseite zurück. Die subjektiven Bedingungen der Möglichkeit des Experiments bezeichneten wir summarisch durch die menschlichen Fähigkeiten, wahrzunehmen, zu denken und zu handeln. Vielleicht werden wir durch eine nähere Betrachtung dieser Fähigkeiten unseren Begriff des Subjekts ebenso erläutern und verändern wie soeben den des Objekts durch die Betrachtung ihrer objektiven Korrelate. Man könnte etwa in allgemein anthropologischer Fragestellung die drei Fähigkeiten, die durch ihre gedankliche Trennung definierte Ebene der Begriffsbildung und die Art ihrer tatsächlichen Verwobenheit untersuchen. Ich möchte mich hier jedoch auf eine historische Erörterung beschränken.

Die moderne Polarität von Subjekt und Objekt tritt uns wohl zuerst klar entgegen bei Descartes im Gegensatz von res cogitans und res extensa. Wir erinnern uns an seinen Gedankengang. Zweifle ich an allem, so weiß ich doch, daß ich zweifle, also daß ich denke, also auch daß ich bin. Cogito ergo sum. So ist das Gewisseste in mir, die res cogitans, das notwendige Subjekt jeder Erkenntnis. Den Rückweg zum Glauben an die „Außenwelt" gewinnt Descartes durch einen Gottesbeweis Folgt das Sein Gottes aus seinem Begriff und darf ich überzeugt sein, daß Gott mich mit den Ideen, die er in mich gelegt hat und den Wahrnehmungen, die er mir gewährt, nicht täuscht, so ist die Natur wirklich. Sie wird nun von Descartes rein räumlich, als res extensa, gedacht und der Denkweise der damals entstehenden klassischen Mechanik unterworfen. Sie ist also in der Tat eingeführt als das dem Subjekt erkennbare an sich seiende Objekt.

Diese Konstruktion wendet janusartig ein Gesicht dem christlichen Denken des Mittelalters und eines dem naturwissenschaftlichen Denken der Neuzeit zu. Daß das Herz des Descartes auf der Seite der Neuzeit war, ist wohl gewiß. In seinem Dreieck Ich — Gott — Welt ist Gott nur der Vermittler des Übergangs vom Ich zur Welt. Später empfand man den Gott des Descartes wie eine zur Erleichterung der Rechnung eingeführte

Hilfsgröße, die aus den Schlußgleichungen herausfällt, und man suchte zu zeigen, daß die Rechnung auch ohne die Hilfsgröße aufgehe. Während sich die Philosophie jahrhundertelang in der Problematik des cartesischen „Dreiecks“ bewegte, wählte die Naturwissenschaft entschlossen das „Rechnen ohne die Hilfsgröße“ und gründete bald ihr Selbstvertrauen auf die Erfolge dieses Weges. Die klassische Naturwissenschaft ließ außer Gott auch den subjektiven Pol, das Ich, beiseite. Indem wir heute die Zweiheit von Subjekt und Objekt wieder ernstnehmen, nähern wir uns rückkehrend dem Ort des Descartes und können in dieser Bewegung nicht vermeiden, in derselben Richtung zu schauen, wie das seiner Vergangenheit zugewandte Gesicht seines Systems. Wir werden das neuzeitliche, das cartesische Subjekt nur vor dem Hintergrund des Christentums verstehen.

Die cartesische res cogitans ist eine verarmende Schematisierung dessen, was im Christentum Seele heißt. Vielberufen ist der Rationalismus von Descartes. Er werde erläutert an der Dreiheit der zum Experiment nötigen menschlichen Fähigkeiten. Was Descartes als Wahrnehmung gelten läßt, ist ein affektfreies Konstatieren. Sein Denken ist „klares und deutliches Erfassen“. Eigentümlich ist sein Verhältnis zum Handeln. Sein Denken ist handelnd und nicht empfangend; daher ist sein Anliegen die Methode des richtigen Vernunftgebrauches. Das physische und affektive Handeln aber hat ihm keinen Erkenntniswert. Daher fällt es der an ihn anknüpfenden Philosophie schwer, dem Experiment gerecht zu werden. Noch für Kant zeichnet Spontaneität den Verstand vor der Sinnlichkeit aus. Das cartesische Subjekt ist einsam. Seine natürlichen Bande zur Wirklichkeit sind abgeschnitten, Liebe und Haß, Lust, Schmerz und Schuld sind theoretisch belanglose Affekte. Nur ein derartiges Ich kann auf die Idee kommen, sein eigenes Denken sei das einzig unmittelbare Gewisse. Es ist kein Wunder, daß das schwerste Problem dieser Philosophie die Wechselwirkung von Seele und Leib war. Diese Verarmung wäre unwichtig, wenn sie eine Eigenheit eines einzelnen Philosophen wäre. Sie ist aber ein historisch wohl unvermeidlicher, typischer Vorgang, der sich in vielen Varianten wiederholt. Darum sind die aus ihm folgenden Schwierigkeiten legitime Probleme der Neuzeit.

Man hat gesagt, die Einsamkeit des cartesischen Ich sei ein Erbe der Einsamkeit des Christen, der ein Pilger in der Welt ist. Das ist wohl richtig; auch das cogito sum läßt sich bei Augustin finden. Aber die christliche Einsamkeit ist ein Leiden und sie ist wenigstens in der Gemeinschaft der Heiligen überbrückt. Die cartesische Einsamkeit ist gelassen; sie ist ein Teil der Souveränität des erkennenden Ich. Die „Welt", in der der Christ einsam ist, ist die Gesamtheit seiner Mitmenschen. Zum Mitmenschen aber gibt es immer die Brücke der Liebe. Die „Welt" des neuzeitlichen Forschers ist die materielle Natur. Der Christ ist Subjekt unter Subjekten, der Naturforscher Subjekt den Objekten gegenüber. Deshalb wird bei Descartes die Rolle Gottes rein formal. Für den Christen ist Gott allerdings die einzige tragfähige Brücke zum Mitmenschen und schließlich auch zum Tier und zum Ding. Denn Gott ist Liebe. Er ist nicht die blind gebundene instinktive Liebe, sondern die frei sehende Liebe; er ist diejenige Erkenntnis, die Liebe ist. Läßt man aus der liebenden Erkenntnis die Liebe fort, so wird aus dem christlichen Gott der cartesische, aus der christlichen Seele das Subjekt der neuzeitlichen Wissenschaft.

Wir kehren zurück zu der Frage nach den subjektiven Vorbedingungen des Experiments. Der wahre Christ und der neuzeitliche Forscher sind darin von allen instinktiv oder mythisch gebundenen Menschen verschieden, daß sie allem Irdischen gegenüber frei sind. Freiheit aber ist eine Vorbedingung des Experiments. Erst wo nicht Umstände, Triebe oder Sitten mein Handeln und Denken bestimmen, sondern meine freie Wahl, kann ich Experimente machen. Die Frage, warum auch die aus so vielen Bindungen gelöste reife und späte Antike wenig experimentierte, will ich hier nicht untersuchen. Warum aber gab es in der christlichen Welt bis zum Ende des Mittelalters keine Experimente? Daß die christliche Geschichte in Wahrheit zum größten Teil keine Geschichte der Freiheit, sondern der Autorität von Wort und Tradition, Gemeinde und Obrigkeit ist, dürfte nicht die Ursache sein. Denn immerhin kennt das Christentum auch die innere Freiheit der Kirche gegenüber bis zum Martyrium. Ich glaube, daß der Übergang von der liebenden zur rein sachlichen Erkenntnis der Grund ist. Können wir experimentieren, wo wir lieben? Dem Christen ist der Mitmensch das Wichtige, und eben an ihm zu experimentieren wird er kaum das Recht und gewiß nicht den Trieb fühlen. In der freiwilligen Selbstbeschränkung der Liebe ist der Gegensatz von Zwang und Freiheit aufgehoben. Ledig von aller Beschränkung, freiwilliger und unfreiwilliger, experimentiert erst der moderne Mensch.

Tun wir aber nicht dem Forscher Unrecht, wenn wir ihm die Liebe zu der Natur absprechen, die er erforscht? Wir tun es und tun es nicht; hier kann uns die Vieldeutigkeit der Worte unserer Sprache täuschen. So wie unser Wort Liebe in ebenso verwirrender wie tiefsinniger Weise die Bereiche des Sexus, des Eros und der Agape umfaßt, so unterscheidet es auch nicht zwischen der Zuwendung eines Ich zu einem Du und der Bindung eines Menschen an eine Sache. Wer dürfte dem Forscher Liebe zum Gegenstand, Liebe zur Wahrheit, Liebe zur Schönheit absprechen? Daß das Hirn des Blutegels, die Bewegung der Erde, die Harmonie gewachsener Gestalten oder mathematischer Relationen seinen Geist von dem ganzen Rest seines Lebens abziehen können, das ist eine Weise der Liebe. Aber es ist nicht die Liebe der Person zu einer anderen Person, des Ich zum Du. Es ist eine Liebe, die in ihrer Sachlichkeit zur höchsten Grausamkeit fähig ist. Es ist die Liebe eines Einsamen, die von ihrem Gegenstand nicht erwidert werden kann.

4. Geisteswissenschaft und Biologie

Wir haben die beiderseitigen Bedingungen der Begegnung von Subjekt und Objekt im Experiment betrachtet. Wir müssen nun nach den Grenzen der experimentellen Methode fragen. Es gibt innerhalb der modernen Wissenschaft Einwände gegen diese Methode, und es gibt Einwände gegen die moderne Wissenschaft überhaupt, weil ihr Ursprung in dieser Methode liegt. Betrachten wir zunächst die ersten Einwände.

Die großen Wissenschaftsgebiete der Biologie und der Geisteswissenschaften haben eine Invasion der Denkweise erlebt, die sie als mechanisch, physikalisch, naturwissenschaftlich bezeichneten. In verschiedenem Maße haben sie teils von ihr Befruchtung erfahren, teils gegen sie Gegenwehr geleistet. Im ganzen ist das naturwissenschaftliche Denken in der Biologie erfolgreicher gewesen als in der Geisteswissenschaft. Wir werden daher vielleicht in der Geisteswissenschaft die geschlossene Gegenposition, in der Biologie die Problematik des Kampfes deutlicher sehen.

Den Vorwurf der Geisteswissenschaft gegen die naturwissenschaftlichen Methoden möchte ich auf die Formel bringen, daß die Naturwissenschaft das Du nicht kennt. Das ist mit der Forderung gemeint, man solle geistige Phänomene nicht kausal erklären, sondern verstehen. Wenn ich als Philologe den vom Verfasser gemeinten Sinn eines Textes, als Historiker die Absicht eines handelnden Menschen aufzufassen suche, so trete ich als Ich mit einem Du in ein Gespräch ein. Diese Art der Begegnung mit ihrem Gegenstand kennt die Physik nicht, weil ihr Gegenstand ihr nicht als ein

Subjekt gegeben ist. Dieses personale Verstehen ist eine Weise der Erfahrung, die uns dem Mitmenschen gegenüber offensteht; dem Stein, Stern und Atom gegenüber nicht.

Hierzu kommt ein zweiter Unterschied, der aber, wie mir scheint, weniger tief geht. Der Mensch ist ein geschichtliches Wesen: ein großer Teil der Geisteswissenschaft ist Geschichtswissenschaft. Unter Geschichtlichkeit verstehen wir erstens die Unumkehrbarkeit des zeitlichen Ablaufs, die Einmaligkeit des Schicksals, die Unwiederholbarkeit jeder Situation. Wir verstehen zweitens darunter das Wissen, daß dies so ist; das bewußte Leben in der Einmaligkeit des eigenen Schicksals. Nennen wir die erste Weise der Geschichtlichkeit faktisch, die zweite bewußt, so ist es klar, daß die Natur nicht bewußt geschichtlich ist. Hingegen wird oft nicht deutlich genug gesehen, daß sie faktisch ebenso geschichtlich ist wie der Mensch. Der zweite Hauptsatz der Wärmelehre und die einsinnige Entwicklung von Gestalten im anorganischen wie im organischen Bereich zeigen das. Die Zeitskalen physischer „Schicksale" sind länger, die Bereiche, in denen ein in gewisser Näherung wiederholbares Geschehen gefunden werden kann, größer; aber dieser Unterschied ist nur quantitativ.

Folgt hieraus die völlige Unanwendbarkeit der naturwissenschaftlichen Methode in der Wissenschaft vom Menschen? Das Experiment ist mit dem Glauben an Gesetze verbunden. Ich experimentiere ja nicht um des Einzelfalles, sondern um des typischen Ereignisses willen. Ich experimentiere, um prophezeien zu können. Daher setzt die faktische Geschichtlichkeit der experimentellen Methode Schranken. Am Vergangenen kann ich nichts ändern, und die Relevanz des gegenwärtigen Experiments für Vergangenheit und Zukunft bleibt problematisch. Aber die Naturwissenschaft selbst ist ja in keiner anderen Lage; nicht ohne Grund muß sie zu jedem Gesetz seinen Geltungsbereich nennen. Man wird nicht leugnen können, daß die wirtschaftlichen Notwendigkeiten des menschlichen Alltags oder manche psychischen Abläufe ebenfalls Geltungsbereiche von Gesetzen sind. Darum gibt es in der Ökonomie und Psychologie auch, wenngleich in eingeschränktem Maße, wissenschaftlich sinnvolles Experimentieren.

Die Tatsache aber, daß die Naturwissenschaft das Du nicht kennt, führt uns zu einer ganz anderen Frage: nicht, ob man am Menschen experimentieren kann, sondern ob man in ihm experimentieren will und darf? Was tue ich dem Mitmenschen an, indem ich ihn in Gedanken oder in der Tat als bloßes Objekt behandle? Auf diese Frage scheint sich mir alles zusammenzuziehen, was mit Recht gegen die Anwendung der Naturwissenschaft auf den Menschen vorgebracht worden ist. Denn so viel ich sehe, setzt die Personalität meines Mitmenschen rein theoretisch der Anwendung des Kausalprinzips auf ihn, der Durchführung von Experimenten an ihm keine Schranken. Wer darauf verzichtet, den Mitmenschen als Du anzusprechen, beraubt sich selbst zwar der entscheidenden Erfahrung über ihn. Aber keine Unmöglichkeit hindert mich, diese Erfahrung zu gewinnen und sie dann doch ebenso wie die rein deskriptiv erworbene in ein Schema kausaler Abläufe einzuordnen, ja in ihrem Feld wie in jedem anderen zu experimentieren. Wir alle kennen die Augenblicke der Selbsterkenntnis, in denen wir einsehen, daß wir, wo wir frei zu handeln wähnten, einer sozialen Konvention, einer ökonomischen Zweckmäßigkeit, einem unbewußten Trieb, einer Verblendung gefolgt sind; Augenblicke, in denen wir uns selbst zum Objekt kausaler Erkenntnis werden. Und wir alle kennen die Versuchung, in dem Zwischengelände zwischen Haß, Liebe und Gleichgültigkeit, in dem sich der heutige Mensch bewegt, in zynischer Weise mit den menschlichsten Erfahrungen zu experimentieren. Wer von uns wäre ihr nie erlegen? Eben dies ist die Erfahrung unserer Zeit, daß das Du ein Wert, aber ein fast schutzloser Wert ist.

Hier ist der Ort, von den biologischen und medizinischen Wissenschaften zu sprechen. Denn beim heutigen Stand der Wissenschaft ist uns der Gedanke des systematischen Experiments am Menschen in der seelischen Ebene noch nicht so vertraut wie in der körperlichen. Wir brauchen dabei nicht sofort an die Extremfälle zu denken, die zu verurteilen leicht ist. Jede erste Erprobung eines neuen Medikaments, einer neuen Operationsweise, ja jedes Ansammeln persönlicher Erfahrung durch einen jungen Arzt enthält etwas vom Experiment in sich. Und das Experiment am Lebewesen, vom Mikroskopieren am Gewebeschnitt bis zum „Tierversuch", ist die Grundlage der heutigen Biologie. Was haben wir von dieser Art der Wissenschaft zu hoffen, was zu fürchten?

Die Richtung, der wir die außerordentlichen Fortschritte der Biologie und Medizin bis zum heutigen Tage verdanken, erhofft alles vom Experiment und der kausalen Denkweise. Verglichen mit den Gegenständen der Physik sind die Lebewesen zwar komplizierter und unverkennbarer geschichtlich. Aber das bedeutet für die naturwissenschaftliche Methode nur eine technische Schwierigkeit. Sie hat bewirkt, daß sich die Biologie langsamer entwickelt hat als die Physik und heute noch von einer systematischen

Form viel weiter entfernt ist. Der historische Faktor, den wir Zufall nennen, bedingt, daß wir die Möglichkeit oder gar Notwendigkeit von Rosen oder Elefanten wohl nie in derselben Weise werden einsehen können, wie wir heute schon die von Schallwellen oder Steinsalzkristallen einsehen. Ebenso mag es sein, daß wir nie ein Lebewesen experimentell werden herstellen können, weil zu den notwendigen Bedingungen seines Werdens die natürliche Zuchtwahl von Jahrmillionen gehören könnte. Aber das sind nicht prinzipielle Grenzen der naturwissenschaftlichen Denkweise, sondern technische Grenzen bestimmter Verfahren, die sich innerhalb dieser Denkweise befriedigend erklären lassen. Niemand wird der Astronomie die Naturwissenschaftlichkeit absprechen, weil wir mit Sternen nicht experimentieren können; es genügt, daß wir in ihr keine wesentlich anderen Denkschemata gebrauchen müssen als im experimentell zugänglichen Bereich.

Auch in der Biologie hat diese Denkweise immer wieder Widerspruch wachgerufen. Das Berechtigte des Widerspruches scheint sich mir wiederum in dem Satz zusammenzufassen, daß das Du vergessen wurde. Theoretisch heißt das, daß der Erfahrungsbereich des Verstehens nicht ausgenützt wird. Ihn ohne Anthropomorphismus zu verwerten, etwa in der Tierpsychologie, verlangt freilich eine sehr hohe methodische Zucht. Die ungelöste prinzipielle Frage, die hier entsteht, betrifft den Zusammenhang der „verständlichen" und der „erklärbaren" Lebensäußerungen — den Zusammenhang, vermittels dessen der Körper die Seele beheimatet oder ist, die Seele sich im Körper oder als Körper darstellt. Ein Irrweg scheint mir aber der im engeren oder weiteren Sinne vitalistische Versuch zu sein, physikalisch feststellbare Phänomene zu finden, die grundsätzlich physikalisch nicht sollten erklärt werden können. Der Organismus ist theoretisch so wenig wie praktisch gegen das Experiment geschützt; er muß es erleiden. Was der Physiker beobachten kann, wird er wohl schließlich auch mit seinen Begriffen deuten können. B o h r hat freilich die Möglichkeit erwogen, daß der Lebensablauf physikalisch unerklärbar bliebe und sich doch jedes physikalische Gesetz bei experimenteller Nachprüfung im Organismus als richtig erwiese. Ein zu tiefer experimenteller Eingriff tötet ja den Organismus, und so hätten wir selbst zu wählen, ob wir das Leben bestehen lassen oder den physikalischen Ablauf verfolgen wollten. Aber auch in der Physik können wir manches erklären, obwohl wir es durch zu scharfen experimentellen Zugriff zerstören. Der Röntgenstrahl ionisiert das Atom, dessen Struktur er uns verrät. Für die theoretische physikalische Verständlichkeit des Objekts „Leben“ gibt der Bohrsche Gedankengang also eine denkbare, aber sicher keine notwendige Schranke an. Aber er kann uns andererseits auch daran erinnern, daß das Leben zugleich Subjekt ist, Subjekt wie ich selber, der ich Teil des Lebens bin. „Um das Leben zu erforschen, muß man sich am Leben beteiligen“ (Viktor v. Weizsäcker). Wenn ich erkenne um den Preis des Tötens, wenn die Weise meiner Beteiligung am Leben der Mord ist, so mag die gewonnene Erkenntnis zutreffend sein, aber ist sie segensreich?

5. Grundsätzliches

Das Experiment ist Ausübung von Macht im Dienste der Erkenntnis. Es ermöglicht umgekehrt die Anwendung von Erkenntnis im Dienste der Macht. Seine Gaben und Gefahren sind die Gaben und Gefahren der Macht. Macht ist nicht nur eine Angelegenheit der Politik. In der Politik zeigt sich nur für alle, was in allen schon vorher vorhanden war. Der experimentellen Wissenschaft verdanken wir die moderne Art zu leben: von der Eisenbahn, welche die Welt klein machte, über die Hygiene, welche die Menschenzahl vervielfachte, zum Fragebogen, der die große Menschheit in der kleinen Welt in Ordnung halten möchte. Kinderkrankheiten des Verfahrens und Umstellungen der Lebensgewohnheiten müssen wir in Kauf nehmen. Aber dürfen wir in Kauf nehmen, daß das Verfahren verbunden ist mit dem Töten um des Wissens willen und dem Wissen um des Tötens willen? Sind diese Erscheinungen notwendige Übel, oder vermeidbare Entartungen, oder Beweise eines Fehlers im Ansatz, dem wir, wenn überhaupt, nur noch durch völlige Umkehr entfliehen könnten?

Wer aufmerksam ist, der kann diese Fragen heute in jedem Zweig der Wissenschaft wiederfinden. Er wird auch finden, daß die Forscher selbst ihnen gegenüber ratlos sind. Die Ratlosigkeit ist vielleicht noch am geringsten dort, wo sie zugestanden wird. Die Frage zu beantworten, darf ich nicht versuchen. Nur an einem herausgegriffenen persönlichen Erlebnis kann ich versuchen zu erklären, wie verwickelt sie sind.

Ein guter Freund, der in einem Institut biologischer Richtung tätig ist, führte mich vor Jahren durch seine Arbeitsräume und zeigte mir unter anderem eine große Zucht von Mäusen, die erbliche Anlage zum Karzinom haben und alle früher oder später daran sterben. Im weißen Laborkittel, mit der hingebenden Liebe des Wissenschaftlers zu seiner Sache, zeigte er mir die in dem peinlich sauberen Zimmer aufgehäufte Summe willkürlich hervorgebrachten wehrlosen Leidens. Als ich später im Kreis der Mitarbeiter jenes Instituts auf diesen Widerspruch hinwies, traf ich auf Verwunderung, ja auf Zweifel am Ernst meiner Frage. Wie kann man Wissenschaft wollen und an ihren Mitteln Anstoß nehmen? Ich muß gestehen: ohne es mir ausdrücklich vorzunehmen, und ohne daß im übrigen ein Schatten auf meine freundschaftlichen Beziehungen zu diesem Kollegenkreis gefallen wäre, habe ich doch das Institut nicht mehr betreten. Das war Drückebergerei. Die Dinge ändern sich dadurch nicht, daß ein einzelner es unterläßt, sie anzusehen. Aber was sollte man ändern?

In den Gesprächen sagte man mir mit Recht, daß in meinem Institut mit den Atomen ebenso umgegangen würde wie in jenem mit den Mäusen. Der Einwand, die Mäuse hätten Empfindung, die Atome doch wohl nicht, genügte mir nicht. Die Reihe der Gestalten, die das Atom mit dem Menschen verbindet, ist kontinuierlich. Wo ist die Grenze? Und handelt es sich nicht eher um die Haltung als um den Gegenstand? Goethe vermißte auch in Newtons Verhalten zum Licht die Ehrfurcht. Und wie leicht Macht über Atome in Macht über Menschen umschlagen kann, war mir bekannt.

Man wandte mir, fast überzeugend, ein, daß die Versuche medizinischen Zwecken dienen. Die Mäuse leiden, damit Menschen das Leiden erspart wird. Aber hat man sich klar gemacht, wie furchtbar diese Logik ist? Wüßte man sie mit sicherem Gewissen abzugrenzen gegen die Logik derer, die Menschen verschiedenen Werts unterscheiden und sich überreden, sie dürften Menschen leiden machen, um anderen Menschen Leiden zu ersparen? Gibt es eine andere Stellvertretung im Leiden als die freiwillige? Vielleicht gibt es sie, aber wenn man sich zu dieser Meinung bekennt, muß man wissen, was man tut.

Ich will nicht versuchen, eine einzige dieser Fragen zu beantworten. Es kommt heute nicht auf klare Abgrenzungen an, die unser Gewissen beruhigen und uns erlauben, mit dem nötigen Respekt vor den gezogenen Grenzen so weiterzuarbeiten wie bisher. Es kommt vielmehr für den Forscher darauf an, zu verstehen, daß er in jeder kleinsten seiner Handlungen so wie jeder Mensch teilhat an der Verantwortung für das Ganze, und welches die kleinen Ursachen der großen Wirkungen sind, unter denen wir alle leiden. Solange dem Forscher die Aufmerksamkeit auf das Menschliche bei jedem seiner Experimente nicht ebenso selbstverständlich geworden ist wie die Sauberkeit in der technischen Durchführung, kann von der Wissenschaft kein Heil kommen. Es kommt auf eine Sinneswandlung an.

Ich möchte ausdrücklich hinzufügen, daß es, wie mir scheint, auch keine allgemeingültige christliche Antwort auf unsere Fragen gibt. Der Christ ist frei, alles zu tun, was er in der Liebe tun kann. Vielleicht müssen wir die Trennung von Sachlichkeit und Liebe einmal mitvollziehen, aber auch die Dämonen kennen, die durch die Trennung entfesselt werden, um dieser Freiheit innezuwerden. Der christliche Kosmos des Mittelalters, diese zerbrechliche Ordnung, die unter dem Bilde des Gottes der Liebe einer wilden Welt aufgeprägt wurde, war eine großartige Naivität, über die wir hinausgewachsen sind. Die Neuzeit, die Zeit des Experiments, hat ihre Freiheit in der Loslösung von diesem Bilde erfahren. Sie gleicht selbst einem großen Experiment, das nicht auf halbem Wege abgebrochen werden kann. Vielleicht werden seine Folgen uns einmal lehren, daß es nicht auf die lieblose Freiheit ankommt, aber auch nicht auf die Anerkennung oder Verehrung der Liebe, sondern nur auf die Liebe selbst.

Wohin führt uns die Wissenschaft?

Die Max-Planck-Gesellschaft ist eine Gesellschaft zur Förderung der Wissenschaften. Was fördern wir, wenn wir die Wissenschaft fördern? Wohin führt uns die Wissenschaft?

Wir alle wissen, daß wir nicht wissen, wohin uns die Wissenschaft führt. Es kommt aber vor, daß man eine Frage formulieren muß, auch wenn man weiß, daß man die Antwort nicht weiß. Die Bewegung, in die uns das Fragen bringt, kann die Vorbedingung dafür sein, daß wir wenigstens die Richtung finden, in der die Antwort zu suchen ist. Erlauben Sie mir deshalb die Frage, wohin uns die Wissenschaft führe, beim heutigen Anlaß zu stellen.

Man hat noch vor wenigen Jahrzehnten fast allgemein diese Frage in optimistischer Zuversicht ausgesprochen: „Wie weit werden wir es noch bringen?" Es gibt heute viele Menschen, die bereit sind, dieselbe Frage pessimistisch zu stellen: „Wie weit wird es mit uns kommen?" Ich möchte keins von beiden tun. Ich finde, wir sollen die Frage stellen, um uns unserer Verantwortung bewußt zu werden. Weder leichtfertig noch verzweifelnd, sollen wir lernen, den Dingen ins Auge zu sehen.

Wir haben deshalb zuerst nach dem Gewinn zu fragen, den uns die Wissenschaft gewährt oder verspricht; dann nach den Gefahren, die mit diesem Gewinn verbunden sind; und schließlich nach dem richtigen Verhalten des Menschen angesichts dieses Gewinns und dieser Gefahren.

I.

Der Gewinn, den uns die Wissenschaft bringt, ist dreifach. Es ist ein Gewinn an Wissen, ein Gewinn in den Möglichkeiten des Handelns und ein Gewinn für die Ausprägung bewußter menschlicher Persönlichkeit. Es ist, um drei Fremdwörter zu gebrauchen, ein theoretischer, ein praktischer und ein moralischer Gewinn.

Beginnen wir mit dem Gewinn in der Ebene des Wissens, dem theoretischen Gewinn. Eine Aufzählung dessen, was uns die Wissenschaft wissen gelehrt hat, ist im Rahmen dieses Vortrags nicht einmal in den gröbsten Umrissen möglich. Ich möchte aber ein Beispiel nennen, an dem die Struktur dieses Wissens deutlich wird. Bitte erlauben Sie mir das mir vertrauteste Fach zu wählen: die Atomphysik.

Man pflegt die Naturwissenschaft in die Wissenschaft vom Anorganischen und die Wissenschaft vom Organischen einzuteilen. Genau genommen behandelt die sogenannte Wissenschaft vom Anorganischen solche Erscheinungen, die dem, was wir belebt nennen und dem, was wir nichtbelebt nennen, gemeinsam sind, während sich die Wissenschaft vom Organischen auf Erscheinungen beschränkt, die wir ausdrücklich als Lebenserscheinungen ansprechen. Die Wissenschaft vom Anorganischen nun ist heute durch den Begriff des Atoms grundsätzlich auf eine einheitliche Wurzel zurückgeführt. In der Disziplin, der die historische Entwicklung den Namen Atomphysik gegeben hat, sind Chemie und Physik zu einer Einheit verschmolzen. Denn das Atom ist der gemeinsame Grundgegenstand beider Wissenschaften; andere Wissenschaften, wie Astronomie, Meteorologie, Geologie, Mineralogie sind, soweit sie sich über die Beschreibung und Klassifizierung der Phänomene zur Aufstellung und Erklärung von Gesetzmäßigkeiten erheben, heute Anwendungsfelder der beiden Grundwissenschaften Physik und Chemie. Darüberhinaus sind Physik und Chemie unentbehrliche Hilfsmittel auch in der Wissenschaft vom Organischen geworden.

Den Begriff des Atoms könnte man einen Knotenpunkt im Gewebe der wissenschaftlichen Wahrheit nennen. Erfahrungen aus den verschiedensten Gebieten führen zu ihm hin und sind in ihm verknüpft. Die Chemie allein, die Wärmelehre allein, oder die Elektronen-Theorie allein konnten die Existenz von Atomen nur wahrscheinlich machen. Daß sich die Fäden der völlig verschiedenartigen Argumentationen dieser Disziplinen in der Behauptung der Existenz von Atomen trafen, erzeugte aus diesen Fäden in diesem besonderen Falle das, was ich soeben das Gewebe der Wissenschaft genannt habe. Die Wahrscheinlichkeit für die Richtigkeit der Schlußfolgerungen wird durch solche Konvergenz der Linien erdrückend und das Gewebe wird umso unzerreißbarer, je weiter es wächst und je mehr Knotenpunkte es enthält.

Wie steht es nun um den praktischen Gewinn, den die Wissenschaft gewährt? Diese Frage ist gerade für unsere Max-Planck-Gesellschaft von besonderer Bedeutung. Ich möchte wieder nicht aufzählen, was in der angewandten Wissenschaft und in der Technik erreicht worden ist. Ich darf aber vielleicht zwei Einzelfragen herausgreifen: Gibt es Grenzen technischer Entwicklung und technischen Fortschritts? Und: Welche Bedeutung hat die reine Forschung für die Anwendungen? Die erste Frage enthält ein Element geschichtsphilosophischer Zukunftsbetrachtung, die zweite ist ganz praktisch und auf die Gegenwart bezogen.

Während des letzten Krieges sandte mir einmal ein phantasievoller und kluger Ingenieur eine Arbeit, in der er zu beweisen suchte, daß die Technik grundsätzliche Grenzen habe, die wir heute schon übersehen könnten. Er wies darauf hin, daß praktisch alle technischen Entwicklungen des 20. Jahrhunderts auf fundamentalen Entdeckungen beruhen, die im 19. Jahrhundert gemacht worden sind, so das Radio auf den elektromagnetischen Wellen, Auto und Flugzeug auf dem Verbrennungsmotor usw. Es gibt eine Reihe technischer Geräte, die schon seit einiger Zeit eine ungefähr endgültige Gestalt erreicht haben: der irdene Topf seit der Steinzeit, das Fahrrad seit wenigen Jahrzehnten. Seine Vermutung war, schließlich würden alle technischen Geräte in eine solche endgültige Form kommen und dann sei die Entwicklung der Technik zu Ende. Ich hatte mit ihm eine interessante Unterhaltung, in der ich ihm zugeben mußte, daß er in vieler Hinsicht recht habe. Ich sagte aber, meinem Gefühl nach stünden noch wenigstens zwei technische Entwicklungen von ganz neuem Charakter vor uns, nämlich die Auswertung der Atomkernenergie und das, was man biologische Technik nennen könnte. Über die Auswertung der Atomkernenergie zu prophezeien, war damals, kurz nach der Entdeckung der Uranspaltung durch Hahn und Strassmann, für einen Physiker nicht schwer. Heute ist diese Möglichkeit altbekannt. Das Wort „biologische Technik" möchte ich durch das Beispiel der modernen Züchtungsverfahren erläutern. Schon können wir willkürlich Sorten von Tieren, Pflanzen, Bakterien erzeugen, die neue Eigenschaften haben und die unser Leben verändern. Ich glaube, in dieser Richtung steht uns noch vieles bevor.

Man kann über diese Beispiele hinausgehen. Überall dort, wo die Wissenschaft grundsätzlich neue Erkenntnisse gewinnt, schafft sie auch grundsätzlich neue Macht. Denn das alte zweischneidige Wort ist wahr: „Wissen ist Macht". Ich könnte mir vorstellen, daß in zukünftigen Jahrzehnten oder Jahrhunderten die Biologie und die Medizin in der Umgestaltung unseres Lebens die heutige Umgestaltung durch Physik und Chemie noch weit übertreffen werden. Ich könnte mir auch vorstellen, daß die Erkenntnisse über die Tiefen der menschlichen Seele und über die Eigentümlichkeiten des menschlichen Zusammenlebens zu noch tiefergreifenden Anwendungen führen werden, die man eines Tages auch „Technik" nennen wird. Vielleicht sind die Psychoanalyse und die Kunst der Propaganda bescheidene und beunruhigende Anfänge einer solchen Technik.

Unsere Wissenschaft und ihr folgend unsere Technik befinden sich auf dem Weg vom Groben und Greifbaren zum Verborgenen und Subtilen. Das sehen wir in der Physik an der Atomwissenschaft. Dasselbe zeigt sich in allen Bereichen. Und immer wieder erkennen wir, daß es verborgene und subtile Zusammenhänge gibt, die die Steuerung des Groben und Greifbaren beherrschen, und daß deshalb die Kenntnis der verborgenen und subtilen Zusammenhänge und Gesetzmäßigkeiten eine Macht verleiht, die dem fremd ist, der nur das Grobe und Sichtbare kennt.

Diese letzten Betrachtungen berühren schon den Zusammenhang der reinen Forschung mit der Praxis. Es ist eine historische Tatsache, daß einige der wichtigsten technischen Entwicklungen nicht aus dem hervorgegangen sind, was wir angewandte Forschung nennen, sondern aus der reinen Suche nach wissenschaftlicher Erkenntnis. Das ist kein Zufall. Denken wir nur daran, daß von den Entdeckungen Faradays's im Laboratorium über die Theorie von Maxwell und die von Maxwell prophezeiten, von Hertz im Laboratorium gefundenen elektromagnetischen Wellen der Weg zur heutigen Technik des Radio, Radar und Fernsehen geht. Dieser Zusammenhang von Theorie und Praxis wird immer enger und unausweichlicher. Die Dampfmaschine war eine reine Ingenieurserfindung. Die Atombombe ist von theoretischen Physikern konstruiert, die sich, als sie in ihrer Jugend ihren Beruf wählten, von technischen Anwendungen der Atomphysik nicht hätten träumen lassen.

Wie kommt die reine Forschung dazu, derart der Praxis neue Wege zu öffnen? Ich möchte behaupten: nicht obwohl, sondern weil sie auf unmittelbare Anwendungen keine Rücksicht nimmt. Es ist eines der Vorurteile unserer Zeit, man erreiche ein Ziel am besten, wenn man ihm mit Scheuklappen zustrebe. Das Auge, das starr auf einen Punkt gerichtet ist, kann nicht in Ruhe den Horizont absuchen. Das scheinbar Überflüssige ist oft das Notwendigste. Die Gelassenheit, die Muße, die liebevolle Hingabe an ein Ziel, das nicht um eines Nutzens willen verfolgt wird, gehören zu den wichtigsten Voraussetzungen für den schöpferischen Vorgang, in dem Neues gefunden wird. Das reine Hingegebensein an die Erkenntnis ist die entscheidende Vorbedingung der Forschung gerade auch dann, wenn man ihre Anwendung wünscht.

Soviel vom Gewinn für die Praxis. Lassen Sie uns nun für einen Augenblick die Anwendungen mit ihrem Nutzen und ihrer Gefahr vergessen und fragen, welchen Gewinn wir der Wissenschaft in der Entwicklung des menschlichen Bewußtseins verdanken, in dem Bereich, der in einem ganz allgemeinen Sinne des Wortes der moralische genannt werden könnte.

Die Wissenschaft geht uns menschlich an unter dem dreifachen Hinblick der Wahrheit, der Schönheit und des Ethos. Bitte entschuldigen Sie die etwas hochtrabenden Bezeichnungen. Sie drücken alltägliche Dinge im Leben des Forschers aus, die in das Dasein eines jeden von uns hineinwirken.

In der täglichen Begegnung mit der wissenschaftlichen Wahrheit geschieht eine langsame Umgestaltung des menschlichen Bewußtseins, die im Forscher selbst beginnt, die bis in die Seele jedes einzelnen Menschen unserer Zeit zu fühlen ist, und die wir wohl als die tiefste und bedeutsamste Wirkung der Wissenschaft ansehen müssen. Das Bewußtsein, das durch Wissenschaft geschult ist, bekommt selbst den Charakter des unzerreißbaren Gewebes, in dem jeder Faden hält. Es wird darin zum Abbild der Wissenschaft selbst. Auch diese Umgestaltung ist nicht ohne Gefahren, aber wenigstens drei Tugenden dürfen wir ihr nachrühmen: Zu ihr gehört erstens der Eifer des Suchens nach der Wahrheit, zweitens der Respekt vor der gefundenen Tatsache und drittens die Fähigkeit, unentschiedene Fragen offen zu lassen. Wer gelernt hat, was Wissenschaft ist, wird dort nicht unsicher sein, wo er etwas weiß, und wird dort nicht dogmatisieren, wo er nichts weiß. Die wissenschaftliche Zucht des Denkens wird an Strenge vielleicht nur übertroffen von der Zucht spiritueller Exerzitien. Und selbst die Scharlatane unserer Zeit müssen sich noch wissenschaftlich nennen, weil man ihnen sonst nicht glaubt.

Die Schönheit der Wissenschaft ist nur dem, der Wissenschaft ausübt, ganz bekannt. Wohl sieht man den Wissenschaftler, der sein Leben mit Drähten, Glaskolben und Klebwachs verspielt, ein wenig als ein großes Kind an. Mit Recht! Man sollte nur wissen, daß Kinder oft mehr von der Schönheit wissen, als Erwachsene. Ein Wort Newton's, das uns aus seinem letzten Lebensjahr überliefert ist, drückt nicht nur die Demut der wissenschaftlichen Haltung, sondern auch diese naive Schönheit des wissenschaftlichen Findens aus: „Ich weiß nicht, wofür mich die Welt hält, aber mir selbst komme ich vor, wie ein Kind, das am Meeresstrand spielt und manchmal eine etwas schönere Muschel oder einen glatteren Kiesel als gewöhnlich findet, während der große Ozean der Wahrheit unerforscht vor ihm liegt."

Vom Ethos der Wissenschaft möchte ich mit aller Zurückhaltung sprechen. Es ist schlechter Stil, den eigenen Stand zu loben, zumal wenn man weiß, was für wunderliche Eigenschaften wir Professoren haben, von der Zerstreutheit über die Eingebildetheit bis zur Fakultätsintrige. Es ist aber wohl berechtigt, daß man eine Sache nicht nur nach der stets mangelhaften Verwirklichung, sondern auch nach ihrem Ideal beurteilt. Ein Ideal wiederum mißt man vielleicht am besten an den Opfern, die es verlangt. Das Ideal der Wissenschaft als Beruf verlangt materielle und schwerere geistige Opfer. Das materielle Opfer ist der Verzicht auf den direkten Weg, ja oft überhaupt auf den Weg, der zu Macht, Einfluß und Reichtum führt. Wenn der Wissenschaftler sich an den Höfen der Könige, an den Tischen der Reichen oder in den Vorzimmern der Minister freundlich, aber ein wenig herablassend empfangen sieht, so muß er wissen, daß er auf den höheren äußeren Rang verzichtet hat, weil der innere Rang, den ihm seine Wissenschaft gibt, ohne diesen Verzicht nicht zu erringen wäre.

Das schwerere geistige Opfer ist verbunden mit dem Gegensatz zwischen der wissenschaftlichen Haltung und dem Dogmatismus. Die Wissenschaft verlangt immer wieder von uns, alte Überzeugungen der besseren Einsicht zu opfern. Der kleinste Student kann gegen einen Newton oder einen Einstein recht behalten. Die Fähigkeit des Forschers, zuzugeben, daß er geirrt hat, ist vielleicht der letzte Maßstab seiner Größe.

Soweit die Wissenschaft diesen Idealen nahekommt, kann sie einen wirklichen Nutzen im menschlichen Zusammenleben stiften. Das gilt überall, wo unsere Herkunft, unsere Dogmen und unsere unbewußten Vorurteile uns voneinander trennen, z. B. im Zusammenleben der Nationen. Der alte Begriff der Gelehrten-Republik drückt aus, daß die Schulung an der wissenschaftlichen Wahrheit eine Verständigung der Menschen über die Grenzen hinweg möglich macht, die Natur und Konvention errichtet haben. Nach dem letzten Krieg habe ich die Erfahrung gemacht, daß wissenschaftliche Objektivität die zweitbeste Voraussetzung für das Wiederanknüpfen zerrissener Beziehungen war. Die beste war, wo sie vorhanden war, die christliche Liebe zum Nächsten.

II.

Ich muß nun von den Gefahren sprechen. Habe ich nicht die Wissenschaft schon zu sehr gelobt? Sie hat uns vernichtende Waffen erzeugen gelehrt. Ist sie nicht ein schönes, gefährliches Spielzeug, auf das wir verzichten müssen, wenn wir eingesehen haben, in welche Gefahren es uns bringt? Ich habe das Lob vorweg genommen, um klar zu machen, daß jede Kritik, die ich nun aussprechen muß, uns nicht lehren soll, die Wissenschaft zu verdammen, sondern uns der Verantwortung, die uns die Wissenschaft auferlegt, bewußt zu werden. Lassen Sie mich die einfache Struktur dieser Verantwortung in drei Sätzen aussprechen: Wissen ist Macht. Man kann mißbraucht werden. Gefährlich ist der bewußte Mißbrauch der Macht, noch gefährlicher der unbewußte. Ich glaube, daß diese Sätze das ganze Problem umschreiben.

Wir wollen uns das Problem an ein paar Einzelfällen verdeutlichen. Als Beispiel wähle ich die Waffen, das Wachstum der Bevölkerungszahl und das Radio.

Die neuen Waffen sind die bekannteste unter den gefährlichen Wirkungen der Wissenschaft. Ob wir wollen oder nicht, kreisen unsere Gedanken um die Gefahren für unser eigenes Leben, die aus diesen Erfindungen entspringen. Beinahe muß man heute warnen, sie nicht zu überschätzen. Es ist nicht so, daß die Wissenschaft uns heute einen Weg kennen lehrte, unsere Welt in die Luft zu sprengen. Ein so billiger Abgang von der Bühne wird uns nicht gestattet. Andererseits ist die Zerstörung nicht die einzige Gefahr der Waffe. Gerade die Angst ist eine Gefahr. Die Angst vor der Waffe in der Hand des Gegners schlägt um in die illusionäre Tröstung durch die Waffe in der eigenen Hand. Das Unrecht, das wir in der Angst tun, ruft gerade die Folgen hervor, vor denen wir Angst haben. So sprengt die wissenschaftliche Waffentechnik mehr und mehr das eigentümliche Kompromiß zwischen Menschlichkeit und Unmenschlichkeit, das sich Krieg zwischen zivilisierten Nationen nannte. Aus dem Krieg der Menschen wird der Krieg der Fabriken. Die Menschlichkeit, die auch in der soldatischen Tugend der Ritterlichkeit enthalten war, hat sich mehr und mehr in das bloße Leiden der Betroffenen zurückgezogen. Wir meinen zu fühlen, daß weder materiell noch moralisch noch mehrere Kriege, wie die beiden letztvergangenen möglich sein werden, ohne daß wir von der Leiter der Zivilisation, auf die wir gestiegen sind, wieder herabstürzen.

Was also tut die wissenschaftliche Waffentechnik? Sie stellt uns vor eine bewußte Entscheidung dort, wo in früheren Phasen der Menschheitsgeschichte ein Ereignis wie der Krieg eher als ein unvermeidlicher Bestandteil des menschlichen Lebens und Leidens erschien.

Analoge Wirkungen aber hat die Anwendung der Wissenschaft durchweg, auch wo sie bewußt nicht dem Töten, sondern der Erhaltung des Lebens dienen will. Betrachten wir ein Beispiel, in dem die Wissenschaft mit dem Willen zur praktischen Nächstenliebe angewandt wurde.

Medizin und Hygiene haben das Lebensalter der Menschen vermehrt. Sie haben ermöglicht, daß heute sehr viel mehr Menschen auf unserer Erde leben als früher. Agrikulturchemie und Transportwesen geben uns die Mittel, diese Menschen zu ernähren. Unsere Erde ist aber endlich. Die Menge von Menschen, die wir ernähren können, ist ebenfalls endlich. Die Vermehrung der Menschenzahl bedroht jede politische und soziale Ordnung, kaum daß wir sie errichtet haben. Heute beginnen einige Staaten schon, die Geburtenkontrolle zu wünschen und zu fördern. Kann ein so tiefer Eingriff in das menschliche Leben heilsam sein? Ich übergehe die Frage, was die Geburtenbegrenzung als persönlicher Entschluß für das Leben des Einzelnen bedeutet, obwohl diese Frage wohl das Kernproblem darstellt. Die politische Konsequenz ist deutlicher. Der Staat kann in Versuchung kommen, ist schon in Versuchung gekommen und wird wieder in Versuchung kommen, darauf Einfluß zu nehmen, wer Kinder haben soll und wer nicht. Hier ist eine Verantwortung in unsere Hand gelegt, von der frühere Zeiten sich keine Vorstellung gemacht haben. Und es gibt kein bequemes Zurück. Oder wollen wir dahin zurückkehren, daß die Zahl der Menschen durch Krieg, Hunger und Seuchen begrenzt wird? Wir wissen heute ein wenig davon, was das bedeuten würde. Aber können wir zu Ende führen, was wir begonnen haben?

Das dritte Beispiel ist das Radio. Ich möchte glauben, daß die Erfindung des Radio größere Verantwortung mit sich bringt als die Erfindung der Atombombe. Denn Propaganda greift tiefer als Bomben. Die Bombe kann den Leib töten. Wer aber will, daß Bomben fallen, muß die Seelen der Menschen bewegen, mit deren stillschweigender Zustimmung die Bomben geworfen werden. Ich nenne das Radio deshalb nicht schlecht, aber verantwortungsvoll, denn es ist eines der Mittel, auf die Seelen der Menschen zu wirken. Wer es benutzt, muß wissen, was er tut.

Es gibt auch unbewußte Wirkungen, die vielleicht noch tiefer gehen. Es ist schön, am Radio das zu hören, was man braucht, aber es ist gefährlich, sich daran zu gewöhnen, alles zu hören, auch wenn man es nicht braucht. Der Radioapparat, der wahllos von morgens bis abends läuft, zerstört die akustische Welt des Menschen. Einst übte man die schöpferischen Fähigkeiten und suchte die Erholung in der Stille. Unsere Welt gewöhnt sich daran, die Erholung im Lärm zu suchen und verlernt dadurch die Übung der schöpferischen Fähigkeiten. Diese Gefährdung könnte harmloser scheinen als die Gefahren, die ich vorher genannt habe. Aber ich glaube, sie ist nur deshalb unauffälliger, weil sie tiefer liegt. So wie die Propaganda mehr Verantwortung mit sich bringt als die Waffe, so greift, wie mir scheint, tiefer als die Propaganda das, was den Menschen für Propaganda anfällig macht. Und anfällig für jede Art von Propaganda, möge sie nun zufällig gerade einer guten oder einer schlechten Sache dienen, ist derjenige, der seine Mitte nicht mehr in sich selbst hat, sondern für sein Leben angewiesen ist auf Reize von außen.

III.

Was sollen wir tun?

Sie werden nicht von mir erwarten, daß ich nun ein Rezept gebe. Ich weiß keines. Ich weiß nicht, ob jemand eines weiß. Ich glaube auch, es liegt in der Natur der Dinge, daß es ein solches Rezept nicht geben kann und nicht geben soll. Die Wirkung der Wissenschaft im Guten und im Gefährlichen ist ja nicht dort am tiefsten, wo sie einzelne Erkenntnisse sammelt, und auch nicht dort, wo sie materielle Anwendungen hervorbringt, sondern dort, wo sie das menschliche Bewußtsein umgestaltet. Dann kann aber auch die einzige Hilfe in den Gefahren von einer Umgestaltung des menschlichen Bewußtseins kommen, die diesen Gefahren gemäß ist. Das Wort, das diese Umgestaltung andeutet, habe ich schon mehrfach ausgesprochen. Es heißt Verantwortung. Faktisch haben wir die Verantwortung für die Folgen der Wissenschaft, ob wir wollen oder nicht. Wir werden sie nur tragen können, wenn in uns eine Wachheit wächst, die nicht weniger empfindlich und nicht weniger unbedingt reagiert als die Wachheit für diejenige Verantwortung, zu der die Wissenschaft ihren

Jünger schon heute erzieht: die Verantwortung für das saubere Erfassen von Sachverhalten. In der Wachheit, die jetzt notwendig wird, handelt es sich nicht mehr nur um neutrale Tatsachen, nicht mehr nur um leblose Gegenstände, mit denen wir, wie wir meinen, umgehen können, wie wir wollen. Es handelt sich um den Mitmenschen. Es handelt sich um das Lebendige in uns und um uns. Es handelt sich darum, ob das Leben möglich wird und möglich bleibt.

Wie soll diese Wachheit aber praktisch wirken? Es gibt keine Rezepte, aber es kann Beispiele geben. Es gibt konkrete Entscheidungen, in denen die Wachheit sich erproben kann.

Lassen Sie mich ein Beispiel wählen, das sich noch in dem friedlicheren Bereich der Wissenschaft selbst hält. Ich meine das Problem der Spezialisierung der Wissenschaften. Die Spezialisierung ist eine Rückwirkung des Wachstums der Wissenschaften auf die Wissenschaft selbst, die in Gewinn und Gefahr der Wirkung der Wissenschaft nach außen analog ist. Wissenschaft ist ein Ganzes. In ihrem Gewebe hängt jeder Faden mit jedem zusammen. Aber das Gewebe ist aus Einzelerkenntnissen gewoben, und indem es wächst, wird es unübersehbar. Gerade die Ehrfurcht des Wissenschaftlers vor der Einzelerkenntnis, die Grundlage seiner geistigen Zucht, droht ihm den Gewinn der Erkenntnis zu verkümmern. Im 17., ja im 18. Jahrhundert noch konnte ein einzelner Mensch das Wesentliche des Wissens seiner Zeit in seinem Kopf vereinigen. In unserem Jahrhundert sieht es anders aus. Als ich anfing zu studieren, erfuhr ich, daß man in den 24 Lexikonbänden des Handbuchs der Physik die Literaturzitate nachschlagen könne, die man zur Beantwortung auftauchender Fragen brauche. Kein Mensch vereinigt das Wissen des Handbuchs der Physik in seinem Kopf. Außerdem ist das Handbuch heute, nach 20 Jahren, veraltet und würde sehr viel dicker werden, wenn es von neuem geschrieben würde.

Dieser Zustand ist nicht nur eine Gefahr für die große Zusammenschau, sondern für die Einzelforschung selbst. Er verführt dazu, das Denken durch den Spezialfleiß zu ersetzen, der sich im Unfruchtbaren verliert und einmal gemachte falsche Voraussetzungen nicht mehr zurechtzurücken vermag. Wir sind an diese Selbstbeschränkung schon so sehr gewöhnt, daß wir ihr Ungenügen fast nur dort noch spüren, wo die Gegenbewegung gegen die Vereinzelung der wissenschaftlichen Disziplinen einmal gelingt. Die Fruchtbarkeit der sogenannten Grenzgebiete, die zur Entstehung immer neuer Disziplinen mit Allianznamen führt, wie physikalische

Chemie, Astrophysik, Biochemie oder Strahlentherapie, ist nur ein Beispiel für die Fruchtbarkeit des Blicks auf das Ganze. Nur da wir alle als einzelne Forscher den Blick aufs Ganze nicht mehr leisten können, beschränken wir uns darauf, an einer Nahtstelle noch wenigstens zwei Gebiete zusammenzubringen.

Auf der anderen Seite habe ich nicht das Gefühl, daß die Gefahr der Spezialisierung für die Wissenschaft tödlich wäre. Wir müssen zunächst wissen, daß der Versuch, die Spezialisierung wieder rückgängig zu machen, hieße, das Lebensgesetz der Wissenschaft zu zerstören. Wer einmal gesehen hat, wie viel gewußt werden kann, der kann nicht mehr der naiven Illusion huldigen, einer allein könne alles wissen. Wissenschaft wäre nicht ehrlich, wenn sie nicht bereit wäre, speziell zu sein. Es gibt aber das Zusammenwirken der vielen Wissenschaftler. Es gibt den lebendigen Ring der Forscher. In diesem Ring ist die Ganzheit der Wissenschaft auch heute gegenwärtig. Gewiß ist sie es in einer erschütterten Form, die täglich um ihre Wirklichkeit ringen muß. Der Blick auf eine heutige Universität ist nicht durchaus ermutigend. Immerhin ist die Einheit nicht völlig verloren. Sie ist gleichsam in Reichweite. Sie wird nicht erreicht, soweit der Ring der Forscher garnicht lebendig ist. Die Voraussetzungen dafür, daß er lebendig wird, liegen nicht im Intellekt, sondern in der menschlichen Haltung der Wissenschaftler. Wir können einige dieser Voraussetzungen aufzählen: die Offenheit für den anderen und für das, was er zu sagen hat; das Bewußtsein, daß die eigene Spezialität nur ein sehr kleiner Teil des Ganzen ist; die Bereitschaft, die Sprache des anderen zu lernen, auch wenn man nicht alle Vokabeln dieser Sprache kann und nicht alles weiß, was sich mit dieser Sprache ausdrücken läßt. Gewiß führt diese Offenheit, wenn sie da ist, dann auch zu einer bestimmten intellektuellen Leistung, und zwar zum Philosophieren. Philosophie wurde zum Spezialfach und damit zum Gegenteil ihrer selbst in einer Zeit, in der das Interesse für das Einzelne den Sinn für das Ganze überwog. Philosophie ist also nicht die Ursache, sondern die Folge der menschlichen Offenheit, die den lebendigen Ring der Forscher ermöglicht. Auch der Philosoph, der alle unsere Fragen nach dem Ganzen zu beantworten wüßte, würde nicht gehört oder nicht verstanden, wenn die Frage nach dem Ganzen ihn nicht schon empfinge.

Wie steht es nun um die Wirkung der Wissenschaft nach Außen? Ich glaube, nicht grundsätzlich anders als um die soeben besprochene Wirkung nach innen. Auch hier können wir das Rad der Entwicklung nicht zurückdrehen. Auch hier ist der Einzelne, so wichtig seine Entscheidungen sein mögen, als Isolierter machtlos gegen die Folgen der Entwicklung. Auch hier handelt es sich um den lebendigen Ring der verantwortlichen Menschen. Und dieser Ring kann nur durch gemeinsame Wachheit, durch Offenheit füreinander und für die Sachen zusammengehalten werden. Diese Wachheit wird dann auch gemeinsame Überzeugungen und Aktionsprogramme erzeugen, kann durch sie aber nicht ersetzt werden.

Dieser Punkt ist wichtig. Wir alle neigen immer wieder dazu, entweder leichtfertig zu glauben, die Dinge würden sich von selbst ordnen, oder aber uns einzuschränken auf die Anstrengung, die in der Durchführung eines Programms, eines Rezeptes liegt. Wir meinen immer, so belastet zu sein mit konkreter Mühe und Verantwortung, daß wir nicht mehr die größere innere Anstrengung machen können, die nötig ist, um uns, wenn ich so sagen darf, wach zu halten. Dabei nimmt jene Wachheit, wo sie uns geschenkt wird, uns den größten Teil der dumpfen Mühe ab, in der wir uns vorher geplagt haben, indem sie uns die Ziele, die wir verfolgten, als zu eingeschränkt, um die verwendeten Mittel als ungeeignet enthüllt. Die Anstrengung, die zu ihr führt, ist die eigentlich erlösende.

Um uns den Absprung zu dieser Bemühung zu erleichtern, ist es heute wohl angebracht, einige der Rezepte zu kritisieren, die uns heute angeboten werden. Ein Rezept ist, richtig verwendet, eine Anweisung zum Handeln in einem einzelnen konkreten Fall; so wie ein Arzt, der wachen Sinnes den Zustand seines Patienten geprüft hat, für einen bestimmten Augenblick eine bestimmte Medizin verschreibt. Falsch ist die Meinung, es gäbe eine Universalmedizin, die uns die konkrete Entscheidung erspart.

So ist in unserer Frage nach den Wirkungen der Wissenschaft sicher die Vorstellung falsch, das Nichtstun werde genügen; man müsse die Dinge nur weiterlaufen lassen und dann würden sie schon gut. Ich glaube, die drei Beispiele der Waffen, der Bevölkerungsvermehrung und des Radio genügen, um uns zu zeigen, daß es Entwicklungen gibt, die nicht von selbst zu einem harmonischen Ende führen.

Ebenso falsch wäre es, die Flinte ins Korn zu werfen und zu sagen: geben wir die Wissenschaft auf. Es ist falsch aus drei Gründen. Erstens wird es nicht geschehen, selbst wenn wir es wollen. Die Menschheit hat sich diesem Weg verschrieben und wird nicht halbwegs umkehren. Zweitens würde es, wenn es möglich wäre, nicht eine gute alte Zeit, sondern durch eine Katastrophe ins Chaos führen. Wenigstens die Hälfte der heutigen

Menschheit würde dem sicheren Tode überliefert. Es wäre eine Illusion, zu glauben, man könne die Technik beibehalten, wenn man die Wissenschaft aufgibt. Die Maschinen laufen nicht, wenn niemand da ist, der versteht, warum sie laufen. Ebenso wäre es eine Illusion, zu glauben, man könne die heutigen Kenntnisse der Wissenschaft beibehalten, wenn man das Forschen aufgibt. Die Struktur dieser Kenntnisse wird nur von dem verstanden, der eine lebendige Beziehung hat zu dem Wege, auf dem man solche Erkenntnisse gewinnen kann. Wir haben damit schon den dritten Grund der Falschheit des Verzichts auf die Wissenschaft berührt. Dieses Rezept vergißt, was ich zu Anfang über den moralischen Gewinn der Wissenschaft gesagt habe. Wenn wir dies vergessen, so sind wir auf dem Wege auf dem stets Kulturen zu Grunde gegangen sind, die an ihre eigenen Voraussetzungen nicht mehr glaubten.

Sehr viel respektabler, aber nach meinem Gefühl auch noch unzureichend ist die Vorstellung, wir sollten uns auf die reine Wissenschaft beschränken und uns von den Anwendungen, zumal wo sie moralisch problematische Gebiete berühren, zurückhalten. Dieser Gedanke ist in vielen Einzelfällen ganz richtig. Wenn heute amerikanische Wissenschaftler darum kämpfen, daß die Wissenschaft von den Fesseln der Geheimhaltung und der reinen Zweckgebundenheit frei gemacht werde, so verteidigen sie damit ein Lebensgesetz der Wissenschaft. Wir können uns ein Beispiel nehmen an dem moralischen Mut, der zu einem solchen Kampf gehört. Wenn mit diesem Kampf aber die Meinung verbunden wäre, durch eine Art chemischer Reinigung der Wissenschaft von Anwendungen werde das eigentliche Problem gelöst, so müßte ich diese Meinung für einen Irrtum halten. Denn die reine Wissenschaft selbst verwandelt unbewußt und unwillentlich die Welt. Es kann Fälle geben, in denen der Wissenschaftler so weit gehen muß, nicht nur auf die Anwendungen, sondern auch auf das Forschen in einem bestimmten Gebiet bewußt zu verzichten, weil er weiß, welche Folgen bestimmte Entdeckungen in einem bestimmten Augenblick haben würden. Es gibt umgekehrt Fälle, in denen der Wissenschaftler auf seine Zurückhaltung verzichten und die Anwendungen selbst mit in die Hand nehmen muß, um den Einfluß, den ihm seine Sachkenntnis gibt, für eine menschlich richtige Benutzung seiner Entdeckung in die Waagschale zu werfen. In keinem Falle aber darf er meinen, der Mitverantwortung für die Folgen seines Forschens entzogen zu sein, auch wenn er diese Folgen nicht wünscht und an ihnen nicht aktiv mitwirkt.

Schließlich gibt es, zumal in der Wissenschaft selbst, Menschen, die meinen, man müsse die Welt durch die Wissenschaft retten; dieser Speer könne die Wunde, die mit seiner Hilfe geschlagen worden ist, nur selbst heilen. Man meint z. B., da es der Wissenschaft im Bereich der außermenschlichen Natur so gut geglückt sei, brauche man ihre Methoden nur auf die menschliche Gesellschaft und die menschliche Seele anzuwenden, um auch dort alle Probleme zu lösen. Diese Meinung mag vielen unter uns naiv klingen. Sie ist aber in der Welt verbreitet und wird vielen Bemühungen der kommenden Jahrzehnte den moralischen Impuls geben. Sie rechtfertigt daher die Mühe des Versuchs, das Richtige und das Falsche in ihr zu sondern. Richtig ist, daß durch die Wissenschaft vom Menschen, soweit sie gelingt, unser Wissen über entscheidende Fragen gesteigert werden wird und durch dieses Wissen unsere Macht. Es ist sicher richtig, daß die Lösung der Fragen, die uns bewegen, nicht im Bereich der äußeren Natur, sondern im Bereich der menschlichen Seele und des menschlichen Zusammenlebens zu suchen ist. Falsch scheint mir aber die Meinung, die Steigerung von Wissen und Macht werde an sich schon den Mißbrauch der Macht steuern. Sie steigert nur unsere Verantwortung und man könnte mit demselben Grad von Wahrscheinlichkeit vermuten, die Entwicklung der Wissenschaft vom Menschen werde alle Probleme, vor welche die Wissenschaft uns heute stellt, verschärfen.

In Wirklichkeit müßte wohl zugesehen werden, ob wir den Menschen mit den Mitteln des Denkens und Experimentierens verstehen können, mit denen die klassische Naturwissenschaft z. B. einen Stein versteht. Dem Stein gegenüber, den ich als Mineraloge untersuche, kann ich in der Haltung unbeteiligter, bloß theoretischer Interessiertheit verharren. Ich mache mir auch kein Gewissen daraus, den Stein zu zertrümmern, wenn das meiner Erkenntnis dient. Dem Menschen gegenüber stoße ich sehr rasch auf die Grenzen dieser Art der wissenschaftlichen Einstellung und wo mir diese Grenze nicht bewußt wird, richte ich Unheil an. Für den Mitmenschen offen sein, heißt zwar wirklich auffassen, wie es um ihn steht. Dieses Auffassen ist aber nur möglich im menschlichen Kontakt des Ich mit dem Du. Denke ich in unbeteiligt analysierender Distanz über ihn nach oder experimentiere ich mit meiner Beziehung zu ihm, so verwandelt sich unvermerkt das Du in ein Es. Unsere Zeit ist durch die Erfahrungen der Psychotherapie daran erinnert worden, daß es kein Kenntnisnehmen von den wesentlichen Vorgängen in der Seele eines anderen Menschen gibt ohne eine persönliche Beziehung zu ihm; hierin wurzeln die Probleme der „Übertragung".

Ich hätte alles, was ich hier über das Wissen vom Menschen gesagt habe, auch in der Sprache ausdrücken können, die man in der Religion gebraucht. Offenheit gehört zur Nächstenliebe. Sie setzt eine eigene Anstrengung voraus, aber ob sie uns gegeben wird, hängt gleichwohl nicht von unserer Willkür ab: hierin spiegelt sich die Beziehung von Werken und Glauben, von Willensfreiheit und Gnade. Ich habe diese Sprache bisher vermieden, um dem Mißverständnis zu entgehen, es gehe mir darum, ein hergebrachtes Weltbild zu konservieren. Die Wissenschaft wird aber den Menschen nicht verstehen, wenn sie durch ihre Methoden dasjenige Wissen vom Menschen ausschließt, das die Religion seit langer Zeit besitzt. Sie wird sich vielmehr schließlich als einen Teil eines Vorgangs verstehen lernen müssen, dessen Ursprung, Wesen und Ziel im religiösen Bereich liegen. Die Wissenschaft ist nur ein Teil der geistigen und existenziellen Bewegung der Neuzeit, die sich nicht mehr mit Gleichnissen begnügen will, sondern um einen Schritt näher zu den Dingen selbst vorzudringen sucht. Wir Menschen der Neuzeit gehen damit alle auf dem schmalen Grat zwischen zwei entgegengesetzten Gefahren. Wir können in oberflächlicher Weise konservativ sein und immer wieder die überlieferten Gleichnisse für die Sachen selbst nehmen. Oder wir können in oberflächlicher Weise revolutionär sein und mit den Gleichnissen die Sachen selbst verwerfen. In den vergangenen Jahrhunderten war es die charakteristische Gefahr der Religion, in dieser ungenügenden Weise konservativ, die charakteristische Gefahr der Wissenschaft in dieser ungenügenden Weise revolutionär zu sein. Der Ernst der Religion und die Redlichkeit der Wissenschaft sollten beide dazu führen, aus dieser falschen Alternative herauszutreten.

Über die allgemeinen Fragen möchte ich nichts mehr hinzufügen. Die konkreten Entscheidungen in den Beispielen, die ich angeführt habe, zu besprechen, ist hier nicht der Ort. Ich möchte trotzdem mit einem mehr praktischen Gesichtspunkt schließen und an die Dinge anknüpfen, die schon in mehreren der vorangegangenen Ansprachen gesagt worden sind.

Wenn das richtige Verhältnis der Menschen zueinander und zu sich selbst entscheidend ist, so dürfen wir nicht von Forschung reden, ohne auch von Erziehung zu reden. Die Max-Planck-Gesellschaft, die der reinen Forschung dienen soll, ist nicht möglich, ohne eine nahe Beziehung zur

Universität, die auf der Verbindung von Lehre und Forschung beruht. Je tiefer uns die Wissenschaft auch in rein menschliche Verantwortungen hineinführt, desto deutlicher müßte uns werden, daß die Lehre nicht nur die Vermittlung eines Wissensgutes, sondern menschliche Erziehung sein muß. Diese Erziehung vollzieht sich nicht durch Lehrpläne, sondern durch das Menschliche, das in dem Erziehenden selbst gegenwärtig ist. Ich glaube, daß die Aufmerksamkeit auf diese Seite der Wissenschaft für uns alle zu den dringendsten Notwendigkeiten des Tages gehört. Wenn wir versuchen, nicht nur über unsere Probleme abstrakt nachzudenken, sondern praktisch etwas zu ihrer Lösung zu tun, so sollten wir vielleicht an diesem Punkte der Erziehung beginnen.

Einstein und Bohr

Der Streit um den Realitätsbegriff des Physikers

Für alle, denen die Beziehungen zwischen Physik und Philosophie am Herzen liegen, ist das Buch über Einstein[1]), als einen lebenden Philosophen, eine der interessantesten Neuerscheinungen der letzten Jahre. Man muß dem Herausgeber dankbar sein, daß er Einstein selbst und so viele namhafte Physiker und Naturphilosophen unserer Zeit bewogen hat, ihre Meinungen so ausführlich darzulegen, wie sie es in diesem Band getan haben. Der Leser findet hier zunächst eine hochinteressante wissenschaftliche Selbstbiographie aus Einsteins eigener Hand, die im deutschen Original und in englischer Übersetzung nebeneinander gegeben wird. Dann folgen 25 beschreibende und kritische Aufsätze über das Werk Einsteins und schließlich eine Antwort Einsteins auf diese Aufsätze. Eine ausführliche Bibliographie der Schriften Einsteins bis zum Oktober 1949 macht den Schluß. Der Index des Buches ist von erfreulicher Ausführlichkeit. Eine wertvolle Beigabe sind mehrere Bilder von Einstein und eine Handschriftenprobe.

Es ist unmöglich, die Fülle der Themen, die in diesem Buch angeschlagen ist, in einem kurzen Aufsatz zu referieren. Es ist daher wohl besser, eine kleine Anzahl von Fragen, die man vielleicht als die Grundmotive des ganzen Buches bezeichnen kann, mit einiger Ausführlichkeit zu besprechen, und die anderen dem eigenen Studium des Lesers an Hand des besprochenen Werkes zu überlassen. Der vorliegende Bericht bezieht sich daher, abgesehen von ein paar Randbemerkungen, nur auf drei der in dem Buch enthaltenen Aufsätze: Einsteins Autobiographie, Niels Bohrs Bericht über Diskussionen mit Einstein über erkennntnistheoretische Probleme in der Atomphysik und Einsteins Antwort. Die sachliche Frage, um die es dabei geht, ist die philosophische Interpretation der modernen Physik, die wir zunächst an Hand der Relativitätstheorie und dann an Hand der Quantentheorie betrachten wollen.

In strittigen Fragen dieser Art ist es einerseits nötig, die einander entgegenstehenden Meinungen so treu wie möglich wiederzugeben. Auf der anderen Seite soll sich niemand einbilden, er könne referieren, so, als ob er keinen eigenen Standpunkt hätte. Es ist daher gerade um der Objektivität des Referats willen ratsam, den eigenen Standpunkt klar zu bekennen. So sei es mir erlaubt, an dieser Stelle vorweg in ein paar allgemeinen Worten die eigene Auffassung von der Beziehung zwischen Physik und Philosophie zu umreißen, die sich für ihre Ausbildung den unter uns Physikern viel besprochenen Diskussionen zwischen Einstein und Bohr zu besonderem Dank verpflichtet weiß, die aber versucht, über die bisher eingenommenen Standpunkte in Wahrung des Bohrschen Grundansatzes ein Stück weit hinauszugehen.

*

Es ist ein empirisches Faktum, daß fast alle führenden theoretischen Physiker unserer Zeit philosophieren. Es ist ein zweites empirisches Faktum, daß ihre Philosophie im allgemeinen weitgehend ihre eigene Erfindung ist und sich mit den überlieferten Meinungen der Philosophen manchmal schlecht zusammenreimt. Beide empirischen Tatsachen scheinen mir aus einer sachlichen Notwendigkeit hervorgegangen zu sein, nämlich daraus, daß die moderne Physik ohne Philosophie nicht adäquat verstanden werden kann und daß es eine Philosophie, die dieses adäquate Verständnis liefern könnte, bis heute noch nicht gibt. Es scheint mir, daß auch die sogenannte positivistische Philosophie dieses Verständnis nicht liefert, daß vielmehr die Diskussion zwischen den Positivisten auf der einen Seite und den Realisten, Aprioristen und Metaphysikern auf der anderen Seite den Kern des Problems noch gar nicht erreicht hat. Einstein selbst hat gelegentlich die Philosophen aufgefordert, mehr auf die Taten der Physiker als auf ihre Worte zu achten. Er hat damit sicher recht. Im Kontakt mit dem Gegenstand seiner Forschung entwickelt der Physiker Denkmethoden, die diesem Gegenstand angemessen, aber mit den traditionellen Ansätzen der Philosophie oft nicht vereinbar sind. Er fühlt das und leitet daraus eine instinktive Abneigung gegen Philosophie ab; denn er kennt Philosophie nur als eine Ware, die ihm ein ihm verdächtiger Kaufmann verkauft und von der er spürt, daß er sie in dieser Form in seinem Haushalt nicht brauchen kann. Er merkt dabei aber nicht, daß jedes Wort, mit dem er sich und anderen zu erklären sucht, was er eigentlich tut und was er meint, wenn er solche Begriffe wie Wahrheit, Wirklichkeit, Natur, Phänomen usw. gebraucht, bereits ein Stück Philosophie ist, und daß er mit seiner Ablehnung des Fachphilosophen nicht die Philosophie losgeworden, sondern selbst ein philosophischer Dilettant geworden ist. Unbewußte Philosophie ist aber im allgemeinen schlechter als bewußte, und so kehren gerade die tiefsten Denker in der modernen Physik unweigerlich zum eigenen Philosophieren zurück. Ihr philosophischer Dilettantismus führt sie dann aber oft dazu, den neuen Wein in alte Schläuche zu gießen und ihre Erkenntnisse in Begriffen auszudrücken, die gerade durch diese Erkenntnisse überholt sind.

Der vorliegende Band erweckt, so wie viele andere Diskussionen dieser Art, den Eindruck, als gehe es in der philosophischen Diskussion über die moderne Physik vor allem um die Philosophie, die man heute meist Positivismus nennt. Es entsteht dann der gerade für viele Physiker überraschende Eindruck, daß Einstein in der Relativitätstheorie den Ideen des Positivismus gefolgt sei und unverständlicherweise in der Diskussion über die Quantentheorie dieselben Ideen verworfen habe. Ohne Zweifel besteht über die Deutung der Quantentheorie zwischen Einstein und fast allen anderen lebenden theoretischen Physikern eine Meinungsverschiedenheit, und Einstein selbst bezeichnet in den etwas melancholischen Worten seiner Antwort den Unterschied dadurch, daß er seine Gegner als Positivisten ansieht, sich selbst aber nicht. Es scheint mir, daß man die Kontroverse nur verstehen kann, wenn man sieht, daß nicht nur Einstein, sondern unter seinen Gegnern zumindest auch Bohr, soviel sie vom Positivismus zugegebenermaßen gelernt haben, weit jenseits des Positivismus stehen. Das Tragische in der Position Einsteins dürfte gerade darin liegen, daß viele seiner Gegner (Bohr allerdings nicht) ihre eigene Position durch die Identifikation mit dem Positivismus schwächen und dadurch Einstein den Eindruck geben müssen, seine vollkommen zutreffenden Argumente gegen den Positivismus träfen auch die Physik, die sie vertreten. Wie so oft in der Geschichte der Philosophie muß man auch die philosophierenden Physiker unserer Zeit besser verstehen, als sie sich selbst verstehen, wenn man ihnen gerecht werden will.

Worum geht es nun eigentlich in diesem Streit? Betrachten wir zunächst einen Punkt, über den kein Streit mehr besteht, nämlich die Relativitätstheorie. Es sei erlaubt, geschichtlich etwas weiter zurückzugehen, als man es in der physikalischen Diskussion meist getan hat, um die Herkunft dieser Fragestellung besser zu verstehen. Wir beschränken uns dabei auf ein einziges Problem, das der Beziehung zwischen Raum und Materie.

Unter dem Einfluß der Newtonschen Physik und fast aller nachnewtonschen Philosophien, insbesondere derjenigen Kants, sind die meisten von uns in der Vorstellung aufgewachsen, es gebe in diesem Punkte zwei Wirklichkeiten, die man klar voneinander unterscheiden könne, nämlich den Raum und die Materie. Der Raum sei auch da, wenn er nicht von Materie erfüllt sei, und die euklidische Geometrie sei die evidentermaßen richtige Beschreibung der Eigenschaften dieses Raumes. Der philosophische Streit ging nur darum, ob dieser Raum ein Ding oder eine Anschauungsform, ob seine Eigenschaften a priori oder empirisch bekannt seien, aber nie darum, ob es ihn als selbständiges Element unserer Erkenntnis überhaupt gebe. Ein Blick auf die Geschichte der Philosophie und Physik zeigt, daß dieser Raum, den man hundert Jahre nach Newton für eine Gegebenheit a priori unseres Erkenntnisvermögens hielt, hundert Jahre vor Newton noch keinem Menschen bekannt war. In der Physik des Aristoteles gibt es Körper und den Ort eines Körpers Er definiert aber den Ort als die innere Oberfläche der den betreffenden Körper umgebenden anderen Körper. Ort ist also für ihn eine Beziehung des Körpers zu anderen Körpern, und da sein Weltall endlich ist, so letzten Endes zur Welt im Ganzen. Wo kein Körper ist, ist für ihn auch kein Ort, und der Begriff des Raumes als Inbegriff aller Örter, einerlei ob in ihnen Körper sind oder nicht, ist daher für ihn logisch sinnlos. Es gibt keinen leeren Ort und daher erst recht keinen leeren Raum, und außerhalb des Weltalls ist nichts. Dies „Nichts“ heißt: weder ein Körper noch folglich ein Ort, der ja der Ort eines Körpers sein müßte.

Zwei Erkenntnisse, die sich nicht ohne Mitwirkung von Physik und Astronomie durchgesetzt haben, haben diese Situation verändert: Die Entdeckung des Vakuums und die Einsicht, daß das Universum größer ist, als das aristotelisch-ptolemäische Weltbild vermuten ließ, eine Einsicht, die sich bald mit der Lehre von der Unendlichkeit der Welt verband. Wenn es Vakuum gibt, so gibt es also Raum, in dem keine Körper sind, und man kann bei Gericke und Pascal die Verknüpfung ihrer Experimente über das Vakuum mit dieser philosophischen Frage deutlich erkennen. Wenn die Welt unendlich ist, so haben die Begriffe von Ort und Bewegung keinen absoluten Sinn in Bezug auf den Weltmittelpunkt, und es entsteht daher die Frage, ob ihnen auf andere Weise ein absoluter Sinn gegeben werden könne oder ob sie bloße Relationsbegriffe sind.

Beide Probleme löst Newton durch seine Erfindung des absoluten Raumes. Daß diese Erfindung nicht selbstverständlich ist, zeigt der Widerstand von Leibniz, der es für sinnlos erklärte, von der Bewegung eines Körpers relativ zum absoluten Raum zu sprechen. Nach ihm sind Ort und Bewegung stets gemeint in Bezug auf andere Körper. In dem Briefwechsel zwischen Leibniz und Clarke, der dieser Frage gewidmet ist, erweist sich Leibniz als der sehr viel schärfere philosophische Denker. Trotzdem hat die von Clarke vertretene Meinung Newtons sich historisch durchgesetzt. Sie hatte für sich das Gewicht eines physikalischen Systems, das die Fülle der empirischen Wirklichkeit mathematisch korrekt beschrieb. Insbesondere hatte Newton selbst schon gezeigt, daß man zwar nicht einen Ort oder eine Geschwindigkeit, wohl aber eine Beschleunigung messen kann, ohne die Bewegung des beobachteten Körpers mit der eines anderen Körpers zu vergleichen. Dies liegt daran, daß nach dem Trägheitsgesetz die Geschwindigkeit eines unbeeinflußten Körpers sich selbst erhält, die Beschleunigung aber stets mit einer Kraft gekoppelt ist. Man kann also Beschleunigungen feststellen, indem man die Wirkungen von Kräften studiert. Z. B. ließ Newton ein Gefäß, in dem sich Wasser befand, um seine senkrechte Achse rotieren und zeigte, daß der Wasserspiegel am Rande des Gefäßes infolge der Zentrifugalkraft, d. h. der Trägheit, aufstieg, wenn sich das Wasser zusammen mit dem Gefäß drehte, nicht aber, wenn sich das Gefäß drehte, solange das Wasser noch in Ruhe war. Im ersten Fall dreht sich nach ihm das Wasser relativ zum absoluten Raum, während es relativ zum umgebenden Gefäß in Ruhe ist. Im zweiten Fall ist es relativ zum absoluten Raum in Ruhe, während es zum umgebenden Gefäß gedreht ist. Nur die Drehung relativ zum absoluten Raum erzeugt eine Zentrifugalkraft. Drehung aber ist im Sinne Newtons eine beschleunigte Bewegung.

Gegen Ende des 19. Jahrhunderts nahm Ernst Mach die Argumente von Leibniz wieder auf. Er kritisierte Newtons Argumentation, indem er erklärte, das Wasser drehe sich, wenn es mit dem Gefäß umhergeführt werde, ja nicht nur relativ zu dem hypothetischen absoluten Raum, sondern auch relativ zu der Umwelt des Gefäßes, nämlich dem Zimmer, der Erde und dem Weltall. Daß die Zentrifugalkraft bzw. die

Trägheit nicht eine Wirkung der Drehung relativ zur Erde oder einem Körper auf der Erde sein kann, zeigt uns Heutigen jede Wirkung der Trägheit auf die Erde selbst, z. B. die Abplattung der Erde und der Foucaultsche Pendelversuch. Die heutigen Astronomen kennen auch Wirkungen der Zentrifugalkraft auf das Milchstraßensystem im ganzen, die man aus dem Gesetz seiner Rotation ablesen kann. Machs Kritik kann aber immer noch in dem Sinne verstanden werden, daß die Trägheit bzw. Zentrifugalkraft eine Wirkung der Bewegung relativ zu den fernsten Gestirnen sei. Einstein selbst hat zugegeben, daß ihn diese Kritik Machs bei der Aufstellung der Relativitätstheorie wesentlich angeregt hat. Da Mach einer der Führer des Positivismus ist, scheint damit der Einklang zwischen moderner Physik und Positivismus schlagend bewiesen. Der absolute Raum Newtons erweist sich, so scheint es, als eine metaphisische Konstruktion, von der loszukommen eine Forderung der empirischen Wissenschaft ist.

In Wirklichkeit ist Machs Kritik nur teilweise richtig, und man kann gerade aus Einsteins Selbstbiographie lernen, daß die Relativitätstheorie dem Programm Machs nur unvollkommen entspricht.

Dem Physiker des 19. Jahrhunderts mag es erstaunlich vorgekommen sein, daß Newton nicht selbst auf die einfache Idee kam, die Ursache der Hebung des Wasserspiegels in seinem Gefäß sei nicht die Drehung relativ zum absoluten Raum, sondern die Drehung relativ zu fernen Körpern. Um zunächst historisch gerecht zu sein, müssen wir bemerken, daß das 17. Jahrhundert eine physische Kausalität, die anders als durch die direkte Berührung zweier Körper vermittelt war, für undenkbar hielt. Diese Meinung war damals gerade der Ausdruck der antimetaphysischen Haltung der Physiker, wenn man unter Metaphysik die aristotelisch-scholastische Lehre von der Verursachung physischen Geschehens durch substantiale Formen und okkulte Qualitäten versteht. Newton selbst hielt das Gravitationsgesetz noch nicht für vollständig erklärt, weil er keine in diesem Sinn des Worts „mechanische" Deutung der Schwerkraft gefunden hatte. Erst die Gewöhnung an einen Zustand der Physik, den Newton herbeigeführt, aber selbst nicht für endgültig gehalten hatte, ließ unter den Physikern des 19. Jahrhunderts die Vorstellung entstehen, Fernkräfte (actions at a distance) könnten als endgültige Erklärungen physikalischer Phänomene anerkannt werden. Diese Denkweise setzt Mach naiv voraus. Gleichzeitig aber hatte sich, ausgehend von Faraday, in der Elektrodynamik eine neue Physik der Nahewirkung entwickelt. Einsteins spezielle Relativitätstheorie war die Vollendung dieser Elektrodynamik, und es war daher für Einstein von vornherein klar, daß er, auch wenn er Machs Kritik des absoluten Raumes folgte, dies nur in der Gestalt einer Feldphysik tun könne. Eine direkte Einwirkung der fernen Massen auf den Wasserspiegel in Newtons Gefäß kam für Einstein so wenig in Betracht wie für Newton selbst.

Die Lösung, die Einstein gab, ist in gewisser Weise eine Radikalisierung des Newtonschen Ansatzes, die aber, wie es so oft bei Radikalisierungen geschieht, wenn sie konsequent durchgeführt werden, gerade dadurch den berechtigten Teil der Anliegen der Gegner des Ansatzes erfüllte. Einstein unterscheidet in der allgemeinen Relativitätstheorie zwischen der Materie und dem Raum, genau wie es Newton tat. Der Raum ist nun aber nicht mehr eine a priori gegebene absolute Größe, die zwar — wie bei Newton — physikalische Wirkungen ausüben, aber keine empfangen kann, sondern er hat eine von Ort zu Ort veränderliche Krümmung, welche durch die dort vorhandene Materie kausal hervorgebracht wird. Leibniz und Mach hatten also durchaus unrecht damit, daß sie meinten, es gebe „den Raum" als physikalischen Gegenstand nicht. Die Inkonsequenz, die sie in Newtons System aufgespürt hatten, wird umgekehrt dadurch behoben, daß man den Raum ganz und gar zu einem physikalischen Gegenstand macht, der Wirkungen nicht nur ausüben, sondern auch erleiden kann.

Wie steht es nun mit der Kontroverse zwischen Einstein und den Atomphysikern über die Deutung der Quantentheorie? Betrachten wir zunächst die Beziehungen dieser Atomphysik zu Mach. Es ist ein historisches Faktum, daß Mach die Lehre von der Existenz von Atomen abgelehnt hat. Sie war für ihn ein typisches Beispiel der metaphysischen Tendenzen, welche nicht einfach die Sinnesempfindungen beschreiben und gesetzmäßig miteinander verknüpfen, sondern sie durch „hinter ihnen liegende Dinge" erklären wollen. Bemerkenswerterweise haben die heutigen Atomphysiker, welche wissen, daß Mach die Möglichkeit ihrer Wissenschaft geleugnet hat, gleichzeitig eine Neigung, ihn als ihren geistigen Stammvater anzusehen. Sie können sich darin insofern gerechtfertigt fühlen, als ihre Beschreibung der Atome vom Realismus der klassischen Physik noch weiter entfernt ist als die phänomenologische Physik, auf welche Mach sich beschränken wollte. Diese Abweichung von der klassischen Physik ist oft als eine Kritik des Kausalgesetzes formuliert worden. Genauer ist es, sie als eine Kritik des klassischen Begriffs eines vom beobachtenden Subjekt völlig losgelösten Objekts darzustellen. Ob ein Elektron einen bestimmten Ort oder einen bestimmten Impuls (momentum) hat, hängt von der experimentellen Anordnung ab, die der Physiker trifft, um eine dieser Größen zu beobachten. Gerade gegen diese Abhängigkeit der sogenannten physikalischen Realität vom Zusammenhang mit dem Beobachter wehrt sich Einstein aufs entschiedenste.

Der Bericht Bohrs über die mehr als ein Jahrzehnt dauernden Diskussionen, die er über diese Fragen mit Einstein hatte, liest sich wie ein Drama, in welchem dem Helden, Einstein, alle einzelnen Unternehmungen fehlschlagen, in dem er sich aber gleichwohl bis zuletzt treu bleibt. Einstein hat vergeblich versucht, durch eine Reihe höchst geistreich ausgedachter Gedankenexperimente einen inneren Widerspruch in der Quantentheorie nachzuweisen. Er hat damit nur dazu beigetragen, die begriffliche Struktur der Quantentheorie ganz klar zu machen, und hat schließlich dieser Quantentheorie, nicht mehr auf Argumente, sondern auf das gestützt, was er seinen Instinkt nennt, das Prädikat „unzureichend" gegeben. Er empfindet die Auffassung von der Wirklichkeit, mit der die Quantenphysiker sich zufrieden geben, als eine Wiederholung des esse est percipi von Berkeley. Er hofft auf eine zukünftige Physik, welche den Begriff der an sich seienden physikalischen Realität wieder herstellen wird. Versuchen wir seine Argumente zu prüfen.

Einstein ist kein naiver Realist. Er hält die mathematischen Naturgesetze für freie Erfindungen des menschlichen Geistes, die sich als geeignet erweisen, die Fülle der Sinneswahrnehmungen ordnend zu beschreiben. Ein aus der Tradition des philosophischen Denkens herkommender Denker wird bei manchen seiner Formulierungen frappiert sein, wie positivistisch sie klingen. Einstein hat aber ein sehr lebendiges Empfinden für einen Punkt, der in der positivistischen Erkenntnistheorie nie genug berücksichtigt wird, nämlich für das von der bloßen Methodologie her unbegreifliche Wunder, daß gerade die mathematisch einfachsten Naturgesetze dem scheinbaren Chaos der empirischen Welt aufs beste angemessen sind. Kein Prinzip der Denkökonomie würde es erklären, daß man mit Hilfe der einfachen Prinzipien der Newtonschen Mechanik eine Sonnenfinsternis auf die Minute genau voraussagen kann. Einstein selbst benutzt die mathematische Einfachheit mit dem größten Erfolg als heuristisches Prinzip bei der Aufstellung seiner Theorie. Der Physiker, der das tut, muß überzeugt sein, mit solchen Ansätzen eine von ihm selbst nicht gemachte Wirklichkeit zu beschreiben, was immer das Wort „Wirklichkeit" in diesem Satz bedeuten möge. Er wehrt sich, wie mir scheint, mit vollem Recht gegen jeden Versuch, diesen Begriff der Wirklichkeit aus der Physik zu entfernen.

Sein tragischer Irrtum scheint mir darin zu liegen, daß er meint, dies geschehe in der Quantenmechanik. Wenn man die höchst sorgfältigen Formulierungen Bohrs liest, wird man entdecken, daß sie sich von der Einsteinschen Position in gewisser Weise gerade durch ihren grösseren Realismus unterscheiden und dadurch allerdings eine Modifikation des Realitätsbegriffes als notwendig erweisen. Bohr ist sehr kritisch gegenüber einem Wort wie „Phänomen". Für Mach würde dieses Wort gleichbedeutend mit Sinnesempfindung sein. Mit sicherem Instinkt spürt Bohr, daß der Begriff der Sinnesempfindung keine solide Basis liefert. Bohr geht auf diese Frage nicht näher ein, aber es sei nur darauf hingewiesen, daß unserem Bewußtsein im Wahrnehmungsvorgang stets wahrgenommene Dinge, nicht aber reine Empfindungen gegeben sind. Die sogenannte reine Empfindung nehmen wir erst wahr, wenn wir von dem zunächst in ihr gegebenen Ding abstrahieren. Der Begriff des Dings ist keinesfalls nur eine Zusammenfassung von Empfindungen, die ich schon gehabt habe. Wenn ich sage: „Dies ist ein Hammer, und damit kann ich einen Nagel einschlagen", so appelliere ich mit Selbstverständlichkeit auch an solche Empfindungen, die ich noch gar nicht gehabt habe und vielleicht nie haben werde, d. h. an mögliche Empfindungen. Dieser Begriff der Möglichkeit wiederum ist sinnvoll, weil ich in jedem elementaren Lebensakt die Tatsachen schon voraussetze, die der Physiker als Naturgesetze bezeichnet. Das praktische Leben der Menschen beruht darauf, daß, wenn auch die Empfindungen wechseln, doch die Dinge dauern. Die adäquate Physik für die Beschreibung der Dinge unseres täglichen Lebens ist aber die klassische Physik, und deshalb betont Bohr immer von neuem, daß jedes Experiment, das ein Mensch wirklich ausführen kann, schließlich in der Sprache der klassischen Physik beschrieben werden muß. Sehr deutlich wird all dies etwa in seinem Satz „As a more appropriate way of expression I advocated the application of the word phenomenon exclusively to refer to the observations obtained under specified circumstances, including an account of the whole experimental arrangement" (237/38). Die Argumentation

Bohrs bekommt ihren zwingenden Charakter, wenn man diesen Ausgangspunkt zugibt. Es scheint mir, daß Einstein, wenn er von der Darstellung der Sinnesempfindungen durch mathematische Gesetze spricht, in diesem Punkt dem Positivismus eine Konzession macht, die ihn dann die Strenge der Bohrschen Argumentation verfehlen läßt.

Es ist nicht möglich, in diesem Aufsatz die Argumentationen Bohrs inhaltlich wiederzugeben. Versuchen wir wenigstens ihr Resultat zu umschreiben! Wie kann eine Analyse des Experiments, die davon ausgeht, daß jedes Experiment in der Sprache der klassischen Physik beschrieben werden muß, überhaupt eine nicht-klassische Physik verständlich machen?

In den atomphysikalischen Experimenten tritt niemals das Atom in dem Sinne als ein ganzes Ding in Erscheinung wie etwa ein Hammer. Das Atom ist unseren Sinnen nicht unmittelbar wahrnehmbar, und jedes Experiment bringt nur eine bestimmte Eigenschaft des Atoms in den Bereich einer vermittelten Wahrnehmbarkeit. Für den „makroskopischen Meßapparat" muß die klassische Physik angewandt werden. Für das „mikroskopische Meßobjekt" braucht sie nicht zu gelten. Das Meßobjekt kann zwar in der Messung nur solche Eigenschaften zeigen, die in der klassischen Physik formuliert werden können, z. B. Ort oder Impuls. Aber der Zusammenhang zwischen den Eigenschaften ist beim Atom nicht von derselben Art wie beim Gegenstand der klassischen Physik. Eine Meßanordnung, die mich den Ort eines Elektrons kennen lehrt, schließt das gleichzeitige Vorhandensein einer Meßanordnung, die mich seinen Impuls kennen lehrt, nach den von der Quantentheorie entdeckten Naturgesetzen aus. Wenn ich eine Messung gemacht habe, die die Behauptung rechtfertigt, das Elektron habe soeben einen bestimmten Ort, so kann ich auf Grund der Naturgesetze nicht gleichzeitig eine Messung gemacht haben, die die Behauptung rechtfertigt, dasselbe Elektron habe einen bestimmten Impuls. Das gibt uns die Freiheit, eine Beschreibung des Elektrons zu benutzen, in der ein Elektron, das einen bestimmten Ort hat, überhaupt keinen bestimmten Impuls besitzt und umgekehrt. Ort und Impuls werden „komplementäre" Beschreibungsweisen, weil die Experimente, in denen sie in Erscheinung treten, sich gegenseitig ausschließen.

Was ist die Modifikation des Realitätsbegriffes, die hierin liegt? Man kann die absolute Trennung von Subjekt und Objekt, auf der die klassische Physik beruht, nicht aufrecht erhalten: Der eigentliche revolutionäre Charakter dieser Änderung tritt erst hervor, wenn man sieht, daß sie aus der Anerkennung des Dingbegriffes hervorgegangen ist und ihn also nicht verwirft, sondern auf einen Anwendungsbereich beschränkt. Mit der leichtfertigen Verwerfung des Dingbegriffes im Machschen Positivismus hat diese Lehre nur die Freiheit vom naiv realistischen Dogma gemein, ohne sich aber einem entgegengesetzten Dogma deshalb zu verschreiben. Sie erinnert uns daran, daß die Welt ein Ganzes ist, in dem man nicht eine res cogitans von einer res extensa scharf trennen kann. Jedes Experiment ist ein materieller Akt, der zugleich ein Wahrnehmungsakt ist. So erinnert uns die Quantentheorie, um noch einmal Bohr zu zitieren, an die alte Weisheit: „that when searching for harmony in life one must never forget that in the drama of existence we are ourselves both and spectators“(236).

Interpretieren wir die Quantentheorie in dieser Weise, so müssen wir sie wohl nicht als eine weniger radikale, vielmehr als eine radikalere Änderung unserer Vorstellung von der Materie auffassen, als es der Positivismus Machs und seiner Nachfolger war. In ihren Konsequenzen zieht sie die kartesische Spaltung der Welt in Frage, auf der heute noch die Einteilung der wissenschaftlichen Disziplinen beruht. Eine Physik, die vom Menschen spricht, sei es auch nur in der vorerst bescheidenen Rolle des Beobachters, ist nicht mehr im Sinne eines älteren Wissenschaftsideals „reine“ Physik.

Vielleicht haben viele von uns Jüngeren, denen die Quantentheorie schon selbstverständlich ist, ein weniger deutliches Gefühl für die Tragweite dieser Konsequenzen als Einstein, der sich gegen sie wehrt. Wir werden den Mut Bohrs, ein neues Gelände der Wissenschaft im Bewußtsein der Radikalität seiner Konsequenzen zu betreten, bewundern, und wir müssen ihm folgen; aber wir werden diesen Mut nicht verwechseln mit der Leichtfertigkeit derer, die sich darüber täuschen, daß es in einer geistigen Revolution wie der der Physik unseres Jahrhunderts um Sein oder Nichtsein geht. Sehr vieles, was fast allen von uns noch als selbstverständlicher Besitz der Neuzeit erscheint, würde eine Analyse von der Schärfe derjenigen, die Bohr und Heisenberg in der Atomphysik durchgeführt haben, nicht besser bestehen, als es dort der Wirklichkeitsbegriff der klassischen Physik getan hat.

Ein Mann, wie Einstein, der die völlige Vereinsamung riskiert, um seine Zeitgenossen auf das Gewicht einer solchen Entscheidung aufmerksam zu machen, verdient unsere Verehrung, auch wenn wir ihm nicht folgen.

Kontinuität und Möglichkeit

Eine Studie über die Beziehung zwischen den Gegenständen der Mathematik und der Physik.

1. Fragestellung.

Die nachfolgenden Überlegungen bewegen sich, in einem mathematischen Gleichnis gesprochen, in der Umgebung des Schnittpunktes der drei Ebenen, die wir Mathematik, Physik und Philosophie nennen. Sie suchen zugleich darauf hinzuweisen, daß die übliche Darstellung dieser drei Disziplinen, welche ihre Fragestellungen als klar voneinander trennbar ansieht, nur in einer für die zentralen Fragen unzureichenden Näherung zutrifft. Um das mathematische Gleichnis fortzusetzen: nur in großem Abstand von dem gemeinsamen Mittelpunkt kann man die von den drei Disziplinen gebildete Figur in drei getrennte Ebenen zerlegen; in der Nähe des Mittelpunktes ist sie eine andersartige, einheitliche Struktur.

Diese Struktur ist nicht a priori bekannt. Sie wird nur im Fortschreiten der Wissenschaften selbst schrittweise sichtbar. Wir lassen uns daher in unserer Betrachtung von einem bestimmten ungelösten Problem der heutigen Physik leiten. Wir werden es hier seiner Lösung nicht näherführen, aber es wird uns veranlassen, das zu seiner Lösung erforderliche begriffliche Material zu überprüfen. Diese Überprüfung liefert uns den Ansatz einer Fragestellung in bezug auf den Schnittbereich der drei Disziplinen.

Das Problem, das wir wählen, ist das des Kontinuums. Es mag ein für das heutige Datum passendes Thema sein, denn W. Heisenberg[1]) hat schon vor mehr als zehn Jahren die Frage ausführlich erörtert, ob in die Physik als neue Elementarkonstante eine kleinste Länge eingeführt werden solle. Die physikalischen Gründe zu dieser Vermutung und ihr Verhältnis zur neueren Entwicklung der Feldphysik besprechen wir weiter unten. Wir wollen hier zunächst nur hervorheben, daß der Gedanke einer kleinsten Länge, wenn man ihn ernst nimmt, eine Revision der physikalischen und vielleicht der mathematischen Vorstellung vom Kontinuum involviert.

Kontinuum heißt das Zusammenhängende. Mit der Vorstellung des Zusammenhangs verbindet sich für uns im allgemeinen die Vorstellung der Teilbarkeit. Das überall Zusammenhängende (etwa eine ununterbrochene Strecke) stellen wir uns darum seit den Paradoxien des Zenon überall teilbar vor. „Kleinste Länge“ erscheint dann zunächst als ein widerspruchsvoller Begriff. Ist sie eine Länge, so ist sie teilbar, also nicht die kleinste. Ist sie „kleinst“, so ist sie keine Länge. Setzen wir sie z. B. gleich $2 \cdot 10^{-13}$ cm, so involviert schon diese Bezeichnungsweise, daß wir uns auch $1 \cdot 10^{-13}$ cm noch denken können, aber auch 10^{-14} oder 10^{-26} cm. Die Meinung ist, daß die kleinste Länge keine Länge im anschaulichen Sinn sein soll. Sie soll vielmehr die Größenanordnung bezeichnen, bis zu der hinab die übliche Längenvorstellung noch angewandt werden kann. Das Problem ist von ähnlicher Struktur und wohl auch sachlich verwandt mit dem klassischen Problem des Atomismus. Denke ich das Atom ausgedehnt, so denke ich damit zugleich seine Teile. Also hat das ausgedehnte Atom Teile, und seine Unteilbarkeit ist dann nur eine vielleicht unüberwindbare technische Schwierigkeit. Die Quantenmechanik hat dieses Problem durch B o h r's Begriff der Komplementarität gelöst. Sofern das Innere des „Atoms“ geometrisch beschrieben wird, ist es teilbar; sofern es als letzte Einheit auftritt, z. B. in der Chemie, muß auf seine geometrische Beschreibung seines Inneren verzichtet werden. Die Hypothese der „kleinsten Länge“ besagt, daß auf die geometrische Beschreibung ruhender Längen unter etwa $2 \cdot 10^{-13}$ cm überhaupt und nicht nur, wie in der Quantenmechanik, unter gewissen Bedingungen verzichtet werden müsse.

Wenn ein Physiker einem Mathematiker diese Frage erläutert, so hört er oft die mit der Naivität des guten Gewissens gestellte bestätigende Gegenfrage: Ihr glaubt also, daß der physikalische Raum nicht als ein Kontinuum beschrieben werden kann? Es scheint mir, daß sich in dieser Frage diejenigen Mißverständnisse verdichten, die uns alle bisher an einer erfolgreichen Bearbeitung des Problems des Kontinuums gehindert haben.

Zunächst sei ein Mißverständnis des rein physikalischen Sinnes der Frage beseitigt. Die Hypothese der kleinsten Länge besagt nicht, an die Stelle des kontinuierlichen Raumes solle ein „diskreter Raum“ gesetzt werden, in dem z. B. jede endliche Strecke aus einer genau angebbaren Anzahl individuell unterscheidbarer kleinster Längen zusammengesetzt wäre. Wollte man die individuellen keinsten Längen anschaulich verstehen, so verfiele man dem soeben geschilderten Selbstwiderspruch. Daß man die

Diskretheit auch nicht um den Preis der Unanschaulichkeit einhandeln kann, läßt sich natürlich nicht a priori zeigen, geht aber aus der konkreten physikalischen Situation (vgl. unten Abschnitt 5) wohl klar hervor. Hier sei nur bemerkt, daß ein derartiges Verfahren wohl immer ein Koordinatensystem als ruhend auszeichnen würde, also nicht relativistisch invariant wäre. Der Begriff des Kontinuums ist eben nicht nur im Begriff des Raums, sondern auch in denen der Zeit, der Bewegung, der Energie, in anderer Weise auch im Begriff der Wahrscheinlichkeit enthalten und kann nicht nur aus einem von ihnen allein entfernt werden. Die Erfahrungen über Entstehung und Vernichtung von Teilchen und der Begriff der „virtuellen Existenz“ eines Teilchens scheinen zu zeigen, daß die Entwicklung nicht in der Richtung einer wachsenden Abzählbarkeit von Elementargebilden geht.

In der soeben dem Mathematiker in den Mund gelegten Frage dürfte aber auch ein Mißverständnis über die Rolle der Mathematik in unserem Problem (und vielleicht überhaupt) liegen. Die Frage setzt voraus, wir dürften von einem mathematischen Begriff des Kontinuums ausgehen, der bis auf gewisse, nur für Spezialisten interessante Grundlagenschwierigkeiten klar sei, und es sei dann nur zu prüfen, ob er in der Physik mit Nutzen verwendet werden könne. Die heutige Mathematik hat in der Tat einen durchdachten Begriff des Kontinuums anzubieten; wir kennen ihn z. B. in der Auffassung der Punkte einer Strecke als aktual unendliche, überall dichte, überabzählbare Menge. Eine konsequente Physik der kleinsten Länge würde auch vermutlich dazu führen, daß dieser Begriff nicht direkt, sondern entweder gar nicht oder nur als Hilfsbegriff einer andersartigen Konstruktion auf den physikalischen Raum angewandt würde. Aber diese Physik würde damit nicht auf den Begriff „Kontinuum“ verzichten dürfen. Die Physik sollte uns daran erinnern, daß der Gedanke eines Kontinuums älter und ursprünglicher ist als die spezielle Fassung, die ihm die Mathematik der letzten 100 Jahre gegeben hat. Wie stets, wenn eine Grundlagenrevision nötig wird, ist es lohnend, zu den Anfängen zurückzugehen. Der ursprüngliche Begriff des Kontinuums aber, auf den wir dabei stoßen werden, gehört in gleichem Maße der Physik, der Mathematik und der Philosophie an, und der mengentheoretische Kontinuumsbegriff ist wohl nur die Art, in der die neuzeitliche Mathematik sich diesen Begriff vorerst einmal handlich gemacht hat.

Es scheint, daß sich die Mathematik von jeher und bis zum heutigen Tage auf genau zwei, freilich eng miteinander verwobene Gegenstandstypen bezieht. Die traditionelle Antwort auf die Frage nach dem Gegenstand der Mathematik lautet: Zahlen und Figuren. Mathematische Naturwissenschaft gilt als charakterisiert durch zwei Tätigkeiten: Zählen und Messen. Der heutige Mathematiker empfindet die natürliche Zahl und die geometrische Figur höchstens als je ein charakteristisches Beispiel allgemeiner Gegenstandsklassen. Aber etwa die Unterscheidung zwischen Gesamtheiten mit algebraischer und solchen mit topologischer Verknüpfung enthält noch genau dieselbe Einteilung, die mit dem Begriffspaar „diskret" und „kontinuierlich" unscharf angedeutet ist. Es dürfte schwierig sein, von einer rein formalen Auffassung der Mathematik als „Zeichenspiel" her diese Zweiteilung zu verstehen. Warum sollten uns nicht auch noch ganz andere lustige Spielstrukturen einfallen? Die Unterscheidung wird aber vielleicht verständich werden, sobald wir nach der Beziehung der Mathematik zur Wirklichkeit fragen — was immer das Wort „Wirklichkeit" hier bedeuten möge. Unser Nachsatz besagt: wir können eine solche Frage nicht stellen, ohne zugleich wieder einmal zu fragen, was wir unter „Wirklichkeit", „Sein", „Wahrheit" verstehen, d. h. ohne zu philosophieren. Das Philosophieren können wir uns ja nur dort ersparen, wo wir in einer Welt festgefügter Begriffe vorwärtsschreiten, nicht aber wo wir die Grundlagen prüfen.

Es hat in der Mathematik nicht an formal erfolgreichen Versuchen gefehlt, die beiden Bereiche einem einheitlichen Gesichtspunkt unterzuordnen. Die Erweiterung des Zahlbegriffs von der natürlichen zur reellen Zahl unterwirft das Kontinuum dem Zahlbegriff. Solange dabei nur algebraisch-formale Gesichtspunkte leitend sind, bleibt freilich die Frage ungeklärt, was diesen Aufbau vor anderen denkbaren zwangsläufig auszeichnet. Auch scheint der konsequentere algebraische Haltepunkt beim Körper der rationalen Zahlen oder dann bei dem der komplexen Zahlen zu liegen. Ohne den Wunsch, das gegebene geometrische Kontinuum darzustellen, wäre der Aufbau schwerlich so vollzogen worden, wie wir ihn heute kennen. Es könnte der höchste Ehrgeiz eines mathematischen Physikers sein, einmal rein algebraisch zu zeigen, daß es eine nicht aufs Diskrete beschränkte Welt mit anderen mathematischen Eigenschaften als denen des uns unbekannten Kontinuums gar nicht geben könnte. Aber solange das nicht geleistet ist, bleibt Kroneckers Empfinden begreiflich:

„Die ganzen Zahlen hat der liebe Gott gemacht, alles Andere ist Menschenwerk“. Im Sinne des hier vertretenen Standpunkts sind unter „alles Andere“ nur die zur Darstellung des Kontinuums erfundenen Zahlbegriffe zu verstehen. Das Kontinuum selbst hat als einen Wesenszug der Welt, in der wir leben, derselbe Gott gemacht, der uns das Handwerkszeug der ganzen Zahlen mitgegeben hat. Vielleicht liegt das „Menschenwerk“ an den reellen Zahlen gerade darin, daß sie die im Kontinuum uns begegnende Wirklichkeit den ganzen Zahlen ähnlicher zu machen suchen, als sie wirklich ist.

Eine andere Vereinheitlichung ist der Aufbau der Lehre von den Zahlen und Punktmengen von der Mengenlehre her. Wir wollen sie an diesem Ort noch nicht näher betrachten. Durch die Entdeckung der Paradoxien ist diesem Aufbau jedenfalls der Charakter der Selbstverständlichkeit genommen worden. Die Auffassung des Kontinuums als Punktmenge kann in gewisser Weise als die größtmögliche Annäherung des Kontinuums an die Struktur des Diskreten angesehen werden, und der Verdacht ist öfters laut geworden, daß gerade hierin ihr Fehler liege.

Es ist vielleicht deutlich geworden, daß die Frage nach dem Wesen des Kontinuums von der nach dem Wesen der Zahl nicht losgelöst werden kann. Wir fragen nach der Beziehung beider zu dem, was wir die Wirklichkeit nennen. Wir wollen mit einer, notgedrungen kurzen, Erörterung des Zahlbegriffs beginnen.

2. *Anzahl und Allgemeinheit.*

Die Zahl ist eine der größten Entdeckungen der Menschheit. Wer einsieht, daß drei Äpfel und drei Füchse etwas miteinander Gemeinsames haben, was weder zwei Äpfel mit drei Äpfeln noch zwei Füchse mit drei Füchsen gemein haben, der hat eine neue Ebene des Denkens erstiegen.

Was aber ist das, was sie miteinander gemein haben? Die Anzahl Drei. Was aber ist „Drei“? Was ist eine Anzahl? Jeder von uns versteht es; aber wir stocken, wenn wir versuchen, es zu sagen. Mathematik ist geradezu bezeichnet worden als die gewisse Erkenntnis eines Gegenstandes, von dem man nicht sagen kann, was er ist.

Das ist nicht zufällig. Das Problem des Wesens der Zahl ist ein Teil eines Problems, das als Ganzes zwar schon von der griechischen Philosophie gesehen worden ist, das aber gerade für die empiristische Philosophie, die in unserer Zeit mit der exakten Wissenschaft verbunden zu sein pflegt, unlösbar bleiben muß. Die Zahl fällt in den Bereich dessen, was in der Philosophie unter dem Namen des Eidos, der Form, der Universalien, des Allgemeinen diskutiert worden ist. Das Universalienproblem werden wir hier und heute nicht lösen. Wir versuchen aber, es so einzuengen, daß einige für die Zahl charakteristische Züge hervortreten.

Wir wollen sagen, „Drei" sei eine *Struktur*[2]). Wir meinen damit das Wesen der Zahl nicht „erklärt" zu haben, denn nun tritt die Frage auf, was eine Struktur sei. Wir werden versuchen, auf Merkmale dessen, was wir „Struktur" nennen, hinzuweisen und dadurch schließlich vielleicht mit dem Leser zu einer gemeinsamen Verwendungsweise dieses Begriffs zu gelangen. Wir versuchen das aber zunächst nicht am allgemeinen Begriff der Struktur, sondern am besonderen Beispiel der Zahl.

Die Struktur „Drei" kann verschiedenen Gegenstandsgruppen zukommen, z. B. drei Äpfeln oder drei Füchsen. Sie ist in allen diesen Fällen dieselbe Struktur. Sie kann an Äpfeln und Füchsen, an Bäumen und Zelten als dieselbe wiedererkannt werden. Sie selbst aber ist kein Baum und ist kein Zelt. Sie ist kein „Ding". Einen Baum oder ein Zelt kann man vorzeigen. Aber man kann nicht auf ein Ding zeigen und sagen: das ist Drei. Drei kann nur vorgezeigt werden in der Gestalt von drei Zelten oder drei Füchsen, kurz drei „Dingen". Wer abstrakt genug denken gelernt hat, kann sie vielleicht auch an Hand von drei Gedanken „vorzeigen".

Da man „drei" wiedererkennen kann, ist es legitim, diesem Wiedererkennbaren einen Namen „Drei", „3" zu geben. Wir pflegen das Wort „es gibt" so zu gebrauchen, daß wir von etwas, das man wiedererkennen kann, sagen, es gebe dieses wiedererkennbare Etwas. Also gibt es „die Drei". Der Satz ist unanfechtbar, solange wir uns nicht auf eine zu enge Deutung des „es gibt" festlegen. Eine zu enge Deutung ist die des naiven „Realismus" (dieses Wort im Sinne des Universalienstreits verstanden). Die Erkenntnis der Zahl als Zahl ist einer der Punkte, an der wir unsere naive Meinung überwinden können, alles Erkennbare, alles, was „es gibt", müsse den Charakter eines Dings haben. Die Ansicht, es gebe „irgendwo" die „Zahl an sich", die „Drei selbst", die „Idee der Drei" (das Wort Idee nicht im ursprünglichen platonischen Sinn, den Heidegger mit „Aussehen" wiederzugeben sucht, sondern in dem Sinn verstanden, gegen den seit Aristoteles polemisiert wird) — diese Ansicht ist ein Rückfall in jene naive Meinung auf nächsthöherer Stufe. Hier mag uns der

Strukturbegriff helfen. Eine Struktur ist eine Struktur von etwas; ihr bloßer Begriff setzt also ein „Etwas", dessen Struktur sie ist, voraus.

Ebenso unzureichend ist der Nominalismus, der das Kind der Zahl mit dem Bade des Realismus ausschüttet. Fassen wir ihn in dem Sinne auf, daß der Allgemeinbegriff nur ein „flatus vocis", nur ein Name sei, so verwechseln wir, im Beispiel der Zahl geredet, die Ziffer „3", den Schall „drei" mit der Struktur, für welche die Ziffer und das Wort nur Zeichen sind. Sagen wir aber, die Ziffer und das Wort seien nur Zeichen für eine verschiedenen Gegenständen gemeinsame Eigenschaft, so haben wir nur eine andere Formulierung desselben Problems eingeführt. Wir fragen ja gerade, wieso es Eigenschaften geben kann, die verschiedenen Gegenständen gemeinsam sind und unabhängig von der besonderen Wahl des jeweiligen dinglichen Gegenstands erkannt werden können. Vorzeigen kann ich „Drei" freilich nur, indem ich drei Dinge vorzeige. Aber der Akt der Erkenntnis von „Drei" beginnt in dem Augenblick, in dem ich einsehe, daß es vollkommen gleichgültig ist, welche Gegenstände vorgezeigt werden, wenn es nur drei sind.

Es kann sein, daß das Wesen der Struktur „drei" über das bisher Gesagte hinaus einer Erläuterung weder fähig noch bedürftig ist. Auch die Begriffe „Apfel", „rot" oder „rechts" können durch Aufweis und täglichen Gebrauch zum aufleuchtenden oder unausdrücklichen Verständnis gebracht, aber nicht weiter „erklärt" werden. Wir haben eben eine Fähigkeit, Zahlen zu verstehen und anzuwenden, Strukturen als solche „wahrzunehmen", und wir können zunächst nicht mehr tun, als uns dieser Fähigkeit bewußt werden.

Was wir aber können, ist, den einmal erfaßten Begriff mit anderen sachgemäß verknüpfen. Hierbei entsteht neue Erkenntnis, welche alle benützten Begriffe erläutert, indem sie sie einordnet. Ja, wir gewinnen kaum je Klarheit über einen Begriff, ehe wir ihn eingeordnet haben. So können wir mathematisch die Kardinalzahl „drei" mit anderen Kardinalzahlen verknüpfen und als Glieder einer komplexeren Struktur, der Zahlenreihe, erkennen. Wir können nun auf dem Wege über das Zählen, also die Ordinalzahl, immer höhere Zahlen aufbauen und die Offenheit der Zahlenreihe, das einfachste Beispiel von „Unendlichkeit", erkennen. Nun erweist sich 3 als eine Zahl mit ganz bestimmten Eigenschaften, als ungerade, als Primzahl, als niedrigster Exponent, für den der große Fermatsche Satz gilt usw.

Wir erkennen die Drei so als Struktur unter Strukturen. Für die philosophische Frage, was all diese Strukturen denn seien, hat dann das Problem der Art ihrer Erkennbarkeit einen Schritt weitergeholfen, freilich einen Schritt ins Dickicht der schwierigsten Probleme. Strukturen sind erkennbar. Sie sind aber nicht das einzig Erkennbare. „Rot" ist in diesem Sinne keine Struktur. „Dieser Apfel" *hat* vielleicht allerhand Strukturen, aber er *ist* keine Struktur, er ist vielmehr ein Ding. Äpfel, Dinge überhaupt kenne ich durch meine Sinne, Farben auch. „Wodurch" kenne ich eigentlich Strukturen?

Wir Naturwissenschaftler werden alle zum bewußten oder unbewußten Empirismus erzogen. Wir meinen, wir könnten von der Welt nicht anders als durch sinnliche Erfahrung etwas wissen. Wenn „drei" eine mögliche Struktur von Dingen in der Welt sei, so müßten wir auch den Begriff drei der Sinneswelt verdanken. Wir haben etwa im Lauf unseres Lebens schon oft drei Gegenstände gesehen und daraus den Begriff Drei „abstrahiert".

„Komm!", „schau!", „greif zu!", sind leicht erfüllbare Forderungen. „Abstrahiere!" ist ein schwierigerer Befehl. Die Gegenfrage scheint erlaubt: „Wie macht man das?" Das Problem der Erkenntnis der Struktur, überhaupt des Allgemeinen scheint sich nun in das Problem unserer Fähigkeit zur Abstraktion versteckt zu haben.

Ehe wir diesem Problem inhaltlich weiter nachgehen, wollen wir eine empirisch gewonnene Selbsteinschränkung der empiristischen Grundthese nennen. Die Tierpsychologie hat die alte Unterscheidung von instinktiven, erlernten und einsichtigen Handlungen auf eine sehr breite Basis gestellt. Die Schwalbe kann ihr Nest bauen, nicht weil ihre individuelle Erfahrung sie gelehrt hätte, wie man das macht, sondern weil ihr dieses Können angeboren ist. „Angeboren" darf auch ein Können genannt werden, das sich erst während des Wachstums der Lebewesen entwickelt und erst bei gegebenem Anlaß hervortritt. Das Liebesspiel und die Brutpflege sind darum nicht weniger angeboren, weil sie erst nach der Geschlechtsreife einzusetzen pflegen. Die Frage, woher denn das angeborene Können stamme, beantwortet die Selektionstheorie hypothetisch und vielleicht unzureichend, aber sicher in einer Weise, die keine dem Naturwissenschaftler mißliebige „Metaphysik" heranzieht. Die Art hat in Jahrmillionen der Anpassung an ihre Umwelt dasjenige „Wissen" von der wirklichen Beschaffenheit der Welt erworben (z. B. es gibt die und die Gräser, aus denen man ein Nest bauen kann), über welches nunmehr das Individuum „vor aller Erfahrung" verfügt. Zum mindesten im animalischen Bereich also ist die Seele des Neugeborenen keine Tabula rasa. Und das „Wissen a priori" ist genau so gegenwärtig, wie es die einsichtigeren Aprioristen immer behauptet haben: nicht als explizite Behauptung, sondern als ein Können, als gleichsam potentielles Wissen, das erst durch die Begegnung mit der Erfahrung, für die es bestimmt ist, aktualisiert wird.

Konrad Lorenz[3]) hat auf diese Zusammenhänge hingewiesen und Folgerungen für das menschliche Wissen a priori gezogen. Wir brauchen ihm nicht in die Einzelheiten seiner Überlegungen zu folgen, denn unser Ziel ist zugleich bescheidener und umfassender als seines. Die genetische Frage, wie es zu dem Wissen oder Können, um das es uns hier geht, gekommen sei, stellen wir nicht. Hingegen versuchen wir genauer zu bezeichnen, worin dieses Wissen eigentlich besteht und wodurch es sich von einem Wissen, das aus einzelner, individueller, sinnlicher Erfahrung gewonnen werden kann, unterscheidet. Man kann ja fragen: Gesetzt, die aprioristischen Philosophen hätten wenigstens teilweise recht gehabt, woher hatten Sie dann ihre Erkenntnis von einem Wissen a priori? Haben sie empirische Psychologie getrieben? Ihre Psychologie war meist schwach. Aber sie fragten nach dem *Inhalt* jenes Wissens und sahen ein, daß ein solches Wissen seine Rechtfertigung nicht aus einzelnen oder summierten Sinnesempfindungen ziehen konnte. Hieraus schlossen sie auf eine andere Quelle dieses Wissens. Wir müssen dieser Fragestellung folgen. In den Ergebnissen werden wir aber mit dem philosophischen Apriorismus so wenig voll übereinstimmen können wie mit dem Empirismus.

Wir kennen die Zahl Drei besser als die Art, in der wir sie auf die Wirklichkeit anzuwenden haben. Ob zwei Füchse und ein Schakal, ob eine Füchsin mit zwei ungeborenen Jungen, ob eine von fern undeutlich gesehene Fuchsfamilie jeweils drei Füchse sind oder nicht, ob „Gallia omnis divisa est in partes tres", das sind Fragen, die nicht ohne weitere Verabredung oder Nachforschung beantwortet werden können. Bei dieser Verabredung oder Nachforschung steht eines aber fest: daß alle Beteiligten wissen, was sie mit „drei" meinen. Das Verständnis der Struktur „drei" ist Bedingung der Möglichkeit der Frage, ob dies drei Füchse sind oder nicht.

Das Verständnis der Zahl reicht auch weiter als die Gesamtheit aller Erfahrungen, auf die ich den Zahlbegriff bisher angewandt habe. Ich erwarte mit voller Sicherheit, daß $2+1 = 3$ sein wird, welche Gegenstände ich auch immer zählen werde. Auch für Gegenstände, die ich nie zählen werde, und die überhaupt nie jemand zählen wird, erwarte ich, wenn sie überhaupt eindeutig unterscheidbar sind, daß einer von ihnen, zu zweien von ihnen hinzugefügt, drei von ihnen ergeben wird. Und von dieser weiteren Erstreckung des Geltungsbereichs meiner Erkenntnis brauche ich mich nicht durch besondere Nachprüfungen zu überzeugen. Die Allgemeingültigkeit eines Satzes wie „$2 + 1 = 3$“ ist nicht eine zu dem Satz hinzukommende Behauptung, sondern sie ist ein Teil seines Sinnes. Der Satz wird schlicht und unreflektiert stets als ein allgemeingültiger Satz verstanden. Schon, daß ich mit den reinen Strukturen „2“, „1“, „+“, „=“, „3“ operiere, ohne auf einen bestimmten Gegenstandsbereich Bezug zu nehmen, involviert, daß ich die Geltung des Satzes für alle Gegenstände meine, die solche Strukturen zeigen können. Indem ich sage: „ich kann Strukturen wahrnehmen“, sage ich mit: „ich kann allgemeine Wahrheiten erkennen“; denn eine Struktur ist ein allgemeiner Sachverhalt.

Indem wir annehmen, daß es wiedererkennbare Strukturen gibt, haben wir also schon anerkannt, daß es „Allgemeines“ gibt und daß wir es erkennen können. Die empiristische Erkenntnislehre ist damit in den Grundlagen erschüttert; denn dies heißt, daß ich Sachverhalte wissen kann, die ich nie gesehen habe. Gelegentlich wird der Ausweg versucht, die Allgemeinheit dieser Sätze sei nur scheinbar, denn sie seien ja nur konditional zu verstehen: „wenn es zählbare Gegenstände gibt, so ist $2 + 1 = 3$“; ob aber Gegenstände, die ich nie gesehen habe, zählbar sind, könne ich nicht wissen. Nun wird aber wenigstens für den Konditionalzusammenhang die Allgemeingültigkeit zugegeben; das Problem wäre also jedenfalls nur um einen Schritt verschoben, ohne seinen Charakter verändert zu haben. Auch wer alle allgemeingültigen Sätze für analytisch oder „tautologisch“ hält, gibt damit zu, daß es für ihn Allgemeingültigkeit gibt. Außerdem beruht aber die Physik, ja jede Erfahrung von der Natur darauf, daß die Kondition des Konditionalsatzes erfüllt zu sein pflegt. Naturgesetze sind nur interessant, weil sie Prophezeiungen gestatten. Der Begriff des Naturgesetzes enthält seine Geltung für Fälle, die zur Zeit seiner Aufstellung unbekannt waren, z. B. für alle zukünftigen Fälle. Die auf der Naturwissenschaft beruhende Technik beweist den Erfolg unseres Glaubens an Naturgesetze. Die Konstanz der physischen Dinge beruht auf der fortdauernden Geltung der Naturgesetze. Die Möglichkeit der Begriffsbildung beruht gerade nach empiristischer Lehre auf der Konstanz der Dinge. Empirische Erkenntnis kann ohne Begriffe nicht ausgesprochen werden. Die allgemeinen Sachverhalte, die wir in einer Strukturerkenntnis erkennen, sind also Bedingungen der Möglichkeit empirischer Wissenschaft.

Daß sich der Empirismus immer wieder durchgesetzt hat, ohwohl alles soeben Gesagte im Prinzip seit Platon bekannt ist, war nur möglich, weil auch der Apriorismus einen fundamentalen Fehler gemacht hat. Er verwechselte unsere Fähigkeit, Strukturen wahrzunehmen, mit dem Besitz absoluter Gewißheit. Es ist leicht zu begreifen, wie es zu dieser Verwechslung kam. Strukturerkenntnis ist ihrem Sinn nach allgemein, überschreitet also die einzelne Erfahrung, an Hand deren sie uns aufgegangen sein mag. Also kann sie logisch nicht aus dieser einzelnen Erfahrung abgeleitet werden und ebensowenig aus einer Summation solcher Einzelerfahrungen. Es scheint nur übrigzubleiben, daß wir sie „schon vorher“, „a priori“ kennen und daß sie damit auch an der Ungewißheit der Erfahrungserkenntnis keinen Anteil hat.

In Wirklichkeit ist damit eine der schwierigsten Fragen angeschnitten, die zu entwirren wir hier nicht versuchen dürfen. Es sei nur auf einige Punkte hingewiesen. Die Gegenüberstellung Erfahrungserkenntnis-Erkenntnis des Allgemeinen ist ungenau. Einerseits setzt jede wissenschaftlich verwertbare, ja jede aussprechbare Erfahrung schon Begriffe, also stillschweigende Verwendung von Allgemeinem voraus. Andererseits sollte auch unsere Erkenntnis von Strukturen vielleicht als eine Erfahrung, nur nicht als eine Erfahrung vom Typ der Sinnesempfindung, bezeichnet werden. Sie unterliegt den Möglichkeiten des Irrtums, der Verdeutlichung, der Entwicklung. Die Rede von der Erkenntnis „reiner“ Strukturen ist eine theoretische Idealisierung, bezeichnet einen Grenzfall. Wir kennen Strukturen als Strukturen von etwas; im paradigmatischen Einzelfalle leuchtet die Struktur auf. Naturgesetze können zwar nie in der Allgemeinheit, in der sie gelten, empirisch verifiziert werden; aber wir entwerfen sie als Hypothesen, die sehr wohl der empirischen Falsifizierung offenstehen[4]).

Historisch sind diese Fragen ins Rollen gekommen durch die Entdeckung, das angebliche „Erkenntnisse a priori“ falsch sein und empirisch widerlegt werden können. Der wichtigste Schritt geschah innerhalb der Mathematik: die Entdeckung der Möglichkeit nichteuklidischer Geometrie. Die absolute Gewißheit der Mathematik konnte allerdings durch die formale Auffassung gerettet werden. Nach der älteren Ansicht waren die

Axiome selbst Erkenntnisse a priori und daher die ganze aus ihnen logisch gefolgerte Geometrie a priori gewiß. Nach der formalen Auffassung sind die Axiome überhaupt keine Erkenntnisse, ja wir brauchen mit ihnen gar keine inhaltlichen Vorstellungen zu verbinden. Die Geometrie ist dann ein System von konditionalen Erkenntnissen: wenn es irgendwo eine Struktur gibt, die durch die Axiome richtig beschrieben wird, dann treffen für diese Struktur auch alle Folgesätze zu. Wir geben das zu, wollen aber mehr wissen. Wir glauben, daß eine Mathematik, die nur formal fragt, sich von dem fruchtbaren Boden, auf dem sie gewachsen ist, entfernt, und daß sie spätestens in dem Augenblick, in dem gefragt werden muß, was denn der Begriff „formal" selbst bedeute, doch genötigt ist, zum inhaltlichen Denken zurückzukehren. Wir fragen also ausdrücklich nach dem Etwas, dessen formale Struktur die Mathematik untersucht.

3. Kontinuum und Möglichkeit.

Die Kritik am Apriorismus hat im Bereich der Mathematik die Vorstellungen vom Kontinuum betroffen, die natürlichen Zahlen aber faktisch unberührt gelassen. Brouwers Intuitionismus und Hilberts finiter Standpunkt setzen die Zahlen, mit denen man zählen kann, als ein Gegebenes voraus. Und auch der formalistische Logistiker numeriert seine Formeln, gibt also wenigstens ein praktisches Apriori der Zahlen zu. Wir wollen diesem Verfahren folgen und die natürlichen Zahlen als ein brauchbares, verständliches Gerät unseres Denkens voraussetzen.

Warum brauchen wir überhaupt außerdem die Kontinuumsvorstellung? Weil die natürlichen Zahlen zwar uns selbst natürlich sind, aber auf die Wirklichkeit, in der wir leben, auf die „Natur", nur unvollkommen passen. „Gallia est divisa in partes tres", ist ein anthropomorpher, ein Generals-Standpunkt. Wir können Gallien in drei Teile einteilen. Aber wir können es auch ungeteilt betrachten, oder in 90 Departments, in 550 000 qkm, in die Besitztümer von 40 Millionen Menschen einteilen usw. Am Boden Galliens hätte uns der Begriff der Anzahl schwerlich aufleuchten können.

Allerdings gibt es Bereiche der Wirklichkeit, die sich dem Zählen leichter darbieten, und in denen wir daher den Begriff des Individuums, diese Übersetzung des griechischen Worts Atom, anwenden. Einer dieser Bereiche sind die höheren Stufen des organischen Lebens. Drei Füchse sind im allgemeinen eindeutig von zwei oder vier Füchsen unterschieden.

Freilich sind sie nur drei, insofern sie Füchse sind. Als Fuchsfamilie betrachtet, sind sie vielleicht nur eine; als Gesamtheit von Zellen oder chemischen Atomen mögen sie 10^{10} oder 10^{28} sein. Das Unteilbare am Individuum Fuchs ist also nicht sein Leib, sondern seine Struktur, kraft deren er „ein Fuchs" ist. Bin ich bereit, auf diese Struktur zu verzichten, so kann ich ihn teilen.

Die Hoffnung, Unteilbares und darum prinzipiell eindeutig Zählbares in materieller Gestalt aufzuweisen, hat zur Atomvorstellung geführt. Die Entwicklung der Atomphysik hat gerade diese Hoffnung nicht bestätigt. Aus wievielen Lichtquanten „besteht" das elektromagnetische Feld, das ein chemisches Atom zusammenhält? Aus unendlich vielen virtuellen (longitudinalen) Quanten. Die Rechtfertigung der Anwendung des Zahlbegriffs liegt hier nicht mehr in einer an sich bestehenden Zählbarkeit von Individuen, sondern in den algebraischen Eigenschaften der abstrakten Strukturen, durch die wir die elementaren Felder beschreiben.

Wie können wir diese Betrachtungen in eine kurze, abstrakte Formel zusammenfassen? Weil die Wirklichkeit zusammenhängend (con-tinens) ist, kann ich den Begriff der Zahl nicht ohne Willkür auf sie anwenden. Andererseits ist der Zahlbegriff darum nicht unanwendbar; ich *kann* ihn anwenden, aber in mehrdeutiger Weise. Die *Kontinuität* des *Wirklichen* äußert sich für uns als *Möglichkeit* des Einteilens. Versuchsweise stellen wir diese drei Begriffe: Wirklichkeit — Kontinuität — Möglichkeit als zusammengehörig den drei anderen zusammengehörigen Begriffen: Begrifflichkeit — Zahl — Aktualität gegenüber.

Die Bedeutung des Begriffs der Möglichkeit hervorzuheben, ist das hauptsächliche Ziel des vorliegenden Aufsatzes. Der Begriff wird in vielerlei Bedeutungen gebraucht, und wir müssen versuchen, die Bedeutung, die wir hier meinen, herauszuarbeiten. Dies wird nur eine Vorarbeit für eine eigentliche philosophische Erörterung des Begriffes sein.

Als negativen Hinweis auf das Gesuchte stellen wir an die Spitze eine Frage, die sich uns aus unserer Denktradition heraus aufdrängt, die wir aber abweisen wollen: Ist dieser Begriff der Möglichkeit subjektiv oder objektiv gemeint? Handelt es sich um eine Möglichkeit für mich oder um eine Möglichkeit in den Objekten? Vielleicht hätten wir den gesuchten Möglichkeitsbegriff verstanden, wenn wir klar sagen könnten, warum diese Frage falsch gestellt ist.

In welchem Sinne kann man von möglichen Ereignissen reden? Vergangene Ereignisse sind geschehen, sie sind Fakten. Sie zu ändern, gilt als unmöglich. Zukünftige Ereignisse aber „sind" eigentlich nicht. Wir sagen „noch nicht". Das heißt, wir erwarten mit Bestimmtheit, *daß* etwas auch weiterhin geschehen wird. *Was* geschehen wird, wissen wir freilich nicht. Aber wir wissen nicht gar nichts darüber. Unser gesamtes praktisches Leben beruht auf gegründeten Erwartungen über die Zukunft. Dies ist möglich, jenes ist möglich — verschiedenes könnte geschehen, und etwas davon wird geschehen; verschiedenes könnte ich tun, und zu etwas werde ich mich entschließen. Wir konzipieren zukünftige Ereignisse in der Seinsweise der Möglichkeit.

Unser übliches Denken, das sich selbst naiv als das einzig rationale Denken ansieht — das Denken, das die natürliche Zahl benutzt und die Naturwissenschaft hervorgebracht hat, das sich in der klassischen Physik und der klassischen Ontologie niedergeschlagen hat — dieses Denken versucht, den Begriff der Möglichkeit instinktiv zu eliminieren. Es wünscht alles Geschehende nach dem Bilde des Faktums zu denken und betrachtet die Möglichkeitsform des zukünftigen Geschehens nur als eine Folge unseres Nichtwissens. Das Naturgesetz ist dann ein Mittel, das Nichtwissen in bezug auf die Zukunft aufzuheben; der Laplacesche Dämon gilt als Ideal eines Wissenden.

Wir versuchen nicht, dieses Problem in der Ebene der Metaphysik zu lösen. Wir glauben vielmehr, daß die metaphysischen Lösungen, wie z. B. der Determinismus oder seine Negativkopie, der prinzipielle Indeterminismus, voreilig über das, was wir wirklich wissen, uns meistens aber nicht klarmachen, zu etwas vorstoßen wollen, was wir nicht wissen und was es vielleicht gar nicht gibt. Wir beschränken uns auf einen Ansatz einer Phänomenologie des Möglichkeitsbegriffs. Wir unterscheiden also zunächst die Tatsache, daß wir Vergangenes anders denken als Zukünftiges, von allen Theorien, die in dieser Tatsache entweder eine „objektive Wahrheit" oder ein „bloß subjektives Phänomen" sehen. Die so erweckte phänomenologische Aufmerksamkeit wird uns dann sehen lehren, daß unser ganzes Denken vom Begriff der Möglichkeit durchzogen ist. Es ist schwer zu sehen, wie wir ohne ihn überhaupt denken könnten. Freilich erweist er sich als so vielgestaltig wie der Begriff des Seins. *Τὸ δύνατν λέγεται πολλαχῶς.* Durch dieses weite, unbeackerte Feld suchen wir uns Fußwege zu bahnen, die den

Begriff des Kontinuums in einer vorläufigen Weise mit anderen Möglichkeitsbegriffen verbinden.

Wir bleiben zunächst bei dem zeitlichen Begriff der Möglichkeit, den wir durch den Hinweis auf die Zukunft erläutert haben. Daß er für das Verständnis der Unumkehrbarkeit des physikalischen Geschehens (statistische Deutung des zweiten Hauptsatzes der Thermodynamik) notwendig ist, ist an anderer Stelle diskutiert worden[5]). Er scheint aber zu eng zu sein, wenn wir bedenken, daß wir auch auf vergangene Ereignisse die Kategorie der Möglichkeit anwenden. „Es ist möglich, daß dieser Brief schon gestern angekommen ist," „es ist möglich, daß Amerika früher mit Europa und Afrika einen Kontinent gebildet hat". Dieses „möglich" bezieht sich offenbar nicht auf die Faktizität des vergangenen Geschehens, sondern auf mein Wissen. Ich zweifle nicht, daß der Brief entweder gestern angekommen ist oder nicht, und wenigstens prinzipiell könnte in „meiner" Zukunft das „möglich" durch „gewiß" ersetzt werden, nämlich falls ich später einmal mehr über die Sache wissen sollte. Argumentiere ich aber, bei ungenügendem Wissen, mit Indizien oder Notwendigkeiten, so stelle ich dabei das vergangene Geschehen unwillkürlich in statu nascendi, als ein noch mögliches dar. Das heißt die formale Struktur des „Geschehens", in der ständig aus „Möglichkeiten" „Fakten" werden, wende ich auch auf die Vergangenheit an, die ja einmal Zukunft war. „Die Post hatte den Brief schon, sie *konnte* ihn abliefern." „Naturgesetzlich ist eine Kontinentalverschiebung möglich." Wer hat nicht schon gesagt: „O hätte ich doch . . . !" Die statistische Ableitung des zweiten Hauptsatzes für die Vergangenheit gelingt nur vermittelst dieser Struktur.

In der Ebene der strukturellen Allgemeinheit entspricht dieser formalen Verwendung der Möglichkeitskategorie der Begriff der logischen Möglichkeit. Es scheint, daß ein hinreichend weit gefaßter Begriff der Möglichkeit selbst eine Bedingung der Möglichkeit von so etwas wie Logik ist. Logik setzt die Unterscheidung des Richtigen vom Falschen voraus. Wenn Sätze nicht falsch sein *könnten,* würde man nie einige Sätze als richtig auszeichnen. Die logische Figur der Negation wäre ohne dies nie erfunden worden. Die Logik setzt die *Möglichkeit* des Irrtums voraus. Ich sage „Göttingen ist eine Stadt", weil es ja auch sein könnte, daß Göttingen in Wirklichkeit ein Dorf ist. Wenn ich sage „2 mal 2 ist 4", so halte ich freilich das Gegenteil für unmöglich. Wahrheiten, die aus der bloßen Struktur des Gegenstandes folgen, die also Aussagen über Strukturen sind, können so eingesehen werden, wie wir Strukturen wahrnehmen; sie werden ihrem Sinne nach als allgemeine und notwendige Wahrheiten gedacht. Aber an dieser Stelle ist der Begriff der Möglichkeit nicht ausgeschaltet, sondern nur anders verwendet. Der Begriff der Notwendigkeit gehört selbst in den Bereich der „Möglichkeitsbegriffe", nämlich durch die Negation; man pflegt in der Logik das Notwendige als das zu bezeichnen, dessen Gegenteil nicht möglich ist, und umgekehrt das Mögliche als das, dessen Gegenteil nicht notwendig ist.

Es ist uns im vorigen Abschnitt nicht gelungen, den Begriff des Allgemeinen durchzuklären. In der Frage der Beziehung des Allgemeinen zum Besonderen, speziell der Strukturerkenntnis zur Erfahrung, sind wir in ein Dickicht geraten. Wer dieses Dickicht kennengelernt hat, wird auch an die Begriffe der logischen Möglichkeit und Notwendigkeit mit Reserve herantreten; die Frage liegt ihm zu nahe, woher wir denn wissen, wann ein Sachverhalt möglich oder notwendig ist. Andererseits werden wir nicht nach positivistischem Rezept solche Begriffe, die früheren Generationen klarer erscheinen als uns, schon deshalb als sinnlos fallen lassen dürfen; das hieße den Wecker abstellen statt aufzuwachen. Es könnte umgekehrt sein, daß eine umfassendere Anwendung des Möglichkeitsbegriffs auch auf das Problem des Allgemeinen neues Licht werfen würde.

Wir pflegen Naturgesetze konditional zu formulieren. „Wenn auf einen Körper keine Kräfte wirken, so bewegt er sich geradlinig gleichförmig." Jeder Konditionalsatz bedient sich des formalen Möglichkeitsbegriffs. Ob auf diesen Körper keine Kräfte wirken, hängt von zusätzlichen Bedingungen, vielleicht von meinem Willen ab. Nur wenn es Fälle gibt, in denen die Erfüllung der Bedingung möglich, aber nicht gewiß ist, hat das Aussprechen eines Konditionalsatzes einen Sinn. Naturgesetze drücken also mögliche Strukturen des Geschehens aus. Strukturen, die unabhängig vom Einzelfall, dessen Struktur sie sind, erkannt werden können — also Strukturen, die in ihrer Eigenschaft als Struktur erkannt werden können — sind essentiell „mögliche Strukturen". Die allgemeine Aussage involviert die Einzelfälle als Möglichkeiten. Insofern kann man sagen, Allgemeines oder Strukturen erkennen heiße, Möglichkeiten erkennen. Wir können den Satz auch umkehren. Daß wir über die Zukunft überhaupt etwas und nicht bloß die absolute Ungewißheit aussagen können, rührt daher, daß wir strukturell denken, daß wir Gesetze erkennen und Begriffe zuversichtlich auch auf noch nicht eingetretene Fälle anwenden können. Die Tatsache, daß wir gewisse zukünftige Ereignisse positiv als möglich, ja als wahrscheinlich bezeichnen können, beruht also auf der Erkennbarkeit von Allgemeinem. Soweit wir die Zukunft kennen und denken, kennen und denken wir sie strukturell.

Von diesem Punkt der Betrachtungen aus müßte der Weg zu einem vollen und zureichenden Begriff des Kontinuums über eine Erörterung der Unausschöpfbarkeit des Wirklichen durch einzelne Strukturerkenntnisse führen. Schon unter dem eingeschränkten Aspekt der Teilbarkeit ist das Kontinuum charakterisiert nicht durch eine einzelne Möglichkeit, sondern durch eine unabzählbare Fülle von Möglichkeiten. Erscheint die Zahl als Repräsentant der einzeln angebbaren Struktur, so kann das Kontinuum als die Erscheinungsweise des durch keine derartige Struktur Erschöpfbaren gelten.

Wir wollen aber in die heutige Mathematik zurücklenken und wenden uns unmittelbar dem geometrischen Kontinuum zu.

4. Geometrie und Unendlichkeit.

Der heutige Begriff des geometrischen Kontinuums, in seiner einfachsten Gestalt, etwa als Strecke, uns allen geläufig, ist schon das Ergebnis einer weitgehenden Abstraktion, in der viele strukturelle Einsichten verarbeitet sind. Wenn nach Euklid Körper von Flächen, Flächen von Kurven, Kurven von Punkten begrenzt sind und der Punkt das ist, was keine Teile hat, so ist zunächst allem geometrisch Ausgedehnten die Teilbarkeit zugeschrieben und ferner, in der Erkenntnis der „Dreidimensionalität" der Körperwelt, die Analyse der „Ausgedehntheit" auf das einfachste Ausgedehnte, die eindimensionale Strecke hingewiesen. Dann beginnt bereits der Versuch der Reduktion des Kontinuums auf die Zahl, durch den Begriff des Messens. Noch heute kann uns das Wort „Irrationalzahl" an den vielleicht schwersten Stoß erinnern, den der Optimismus des rationalen Denkens in seinem eigenen Bereich erfahren hat: die Entdeckung, daß Diagonale und Seite eines Quadrats kein gemeinsames Maß haben, daß also das geometrische Kontinuum der Herrschaft der Zahl nicht unmittelbar unterworfen werden kann. Wer, in den Traditionen der klassischen Physik aufgewachsen, Einsteins Kritik der Gleichzeitigkeit oder Heisenbergs Unbestimmtheitsrelation kennenlernen mußte, kann sich vielleicht eine Ahnung verschaffen von dem Schock, der jene Pythagoräer traf.

Abstraktere Strukturen, die den Bereich der natürlichen Zahl transzendieren, wie der Ordnungsbegriff der eudoxischen Proportionslehre, der Grenzbegriff und schließlich der Begriff der Punktmenge, ermöglichten dennoch eine rationale Beschreibung des Kontinuums. Zugleich wurde das geometrische Kontinuum über den vermittelnden Begriff des Messens zum Modell zahlreicher anderer Kontinua. Temperaturmessung mit einem Thermometer, Zeitmessung mit einer Uhr sind praktisch Messungen eindimensionaler räumlicher Kontinua: einer Länge, eines Winkels. Weil und soweit dies möglich ist, kann man von „dem" Kontinuum schlechthin reden als einer allgemeineren Struktur, für die das geometrische Kontinuum dann nur noch der paradigmatische Einzelfall ist.

Diese Subsumtion anderer Kontinua, zumal der Zeit, unter einen am Raum gebildeten Begriff ist in der Philosophie unserer Tage seit Bergson viel getadelt worden. Der Tadel betrifft zurecht die Vorstellung, als sei z. B. die Struktur der Zeit durch die Abbildung auf ein eindimensionales räumliches Kontinuum zureichend erkannt. Unsere Erörterung über Vergangenheit und Zukunft zeigt, wie falsch diese Vorstellung wäre. Andererseits darf nicht vergessen werden, daß man die Zeit immerhin mit der Uhr messen *kann*; die Zeit hat nicht *nur* diese Struktur, aber sie hat *auch* diese Struktur. Raum und Zeit zeigen, mathematisch gesprochen, eine Homomorphie, welche wesentliche Züge der beiderseitigen Strukturen nicht umfaßt, aber doch einen gewissen strukturellen Bestand als beiden gemeinsam erweist, nämlich eben die lineare Meßbarkeit. Es kann sein, daß die Grenzen der Meßbarkeit, die wir im folgenden besprechen wollen, für Raum und Zeit wieder verschieden aussehen werden. Es kann aber auch sein, daß die sogenannte „Verräumlichung der Zeit" in Wirklichkeit die Abbildung der Zeit auf ein inadäquates Modell des Raumes war, d. h. daß man in bezug auf Raum und Zeit denselben Fehler gemacht hat, indem man das Kontinuum einseitig vom Zahlbegriff her verstand. Wir haben daher jetzt den Begriff des Kontinuums in seiner mathematischen Fassung zu prüfen. Wir betrachten ihn im Modell der Strecke.

Eine geradlinige Strecke ist für meine Anschauung ein einfaches Ganzes, das „mit einem Blick" erfaßt werden kann. Die Mathematik hat uns erzogen, es für fast selbstverständlich zu halten, daß die Strecke auf unendlich viele Weisen unterteilt werden kann. Unsere Überzeugung von der Unausschöpfbarkeit des Wirklichen findet vielleicht in dieser angenommenen unendlichen Anzahl von Unterteilungsmöglichkeiten des einfachen

Kontinuums einen sprechenden Ausdruck. Aber wir haben viel zu sehr verlernt, uns zu wundern. Unterstellen wir, daß man die Strecke wirklich auf unendlich viele Weisen unterteilen kann: woher wissen wir, daß es so ist?

Probiert haben wir es nicht. Jeder von uns hat in seinem Leben nur endlich oft ein Kontinuum geteilt. Diese Möglichkeitsaussage transzendiert also jede mögliche empirische Bestätigung. Sie steht damit freilich in einer Linie mit jeder naturgesetzlichen Behauptung. Sie ist also eine echte Strukturaussage und nur als solche zu verstehen. Sie behauptet ein Gesetz, eine allgemeine Aussage, aus der dann unendlich viele Sonderaussagen abgeleitet werden können.

Woher aber kennen wir dieses Gesetz?

Die nächstliegende Antwort ist, aus der Anschauung. Diese Antwort ist falsch. Sicher kann mich nicht die sinnliche Anschauung mit meinen physischen Augen belehrt haben. Nach endlich vielen Teilungsschritten sind die Teile so klein, daß ich sie nicht mehr sehen kann. Auch die anschauliche Vorstellung trägt nicht weit genug. Ich kann mir nicht unendlich viele Teilungen tatsächlich vollzogen optisch vorstellen. Ich kann das Gesetz *denken*, nach dem die Teilungen vollzogen werden, z. B. fortgesetzte Halbierung der jeweils rechten Hälfte. Mit diesem Gedanken operierte schon Z e n o n bei seinen Paradoxien. Aber diesem Gedanken korrespondiert keine Anschauung adäquat. Eine Schein-Anschauung gewinne ich, indem ich mir (eventuell ohne es mir selbst klarzumachen) die zu klein gewordenen Teile vergrößert denke und sie dann gleichsam unter der Lupe weiterteile. Aber damit ist stillschweigend eine Hypothese eingeführt: daß man nämlich die Strecke ohne sonstige Strukturänderung vergrößern könne oder, was auf dasselbe hinausläuft, daß man in beliebig kleinen Dimensionen denselben Teilungsakt vornehmen könne wie im großen. Man hat in bezug auf das Teilungsproblem eine Ähnlichkeitshypothese eingeführt. Diese Annahme mag naheliegend sein; sie ist so wenig selbstverständlich wie die weitergehende Annahme der Existenz ähnlicher Figuren, die bekanntlich nichteuklidische Geometrien ausschließt.

Geben wir die Hypothese einmal zu, so haben wir nach ihrem genauen Sinn zu fragen. Sie statuiert eine Unendlichkeit möglicher Teilungen. Ist der Begriff der Unendlichkeit hinreichend klar? In der Geschichte der Mathematik haben zwei Auffassungen vom Unendlichen einander bekämpft, die potentiale und die aktuale. Wir rufen sie uns am einfachsten

Beispiel, der Zahlenreihe, ins Gedächtnis. Die aktuale Auffassung, die in der Mengenlehre Cantors zum Sieg gekommen ist, sagt: „Es gibt unendlich viele natürliche Zahlen." Man kann dann auch den Begriff der Menge aller natürlichen Zahlen bilden und diese Menge hat die Kardinalzahl „abzählbar-unendlich". Die potentiale Auffassung gibt nur das Gesetz einer Möglichkeit an: „Zu jeder gegebenen natürlichen Zahl kann ich eine noch größere nennen, z. B. zur Zahl n die Zahl $n + 1$." In dieser Auffassung redet man nur von endlichen Mengen natürlicher Zahlen und stellt fest, daß es unter diesen keine größte gibt. Von diesen Mengen selbst wird man konsequenterweise nicht sagen, es gebe sie, sondern man könne sie konstruieren. Aufs Kontinuum angewandt stellt die aktuale Auffassung die Gesamtheit der möglichen Teilungspunkte unserer Strecke als eine aktual unendliche (nicht mehr abzählbare) Punktmenge dar, während die potentiale Auffassung sagen wird, zu jeder angegebenen Gesamtheit von möglichen Teilungen der Strecke könne man noch weitere mögliche Teilungen angeben.

Der Unterschied der beiden Auffassungen ist nur von Interesse, wenn aus ihnen unterscheidbare Folgerungen gezogen werden können; andernfalls wären sie nur verschiedene Redeweisen. Ein Unterschied tritt nun in der Tat gerade für das Kontinuumproblem auf. Führt man die potentiale Auffassung so konsequent durch, wie es z. B. Brouwer getan hat, d. h. läßt man Existenzaussagen nur zu, wenn sie angeben, wie das Gebilde, dessen Existenz behauptet wird, in endlich vielen Schritten konstruiert werden kann, so läßt sich z. B. der in der aktualen Auffassung auftretende Unterschied zwischen abzählbaren und überabzählbaren Mengen nicht mehr ausdrücken. Es ist, soweit dem Verfasser bekannt ist, nicht gelungen, auf dieser Basis die klassische Analysis zu reproduzieren.

Unsere bisherigen Überlegungen nötigen uns noch nicht, in diesem Streit Stellung zu nehmen. Zwar werden wir die potentiale Ausdrucksweise als die „eigentlichere" dort vorziehen, wo es uns um ein Herausarbeiten der Möglichkeitsbegriffe geht. Wir werden nicht annehmen, daß auf einer Strecke „wirklich unendlich viele aktuell existierende Punkte nebeneinander liegen". Hingegen haben wir keinen Anlaß, die Beschränkung der Mathematik auf solche Gebilde zu fordern, die in endlich vielen Schritten konstruiert werden können. Diese Forderung ist konsequent, wenn man eine a priori gewisse Mathematik verlangt und, mit Brouwer und vielleicht mit Recht, zwar das Zählen, aber weder das Kontinuum noch den allgemeinen Mengenbegriff zu unserer apriorischen Ausstattung rechnet. Anders ist es, wenn man in der Mathematik die Hypothese zuläßt, d. h. die Mathematik als Untersuchung „möglicher Strukturen" ansieht. Wir wollen uns zwar nicht davon dispensieren, auch zu fragen, in welchem Sinne die untersuchten Strukturen „möglich" seien, Strukturen „wovon" sie z. B. sein könnten; aber wir wollen die Freiheit des Fragens nach solchen Strukturen nicht vorweg durch das Prinzip der absoluten Gewißheit einschränken.

Es ist unter diesem Aspekt interessant, die Entwicklung der rein mathematischen Grundlagendiskussion im letzten halben Jahrhundert zu verfolgen. Die intuitionistische Selbstbeschränkung wurde ernst genommen erst nach dem Zusammenbruch der naiven Mengenlehre durch die Entdeckung der Paradoxien. Hilbert lehnte jedoch diesen Rückzug ab mit dem Argument, der Mathematiker werde sich aus dem Paradies der Analysis nicht vertreiben lassen. Er führte die zum Aufbau der Analysis notwendigen nicht konstruktiven Existenzaussagen ausdrücklich zu diesem Zwecke hypothetisch ein. Gegenüber der naiven Auffassung bestand nun aber die Freiheit der Wahl zwischen verschiedenen Ansätzen. War Mathematik bloß ein formales Spiel? Drei Gesichtspunkte schränkten die Freiheit ein oder steuerten sie. Das „Paradies", die mathematische Schönheit der Theorien, war wohl für den schöpferischen Mathematiker am wichtigsten. Eine zweite Forderung war der nun nötige ausdrückliche Beweis der Unmöglichkeit, innerhalb der Theorie einen Widerspruch zu konstruieren. Diese Beweise erwiesen sich de facto als sehr schwierig. Trotz der in diesem Sinne ungesicherten Fundamente wurde an der Mathematik weiter gebaut. Dies wurde schließlich auch noch mit dem dritten, historisch wohlfundierten Argument verteidigt, die Physik brauche ja die Analysis.

Wir finden in diesen drei Gesichtspunkten drei Wesenselemente der Mathematik wieder. Die Forderung nach Widerspruchsfreiheit ist der nach Abstreifung des Apriorismus verbleibende berechtigte Kern des Verlangens nach Beweisbarkeit. In ihr drückt sich die Beziehung der Mathematik zur Logik aus. Im Begriff der „Schönheit" verbirgt sich wohl das uns noch immer geheimnisvolle Wesen des eigentlich Mathematischen. Im Reich der Strukturen gibt es eine Ordnung, und Mathematik heißt, im Bereich dieser Ordnung nicht willkürliche Konstruktionen, sondern Entdeckungen machen. Die Berufung auf die Physik schließlich erinnert daran, daß die mathematischen Strukturen „Strukturen von etwas“ sind oder sein können. Durch die aus methodischen Forderungen wie derjenigen der Denkökonomie so wenig wie durch einen Apriorismus erklärbare Tatsache, daß die bestbewährten Gesetze der Natur mathematisch einfach oder „schön“ sind, werden die beiden Entdeckungsbereiche, der der „reinen Strukturen“ und der der „Wirklichkeit“, miteinander verknüpft.

Wenn wir diese Verknüpfung ernst nehmen, so müssen wir aber von der Physik auch Hinweise auf eine eventuelle Einschränkung der Annahme unbegrenzter Teilbarkeit erhalten können.

5. Physik und Wahrscheinlichkeit.

Die Analysis ist zwar unter dem Einfluß physikalischer Fragen entstanden. Aber man kann fragen, ob die Physik die Theorie der Punktmengen braucht. Daß die Physik sie nicht durch direkte Messungen je bestätigen kann, ist klar. In diesem Sinne hat z. B. Felix Klein die in der Physik verwendete „Approximationsmathematik“ von der „Präzisionsmathematik“ unterschieden. Es ist aber sicher nicht angemessen, aus einer solchen Überlegung heraus nach einer Formulierung der Naturgesetze zu suchen, welche die über das Meßbare hinausgehende Präzision vermeidet. Mathematische Einfachheit und Präzision gehen Hand in Hand, und alle theoretischen Physiker glauben an die Einfachheit der Naturgesetze. Eine „natürliche Geometrie“, welche mit Streifen statt Linien, Bereichen statt Punkten operiert, ist komplizierter als die übliche Geometrie.

Doch bleibt die Möglichkeit offen, daß hinter der bekannten, nur unscharf bestätigten Geometrie in Wirklichkeit eine andere Präzisionsmathematik steht als die von uns vermutete. Hinter der ungefähr euklidischen Geometrie der empirischen Welt vermutete man früher eine streng euklidische Geometrie, seit Einstein aber eine Riemansche Geometrie. Nur scheinbar ist Einsteins Annahme ein Schritt zu größerer Komplikation. Da seine Theorie im Gegensatz zur euklidischen nicht reine Geometrie ist, sondern Mechanik und Gravitationstheorie einschließt, ist sie reicher an Inhalt. Vergleicht man sie mit dem gleich reichen Komplex, der aus der euklidischen Geometrie und der Newtonschen Mechanik und Gravitationstheorie zusammengesetzt ist, so ist sie auch einfacher im Sinn größerer innerer Einheit.

Analoges könnte nun für die Geometrie im kleinen gelten. Ein vorläufiges Beispiel für mögliche Grenzen gewisser infinitesimaler Begriffsbildungen kann schon die Hydrodynamik bieten. In ihr muß das Differential der Koordinaten groß bleiben gegen den Abstand zweier Atome; wenn oder soweit beim „Grenzübergang" bis zu dieser Größe hinunter noch keine Unabhängigkeit des Differentialquotienten von der Größe des Differentials erreicht ist, so oder soweit ist die hydrodynamische Näherung unanwendbar. Aber dies ist keine Grenze der Analysis selbst. Wir beschreiben die Atome durch Wellenfunktionen, deren Argumente und Funktionswerte im Sinne der heutigen Analysis kontinuierlich variabel sind. Es gibt jedoch Gründe, an der Korrektheit eben dieser Darstellung zu zweifeln. Wir nehmen hier das in der Einleitung angeschlagene Thema wieder auf.

Da nach der klassischen Physik mit einer Punktladung eine unendliche elektromagnetische Energie verbunden wäre, hat man schon um 1900 herum hypothetisch einen Radius des Elektrons eingeführt. Diese Annahme bringt aber neue, schwer übersehbare Probleme bezüglich der Ladungsverteilung und der Kräfte im Inneren des Elektrons mit sich. Der Verdacht liegt nahe, daß Schwierigkeiten wie die der unendlichen Selbstenergie des Elektrons nur von einer unangemessenen Anwendung der anschaulichen Raumvorstellung auf das Elektron und seine nächste „Umgebung" herrühren. Mit diesem Verdacht verband sich zunächst die Hoffnung, das Elektron werde in der Quantentheorie eo ipso frei von einer divergenten Selbstenergie sein. Diese Hoffnung bestätigte sich zunächst nicht. In vielen Problemen der Quantentheorie der Felder traten singuläre Terme auf. Es schien, als müsse man in der nun erreichten höheren Ebene der Betrachtung einen Schritt tun, der zur Einführung des Elektronenradius in Analogie stände. Man vermutete die Existenz einer kleinsten Länge, die nun nicht eine Eigenschaft des Elektrons, sondern eine neue Naturkonstante analog zum Wirkungsquantum wäre.

In den letzten Jahren hat allerdings eine Entwicklung der Feldphysik stattgefunden (Schwinger, Tomonaga, Dyson u. a. vgl[6]), welche die Lösung der Probleme in einer anderen Richtung sucht. Man kann sie als eine konsequente Fortbildung der „Subtraktionsphysik" auffassen. Letztere bestand zunächst in der etwas rohen, aber praktisch oft bewährten Vorschrift, bei der Berechnung irgendeines Effekts die aus der Rechnung resultierenden endlichen Ausdrücke gelten zu lassen, die hinzutretenden unendlichen Glieder aber wegzulassen. Die scheinbar hierin liegende Vieldeutigkeit — man kann ja von einem divergenten Ausdruck durch bloßes Umschreiben beliebig große Summanden abspalten — konnte durch Berücksichtigung der an die Ausdrücke zu stellenden Invarianzforderungen ausgeschaltet werden („Renormalisierung"). Die Theorie ergibt also durch die Angabe einer Rechenvorschrift dasselbe, was die Hypothese der kleinsten Länge durch die Einführung einer neuen geometrischen Vorstellung erreichen wollte. Die divergenten Glieder sind diejenigen, die anschaulich auf Vorgänge in unendlich kleinen Raumteilen zurückgeführt werden könnten, und diese werden als nichtexistent betrachtet.

Trotzdem besteht ein Unterschied zwischen den beiden Betrachtungsweisen. In der Renormalisierungstheorie hofft man gleichsam, die divergenten Anteile ohne Narbe aus der Physik herausoperieren zu können; man betrachtet ihr Auftreten als einen bloßen Fehler, der durch eine richtige Rechnungsweise vermieden werden kann. Man kann diese Theorie als konservativ bezeichnen. Die Vorstellung der kleinsten Länge soll hingegen in der Form, die ihr Heisenberg gegeben hat, auch die divergenten Glieder physikalisch ernst nehmen. Sie fordert ja nicht, sie wegzustreichen, sondern sie in endliche Ausdrücke zu verwandeln. Wenn z. B. ein Term der unmodifizierten Theorie besagt, daß unendlich viele Teilchen bei einem Stoßprozeß erzeugt werden, so tendiert die Renormalisierungstheorie dazu, zu sagen, in Wirklichkeit werde auf diesem Wege gar kein Teilchen erzeugt, die Heisenbergsche Hypothese der kleinsten Länge hingegen, es würden viele, aber nur endlich viele erzeugt. Heisenberg will also die schmerzende Stelle nicht fortoperieren, sondern er glaubt, daß sich in ihr neues Wachstum ankündigt, etwa wie beim Zahnen der Kinder.

Es kann sein, daß eine endgültige Theorie beiden Seiten ihr Recht widerfahren lassen würde. Wir versuchen hier nicht, in der Richtung auf eine solche Theorie einen weiteren Schritt zu tun, sondern nur das begriffliche Material zu mustern, das bei einem solchen Schritt verwendet werden könnte. Um die Vorstellung zu präzisieren, knüpfen wir dabei an den Begriff der kleinsten Länge an.

Man könnte daran denken, von einer potentialen Darstellung des Kontinuums durch Teilbarkeitsaxiome auszugehen und die Teilbarkeit durch Zusatzforderungen zu beschränken. Nähme man freilich an, die Teilbarkeit höre nach einer endlichen Anzahl von Schritten plötzlich auf, so käme man auf die Ersetzung des Kontinuums durch ein Diskretum zurück. Ein Modell einer Theorie, die zwischen der Skylla der unendlichen Teilbarkeit und der Charybdis der Diskretheit hindurchsteuert, ist z. B. von Foradori und March[7]) diskutiert worden: Ob zwischen zwei markierten Punkten noch ein weiterer markiert werden kann, bzw. ob zwei Punkte als verschieden erkannt werden können, kann nur mit Wahrscheinlichkeit vorausgesagt werden, und mit zunehmender Anzahl von Teilungsschritten geht diese Wahrscheinlichkeit von 1 gegen 0.

Mit einer derartigen Theorie wird freilich der physikalische Begriff der Messung explizite in die Geometrie eingeführt, und es ist dann vermutlich nicht konsequent, überhaupt noch eine rein geometrische Theorie aufzubauen. So wie die Abweichung von der euklidischen Geometrie in der allgemeinen Relativitätstheorie mit einer ganz bestimmten physikalischen Kraft, der Gravitation, verknüpft wird, sollte man wohl auch Annahmen über das Versagen gewisser geometrischer Messungen im kleinen nur in Verbindung mit einer Diskussion des physikalischen Grunds eines solchen Versagens konkretisieren. Heisenberg hat eine solche Diskussion hypothetisch gegeben. Nach der Unbestimmtheitsrelation ist die Lokalisierung eines Teilchens in einem Längenintervall Δx nur unter Aufwendung einer dem Impuls $\Delta p = \hbar/\Delta x$ entsprechenden Energie möglich. Wird Δx kleiner als die Ruhwellenlänge h/mc gewisser Teilchen der Masse m, z. B. der Mesonen, so kann es geschehen, daß diese Energie ausreicht, um Teilchen dieser Masse zu erzeugen. So würde eine beliebig scharfe „Spitze", wenn es überhaupt möglich wäre, sie herzustellen, alsbald von einem Elmsfeuer von neuerzeugten Mesonen umgeben sein, welche Wellenlängen bis hinauf zu h/mc hätten. Also wäre doch nur ein Raum der Ausdehnung h/mc ausgezeichnet, und diese Länge würde praktisch die Rolle einer kleinsten Länge spielen.

Derartige Erwägungen hypothetischer Meßunmöglichkeiten können nur zeigen, warum die Annahme, ein bestimmter Begriff — hier der der unbegrenzten Teilbarkeit des Raumes — könne aus der Theorie ausgeschlossen werden, nicht bereits an einem Selbstwiderspruch innerhalb der Theorie scheitert. Sie schaffen nur Raum, den eine positive Theorie ausfüllen könne. Welche begrifflichen Hilfsmittel sind dabei aber eigentlich verwendet worden?

In der Heisenbergschen Darstellung geht der Weg zum Gedanken der kleinsten Länge über die Quantenmechanik. Die Unbestimmtheitsrelation knüpft die Meßbarkeit von Längen an eine Bedingung, und mit der Unerfüllbarkeit dieser Bedingung fällt die Meßbarkeit der Längen ganz dahin. Das bedeutet aber, daß eigentlich schon in der Quantenmechanik eine Beschränkung des Begriffs der Länge eingetreten ist, die uns als Modell, ja als Grundlage der erhofften weitergehenden Beschränkung dienen kann. In der Tat wird die Quantenmechanik mit Recht als „unanschaulich" bezeichnet. Die Wellendarstellung der Theorie ist deshalb so beliebt, weil sie noch eine gewisse Anschaulichkeit vortäuscht. Aber strenggenommen ist ja die Größe, die den Zustand eines Atoms beschreibt, das ganz abstrakte Gebilde des Vektors im Hilbert-Raum. Die Wellenfunktion ist nur eine bestimmte Komponentendarstellung dieses Vektors, die mit der „Anschaulichkeit" zugleich eine dem Zustand selbst gar nicht innewohnende Kompliziertheit in die Beschreibung hineinbringt. Der Grundzustand des Wasserstoffatoms z. B. ist eigentlich durch eine einzige Zahl, die Hauptquantenzahl 1, vollständig gekennzeichnet. Die Beschreibung dieses Zustands durch eine im ganzen Raum definierte Funktion tritt erst auf, wenn man die Frage stellt, an welchem Ort man das Elektron bei einer Messung vorfinden würde, d. h. wenn man die dem ursprünglichen Zustand fremde und ihn in der praktischen Ausführung der Messung zerstörende räumliche Fragestellung explizite einführt; natürlich kann die Antwort dann nicht weniger kompliziert sein, als es die Fragestellung war.

Als vermittelnder Begriff zwischen den unanschaulichen Gebilden der abstrakten Theorie und den anschaulichen Größen, die man messen kann, liegt in allen diesen Ansätzen die Wahrscheinlichkeit. Ihre besondere Eignung, den Gegensatz zwischen kontinuierlicher und diskreter Auffassung zu überbrücken, wollen wir zunächst an einem banalen Beispiel erläutern, das nur die March-Foradorischen Ideen „popularisiert". Bekanntlich geht in jeden vollen Koffer, wenn man genug drückt, doch noch ein Taschentuch hinein. Vollständige Induktion führt zu dem Schluß, daß in jeden Koffer noch unendlich viele Taschentücher hineingehen, im Widerspruch zur Erfahrung. Die Voraussetzung formuliert eine Kontinuitätsannahme: die Differenz zwischen zwei Kofferinhalten, die sich nur um ein Taschentuch unterscheiden, liegt unterhalb der Schwelle der Wahrnehmbarkeit. Als Wahrnehmungsakt ist dabei das Experiment, den

Koffer zuzumachen, zugelassen. Indem diese Schwelle aber als endlich angesetzt wird, kann man das Unwahrnehmbare durch endlich viele Schritte zu etwas sicher Wahrnehmbarem aufsummieren. Beim wievielten Schritt liegt der Fehler? Die Antwort lautet: Ob der Koffer zugehen wird, ist überhaupt nicht gewiß. Nur die Wahrscheinlichkeit, daß er noch zugeht wird mit wachsender Zahl der Taschentücher immer kleiner. Man muß, um konsequent zu sein, zugeben, daß ein Koffer, der schon zu war und den man wieder geöffnet hat, manchmal nicht wieder zugeht, selbst wenn man kein Taschentuch hineingelegt, sondern vielleicht sogar eines herausgenommen hat.

Wir beenden unsere Betrachtungen mit der Frage, wie sich der Begriff der Wahrscheinlichkeit in die übrigen hier erörterten Begriffe einfügt.

Wir fassen Wahrscheinlichkeit auf als eine quantitative Verschärfung einer bestimmten Fassung des Möglichkeitsbegriffs. Die Stufenfolge wäre etwa: es ist möglich, daß es morgen regnet — es ist wahrscheinlich, daß es morgen regnet — mit der Wahrscheinlichkeit 85% wird es morgen regnen. Empirisch gemessen werden Wahrscheinlichkeiten als relative Häufigkeiten. Ein einmaliger Fall kann nur eintreten oder nicht eintreten; die empirische Prüfung der Aussage: „die Wahrscheinlichkeit seines Eintretens ist 85%" setzt also eine Wiederholbarkeit der Situation voraus. Dabei kann es in gewissem Umfang unklar oder selbst der willkürlichen Definition überlassen bleiben, ob man zwei Situationen im Hinblick auf die gestellte Frage als gleichartig bezeichnen will; von dieser Definition des Gleichartigen kann auch der vorausgesagte numerische Wert der Wahrscheinlichkeit abhängen. Die Wahrscheinlichkeit, mit der ich für morgen Regen prophezeie, hängt von meiner Kenntnis der heutigen Wetterlage ab und vielleicht sogar von meiner Fähigkeit, die Differentialgleichungen der Hydrodynamik mit Turbulenz zu integrieren. Die klassische Auffassung war, bei beliebig genauer Kenntnis der Tatsachen müßte der Begriff der Wahrscheinlichkeit ganz aus der Naturbeschreibung entfernt werden können. Es ist wohl die fundamentale Entdeckung der Quantentheorie, daß dies unmöglich ist.

Wir müssen vielleicht unsere Deutung des Wahrscheinlichkeitsbegriffs gegen mögliche andere Auffassungen verteidigen. Die bisherige Diskussion auch über diesen Begriff scheint an der nicht mehr fruchtbaren Alternative von Apriorismus und Empirismus zu leiden. Die verbreitete empiristische Meinung ist, Wahrscheinlichkeit müsse geradezu als relative

Häufigkeit definiert werden. Diese Meinung dürfte aber nicht richtiger sein, als es die Meinung wäre, Zeit sei nichts anderes als ein Winkel, weil sie auf dem Zifferblatt der Uhr durch einen Winkel gemessen wird. Wahrscheinlichkeit ist jedenfalls nicht bloß relative Häufigkeit vergangener Ereignisse; eine solche wird man sogar von der Wahrscheinlichkeit ausdrücklich unterscheiden, z. B. nachdem eine „Serie unwahrscheinlicher Ereignisse“ eingetroffen ist. Wahrscheinlichkeitsaussagen haben genau wie die Aussagen der Naturgesetze ihren Sinn als Prophezeiungen; sie beziehen sich auf das Zukünftige, und auf dieses, sofern es nicht gewiß, aber möglich ist. Sagt man, eine Wahrscheinlichkeitsaussage sei eine hypothetische gesetzliche Bestimmung der relativen Häufigkeit möglicher Ereignisse, so hat man wohl das Richtige beider Auffassungen zusammengefaßt und in den Rahmen des Phänomens der Naturgesetzlichkeit überhaupt gestellt.

Die aprioristische Auffassung des Wahrscheinlichkeitsbegriffs gab diesem umgekehrt die ihm gebührende Eigenbedeutung, war aber meist mit der Illusion verbunden, man könne inhaltliche Wahrscheinlichkeitsaussagen a priori mit Gewißheit machen. Daß Wahrscheinlichkeitsgesetze genau so der Hypothese und der empirischen Kontrolle unterworfen sind wie alle Naturgesetze, hat uns demgegenüber gerade die Quantenmechanik gelehrt. Sie ändert nämlich die Grundgesetze der Wahrscheinlichkeitsrechnung ab, indem sie die Zusammensetzung von Wahrscheinlichkeiten durch den Begriff der Wahrscheinlichkeitsamplitude dem Superpositionsprinzip unterwirft. Quantenmechanisch kann es vorkommen, daß ein Ereignis, das im Falle A und im Falle B jeweils mit einer unendlichen Wahrscheinlichkeit zu erwarten ist, die Wahrscheinlichkeit Null erhält, wenn die Fälle A und B zugleich eintreten (Interferenz der Wahrscheinlichkeiten). Auch die Wahrscheinlichkeitsrechnung verliert also den Charakter als „reine“ mathematische Disziplin und wird Teil einer „Wirklichkeitswissenschaft“.

Man kann die neue Abstraktionsstufe der Quantenmechanik so darstellen: In einer rein „phänomenologischen“ Physik, wie sie Mach vorschwebte, wären die Naturgesetze Strukturen des sinnlich Wahrgenommenen selbst. Eine solche Physik hat es nie gegeben. In der klassischen Physik sind die Naturgesetze Strukturen konkreter Dinge und ihres Zusammenspiels; die Dinge waren dann das, was sinnliche Wahrnehmungen möglich machte, ohne je mit einer Gesamtheit tatsächlich gemachter Wahrnehmungen identisch zu sein. Die Dinge konnten aber in jedem Augenblick in bezug auf alles an ihnen prinzipiell Wahrnehmbare als wohlbestimmt angesehen werden; ihre „Zustände“ waren von der Art des prinzipiell sinnlich Wahrnehmbaren oder erlaubten jedenfalls eine eindeutige Verknüpfung mit sinnlich Wahrnehmbarem. In der Quantenmechanik sind die Naturgesetze Strukturen abstrakterer „Dinge“ und ihrer „Zustände“, die nur durch abstrakte Namen (als welche man vielfach Zahlen wählte) bezeichnet werden können, und deren Verknüpfung mit der Wahrnehmung über den Begriff der Wahrscheinlichkeit führt.

Man kann sich vorstellen, daß Begriffe dieser Art auch die potentiale Auffassung des Kontinuums auf einem völlig anderen Weg als dem der aktualen Punktmenge weiter ausbauen und eventuell begrenzen werden. Quantenmechanisch gesprochen würde es sich etwa darum handeln, die Eigenschaften des „Zustandsraumes“ nicht mehr durch die des bisher benutzten Hilbertschen unendlichdimensionalen linearen Vektorraumes, sondern irgendwie anders zu beschreiben. Doch sollen hierüber an dieser Stelle keine Hypothesen gewagt werden.

Betrachtungen zu G. B. Vico

Vom Wesen und Weg der geistigen Bildung

Der Herausgeber hat mich gebeten, dieser Schrift eine kurze Bemerkung über die Urteile anzufügen, welche Vico in ihr über die Physik seiner Zeit fällt.

Ein Verfasser, der wie Vico der Anschauung gegenüber der Analyse, dem Denken in gesund abgewogenen Wahrscheinlichkeiten gegenüber dem Denken in logischen Deduktionen, kurz dem Menschlichen gegenüber der Abstraktion zum Rechte verhelfen will, kann die Naturwissenschaft der Aufklärung, die ihm wohl vor allem in der Cartesischen Form bekannt war, nicht lieben. Nicht umsonst hat sich die neuere Geisteswissenschaft auf ihn berufen, als sie ihr Denken von einer falschen Naturwissenschaftlichkeit zu befreien strebte. Aber seine Kritik geht weiter. Er will nicht nur die Physik und Mathematik in ihre Schranken weisen, sondern innerhalb dieser Wissenschaften selbst den Stolz der neuzeitlichen Analytiker dämpfen. Er weist im V. Kapitel unserer Schrift darauf hin, daß die großen technischen Fortschritte, die bis zu seiner Zeit bekannt geworden waren, nicht der Analysis, sondern dem anschaulichen Denken zu verdanken seien, er verteidigt den pädagogischen Wert der Geometrie gegenüber der Analysis, und in einem kurzen Satz führt er einen entscheidenden Angriff gegen die Möglichkeit einer mathematisch-deduktiven Physik überhaupt: „Das Geometrische beweisen wir, weil wir es hervorbringen; wenn wir das Physikalische beweisen könnten, würden wir es hervorbringen.“ (S. 41). Die Wahrheit über die Natur kennt nur Gott, der sie gemacht hat; wir haben uns in Demut gegen den Schöpfer mit Wahrscheinlichkeiten zu begnügen. Trifft diese Kritik zu?

Unsere Physik bedient sich zweier Werkzeuge: des Experiments und der Mathematik. Überall, wo wirklicher Fortschritt unserer Wissenschaft ist, werden sie gemeinsam gebraucht, sei es in Zusammenarbeit mehrerer Forscher, sei es in Personalunion. In einzelnen großen Gestalten mag die eine Komponente allein herrschen, wie in Faraday das Experiment, in Lagrange die Mathematik. Aber Lagrange zog nur die Konsequenzen aus der empirisch begründeten Mechanik Newtons, und Faradays größte Wirkung begann, als Maxwell seine Erfahrungen in mathematische Form goß. Eine langdauernde Trennung beider Komponenten läßt die experimentelle Physik ins Herumprobieren, die mathematische in einen abstrakten Leerlauf entarten. Die zweite Gefahr besteht überall dort, wo man meint, Naturgesetze a priori deduzieren zu können. Dieser Gefahr stand Descartes und zumal die von ihm beherrschte Denkweise vieler kontinentaler Zeitgenossen Vicos nicht ferne. Daß die physikalischen Leistungen des 18. Jahrhundert nicht ganz das Gewicht derjenigen des 17. und 19. Jahrhundert haben, mag mit der aufklärerischen Vorstellung einer a priori einsichtigen Vernünftigkeit der Natur zusammenhängen. Hier setzt Vicos Darstellung ohne Zweifel ausgleichende Gegengewichte. Das Experiment ist aus der Anschauung und nicht aus der Deduktion geboren.

Daß aber im gesunden Zusammenspiel von Experiment und Mathematik eine systematische Theorie der Naturerscheinungen gefunden werden kann, die zugestandenermaßen nicht a priori deduziert, die aber die Wahrscheinlichkeit ihrer Aussagen zu jedem wünschbaren Grad der Gewißheit steigern kann — das mag als ein Wunder erscheinen, aber dieses Wunder ist geschehen. Die großen Physiker der beginnenden Neuzeit waren Platoniker. Sie wußten, daß Mathematisches sich in der Natur nie genau realisiert, und daß man darum den Augenschein verlassen muß, um exakte Gesetze aufzustellen. Aber eben diese Gesetze erklären nachträglich auch den Augenschein; die Erfahrung selbst bestätigt, daß die Wirklichkeit einer verborgenen Mathematik gehorcht. Im mathematischen Denken ist uns ein Organ einer geistigen Anschauung gegeben, das dieser Gesetzlichkeit des Seins gemäß ist. Ein Platoniker wird in der Mathematik stets das Anschauen der reinen Strukturen für wichtiger halten als das Beweisen; oder besser: ein Beweis ist ihm nicht ein Werkzeug intellektuellen Zwangs, sondern eine Vertiefung der Einsicht in Strukturzusammenhänge.

Aber der Beweis kann auch als Mittel geistiger und selbst materieller Macht verwendet werden. Vicos Argument bleibt noch immer folgerichtig, aber nun müssen wir es im umgekehrten Sinne lesen: weil wir Physikalisches beweisen können, können wir es auch hervorbringen. Die Technik unserer Tage ist der Beleg.

Es scheint, daß Vico, auch soweit er die Möglichkeiten der Analysis unterschätzt hat, doch ihre Gefahren fühlte. Vielleicht wollte er ihr ein Vermögen nicht zugestehen, dessen Folgen er fürchten mußte. Wohin müßte es führen, wenn der Mensch sich seiner Gottähnlichkeit auf diesem Wege vergewisserte? Und können wir Heutigen in diesem Punkt beruhigt sein? In der theoretischen Ebene ist die Physik heute dem Gedanken, daß wir nur dasjenige begrifflich beherrschen, was wir grundsätzlich auch hervorbringen könnten, aufgeschlossener als je. In der praktischen Ebene aber stehen wir soeben vor der Frage, ob das, was der Mensch hervorbringt, zum Heil oder zum Unheil sei. Die Frage ist nicht entschieden.

Beziehungen der theoretischen Physik zum Denken Heideggers

Von einer sichtbaren Wechselwirkung zwischen dem Denken Martin Heideggers und der theoretischen Physik wird man bis heute nicht sprechen können. In Heideggers Schriften werden physikalische Fragen kaum gestreift, und unter den Physikern der Gegenwart wird die Mehrzahl von Heidegger nicht mehr als einige Sätze gelesen haben.

Diese scheinbare Fremdheit aber macht meiner Meinung nach die in Wahrheit zwischen den beiden Denkbewegungen bestehende Beziehung nur zu einem reineren Phänomen. Wenn diese Beziehung trotz des Mangels äußerer Wechselwirkung besteht, so kann sie nicht die Folge einer der sogenannten geistesgeschichtlichen Abhängigkeiten sein. Sie muß dann vielmehr eine echte Konvergenz sein, die darin wurzelt, daß beide Bewegungen ein Stück oder eine Seite der selben Wahrheit zu ergreifen begonnen haben.

Besteht diese Beziehung nun aber wirklich? Wo läßt sie sich aufweisen?

Vielleicht darf ich, um den Gedanken eine erste Richtung zu geben, mit einer persönlichen Erinnerung beginnen. Zur Auswahl der theoretischen Physik aus mehreren möglichen Studienfächern hatte mich das deutliche Empfinden bestimmt, daß die Erkenntnisse dieses Fachs, vor allem Einsteins Relativitätstheorie und Bohrs und Heisenbergs Deutung der Quantenphänomene, in die nächste Nachbarschaft der für unser Jahrhundert entscheidenden philosophischen Fragen führten. Heideggers *Sein und Zeit*, das kurz zuvor erschienen war, begann ich noch als Student zu lesen. Ich kann heute mit gutem Gewissen behaupten, daß ich damals streng genommen nichts davon verstanden habe. Aber ich konnte dem Empfinden nicht entgehen und würde ihm auch heute noch recht geben, daß hier und nur hier diejenigen denkerischen Aufgaben angegriffen wurden, die ich im Hintergrund der modernen theoretischen Physik ahnte. Ich habe dieses Empfinden nie bei einem anderen zeitgenössischen Philosophen und nur in schwächerem Maße bei einigen der großen Philosophen der Vergangenheit gehabt.

Dieses Empfinden zu analysieren, ist nicht leicht. Gemeinsam ist beiden Bewegungen des Denkens die entschiedene Abwendung von demjenigen

Bilde der Wirklichkeit, das in der „klassischen Physik“ seine vielleicht geschlossenste Gestalt angenommen hatte. Gemeinsam ist ihnen, daß dieses Bild nicht dualistisch durch einen weiteren Aspekt „ergänzt“, sondern durch ein Umdenken seiner Grundbegriffe aufgelöst wird. Dieses Umdenken ist nicht affektives Beteuern, sondern ein strenger Vollzug, der so sehr aus der Sache heraus geschieht, daß er der Anlehnung an den parallelen Vorgang im anderen Lager nicht bedarf, ja, sich dieser Parallelität — wenigstens auf der physikalischen Seite — kaum je bewußt wird. Geichzeitig wirkt dieses Umdenken als ein revolutionärer Vorgang. Die Auflösung der überlieferten Begriffe von Raum, Zeit, Materie, Determination erzeugt in jedem Menschen, der ihr ernstlich begegnet, zunächst das Gefühl, vor dem Nichts zu stehen. Ich halte das für ein unserer Zeit eigentümliches Erlebnis. In der Physik wurde theoretisch vorweggenommen, was heute als Folge politischer Katastrophen für alle sichtbar geworden ist. In Heideggers Philosophie wurde aber das Nichts ausdrücklich zum Thema.

Die Physiker sind aber so wenig Nihilisten wie es Heidegger sein will. Für die Physiker schafft das Wegräumen der klassischen Bindungen den Raum für neue, im Grunde einfachere und umfassendere Gesetze. Für Heidegger ist das Bedenken des Nichts ein notwendiger Schritt auf dem Wege, der das Denken vom jeweiligen Seienden auf das Sein selbst richten soll. Beide Wege sind heute noch nicht zu Ende gegangen. Das Gemeinsame ihrer positiven Ziele läßt sich daher heute wohl noch nicht aussprechen.

Dagegen kann man versuchen, die Berührungspunkte im schon gegangenen Wegstück noch etwas genauer zu bezeichnen. Ich möchte dafür einen besonderen, aber wichtigen Punkt herausgreifen. Ein Kernstück von *Sein und Zeit* ist die Kritik der Cartesischen Ontologie. Dort wird gezeigt, daß Descartes nach dem Sein selbst nicht fragt. Deshalb ist es möglich, daß für ihn spezielle Bestimmungen zu definierenden Merkmalen seiner zwei „Substanzen“ werden. Die substantielle Trennung von res cogitans und res extensa nun ist die methodische Voraussetzung der gesamten klassischen Naturwissenschaft. Der sogenannte „naturwissenschaftliche“ Begriff methodischer Sauberkeit verlangt das absolute Vermeiden von „Grenzüberschreitungen“ zwischen diesen beiden Bereichen.

Es scheint mir charakteristisch für die positive Wissenschaft unserer Zeit, daß die innere Logik ihrer eigenen Probleme sie zur Sprengung dieses Dammes zwingt. Dies wird evident in allen psychophysischen Problemen, wie etwa der Erforschung der Wahrnehmung, der Bewegung organischer Körper, des Ausdrucks. Es zeigt sich aber ebenso in der Problematik des „Beobachters" in der Atomphysik.

In der Physik scheint die Cartesische Spaltung mit der Trennung von Subjekt und Objekt zusammenzufallen. Methodisch saubere Physik im Sinne des klassischen Ideals soll nur von einer der beiden Cartesischen Substanzen reden. Sie soll vom Objekt so reden, als gäbe es kein Subjekt, dessen Objekt es ist oder sein kann. Die Größe, die in der Quantenmechanik den Zustand des atomaren Objektes bestimmt, die ψ-Funktion, gibt jedoch die Wahrscheinlichkeit des Ausfalls möglicher *Experimente* an. Der Begriff „Zustand" bezieht sich auf Beobachtungsakte. Vom Objekt kann hier nicht getrennt vom Subjekt geredet werden.

Am Subjekt selbst muß dabei außerdem die Unterscheidung von res cogitans und res extensa, von „Bewußtsein" und „Körper", kritisiert werden. Die Spaltung beider Substanzen führt nämlich zu der Frage, welcher Vorgang die Wechselwirkung zwischen dem Atom und dem Menschen, durch das Medium der photographischen Platte und des Mikroskops, zum Experiment in dem für die Definition des quantenmechanischen Zustands charakteristischen Sinne mache: der materielle Akt der Schwärzung eines Silberkorns auf der Platte bzw. der chemischen Reizung der Netzhaut durch ein von dem Silberkorn ausgehendes Lichtquant oder der Bewußtseinsakt der Wahrnehmung dieser Schwärzung bzw. chemischen Reizung. Die Antwort aber kann nur lauten: die Tateinheit beider. Die Alternativfrage stellen heißt schon den Sinn der quantenmechanischen Aussage verfehlen, denn eine Beobachtung ist ein physischer Vorgang, der zugleich ein Wahrnehmungsakt *ist*. Hier ist nicht der Ort, dies im einzelnen nachzuweisen. Wenn aber der behauptete Sachverhalt besteht, so ist der Verzicht auf die Cartesische Ontologie Vorbedingung des Verständnisses der modernen Physik. Dann aber hat der Physiker, der fragt, was das Atom *ist*, allen Anlaß, nicht den Fehler des Descartes zu wiederholen, indem er dieses Sein von neuem durch herausgegriffene Eigenschaften eines einzelnen Seienden bestimmt, sondern Heidegger in der Frage, was „Sein" selbst heiße, zu folgen.

Entepente und die abstrakte Kunst

Eine Trilogie

1. B a l l a d e

Das große Lalulā[1])

Kroklokwafzi? Sem̄emem̄i!
Seiokrontro prafriplo:
Bifzi, bafzi! Hulalem̄i:
quasti basti bo . . .
Lalu, lalu lalu lalu la!

Hontraruru miromente
Zasku zes rü rü?
Entepente? Leiolente
klekwapufzi lü?
Lalu lalu lalu lalu la!

Simarar kos malzipempu
silzuzankunkrei(;)!
Marjomar dos: Quempu Lempu
Siri Suri (Sei( )!
Lalu lalu lalu lalu la!

2. S a t y r s p i e l

Zwei theoretische Physiker, von denen der eine durch langjährige Freundschaft mit einem philosophierenden Philologen geschult war, haben vor Jahren nach den wissenschaftlichen Methoden zur Erforschung von Texten in unbekannten Sprachen das in Morgensterns „Galgenliedern" zuerst veröffentlichte „Große Lalula" entziffert. Sie beschränkten sich streng auf das Nachweisbare. Darum gaben sie nur den Wortschatz und die Formenlehre der verschollenen Sprache an, soweit beide aus dem erhaltenen Text zu erschließen sind, ohne sich auf eine wörtliche Übersetzung des alten Helden-

---

[1] Wir geben den Text der Ballade in der Fassung, in der sie von C h r i s t i a n M o r g e n s t e r n zuerst gedruckt wurde. Nur in der Interpunktion führt unsere Interpretation des Gedichtes zu ein paar kleinen Abweichungen von seiner Fassung. Das Fragezeichen hinter „Entepente" (Str. 2, Zeile 3) wird wohl durch die nachfolgenden Ausführungen zur Genüge begründet. Auf die übrigen Abweichungen und auch auf die, mit unserem Thema an sich eng zusammenhängende Erscheinung der in der 3. Strophe auftretenden „reinen Interpunktion" können wir hier leider aus Raummangel nicht eingehen.

liedes festzulegen. Um einer grammatischen Form willen, die sie dabei entdeckten, sei hier an diese bisher ungedruckte Arbeit angeknüpft. Es mag sein, daß die Entdeckung der beiden Forscher auch einiges Licht auf die Kunst unseres Jahrhunderts zu werfen vermag.

Vielleicht bedurfte es eines sehr lebendigen akustischen Ausdruckssinnes, um zu erkennen, daß „Kroklokwafzi" heißt: „es wird mit dem Schwert geschlagen", „klekwapufzi" aber: „es wird mit dem Dolch gestoßen". Strenger rational verlief die Interpretation der zwei Zeilen:

Hontraruru miromente
zasku zes rü rü?

„-u" war aus anderen Partien des Gedichts als Nominativendung erkannt. „Zasku" ist ein Substantiv zu einem in „zes" adverbial verwendeten Stamm der Bedeutung „sieghaft"; „zasku" wäre also der Held. Die eigentümliche Tendenz jener alten Sprache, dasselbe doppelt, nämlich materiell durch den Sinn des einzelnen Wortes und rhythmisch oder abstrakt durch die aus den Worten gebildete Struktur auszudrücken, war den Verfassern ebenfalls schon an anderer Stelle aufgefallen, und so lasen sie „rü" als „wieder" und „rü rü" als „wieder und wieder", als „reines Wieder". Dies erschloß nunmehr den Sinn der stammverwandten Endung „-aruru". „Hontru" heißt „die Gefahr", „-aru" ist die Pluralendung („hontraru" also etymologisch: „die Gefahr wieder", d. h. die Gefahren) „-aruru" aber ist der *Pluralis intensivus,* „hontraruru" heißt „die vielen Gefahren". Wie kann aber der Satz zwei Subjekte haben: die vielen Gefahren und den sieghaften Helden? Die moderne Logik weiß, daß nicht jeder Satz die traditionelle Form „S ist P" hat. Es gibt „zweistellige Prädikate" oder „Relationen" R(x, y), zu lesen: „x und y stehen zueinander in der Beziehung R". „Mirom-" erweist sich als der Verbalstamm der einfachsten Relation, der Koexistenz. Der Satz spricht also vom gleichzeitigen Dasein der Gefahren und des Helden. Aber er ist eine Frage — er ist die zweifelnd retardierende Frage im unerbittlichen Ablauf des tragischen Schicksalsgesangs. „Ist es möglich, daß zusammenbestehen die unermeßlichen Gefahren und der Held, siegreich wieder und wieder? Ist es möglich?" „-ente" also wäre die Flexionsendung, die den *Potentialis,* die Möglichkeitsform des Verbums anzeigt.

Der alte Dichter fährt fort:

Entepente? Leiolente
klekwapufzi lü?

Halten wir unseren grammatischen Entdeckertrieb noch zurück, gehen wir vom Gesicherten aus! Schon durch die Wortstellung ist „lü“ dem „rü“ polar entgegengeordnet. „Lü“ steht aber, im Gegensatz zu „rü“, nur einmal da, und nach dem Gesetz der Übereinstimmung von Wortsinn und strutureller Verwendung heißt „lü“ daher „einmal“. Was auch die Herkunft des Verbalstammes „leiol-“ sein möge, der Sinn des Satzes ist klar: „Oder erliegt er dem einmaligen Dolchstoß?“

Was aber heißt „entepente“? Es ist ein *Potentialis*, aber der Verbalstamm ist selbst mit der *Potentialis*-Endung identisch; das spannungsgeladene „p“ in der Wortmitte ist, wortgeschichtlich gesehen, wohl nur das aus euphonischen Gründen notwendige Scharnier zwischen dem doppelten „ente“, die Achse der Drehtür. Und fordert nicht gerade die seelische Bewegung des Gedichts diese Iteration? Wie sagten wir vorhin, als wir aus dem inneren Rhythmus der Ballade heraus zu sprechen suchten? „Ist es möglich, daß Held und Gefahren gleichzeitig bestehen? Ist es möglich?“ Das zweite „Ist es möglich?“ ist die blassere Fassung dessen, was der Dichter mit dem geheimnisbeladenen Wort „entepente“ sagt. Wir sollten es wiedergeben durch den volleren Klang der selbstprädizierenden Wiederholung: „Ist es möglich, daß es möglich ist?“ Entepente ist eine abstrakte Flexionsform, eine Flexionsform an sich, es ist der *Potentialis purus*.

Aber ist unsere Deutung nicht selbstwidersprechend? Nicht in der Ebene der Sprachforschung; da dürfte sie unanfechtbar sein. Aber in der Ebene der Ästhetik? Wie verhält sich denn die reine Grammatik zur Emotion? Aus der höchsten seelischen Bewegung des Heldenlieds schließen wir auf eine Konjugationsform?

Wer so fragt, ist noch in der Romantik befangen. Der archaische Dichter sah die reinen Urgestalten, Gestalten des Seins selbst, die eben darum, in abgeleiteter Weise, Bahnen der Gefühlserregung und Träger des gespanntesten wie des gelassensten Ausdrucks werden können. In einem Hauch, in einer einzigen Stimmführung zeigt uns das Gedicht aus der Urzeit dreierlei zugleich: das reckenhafte Geschehen — das Wogen der Gefühle, die das Geschehen begleiten — und die jenseits des Menschlichen liegende Gestalt, welche die Bedingung der Möglichkeit des Geschehens, der Gefühle und ihres Ausdrucks ist. Diese Bedingung aber ist die reine Möglichkeit selbst — entepente.

3. Tragödie

Der Naturalismus versteht die Wirklichkeit als das, als was sie von der klassischen Physik, die dem cartesischen Wahrheitsbegriff und der cartesischen Ontologie folgte, definiert worden ist. Die klassische Physik war im Augenblick ihrer Entstehung die denkerische Möglichkeit ihrer Zeit. Damals war es ein zentraler Teil der Aufgabe des Künstlers, die Natur so wiederzugeben, wie sie wirklich ist. Dieses „wirklich" transzendierte freilich den Horizont der späteren, abgeschlossenen klassischen Physik, aber es bezeichnete immerhin die Richtung der denkend-schauenden Bewegung, welche die klassische Physik erst möglich gemacht hat. Kein Horizont kann sich bilden ohne eine Erde und einen Himmel, die weiter reichen als der Horizont.

Die Neuzeit ist zweideutig und vernichtet ihre Ziele, indem sie sie erreicht. Die Photographie vernichtet den Naturalismus, indem sie ihn erfüllt. Der Künstler erfährt: das also ist nicht Kunst. Was ist Kunst dann? Der Physiker erfährt: die klassische Physik erfaßt nicht den Grund der Wirklichkeit. Wo ist er dann?

Ernst Mach sieht die Wirklichkeit in der Sinnesempfindung. Dasselbe tun die Impressionisten.

Der Mittelpunkt der Empfindung, in ihrer Eigenschaft als Empfindung betrachtet, ist das empfindende Ich. Ist aber Empfindung, vom Ich her gesehen, nicht eigentlich nur Partner oder Gestalt der Leidenschaft? Eine Kunst ist möglich, die Ausdruck der Leidenschaft sein will und nichts anderes. War denn, so fragt sie, Kunst je etwas anderes? Der Gegenstand, die Sinnlichkeit sind dann nur Vehikel des Ausdrucks. Kann es nicht ungegenständliche, noch nie bisher realsinnlich wahrgenommene Ausdrucksformen geben?

Kunst kann Ausdruck sein. Sie kann auch Erforschung des Ausdrückbaren durch das Mittel des Ausdrucks sein. Sie kann zum psycho-analytischen Diagramm werden. Sie kann schließlich Erforschung der möglichen Ausdrucksformen sein.

Ausdrucksformen aber kann es nur geben, wenn es Seinsstrukturen gibt. Die Quantentheorie kann nicht mehr im Begriffsschema des an sich seienden materiellen Objekts, dem das denkende oder empfindende Ich gegenübersteht, gedacht werden. Gleichwohl ist sie Wissenschaft. Sie stellt das, was sie in seinem Sein noch kaum bezeichnen kann, in der mathematischen Formel dar. Diese aber ist nur die Stenographie einer reinen Struktur. In der Struktur deutet sich uns etwas von den Bedingungen der Möglichkeit physikalischer Objekte und ihres Wahrgenommenseins an.

Ähnliches sucht die Kunst der reinen Formen. Findet sie es? Sicher stellt sie eines der Themen unseres Jahrhunderts.

Aus einer chinesischen Tuschzeichnung eines taoistischen Heiligen, der in eine Landschaft von tausend Bergen, Wäldern und Seen hineinwandert, um in ihr zu verschwinden, blende man einen Quadratzentimeter des Mönchsgewandes heraus. Man vergrößere diesen Quadratzentimeter auf das Format eines Bildes, das in einer Ausstellung aufgehängt werden dürfte, und man wird bessere abstrakte Kunst haben als alle, die uns gezeigt wird.

Kann das spielende oder sinnende Erfassen der Bedingungen der Möglichkeit von Kunst selbst Kunst sein? Ist die Aufgabe, um die es hier geht, überhaupt eine künstlerische Aufgabe? Wenn sie den Bereich des rein Künstlerischen überschreitet, ist sie uns darum weniger aufgegeben?

Mit Recht liegen Unzulänglichkeit und Lachen beisammen. Wir sind unterwegs, und das böse Gewissen kann so leicht zur Schuld werden wie das gute Gewissen. Heutige Kunst, die ins sogenannte Abstrakte vorstößt, ist oft nur erträglich, weil und soweit sie erheitert. Vielleicht ist auch Picasso dort am besten, wo er mit dem Beschauer über das Bild oder durch das Medium des Bildes über den Beschauer lacht.

Ist diese Kunst nicht entepente?

Niels Bohr

Der Schöpfer des Atommodells

Es ist bekannt, daß die Physik im ersten Viertel unseres Jahrhunderts in eine Wandlung ihrer Grundvorstellungen eingetreten ist, die an Bedeutung nur mit der Entstehung der neuzeitlichen Physik im 17. Jahrhundert verglichen werden kann. Wer hat diese Bewegung in Gang gebracht? Sollte man sich auf genau drei Namen beschränken, so müßte man ohne Zweifel Rutherford, Einstein und Bohr nennen. Einstein leitete mit der Relativitätstheorie eine *neue Art theoretisch-physikalischen Denkens* ein; Rutherford eröffnete die *experimentelle Erforschung der Atome,* Bohr ihr *theoretisches Verständnis.* Das theoretische Verständnis der Atome aber verlangte eine Änderung in den Grundlagen unseres Denkens über die Natur, die zwar durch die Relativitätstheorie vorbereitet war, aber viel radikaler sein mußte als diese. Was Bohrs Stellung in der Physik unseres Jahrhunderts einmalig macht, ist die Konzentration des Denkens, mit der er diese Wandlung bewußt zu vollziehen vermocht hat. Ist von den drei genannten Physikern Rutherford vielleicht der kräftigste, Einstein der genialste, so ist Bohr der tiefste.

Niels Bohr wurde am 7. 10. 1885 in Kopenhagen als Sohn eines bekannten dänischen Physiologen geboren. Sein Brunder ist der bedeutende Mathematiker Harald Bohr. Das Akademische gehört zur Lebensluft der Familie. „*Ich bin in einem Haus mit reichem geistigen Leben aufgewachsen, wo wissenschaftliche Diskussionen zur Tagesordnung gehörten, ja für meinen Vater gab es kaum einen scharfen Unterschied zwischen seinen eigentlich wissenschaftlichen Arbeiten und seinem lebendigen Interesse für alle Probleme des menschlichen Lebens*“[1]. Die Wendung ist charakteristisch. Wird hier alles Lebendige in den Strom des wissenschaftlichen Denkens hineingezogen oder wendet sich das Denken der Fülle des Lebens zu? Zwischen beiden ist „*kaum ein scharfer Unterschied*“. Das Bewußtsein

[1] Poul Vinding: Gespräch mit Niels Bohr. Kopenhagen, Berlingske Aftenavis, 2. 10. 1935.

von der Zusammengehörigkeit des scheinbar Unvereinbaren wurzelt tief in Bohrs Wesen. *„Ich muß alle Dinge von beiden Seiten sehen"*, sagte er einmal im Gespräch.

Auch in der Physik fiel es ihm zu, *zwei* bis dahin *getrennte Traditionen zu vereinigen:* die der *deutschen theoretischen Physik,* die damals in Planck und Einstein blühte, und die der *englischen Experimentalphysik,* unter deren Einfluß er als junger Mitarbeiter Rutherfords geriet. 1911 hatte Rutherford, mit genialer Unbekümmertheit aus experimentellen Tatsachen folgernd, sein Atommodell aufgestellt, nach dem die Atome der Chemie aus einem kleinen, schweren, positiv elektrischen Kern und einer diffusen Hülle negativ elektrischer Elektronen bestehen. Die Elektronen sollten unter dem Einfluß der elektrischen Anziehung um den Kern kreisen.

Bohrs theoretische Schulung zwang ihn zu dem Schluß, daß ein solches Atom nach der klassischen Physik gar nicht existenzfähig sei. Die Elektronen müßten ständig Licht ausstrahlen und in kürzester Zeit in den Kern fallen. Die Grundtatsache der Chemie, die Stabilität und Gleichartigkeit aller Atome desselben Elements, widersprach den Folgerungen aus der bestehenden Physik, angewandt auf das Modell. Bohr bewies hier zum erstenmal seine Kraft, zwei scheinbar widersprechende Erkenntnisse gleichzeitig ganz ernst zu nehmen. Die Chemie durfte nicht geopfert werden, das experimentell begründete Modell aber auch nicht. Also mußten die Gesetze der Physik falsch sein, nach denen das Modell nicht existenzfähig schien. Damit war eine neue Ebene des physikalischen Denkens erreicht: nicht neue Modelle, sondern neue Naturgesetze mußten gefunden werden. Wie völlig Bohr sich dessen bewußt war, zeigen die Sätze aus seiner Arbeit über das Atommodell: *„Ehe ich schließe, möchte ich nur sagen, daß ich hoffe, mich so klar ausgedrückt zu haben, daß Sie erfaßt haben, in wie schroffem Gegensatz die dargelegten Betrachtungen zu dem bewunderungswürdig zusammengefügten Kreis von Vorstellungen stehen, die man mit Recht die klassische Elektrodynamik genannt hat. Andererseits habe ich mich bemüht, in Ihnen den Eindruck hervorzurufen, daß es — gerade durch Hervorhebung dieses Gegensatzes — vielleicht möglich ist, mit der Zeit einen gewissen Zusammenhang auch in die neuen Vorstellungen zu bringen"*[2].

Inhaltlich übernahm Bohr Plancks Quantenhypothese (1900), die

---

[2] Niels Bohr: Drei Aufsätze über Spektren und Atombau (Braunschweig 1922) S. 19.

1906 von Einstein zur Vermutung der Existenz von Lichtquanten erweitert worden war. Planck hatte sie an einem abstrakten gedanklichen Modell entwickelt, Bohr konnte sie auf die durch Rutherford und seine Schule nun bekannten wirklichen Atome anwenden. Die Einzelheiten seien hier übergangen. Die grundsätzliche Bedeutung des Eintretens Bohrs in diese Entwicklung liegt in der Konsequenz seines Denkens. Planck war und blieb ein Konservativer, Einstein war damals ein Revolutionär. Planck hatte fast widerstrebend die tiefe Kluft erkannt, die seine Theorie von der klassischen Physik trennte; zeitlebens bemühte er sich, in dieser Kluft nur einen Unterschied bestimmter Hypothesen und nicht des grundsätzlichen Bildes vom Wesen der Naturerscheinungen zu sehen. Deshalb wurde Bohr und nicht Planck der Führer der jungen Generation. Einstein hingegen wagte kühn einen neuen Schritt, einen Sprung; wie das Land, das er betrat, mit dem Kontinent zusammenhing, den er zurückließ, war ihm damals eine Sorge für später. Daß das Licht eine Wellenbewegung sei, wußte das ganze 19. Jahrhundert, und Einstein selbst vollendete eben damals in der Relativitätstheorie die Feldphysik, die der Wellenvorstellung den festen theoretischen Rahmen bot. Trotzdem wagte es Einstein, durch die experimentellen Tatsachen veranlaßt, in der Lichtquantentheorie die Korpuskularvorstellung des Lichtes neu zu beleben. Licht ist ein elektromagnetischer Vorgang. Bohr sagte einmal scherzend: *„Wenn Einstein mir ein Funktelegramm schickt, er habe jetzt den endgültigen Beweis für die Lichtquanten gefunden, so beweist die bloße Tatsache, daß das Telegramm ankommt, daß die Theorie der elektromagnetischen Wellen richtig ist und Einstein unrecht hat.“* Bohr dachte weder konservativ noch revolutionär, sondern er trug die Spannung scheinbar widersprechender Tatsachen ständig im Bewußtsein, bis er sie auf einer *neuen Ebene des Denkens* zu versöhnen vermochte. Höchst charakteristischer Weise wurde Einstein, der Revolutionär von 1906, später zum Konservativen, der sich weigerte, die radikalen Konsequenzen Bohrs mitzumachen.

Die wohl wichtigste Zeit der Wirkung Bohrs waren die Jahre von 1913 bis 1925, in denen er in rastloser Analyse und Anwendung auf ein weites Erfahrungsmaterial die Grundlagen seiner Theorie immer tiefer legte. Der Leitfaden war das *„Korrespondenzprinzip“*. Eine ganz neue Physik mußte geschaffen werden, aber die mußte in enger Korrespondenz stehen zu der bewährten klassischen Physik, in der wir alle Experimente, ja alle Erfahrungen des täglichen Lebens beschreiben. Die endgültige mathematische Fassung der neuen Theorie, der „*Quantenmechanik*", gelang Bohr nicht. Sie glückte in den Jahren 1924—1926 einerseits Heisenberg, andererseits De Broglie und Schrödinger. Wir treffen hier auf eine Grenze der Begabung Bohrs. Überragende mathematische Kraft oder gar Virtuosität, wie sie viele seiner Schüler besitzen, ist ihm nicht gegeben. Er denkt anschaulich und begrifflich, aber nicht eigentlich mathematisch. Scherzhaft sagten seine Schüler: er kennt nur zwei mathematische Zeichen: $\ll$ und $\approx$ ($a \ll b$ heißt „a ist sehr viel kleiner als b", $a \approx b$ heißt „a ist ungefähr gleich b"). Er ist auch nicht, wie viele mathematische Physiker, musikalisch; aber er versteht viel von Malerei, und ich habe ihn aus Holz ein Windrad von vollendeter Schönheit und vollendetem Lauf schnitzen sehen. Sein Beitrag zur Entstehung der Quantenmechanik war wohl doch der unentbehrlichste; denn wenn Andere gestellte Fragen leichter beantworten konnten als er, so war er es, der sie alle erst fragen gelehrt hatte.

Seine Arbeit, die Grundlagen tiefer zu legen, erfüllte sich in seinem Beitrag zur Deutung der Quantenmechanik, dem Begriff der *Komplementarität* (1927). Weder der Begriff des Teilchens noch der der Welle darf aufgegeben werden, da beide wirkliche Erfahrungen beschreiben. Auch ihr Gegensatz aber kann nicht aufgehoben werden. Sie ergänzen einander, indem sie einander widersprechen; sie sind komplementäre Bilder des Geschehens. In diesem Begriff vermochte Bohr sein ursprüngliches Verständnis für die Zusammengehörigkeit der Gegensätze auf die Physik selbst anzuwenden. Seine Erläuterung zum Begriff der Komplementarität sei hier abgedruckt: „*Übrigens ist die Absicht mit einem solchen Kunstworte, im weitest möglichen Umfange eine Wiederholung des allgemeinen Arguments zu vermeiden, sowie auch beständig an die Schwierigkeiten zu erinnern, die, wie schon erwähnt, davon herrühren, daß alle gewöhnlichen Worte der Sprache von unseren gewohnten Anschauungsformen geprägt sind, von deren Standpunkt aus die Existenz eines Wirkungsquantums eine Irrationalität ist. Infolge dieser Situation verlieren ja selbst Wörter wie* sein *und* wissen *ihren eindeutigen Sinn. Ein interessantes Beispiel für die Zweideutigkeit des Sprachgebrauchs in der besprochenen Verbindung ist die Redensart, nach welcher das Versagen der Kausalitätsbeschreibung dadurch ausgedrückt wird, daß man von freier Wahl von seiten der Natur redet. Eigentlich fordert ja eine solche Redensart eine Vorstellung von einem außenstehenden Wähler, was doch schon durch den Gebrauch des Wortes Natur verneint wird. Wir werden hier vor einen Grundzug in dem allgemeinen Erkennt-*

nisproblem gestellt, und wir müssen uns klarmachen, daß wir dem Wesen der Sache nach letzten Endes immer darauf angewiesen sind, uns durch ein Gemälde von Worten, die in unalysierter Weise gebraucht werden, auszudrücken.“[3]

Es sei erlaubt, hier ein Wort zum Stil und zur Person zu sagen. Das komplizierte Gleichgewicht der Perioden, die Behutsamkeit in der Form und die Kühnheit in der Sache heben Bohrs literarischen Stil unverkennbar aus dem aller anderen Physiker heraus. Es ist bekannt, daß der mündliche Vortrag nicht seine Stärke ist. Aber oft verraten Schwächen am meisten vom Wert eines Menschen. Wenn Bohr spricht, vergißt er, so wird behauptet, die Regeln der Akustik, Grammatik und Logik. Leise, stammelnd, in Wiederholungen sagt er, was alle schon wissen, und wenn er die wirklich wichtigen Dinge sagt, hält er noch die Hände vor den Mund. Und niemand, der ihn je hat reden hören, kann den Eindruck dieses Mannes vergessen. Es ist, als wollte sein zögerndes Reden sagen: „Wie kann man sprechen, da jedes Wort schon eine Übertreibung, schon eine Lüge ist? Und doch soll man sprechen, ja, man muß es tun.“

Bohr hat den Begriff der Komplementarität auf biologische, psychologische, philosophische Fragen angewandt, in denen er ihm wohl längst vor der Atomphysik eine natürliche Denkform war. Er vermutet ein komplementäres Verhältnis zwischen dem Verständnis des Lebens als Leben und seiner physikalischen Analyse. Er spricht von dem komplementären Verhältnis zwischen dem unmittelbaren Verständnis eines Worts und seiner strengen Definition. Ein Aufsatz endet: „*Vielleicht mag als Entschuldigung dafür, daß ein Physiker solche Fragen berührt, der Umstand dienen, daß die in der Physik vorliegende neue Situation uns so eindringlich an die alte Wahrheit erinnert hat, daß wir sowohl Zuschauer als Teilnehmer in dem großen Schauspiel des Daseins sind.*“[4] Aus einem Radiovortrag für Schulkinder sei zitiert: „*Wir brauchen ja nur an die komplementäre Weise zu denken, in der wir solche Worte wie ‚Gedanken‘ und ‚Gefühle‘ gebrauchen, um die Situation zu beschreiben, in denen jeder Mensch sich tatsächlich befindet. Diese Worte weisen ja gerade auf Seiten unserer inneren Erlebnisse hin, die gleich wesentlich sind, die einander aber in dem Sinne ausschließen, daß selbst unsere wärmsten Gefühle vollständig ihre Art verlieren, wenn wir versuchen, sie auf dem Wege des kalten logischen Gedankens auszu-*

[3] Niels Bohr: Atomtheorie und Naturbeschreibung (Berlin 1931), S. 12/13.
[4] Niels Bohr: Atomtheorie und Naturbeschreibung (Berlin 1931), S. 77.

drücken. Gleichartige Verhältnisse zeigen sich im Zusammenleben von uns mit Menschen, in dem keins der Worte ‚Gerechtigkeit' und ‚Liebe' entbehrt werden kann. Jedes Mädchen und jeder Junge versteht, wieviel ‚fair play' bedeutet in Spiel und Sport, und daß man sich selbst nicht achten kann, wenn man nicht danach strebt, gerecht gegeneinander zu handeln. Aber gleichzeitig müssen wir uns klarmachen, daß der Gebrauch des Gerechtigkeitsbegriffs in seiner äußersten Konsequenz die Liebe ausschließt, zu der wir gegenüber unseren Eltern, Geschwistern und Kameraden aufgerufen sind."[5] Im Alten Testament („vor Dir sind tausend Jahre wie ein Tag") und in den Religionen des Ostens findet er die Weisheit wieder, die sich ihm in der Gestalt der Komplementarität darstellt. Aber immer wieder drängt sich das Bewußtsein vor, wie schwer diese Dinge zu sagen sind, und daß wahre Philosophie mit der Erkenntnis dieser Schwierigkeit beginnt. „*Von einem nicht geringen Teil der philosophischen Literatur, und nicht zum wenigsten von dem, der für den Anschein so objektiv und zwingend aussehen kann, gilt es ja auch, daß er nicht zu den tieferen Problemen vordringt, die ihren Grund in der Begrenzung der Ausdrucksmittel haben. Im Scherz könnte man beinahe versucht sein zu sagen, daß man es, je weniger man die Schwierigkeiten der Probleme kennt, um so leichter hat, allgemein-philosophisch über sie zu schreiben. Es ist vielleicht kein Zufall, daß ein Mann wie Sokrates, dessen ganzes Leben, so wie Platons Kunst es uns kennengelehrt hat, ein nie beendeter Kampf war, durch Erprobung der Tragkraft der Ausdrucksmittel Inhalt und Form zu harmonisieren, nicht eine geschriebene Zeile hinterlassen hat.*"[6]

Die Physik brachte Bohr Ruhm und der Ruhm vielfache Pflichten, denen er sich mit hingebender Treue unterzog. Das *Kopenhagener Institut für theoretische Physik* wurde in den zwanziger Jahren der Treffpunkt der theoretischen Physiker der ganzen Welt. Wie kein anderer hat Bohr eine Schule gebildet, bei völligem Fehlen der Eigenschaften, die Schulhäupter meist auszeichnen: des pädagogischen Talents und der Herrschsucht. Vielen ging es so: man verstand ihn nicht, aber man bewunderte, belächelte und liebte ihn, und wenn man nach einigen Jahren sein Institut verließ, so wußte man etwas über Physik, was man vorher nicht gewußt hatte und auf

---

[5] Niels Bohr: Die Atome und unsere Erkenntnis. Vortrag gehalten am 1. 4. 1949 im dänischen Schulfunk Kopenhagen, Berlingske Tidende 2. 4. 1949.

[6] Poul Vinding: Gespräch mit Niels Bohr. Kopenhagen, Berlingske Aftenavis, 2. 10. 1935.

keine andere Weise hätte lernen können. Er zog in die Ehrenwohnung, die Dänemark seinem jeweils bedeutendsten Bürger auf Lebenszeit zur Verfügung stellt. Die verzehrende Spannung des Denkens wurde aufgefangen von einer gesunden Natur, die jeder spürte, der von seiner Frau gastlich empfangen, im Kreis der heranwachsenden Söhne, im Garten, am Strand, segelnd, schilaufend mit ihm zusammenkam.

Die nationalsozialistische Revolution in Deutschland beraubte viele junge Wissenschaftler des Lebensunterhalts. Bohr war einer derer, die sich am frühesten und am nachhaltigsten um das Fortkommen der Emigranten kümmerten. Er litt unter der deutschen Besetzung im Kriege und mußte, da er von mütterlicher Seite her jüdischer Abstammung ist, in einer Novembernacht 1943 im Boot über den Öresund nach Schweden fliehen. In einem abenteuerlichen Flug wurde er nach England gebracht und ging dann nach Amerika, wo die Arbeiten an der Atombombe begonnen hatten. Die Zeit hörte auf, in der die Physiker eine friedliche Familie von „Freunden der Wahrheit“ sein konnten; eine Verantwortung, die eigentlich über Menschenmaß ist, fiel ihnen zu. Wohin Bohr kam, war er für die Wissenschaftler die natürliche moralische Autorität. Er hatte Zugang zu den führenden Staatsmännern und setzte seine ganze Leidenschaft dafür ein, daß aus Macht Ordnung und aus Ordnung Verständigung entstehe[7]. Über die Einzelheiten und den Erfolg dieser Tätigkeit zu urteilen, ist es heute wohl noch zu früh.

Niels Bohr ist nach dem Krieg nach Dänemark zurückgekehrt und hat die Leitung seines Instituts wieder übernommen. Er betreibt vor allem Kernphysik; in internationalen Zusammenhängen und in den Angelegenheiten seiner Heimat ist er tätig wie immer.

---

[7] Niels Bohr: Open Letter to the United Nations (Kopenhagen 1950)

Säkularisierung und Naturwissenschaft

Friedrich Gogarten zum 70. Geburtstag

Wer die Geschichte der Neuzeit betrachtet, findet in ihr vielfach religiöse, ja wesentlich christliche Kräfte und Haltungen in Verkleidungen am Werk. Diese Verkleidungen aber scheinen geradezu darauf angelegt, nicht nur dem Außenstehenden, sondern gerade den in ihnen selbst wirkenden Menschen den Ursprung und damit doch wohl auch den Sinn ihres Handelns und Denkens verborgen zu halten.

Im politischen Bereich ist dies manchen Beobachtern aufgefallen. Freiheit, Gleichheit, Brüderlichkeit, die Parolen der ersten Revolution, die es wagte, wenigstens für einen Augenblick eine antichristliche Haltung einzunehmen, sind bis in die Wortwahl hinein christliche Grundbegriffe. Der Marxismus könnte in genauem Sinn eine christliche Häresie genannt werden. Seine Erkenntnis der Abhängigkeit der Ideologie von den ökonomischen Lebensbedingungen kann an den Satz vom Kamel und dem Nadelöhr angeschlossen werden, und seine Geschichtstheorie, die eine diesseitige Erlösung in der klassenlosen Gesellschaft verspricht, wagte eine chiliastische Eschatologie in einem Jahrhundert, in dem die Erwartung des Jüngsten Tages in der Kirche erlahmt war.

Die große Bewegung der Revolutionen ist aber zwar das dramatischste und daher sinnfälligste Bild der inneren Dynamik der Neuzeit, doch bleibt sie ein aufflammendes und wieder verglimmendes Feuer. Die dauernde Veränderung der Welt, die durch Revolutionen und Restaurationen hindurch gleichmäßig fortschreitet, ist in der Neuzeit das Verschwinden der naturhaften, mythischen Selbstverständlichkeit des Daseins, bedingt durch das unablässige Wachstum der rationalen Beherrschung des Seienden, durch das Wachstum einer künstlichen, vom abstrakten Gedanken geprägten Welt. Wer Physik als Beruf gewählt hat, wird die Frage, was dies bedeute, vielleicht noch entschiedener als mancher Andere als die Grundfrage seines Daseins in der konkreten Geschichte seiner Zeit empfinden.

Die Frage ist in den letzten hundert Jahren durch die Technik in den

Vordergrund des öffentlichen Bewußtseins getreten. Ihr Ursprung liegt aber viel weiter zurück. Zum mindesten von Galilei bis zur Automatisierung und zur Atombombe führt ein gerader Weg. Man darf der Inquisition, die Galilei das öffentliche Bekenntnis zu Kopernikus verbot, wohl eine Ahnung der Gefahr für das Gleichgewicht des menschlichen Lebens zusprechen, die sich in diesem scheinbar harmlosen vorwitzigen Gelehrten der Spätrenaissance ankündigte. Die empörenden und schon darum unzureichenden Mittel, mit denen die Kirche diesen Kampf geführt hat, haben vielfach das Bewußtsein für seine Bedeutung verhüllt. Eine genauere Betrachtung bringt aber zutage, daß fast alles, was traditionell über diesen Vorgang gesagt wird, ungenau ist, und daß die Wahrheit sehr viel kennzeichnender ist als der Mythos des Galilei-Prozesses.

Galilei gilt heute als Märtyrer der Wissenschaft. Schon das ist im strengen Sinne nicht wahr. Er ist für seine Überzeugung nicht gestorben, sondern hat abgeschworen. Daß er das „Und sie bewegt sich doch" dachte, ist zweifellos, einerlei ob er es ausgesprochen hat. Man könnte aber sagen, daß die Wahrheit solcher Wissenschaft, wie Galilei sie lehrte, anders als die Wahrheit der Religion, keine Märtyrer verlange. Eine existentielle Wahrheit fordert den Beweis durch das Leben ihres Bekenners. Galilei aber wußte, daß die Erde sich um die Sonne dreht, völlig gleichgültig darum, ob ein Mensch auf dieser Erde dieses Wissen ausspricht oder unter Zwang verschweigt. Eben diese gegen das Menschliche gleichgültige Realität breitet sich heute durch das menschliche Leben hindurch aus.

Die Inquisition hat ferner nicht, wie man oft meint, von Galilei gefordert, er solle die Kopernikanische Lehre als falsch bezeichnen. Sie wollte ihm erlauben, sie als eine zur Ordnung der Erscheinungen geeignete mathematische Hypothese zu lehren, wenn er nur ihre Wahrheit nicht behauptete. Sie verlangte damit nur, daß er nicht mehr behaupte, als er beweisen konnte. Er konnte in der Tat die Wahrheit des Kopernikanischen Systems nicht beweisen, sondern besaß nur Argumente der Einfachheit und der Analogie (Jupitermonde!); das einzige damals verfügbare Argument, das einem Beweis nahekam, daß nämlich Keplers Gesetze nur im Kopernikanischen System einen verständlichen Sinn haben, hat er nie benutzt. Galilei war in diesem Konflikt, wissenschaftlich gesehen, der Fanatiker, der über das Beweisbare hinausging.

Aber er hatte recht, und er wußte, daß er recht hatte. Er hatte den Instinkt für die Fruchtbarkeit seines Ansatzes, der den großen Forscher kennzeichnet. Er verteidigte mit berechtigter Leidenschaft das Lebensgesetz der fortschreitenden Wissenschaft. Die wissenschaftliche Vorsicht der Inquisition erwies sich als steril und ihr Rekurs auf Gewalt als welthistorischer Mißgriff. Aber setzen wir hypothetisch einen Inquisitor voraus, der sich dieser Schwäche seiner Position voll bewußt gewesen wäre: hätte ihn nicht gleichwohl ein Schauder packen müssen angesichts dieses Mannes, der die Autorität der Bibel und der Tradition, der die Rücksicht der Kirche auf ihre Verantwortung für das Ganze des Menschenlebens seinem Recht auf die Verkündung einer partiellen Wahrheit opferte, einer Wahrheit, die zu finden es vielleicht, die zu verstehen es gewiß der Frömmigkeit nicht bedurfte?

Kehren wir aus dem 17. ins 20. Jahrhundert zurück, so finden wir — wenn ein etwas erweiterter Gebrauch des Wortes Religion erlaubt wird — das Vertrauen auf die Naturwissenschaft als die einzige universale Religion unserer Zeit vor. Man kann versucht sein, dies in einer säkularisierenden Übertragung theologischer Begriffe zu erläutern, und ich möchte dieser Versuchung für einen Augenblick nachgehen.

Zu einer Religion gehören Glauben und Werke. Beginnen wir mit den Werken. Im Grunde weiß der Mensch wohl, was gut ist. Aber eben hierum geht gleichwohl der Streit der Religionen, der politischen Bewegungen; eben hierin zeigt sich die unüberbrückte Fremdheit der Nationen, der Gesellschaftsordnungen. Nur über eines werden heute und sind schon Christen und Hindus, Liberale und Marxisten, Europäer und Asiaten einig, so einig, daß sie diese Einigkeit trivial und nichtssagend finden: wie man Auto fährt, am Radio dreht, künstlich düngt und mit Maschinengewehren schießt. Gebiete der Erde, in denen wenig Gelegenheit ist, das technische Handeln zu betätigen, nennt man unterentwickelt und weiß, daß sie entwickelt werden müssen.

Diese Werke gehen aus einem Glauben hervor. Glauben heißt nicht theoretisch etwas für wahr halten, sondern es heißt in festem Vertrauen so leben, wie man leben muß, wenn das Geglaubte wahr ist. Man glaubt, daß Technik nötig und gut ist, und vor allem glaubt man, daß sie funktioniert. Wer gedankenlos den Lichtschalter anknipst oder auf den Gashebel tritt, eben der lebt damit seines Glaubens an die Technik. Dies aber tun auch die, die theoretisch gegen die Technik schreiben.

Die Technik aber ist ein Kind der Wissenschaft, und zwar die Technik unseres Jahrhunderts noch viel mehr als die des Dampfmaschinenzeitalters. Damit rückt der Wissenschaftler ungewollt in die Rolle eines Priesters dieser säkularen Religion ein. Er verwaltet ihre Geheimnisse, ihre Prophetie und ihre Wunder.

Nur die Wissenschaft hat heute in weltweitem Rahmen jene Art offenbarer Geheimnisse, in denen sich zwei Eingeweihte alsbald verstehen, während der Uneingeweihte sie nicht sieht, obwohl er sie sieht, sie nicht versteht, obwohl er sie hört. Das Geheimnis erweist sich als wahr, indem es dem, der es versteht, die Macht gibt, Zukunft vorherzusagen und Wunder zu tun.

Den Begriff des Wunders hat man zwar, schon unter dem Einfluß des heranrückenden naturwissenschaftlichen Denkens, so verengt, daß er die Durchbrechung von Naturgesetzen fordert. Aber das ist eine intellektuelle Definition, die den Blick vom religiösen Sinn des Wunders ablenkt. Das Wunder ist ein Erweis von Macht, die über Menschenkraft und über alles vertraute Geschehen hinausgeht. Eben das vermag die naturwissenschaftliche Technik. Sie vollbringt das Wunder, daß Tausende, ja Milliarden gespeist werden, wo vorher keine Nahrung war. Niemand kann den Augenzeugenbericht von einer Atombombenexplosion lesen, ohne das Numinose dieses Zerstörungswunders — eines in der Auswirkung satanischen Wunders — zu empfinden.

Für den Wissenschaftler selbst sind diese Wunder freilich Folgen der Gesetze, die er erkennt. Aber ist für den Gläubigen der Religion nicht ebenso das Wunder nur die Bestätigung der göttlichen Macht, ja der göttlichen Ordnung, in deren Angesicht er lebt? Der Unterschied liegt, so scheint es, in der Verfügbarkeit technischer Macht, einer Verfügbarkeit, die in der Welt der Religionen vielleicht nur in der Magie ein Korrelat hat. Aber wenn sich der Wissenschaftler nicht selbst betrügt, ist dann nicht gerade die mangelnde Verfügbarkeit dieser Macht heute sein Schreck und sein Alptraum? Er besitzt ein Wissen von der Materie, das ihm erlaubt, die Maschine zu bauen. Er besitzt kein Wissen vom Menschen, das ihn lehren könnte, unter welchen Voraussetzungen er dem Menschen die Maschine in die Hand geben darf. Seine größte Tugend, sein mühsam erzogenes Ethos der Wahrhaftigkeit sich selbst gegenüber, muß ihn lehren, daß er jener allwissende und allmächtige Priester, den die Menschen oft ersehnen, nicht ist. Er ist nicht einmal Priester in dem Sinne, in dem es den Priester — und, was weniger und mehr ist, den priesterlichen Menschen — in der Religion wirklich gibt. Denn religiöses Wissen umfaßt Wissen vom Wesen des Menschen, naturwissenschaftliches Wissen umfaßt eben dies nicht.

Von der Erwartung, auch das Wissen vom Menschen auf wissenschaftliche Grundlage zu stellen, möchte ich hier nicht sprechen. Vielleicht kündigt sich in ihr, gerade wenn kein enger und daher noch naiver Begriff von Wissenschaft vorausgesetzt wird, erst die Erfüllung der zweideutigen Bewegung der Neuzeit an. Aber ich möchte hier nicht Spekulationen über die Zukunft anstellen, sondern das betrachten, was vor unseren Augen liegt.

Wer als Physiker die geschilderte Spannung zwischen Macht und Ohnmacht seines Berufs täglich empfindet und vielleicht auch die religiöse Natur seines Problems ahnt, wird sich wohl auch bei der Kirche, ja bei der Theologie nach Rat umsehen. Er wird dann meist enttäuscht. Wenigstens zur Hälfte liegt die Schuld an dieser Enttäuschung bei ihm selbst. Er erwartet wohl gute Ratschläge für seine Handlungen. Wie soll ihm jemand einen praktischen Ratschlag geben, der die konkreten Bedingungen, auf die sich der Rat bezieht, so viel weniger kennen kann als er selbst sie kennt? Zudem muß der Rat, wenn er ein christlicher Rat ist, ausdrücklich oder stillschweigend mit der Frage beginnen, ob der Ratsuchende zur Umkehr bereit ist, ja, ob er von ihr weiß. Es scheint bequem, sich dem Schrecken vor dieser Frage, der, wenn die Frage verstanden worden ist, so tief ist wie der Schrecken vor der Atombombe, durch die Behauptung zu entziehen, die Kirche sei eben so ratlos wie wir alle.

Zur anderen Hälfte aber liegt die Schuld, so scheint mir, bei der Kirche und, wenn sie ausdrücklich gefragt wird, bei der Theologie. Es gibt zwei theologische Haltungen, die dem Physiker nicht helfen können. Die eine ist die, die ihm, wenn auch in noch so nobler Form, so gegenübersteht wie die Inquisition Galilei gegenüberstand. Die Meinung, die Kirche verwalte die unerschütterliche Wahrheit, an der die Naturwissenschaft, wenn sie nur mit gebührendem Bewußtsein ihrer methodisch bedingten Grenzen vorgebracht wird, schlechterdings nichts ändern könne, mag in gewissem Sinne völlig richtig sein; aber sie nützt dem Physiker nichts und eben damit auch der Kirche und der Menschheit nichts. Ob man die neuzeitliche Wissenschaft verwirft oder verharmlost, man wird der Dynamik einer fortschreitenden Wahrheit nicht Herr, die sich in jeder ihrer Stationen an einem neuen, vorher unerwarteten Ort manifestiert; dabei wird diese Dynamik von dem, der die Wissenschaft verwirft, noch richtiger gespürt als von dem, der sie verharmlost. Wie wir oben einen Inquisitor fingiert haben, der die Schwäche seiner Position kannte, so wollen wir den heutigen, tief beunruhigten Wissenschaftler durch einen fingierten Galilei darstellen, der den Weg vom

Fallgesetz zur Atombombe klar vor sich sah: mußte seine tiefste Verzweiflung nicht daher rühren, daß die Inquisition ihm so wenig mitzuteilen hatte?

Die andere theologische Haltung, die dem Physiker nicht hilft, ist die Art des theologischen Denkens, die sich selbst dem wissenschaftlichen Bewußtsein des jeweiligen Augenblicks unterordnet. Das „wissenschaftliche Bewußtsein" braucht dabei nicht der Wissensstand eines bestimmten Jahrzehnts, es kann auch die Geisteshaltung der Neuzeit sein. Zwar kann und soll wohl niemand von uns aus seiner neuzeitlichen Haut fahren. So erleichtert die angedeutete theologische Haltung die intellektuelle Redlichkeit, ohne die dem wissenschaftlichen Gesprächspartner nicht wohl werden kann. Aber wie wird sie es vermeiden, die Theologie zu verharmlosen und damit dem Naturwissenschaftler genau das zu verweigern, worum er im Grunde und mit Recht bittet: den nicht zu bewältigenden Widerstand? Ich möchte ausdrücklich sagen, daß meinem Empfinden nach auch eine Spaltung von Existenz und Natur, so etwa, daß die Existenz das Feld des christlichen Glaubens, die Natur das Feld der exakten Wissenschaft wäre, sowohl dem Glauben wie der Wissenschaft ein zu enges, ein eigentlich so gar nicht vorhandenes Feld zuweist.

Gibt es überhaupt eine dritte Haltung? Es scheint mir, daß sie als Funke, der zur Flamme aufschlägt, in jedem Gespräch oder Selbstgespräch entstehen kann, in dem der kirchliche Gesprächspartner seines Versagens wirklich innewird. Er braucht dazu nicht theoretisch zu wissen, was die Neuzeit oder die Wissenschaft ist. In einem neuzeitlichen Menschen, der soeben im Gespräch sein Nächster ist, kann ihm die Wirklichkeit begegnen, die er bis dahin nicht hat sehen können, und ihn zu der erneuten Umkehr nötigen, ohne die er sich und dem Anderen in dieser Frage nicht raten kann.

Wer wesentlich Theolog ist, muß aber das, was ihm hier geschieht, auch ausdrücklich denken. Ein entscheidender Schritt hierzu scheinen mir Gogartens Gedanken über die Säkularisierung, über Hoffnung und Verhängnis der Neuzeit zu sein. Ich versuche nicht, seine Gedanken hier wiederzugeben, sondern die meinen, die seinen entgegenkamen und von ihnen befruchtet wurden, ohne den Anspruch vollständiger Auffassung oder Übereinstimmung erheben zu können.

Die Zweideutigkeit der Neuzeit tritt uns in der politischen wie in der wissenschaftlich-technischen Entwicklung entgegen. Es scheint, als sei sie umso tiefer und gefährlicher, je weniger sie sich selbst kennt, je mehr sie sich für Eindeutigkeit hält. Führt der Marxismus zur Freiheit, wie Marx wollte, oder gerade zum Gegenteil? Führt die Technik zu der Sicherung des Lebens, die sie anstrebt, oder zu seiner Vernichtung? Die Gegenbewegungen werden so zweideutig wie die ursprüngliche Bewegung. Haben die Jesuiten, die die Neuzeit mit den Waffen der Neuzeit schlagen wollten, ihr Ziel erreicht oder das Gegenteil? Verstehen die Restaurationen sich selbst besser als die Revolutionen?

Es scheint mir, daß die Neuzeit weniger ein Gegensatz zum Mittelalter ist als vielmehr seine logische Fortsetzung. Das Mittelalter versuchte, in immer neuen Anläufen eine substantiell heidnische Welt zu christianisieren. So folgt auf germanische Stammesfürsten der gesalbte Kaiser, dann der für den Weltkreis verantwortliche Papst, auf den Benediktiner der Bettelmönch. Die Neuzeit wandelt die Welt mit säkularisierten christlichen Inhalten. So gehen die Revolutionen auf die Kirchenreform und auf den Chiliasmus zurück. Das Wort vom Kadavergehorsam — um eine Einzelheit zu nennen, — kommt von Franziskus, wohl über die Jesuiten, ins Militär. Demokratie, Sklavenbefreiung, Sozialordnung institutionalisieren in politischer Konkretheit, was von jedem Christen als Haltung des Herzens erwartet werden sollte. Die neuzeitliche Naturwissenschaft und Technik haben gewiß antike Vorläufer und bescheidene außereuropäische Parallelen; aber ihr Pathos des unendlichen Fortschritts überträgt ein Prädikat Gottes auf die Welt und wendet sich der Zeit zu wie kein Heide es getan hat, sondern wie sich der Christ derjenigen Ewigkeit zuwendet, die mitten in der Geschichte erschienen ist.

Ist nun diese Säkularisierung das, was sein soll, oder das, was nicht sein soll? So gestellt muß die Frage ohne Antwort bleiben. Nicht nur, weil die Säkularisierung ja jedenfalls geschieht; wir dürften uns nicht scheuen, sie auch als unvermeidlichen Vorgang doch zu verurteilen, wenn sie verurteilt werden müßte. Aber sie selbst ist zweideutig. Das christliche Leben mitten ins Säkulum zu bringen, ist gefordert. In diesem Sinne ist Säkularisierung Erfüllung des Willens Gottes. Der Mensch als Sohn Gottes — ich zitiere Gogartens Auslegung des paulinischen Worts — kommt in dieser Welt in sein Erbe, das er zu verwalten hat. Es ist kein Zufall, daß die Säkularisierung des Christentums zu einer weltlichen Macht geführt hat, wie es sie zuvor nicht gab.

Lieber als eine Blasphemie auszusprechen, möchte ich das Folgende zurückziehen; aber ich frage mich, ob nicht die Wunder der Technik, die ich vorhin nannte, ein Teil jener Werke sind, von denen Christus gesprochen hat, als er sagte, wir würden seine Werke auch tun und größere als er.

Aber die Freiheit, die dem Sohn gegeben ist, enthält die Möglichkeit, das Erbe zu vertun. Es gibt eine Autonomie, die, theologisch gesagt, den Vater nicht mehr kennt, nicht mehr kennen will. Der Mensch, der ohne Religion zu sein meint, pflegt einer niedrigeren Religion zu verfallen. Nichts eignet sich besser zum Inhalt einer solchen Religion des Säkularismus als die säkularisierten christlichen Inhalte. Noch in dieser Umdeutung sind sie stärker als alle anderen Mächte der menschlichen Natur. Heute erobert die säkularisierte Neuzeitlichkeit die außerchristliche Welt, die die Mission nicht hat erobern können. Scheinbar ist der Schritt zum säkularisierten und damit isolierten Inhalt leichter als der zum vollen Christentum. Aber beide gehören zusammen, und die Folgen des Säkularismus nötigen uns die christliche Frage auf.

Vielleicht enthält diese Art des Sehens einen Wink, wie wir unsere eigene zweideutige Lage, die wir so schmerzlich fühlen, verstehen und, wenn Gnade uns beisteht, ändern können.

Die Bedeutung der Logik für die Naturwissenschaft

(Aus einer Besprechung einer Arbeit von Georg Picht)[1]

... Die Auseinandersetzung mit der Einteilung, die Münster gegeben hat, ist deshalb von allgemeinerem Interesse, weil viele Naturwissenschaftler in jeweils verschiedenen Formen zu ähnlichen Einteilungen neigen. Dabei zeigt sich fast immer, daß die traditionellen Ansätze der Philosophie bewußt oder unbewußt übernommen werden, daß aber das, was früher als ein gegliedertes Ganzes erschien, jetzt in getrennte Bereiche zerfällt. Die Gegenüberstellung des Objektiven und des Subjektiven ist soweit getrieben, daß auf der subjektiven Seite nicht mehr von Wahrheit geredet wird. Solange das so ist, kann aber wohl weder das naturwissenschaftliche Denken durch ein am Menschen orientiertes, noch der traditionelle Humanismus durch die naturwissenschaftliche Objektivität korrigiert werden, weil ihnen die gemeinsame Sprache fehlt.

Picht verfolgt die Geschichte dieser Spaltung bis auf Descartes zurück. Er behauptet die wesentliche Identität des Naturbegriffs der Physik mit Descartes' Begriff der Natur als res extensa. Da der heutige Physiker dieser Gleichsetzung gegenüber vielleicht Bedenken erheben könnte, sei es erlaubt, den Pichtschen Sprachgebrauch gegenüber der neuesten Physik zu rechtfertigen. Es ist wahr, daß Descartes die Materie lediglich durch ihre geometrische Ausdehnung definierte, während die Einführung des Begriffs der Masse durch Newton, des Feldbegriffs durch Faraday und Maxwell und der grundsätzlichen Unanschaulichkeit durch die Physik unseres Jahrhunderts diesen cartesischen Materiebegriff völlig aufgelöst haben. Gemeinsam bleibt aber dem cartesischen Programm und der heutigen Naturwissenschaft die Kategorie der Quantität (S. 37.) Noch enger wird der Zusammenhang, wenn wir statt Quantität „Zahl,

[1] *Georg Picht:* Bildung und Naturwissenschaft. In: Clemens Münster und Georg Picht, Naturwissenschaft und Bildung. 126 Seiten (davon die hier referierte Arbeit S. 33—116). Werkbund Verlag, Würzburg, o. J. (1953), in „Weltbild und Erziehung", eine Schriftenreihe, herausgegeben von Felix Messerschmid, Georg Picht, Hans Waltmann. —

Funktion und Struktur" (S. 37) sagen, was der cartesischen Definition der Mathematik als Wissenschaft von „ordo et mensura" (Regulae IV) weitgehend entspricht. In einem demnächst erscheinenden Aufsatz will ich versuchen zu zeigen, daß eigentlich die Reduktion der in der Physik anzuwendenden mathematischen Grundbegriffe auf diejenigen der Geometrie, die Descartes tatsächlich vorzunehmen versucht hat, seinen eigenen tiefsten Einsichten über das Wesen der Mathematik nicht entsprach. Die heutige Naturwissenschaft ist dann insofern in der Tat noch immer cartesisch als sie mathematisch ist.

Definiert Descartes die Natur dadurch, daß sie mathematisch gedacht werden kann, so definiert er den Menschen dadurch, daß er denken kann, als res cogitans. Dieser Ansatz entstammt dem cartesischen Willen, Wahrheit mit Gewißheit gleichzusetzen. Die scharfe Gegenüberstellung des denkenden Subjekts und des denkbaren Objekts beherrscht weitgehend auch das Denken unserer Zeit, aber die Überzeugung, auch auf der Seite des Subjekts Gewißheit zu finden, ist verloren. Damit aber wird der Sinn der cartesischen Einteilung aufgehoben. Picht interpretiert die Absicht, welche Descartes und die durch ihn vertretene und beeinflußte Zeit leitete, durch eine Konfrontierung mit Luther. Die Philosophie von Descartes, die der Nötigung, sich ohne Halt an mittelalterlichen, objektiven Ordnungen mit der Not des Gewissens auseinanderzusetzen, die Gewißheit der mathematischen und der Selbsterkenntnis gegenüberstellt, ist „säkularisierte Gegenreformation" (S. 44). So wird die Untersuchung des Subjekt — Objektverhältnisses im Wahrheitsanspruch der Naturwissenschaft zu einem Beitrag zu einer Untersuchung des Wesens der Neuzeit.

Nachdem diese umfassende historische Perspektive eröffnet ist, wendet sich die Pichtsche Arbeit ihrem besonderen Thema, der Logik, zu. Die Naturwissenschaft bezeichnet sich selbst als exakt. Die Subjekt—Objektspaltung ist ein Hilfsmittel dieser Exaktheit. Exaktheit hat etwas mit Logik zu tun, und so stellt sich die Frage, welche Rolle die Logik im Aufbau der Wissenschaft spielt. Die Untersuchung ist also in gewissem Sinne nicht selbst Logik, sondern sie fragt danach, was Logik ist.

Vielleicht darf ich, ehe ich mich nun den Aussagen Pichts über Logik zuwende, das Verhältnis der heutigen Physik und Mathematik zum Problem der Logik, so wie ich es zu sehen meine, skizzieren. Es wird sich daraus ergeben, daß und inwiefern die Pichtsche Untersuchung einem in den exakten Wissenschaften selbst entstandenen Bedürfnis antwortet.

Die sogenannte klassische Logik hat ihre Wurzeln in der Syllogistik des Aristoteles und der Aussagenlogik der Stoa. Ihr ist in der Neuzeit eine mathematische Logik gegenübergetreten. Wer heute Logik studiert, findet sich der Zweiheit einer philosophischen und einer mathematischen Logik gegenüber, deren gegenseitiges Verhältnis bisher nicht hat einhellig bestimmt werden können. Wir haben hier zunächst nach dem Wesen der mathematischen Logik zu fragen.

Äußerlich erweist sie sich als Mathematik durch den Gebrauch der Formel. Sie kann mit Recht darauf hinweisen, daß schon Aristoteles durch die Verwendung von Buchstaben zu allgemeinen Bezeichnungen von Bestandteilen von Sätzen und durch eine zu formelhafter Kürze entwickelte Terminologie den ersten Schritt in der Richtung getan hat, die man heute als Formalisierung bezeichnet (vgl. dazu z. B. Lukasiewicz, Aristotle's Syllogistic. Oxford, Clarendon Press, 1951). Die Formel gestattet die größtmögliche Durchsichtigkeit der Struktur. Sie hat auch Gelegenheit zu einer Reihe von Erweiterungen des Begriffsapparats der traditionellen Logik gegeben. So wurde z. B. dem klassischen Schema eines Satzes, in dem einen Subjekt ein Prädikat zugeschrieben wird, durch Russell gleichwertig der Satz zur Seite gestellt, der mehrere Subjekte durch eine Relation verbindet. Wenn eine Aussage etwas ist, was nach der traditionellen Erklärung wahr oder falsch sein kann, so bietet sich die mathematische Verallgemeinerung an, welche dieser „zweiwertigen" Logik eine mehrwertige gegenüberstellen würde. Man kann z. B. versuchen, auf diese Weise das Problem der Modalitäten zu beschreiben, und Reichenbach hat eine Darstellung der Quantenmechanik durch eine mehrwertige Logik vorgeschlagen, welche einen Rahmen für den Wahrscheinlichkeitsbegriff als logischen Grundbegriff geben soll.

Gegenüber dieser Logik erhebt sich naturgemäß die Frage, welcher Leitfaden eigentlich die an sich unbegrenzten Möglichkeiten mathematischer Verallgemeinerung lenken soll. Indem die Logik die Durchsichtigkeit der Mathematik gewinnt, wird die Frage „Was ist Logik?", über die man sich vorher zu Recht oder zu Unrecht beruhigt haben mochte, so schwierig wie die Frage „Was ist Mathematik?". Es könnte förderlich sein, einen schon seit sehr langer Zeit gründlich untersuchten Zweig der Mathematik hier einmal zum Vergleich heranzuziehen, nämlich die Geometrie. Wir verlassen auch damit die Pichtsche Problemstellung nicht, da er selbst den Vergleich zwischen Logik und Geometrie verwendet (S. 61).

Die neuzeitliche Wissenschaft fand die Geometrie in der axiomatisierten, euklidischen Form vor. Man lernte, die Axiome der Geometrie seien evident und die Folgesätze, da sie logisch aus den Axiomen abgeleitet sind, so gewiß wie diese. Dieser Glaube wurde erschüttert durch die Entdeckung, daß eine Abänderung eines euklidischen Axioms (des Parallelen-Postulats) möglich ist, das heißt, daß man eine „nichteuklidische" Geometrie als ein widerspruchsfreies System von Sätzen konstruieren kann. Blicken wir von dieser Erkenntnis aus auf die antike Mathematik zurück, so erscheint freilich Euklid selbst als der eigentliche Schrittmacher der nichteuklidischen Geometrie. Wenn er die Sätze, die er nicht logisch aus anderen Sätzen der Geometrie ableiten konnte, als Axiome an die Spitze stellte, so ist damit ja zunächst über den Wahrheitsgehalt dieser Axiome noch nichts entschieden und Platons Bemerkung im „Staat", daß die Mathematik ihre eigenen Voraussetzungen nicht durchschaue, verrät ein sehr deutliches Bewußtsein dieser Situation. Als logisch gewiß erscheint dann nicht eine Gesamtheit einzelner Sätze der Geometrie, sondern nur der hypothetische Satz: „Wenn die Axiome der Geometrie wahr sind, so sind auch ihre Folgesätze wahr."

Diese Erkenntnis hat sich im 19. Jahrhundert durchgesetzt. Sie ließ aber noch immer mehrere Interpretationen der Geometrie offen. Wir wollen hier drei solcher Interpretationen kurz betrachten: die Auffassung der Geometrie als reine Mathematik, als physikalische Disziplin und als Lehre von den Eigenschaften des Wahrnehmungsraumes.

Geometrie als reine Mathematik finden wir z. B. in Hilberts Buch „Grundlagen der Geometrie". „Punkt", „Gerade", „Ebene" werden als undefinierte Grundbegriffe eingeführt, zwischen denen bestimmte in Axiomen formulierte Beziehungen bestehen sollen. Die aus diesen Axiomen abgeleiteten Sätze sind dann für alle diejenigen Gegenstände wahr, zwischen denen die in den Axiomen formulierten Beziehungen bestehen, ganz einerlei, ob diese Gegenstände Punkte, Geraden und Ebenen im Sinne der traditionellen anschaulichen Auffassung von Geometrie sind oder nicht. Man kann dann auch diskutieren, wie sich die Folgesätze ändern, wenn man gewisse Axiome fortläßt oder abändert. Geometrie als reine Mathematik ist also eine Untersuchung möglicher Strukturen ohne Rücksicht darauf, ob solche Strukturen irgendwo und irgendwie verwirklicht sind. Die tieferdringende Frage nach dem Wesen der Mathematik müßte nun fragen, was wir mit den Worten „möglich", „Struktur" und „verwirklichen" eigentlich meinen. Wir würden damit von einer bestimmten Seite auf den Fragenkreis des Wesens, der

Form und des Allgemeinbegriffs geführt. Darauf müssen wir hier verzichten und wollen daher die genannten Begriffe gleichsam naiv verwenden.

Die Physik kann nun fragen, ob in der Natur eine dieser möglichen Strukturen wirklich vorkommt. Wenn sie versucht, diese Frage durch Experimente zu entscheiden, so wird für sie Geometrie in diesem Sinn eine empirische Disziplin. Es ist freilich nicht ohne weiteres klar, daß eine solche Entscheidung möglich ist, denn man kann dieselben Gegebenheiten unter Umständen auf mehrere Weisen auf mathematische Begriffssysteme abbilden. Z. B. kann man innerhalb der euklidischen Geometrie Modelle nichteuklidischer Geometrien entwerfen, etwa wenn man die Kugeloberfläche als „Ebene" im Sinn der sphärischen Geometrie bezeichnet und größte Kreise auf der Kugeloberfläche als „Geraden". Wir berühren hier das Problem des „Konventionalismus". Doch kann man jedenfalls sagen, daß ein gegebener Erfahrungsbereich zwar im allgemeinen durch eine Mehrzahl verschiedener mathematischer Systeme von Sätzen dargestellt werden kann, aber daß dann alle diese Systeme untereinander eine Strukturgemeinsamkeit haben müssen, die der Mathematiker wohl als Isomorphie bezeichnen müßte. Bezeichnet man, wie es dann vernünftig ist, alle in diesem Sinn isomorphen Systeme nur als verschiedene Ausdrucksweisen desselben Sachverhalts, so ist die Eindeutigkeit auf der Ebene, auf der sie allein bestehen kann, nämlich der der reinen Struktur des Aussagensystems, wiederhergestellt. Ob diese Struktur dann eine euklidische Ausdrucksweise zuläßt, ist — wie mir scheint — wenigstens letzten Endes eine durch Empirie und Logik entscheidbare Frage.

Ein Einwand, der gegen diesen z. B. der Relativitätstheorie zugrunde liegenden Gedanken gelegentlich erhoben wurde, besagt, niemand könne ja bestreiten, daß wir unsere unmittelbaren Wahrnehmungen und damit unsere Meßapparate, soweit wir sie wirklich ablesen können, euklidisch beschreiben; es sei aber logisch widersinnig, mit euklidischen Meßapparaten eine nichteuklidische Geometrie empirisch nachweisen zu wollen. Nun ist dieser Einwurf an sich gedanklich falsch, denn auf dieselbe Weise könnte man argumentieren, man könne mit Löffeln nicht Suppe, sondern nur Löffel essen. Es ist sehr wohl denkbar, daß gewisse Sätze für die Geometrie der Meßapparate mit befriedigender Genauigkeit gelten, welche für die Geometrie der Meßobjekte völlig falsch wären. Doch ist auch schon die in dieser Kritik des Einwands zugestandene Prämisse, unsere unmittelbare Wahrnehmung sei euklidisch, problematisch.

In Wahrheit ist wohl unsere Wahrnehmung weder euklidisch noch nichteuklidisch, das heißt, sie genügt überhaupt keiner begrifflich exakten Mathematik. Die Wahrnehmung ist ja nicht absolut genau, sondern verschwimmt in den Bereichen, die wir als die Ränder des Wahrnehmungsfeldes bezeichnen können. Jede mathematische Geometrie präzisiert die Wahrnehmung schon durch die Verwendung eindeutiger Begriffe über das unmittelbar gegebene Maß hinaus. Erst wenn dies gesehen ist, kann man die Frage nach einem angeborenen oder apriorischen Charakter gewisser Geometrien sinnvoll stellen. Doch gehen wir auf diese Frage hier nicht ein.

Für den Physiker wird der Versuch, die Entwicklung der Logik analog zu dieser Entwicklung der Geometrie zu beurteilen, nahegelegt durch die Quantenmechanik. In der Quantenmechanik gilt der Satz von der Persistenz der klassischen Gesetze, der besagt, daß jede Voraussage, die mit Hilfe der klassischen Physik aus einer wirklich gemachten Beobachtung gefolgert werden kann, auch quantenmechanisch wahr ist. Daß die Quantenmechanik überhaupt Voraussagen macht, die von denen der klassischen Physik abweichen, folgt nur daraus, daß nach der Quantenmechanik erstens gewisse Messungen (z. B. die gleichzeitige Messung des Orts und des Impulses des gleichen Teilchens) gar nicht möglich sind, und daß zweitens die statistischen Voraussagen, die im Falle unvollständiger Kenntnis klassisch definierter Größen gemacht werden, von den statistischen Voraussagen, die die klassische Physik im Falle derselben Unkenntnis machen würde, wesentlich abweichen. Dieser zweite Punkt könnte so ausgelegt werden, daß nicht eigentlich die klassische Physik, sondern die klassische Theorie der Wahrscheinlichkeiten geändert worden sei. Dies bezieht sich nicht nur auf den verschiedenen Ansatz der „Apriori-Wahrscheinlichkeiten", sondern auch auf die Gesetze, nach denen aus bekannten Teilwahrscheinlichkeiten eine Gesamtwahrscheinlichkeit ausgerechnet wird. Man addiert in der Quantenmechanik nicht Wahrscheinlichkeiten, sondern deren geeignet definierte Wurzeln, nämlich die Ψ-Funktionen. Da nun die elementaren Regeln der Wahrscheinlichkeitsrechnung mit einfachen logischen Distinktionen verknüpft sind, legt sich der Verdacht nahe, daß in Wirklichkeit die klassische Logik dasjenige sei, was hier abgeändert wird. Dies ist jedenfalls die Darstellung der Quantenmechanik, welche Reichenbach in seinem oben erwähnten Buch wählt. Es scheint mir, daß gegen diese Darstellung Einwände erhoben werden können, doch ist hier nicht der Ort, diese Frage näher zu verfolgen. Wohl aber mußte das Problem hier genannt werden, denn eine

Analyse davon, was Logik eigentlich ist, ist offenbar notwendig, um auch nur die bescheidenere Frage zu beantworten, ob eine empirische Disziplin wie die Quantenmechanik grundsätzlich überhaupt zu einer Abänderung der Logik Anlaß geben kann.

Hierzu seien anschließend an die Quantenmechanik noch die folgenden Bemerkungen gemacht. Betrachtet man die Angabe der Ψ-Funktion als eine elementare Aussage über den Zustand eines physikalischen Gegenstandes, so ist es wahr, daß es zwischen diesen elementaren Aussagen eine Weise der Verknüpfung (nämlich die lineare Superposition) gibt, welche kein Analogon in der klassischen Aussagenlogik hat. Auf der anderen Seite kann kein Zweifel darüber bestehen, daß die Quantenmechanik als mathematische Theorie derselben Logik untersteht wie die gesamte heutige Mathematik, und dies ist eine im Sinne Russells erweiterte zweiwertige Logik, welche den klassischen Aussagenkalkül als einen ihrer Teile enthält. Man scheint sich also hier in einen Widerspruch zu verwickeln. Der Widerspruch löst sich aber genau so wie die scheinbare Unvereinbarkeit der euklidischen Theorie für die Meßgeräte mit einer nichteuklidischen Theorie für die Gegenstände der Messung. Die neuere mathematische Logik hat sich schon aus anderen Gründen (Vermeidung der Paradoxien) genötigt gesehen, zwischen Kalkülen oder „Sprachen" verschiedener Stufe zu unterscheiden. Man kann z. B. eine „Objektsprache" definieren, welche nur über gewisse elementare Objekte Aussagen macht, und ihr dann eine Sprache zweiter Ordnung gegenüberstellen, in der über die Aussagen der Objektsprache Aussagen gemacht werden. Schließlich müssen alle diese scharf definierten Sprachen eingeführt und beschrieben werden mit Hilfe derjenigen Sprache, welche die Logiker ohne vorhergehende Erklärung der benutzten Symbole verstehen und welche man etwas euphemistisch als die Umgangssprache zu bezeichnen pflegt. Der logische Sachverhalt in der Quantenmechanik würde dann vielleicht durch die Behauptung zu beschreiben sein, die Objektsprache weiche von den Regeln der klassischen Logik ab, während die Sprache, in der man die Struktur der Quantenphysik als mathematische Theorie beschreibt, der traditionellen Logik genügt. Doch soll dies hier nur als Vermutung geäußert werden.

Wer in der *überlieferten Anschauung* über das Wesen der Logik aufgewachsen ist, wird wohl eine erschreckende Leichtfertigkeit darin sehen, daß angenommen wird, die empirische Physik, zu deren Aufbau die Logik tausendfach verwendet worden ist, könne nachträglich eine Abänderung der

Logik rechtfertigen. Er wird den Physiker mit Münchhausen vergleichen, der sich am eigenen Zopf aus dem Sumpf ziehen will. Nun ist die Bemerkung des letzten Absatzes über die Unterscheidung zwischen Aussagen über Objekte und Aussagen über Aussagen gerade zu dem Zweck gemacht, das Problematische dieses Einwands darzutun. Aber jedenfalls kann der Versuch, die logische Situation in der Quantenmechanik korrekt zu beschreiben, nur glücken, wenn genau überlegt wird, was Logik eigentlich ist. Das heißt nicht nur wie man sie als mathematische Theorie aufbauen könnte, sondern welche Aussagen über sie durch ihre Rolle in der Struktur unseres gesamten wissenschaftlichen Denkens schon gegeben sind. Die Arbeit von Picht gibt einen Beitrag genau zu dieser Frage und deshalb wird der an grundsätzlichen Problemen interessierte Physiker sie freudig begrüßen ...

Zunächst enthält das Kapitel über den Schluß eine Kritik der Lehre, die Logik sei die Wissenschaft von den Regeln des Denkens. Auf die schwierigen Einzelheiten der Auseinandersetzung mit Descartes und Kant, die Picht dazu vornimmt, kann ich hier nicht eingehen. Das Ergebnis liegt genau in der Linie derjenigen Auffassung von der Logik, die sich schon bei Bolzano zeigt und die sich in unserer Zeit mehr und mehr durchsetzt.

Positiv versucht Picht, das Wesen der Logik an dieser Stelle durch den schon oben ausführlich besprochenen Vergleich mit der Geometrie zu erläutern und dann in Anlehnung an die griechische Auffassung über das Verhältnis von Logik und Ontologie wie folgt genauer zu bestimmen: „In jedem Urteil geschieht eine doppelte Aufweisung: 1. Es wird in diesem bestimmten Urteil dieser bestimmte Sachverhalt aufgewiesen. Diese Aufweisung pflegt man den Inhalt des Urteils zu nennen; der in ihr aufgewiesene Sachverhalt ist das Phänomen, das die neuzeitliche Philosophie als Objekt bestimmt. 2. Ersetzt man die in dem Urteil verbundenen Begriffe durch Variablenzeichen, so gewinnt man das, was wir die Form des Urteils zu nennen pflegen; auch die Form des Urteils ist eine Aufweisung. In der allgemeinen Form des Urteils wird nicht die einzelne Bestimmtheit gerade dieses Seienden, sondern die allgemeine Struktur aufgewiesen, die es als Seiendes haben muß, um überhaupt ein so bestimmtes Dieses-Da sein zu können. Die allgemeine Form des Urteils gründet also nicht in der Natur unseres Verstandes, sondern ist eine zur Erscheinung gebrachte Seins-Struktur. Entsprechend formulieren die Regeln, nach denen wir Urteile zu Schlüssen verbinden, nicht Denkgesetze, sondern sie stellen die Gesetze dar, die im Bereich alles Seienden, sofern es die im Urteil präsentierte Struktur hat, gelten. Die Gesetze der Logik sind erkannte Seins-Gesetze" (S. 62).

Damit ist also die Logik als Ausdruck ontologischer Sachverhalte anerkannt. Picht steht damit auf demselben Boden wie der führende deutsche Logistiker, Heinrich Scholz, den er zu Beginn des letzten Teils seiner Arbeit in diesem Sinne zitiert. Genau diese Beziehung der Logik zur Ontologie gibt nun aber, wie auch Scholz l. c. bemerkt, die Möglichkeit, auch eine Abänderung der Logik oder ihre Unanwendbarkeit auf gewisse Bereiche des Seienden in Erwägung zu ziehen. „Hingegen ist die angewandte Logik nur in den Grenzen wahr, in denen Aussagen, die den Axiomen der Logik gehorchen, wahr sind; sie sind nur wahr unter der ontologischen Voraussetzung, daß die Struktur des Seienden, sei es unbedingt, sei es in noch zu bestimmenden Grenzen, solche Aussagen zuläßt. Einstweilen muß diese ontologische Voraussetzung als Hypothese gelten" (S. 56). Diese Hypothese lag der Gleichsetzung solcher Wahrheit, wie sie z. B. die klassische Physik gibt, mit Wahrheit überhaupt zugrunde.

Es scheint mir, daß der Physiker, der durch die Quantenmechanik zum Zweifel gerade an der klassischen Ontologie veranlaßt ist, diesen Überlegungen Pichts nur zustimmen kann. Doch stellt sich nun scheinbar das Problem, daß ein Denken, welches über die klassische Ontologie hinausgeht, nicht mehr im bisherigen Sinn des Worts „logisches Denken" sein könne. Dieser Einwand ist freilich in erster Näherung schon durch die Ablehnung der These, Logik sei Wissenschaft vom Denken, beantwortet. Diese nur negative Antwort fordert aber eine positive Weiterführung heraus. Es muß dann möglich sein, auch auszusprechen, inwiefern Erkenntnis möglich ist, die sich nicht im Rahmen der klassischen Logik hält. Es muß mit anderen Worten möglich sein, einen weiteren Begriff von Wahrheit zu gebrauchen als die klassische Logik. Wer an das Denken der exakten Naturwissenschaft gewöhnt ist, wird hier alsbald fragen, ob damit nur eine Ersetzung der traditionellen, formalen Logik durch eine anders strukturierte, aber ebenfalls formalisierbare Logik gemeint sei oder ein Denken, das grundsätzlich nicht formalisiert werden kann. Da die Quantenmechanik eine mathematisch formulierte Theorie ist, legt sie die erste dieser beiden Interpretationen nahe, während die Pichtsche Arbeit sich Bereichen der Wahrheit zuwendet, für welche die zweite Vermutung sich aufdrängt. Insofern bleibt die Frage der Pichtschen Arbeit selbst unentschieden, ob die Quantenmechanik ein Beispiel für die von ihm betrachtete Erweiterung des Wahrheitsbegriffs ist. Wir werden diese Frage hier nicht lösen können und folgen dem Gedankengang Pichts.

Im Abschnitt über das *Urteil* wird die Erweiterung des Wahrheitsbegriffs ausdrücklich vorgenommen. „Ein Satz kann nur dann als Urteil in einer logischen Satzverbindung stehen, wenn eine Bedingung erfüllt ist, die a priori in einem weiten Bereich des Seienden nicht erfüllt werden kann: es muß sich eindeutig angeben lassen, ob das Urteil entweder wahr oder falsch ist. Es wird also behauptet, daß es wahre Sätze gibt, die keine Urteile sind, und daß es Phänomene gibt, die a priori nicht in der Form des Urteils ausgesagt werden können“ (S. 64) . . .

Die Charakterisierung des Urteils durch die eindeutige Entscheidbarkeit ist nur sinnvoll, weil gleichzeitig wenigstens in Beispielen der Bereich sichtbar gemacht wird, in dem von Wahrheit geredet werden kann, ohne daß diese Wahrheit in Urteilen formuliert werden könnte . . . Ein zweites Beispiel, das von einer Ähnlichkeit mit einem wissenschaftlichen Satz noch sehr viel weiter entfernt ist, wird S. 76—79 erörtert. Es ist der Goethesche Gedichtanfang: „Über allen Gipfeln ist Ruh . . .“. Ich versuche nicht, die Analyse der Wahrheit dieses Satzes, die mir eines der wichtigsten Stücke der Pichtschen Arbeit zu sein scheint, hier zu wiederholen; ich müßte sie dazu in extenso abdrucken. Ich möchte aber einige Überlegungen an sie anknüpfen.

Das Wesentliche der von Picht versuchten Erweiterung des Wahrheitsbegriffes liegt m. E. darin, daß sie den Kontakt mit der Logik solange wie möglich hält. An sich ist in der Philosophie unserer Tage, zumal unter dem Einfluß Heideggers, der Gedanke geläufig, daß die Einschränkung des Wahrheitsbegriffs auf die Wahrheit von Sätzen dem ursprünglichen Wesen der Wahrheit Gewalt antue. Picht gehört zu der Generation, die durch die Schule des Heideggerschen Denkens hindurchgegangen ist. Wird aber Wahrheit von vornherein so umfassend gedacht, wie es in der Heideggerschen Übersetzung von ἀλήθεια durch Unverborgenheit geschieht, so wird gerade das zum Problem, was vorher selbstverständlich schien, inwiefern nämlich Wissenschaft, die den Regeln der klassischen Logik genügt und in Urteilen denkt, Wahrheit enthalten kann. Um den umfassenderen Begriff von Wahrheit zunächst einmal wieder ins Bewußtsein zu bringen, mag es genügen, ihn von dem logischen Begriff der Wahrheit als von einem Mißverständnis des Wesens der Wahrheit abzusetzen. Dabei kann man aber nicht stehenbleiben, sondern es entsteht die sehr viel schwerere Aufgabe, positiv zu zeigen, welchen Ort im Bereich der eigentlichen Wahrheit denn nun die wissenschaftliche Wahrheit einnimmt. Dies ist die Aufgabe, zu deren Lösung Picht seinen Beitrag geben will.

Versuchen wir das Pichtsche Beispiel des Satzes von Goethe unter den Fragestellungen der Logik noch näher zu analysieren, so finden wir, daß ihm die Symmetrie fehlt, welche in der Logik zwischen Wahrheit und Falschheit besteht. Der Satz Goethes ist wahr, das fühlen wir unmittelbar. Es wäre aber absurd zu behaupten, wenn ein Satz dieser Art nicht wahr sei, so sei er falsch. Friederike Kempners Verse: „Rechts sind Bäume, links sind Bäume und dazwischen Zwischenräume“ sind nicht falsch, sie sind leider sogar zutreffend, aber ihnen fehlt die Wahrheit, die das Gedicht ausmacht. Wenn wir den durch die Dichtung erschlossenen Bereich, wie es mir notwendig scheint, dem größeren Bereich zurechnen, in dem von Wahrheit gesprochen werden kann, so müssen wir zugeben, daß es Aussagen gibt, die zwar wahr sein können, die aber in diesem Sinne der Wahrheit nicht als falsch bezeichnet werden können. Die Aristotelische seitdem stets aufrechterhaltene Definition des Logos apophantikos als das, was wahr oder falsch sein kann, versagt hier. Andrerseits ist es der Sinn der Einführung des Wahrheitsbegriffs an dieser Stelle, daß auch hier von einer Apophansis, einem Aufweisen gesprochen werden kann.

Dies scheint mir nur ein besonderer Fall des allgemeinen Tatbestandes zu sein, daß Wahrheit außerhalb des engeren Bereichs der logischen Wahrheit nicht in einem symmetrischen Verhältnis zur Falschheit steht. Die Art und Weise, in der mir im täglichen Leben meine Umwelt unausdrücklich gegenwärtig ist, gehört ebenfalls unter diesen Oberbegriff der Wahrheit, wie schon der deutsche Ausdruck Wahrnehmung glücklich andeutet. Solange die Wahrnehmung aber unausdrücklich bleibt, taucht die Möglichkeit ihrer Falschheit gar nicht auf. Die unausdrückliche Wahrnehmung wird nicht in einem Urteil formuliert und wird als wahr behandelt. Wird die Möglichkeit in Betracht gezogen, sie könne falsch sein, so ist sie damit nicht mehr unausdrücklich, sondern reflektiert. Erst hierdurch wird sie der Formulierung im Urteil zugänglich. Insofern ist es natürlich, daß das Urteil das ist, was wahr oder falsch sein kann. Wesen, denen sich alles so zeigte, wie es ist, hätten — wenn eine solche fiktive Aussage zur Verdeutlichung erlaubt ist — keinen Irrtum, folglich keine Urteile und folglich keine Logik. So ist ja auch die Logik historisch entstanden: als die Kunst, Fehlschlüsse zu entlarven.

Man könnte also als das Wesen des Urteils im Pichtschen Sinne gerade die Falsifizierbarkeit bezeichnen.

Einen Vorstoß in den Bereich, in dem die Wahrheit der Logik mit der Wahrheit in umfassenderem Sinne zusammenhängt, enthält nun der bedeutendste Teil der Arbeit Pichts, der sich mit dem *Begriff* beschäftigt. „Wir gewinnen diesen Leitfaden durch die schlichte Feststellung des Aristoteles, daß der Begriff auf etwas hindeutet. Das Wesen des Begriffes liegt darin, daß er — wie man in der Nachfolge des Aristoteles zu sagen pflegt — eine Bedeutung hat. Ein Begriff, der in die logische Formel des Urteils eingesetzt werden soll, muß, wie wir schon gesehen haben, eindeutig sein: seine Bedeutung muß derart festgelegt sein, daß sie nur auf Eines deutet" (S. 81). Picht erläutert die Möglichkeit, eines solchen Deutens zunächst durch das einfache Beispiel des Wegweisers. Der Wegweiser „deutet in die Richtung, die eingeschlagen werden muß, wenn ein bestimmtes Ziel erreicht werden soll". Der Wegweiser ist aber nur verständlich für den, der in der Gegend, in der der Wegweiser steht, schon irgendwie, wenn auch unzureichend, orientiert ist. Er muß das Ziel, auf das der Wegweiser weist, zum wenigsten suchen, und er muß „ebenso wie der Errichter des Wegweisers, mit einer Welt vertraut sein, in der es so etwas wie Gegend, Weg, Richtung und Ziel gibt" (S. 82). Dieses ganze Vertrautsein mit der Gegend, in der der Wegweiser steht, kann — ja muß im allgemeinen — unausdrücklich bleiben. Trotzdem ist es Bedingung dafür, daß der Wegweiser einen Weg weisen kann.

In Analogie hierzu schildert Picht das Deuten eines Begriffs auf einen Sachverhalt und die Möglichkeit, einen Begriff durch eine Definition eindeutig zu machen. Jede Definition setzt Begriffe voraus, die schon vor dieser Definition verständlich sind. Einige von ihnen mögen ihrerseits durch Definitionen gegeben sein. Irgendwo aber muß die Kette der Definitionen abbrechen. Um definieren zu können, müssen wir uns in dem zur Definition benützten Bereich schon einigermaßen auskennen. „Das Bedeuten des Begriffes ist niemals ohne vorgängige Erschlossenheit des zugehörigen Bereiches möglich" (S. 83).

Diese einfache und eigentlich selbstverständliche Erkenntnis ist gleichwohl in der Geschichte des Nachdenkens über Logik und Wissenschaft oft nicht genug berücksichtigt worden. Unter dem Eindruck der formalen Strenge der Logik wurde das unmögliche Ideal einer von Anfang an eindeutig und lückenlos aufgebauten Wissenschaft gepflegt. Die heutige Naturwissenschaft ist durch ihre Grundlagenrevisionen wieder darauf aufmerksam geworden, daß gerade die Grundlagen ihres exakten Systems nicht exakt sind. Uns Physikern hat Niels Bohr dies in immer neuen Formen deutlich gemacht. Picht vermag auf dieser Stufe den oft behaupteten prinzipiellen Gegensatz zwischen Natur- und Geisteswissenschaft wie folgt zu relativieren: „Während die Geisteswissenschaften unter bewußtem Verzicht auf die Möglichkeit, ihre Aussagen in die exakte Form des Urteils zu bringen, die Begriffe in der Schwebe halten, die dem jeweiligen Stand der Einsicht entspricht, setzen die Naturwissenschaften hypothetisch fest, ihre Begriffe seien exakt definiert, und schaffen sich so die methodische Möglichkeit, ihre Aussagen mathematisch zu formulieren" (S. 86) ...

Nach diesen Vorbereitungen wird nun versucht, durch ein Beispiel einen Beitrag zur Beantwortung der folgenden beiden Fragen zu geben: „1. Wie muß das Seiende vorgängig präsentiert sein, wenn es durch einen Begriff eindeutig bezeichnet werden soll? 2. Zeigt sich das Seiende in dieser Form der Präsentation so, wie es von sich aus ist?" „Ich nehme ein Stück Kreide und schreibe an die Tafel:

$$A = A.$$

Nun deute ich auf das, was da geschrieben steht, und frage: was ist das?" „Auf diese Frage sind wenigstens vier Antworten möglich:

1. Weiße Linien vor einem schwarzen Hintergrund;
2. Eine Anordnung von Kreidemolekülen;
3. Drei Zeichen;
4. Der Satz der Identität."

„Jede dieser Antworten bezeichnet das Seiende so, wie es sich in einer bestimmten Ebene zeigt. Die jeweilige Ebene selbst wird in der Aussage nicht genannt; sie ist der vorgängig erschlossene Bereich — in der ersten Antwort zum Beispiel der Bereich der Optik —, den die Begriffe in ihrem Bedeuten voraussetzen müssen" (S. 88—89).

Die ausführliche Analyse dieses Beispiels, die ich hier nicht wiedergeben kann, führt u. a. zu folgenden Feststellungen: „Um ein Seiendes durch einen Begriff eindeutig bezeichnen zu können, muß ich es so betrachten, daß es sich in einer und nur einer Ebene zeigt." Statt Ebene wird dann Horizont gesagt. „Deshalb ist die Exaktheit der Aussage nur möglich, wenn die verschiedenen Horizonte streng voneinander unterschieden werden. Da in der schlichten Erfahrung die verschiedenen Horizonte ineinander spielen, ist die Fixierung und Unterscheidung der Horizonte nur durch einen operativen Eingriff möglich. Wir nennen diesen Eingriff die logische Abblendung“ (S. 90). Ich möchte hier auf die Analogie dieser Gedanken zu Heisenbergs Begriff der „abgeschlossenen Theorie“ hinweisen.

An dem gegebenen Beispiel läßt sich noch einmal die Unmöglichkeit wirklicher Phänomene im Schema der Subjekt-Objekt-Trennung illustrieren. Was dort an der Tafel steht, ist nach den Antworten 1 und 2 ein Gegenstand der Physik, während es die Eigenschaften 3 und 4 für das Subjekt hat. Das Zeichen aber kann nur Zeichen sein, weil es physikalisch existiert, und ist andrerseits Zeichen nicht als physikalisches Objekt sondern in unserem Verständnis (S. 93).

Die Arbeit wendet sich nun einer Analyse des Satzes der Identität zu ...

Pichts Analyse geht im einzelnen andere Wege, führt aber zu einer entsprechenden Folgerung. Nachdem er ein Beispiel diskutiert hat, in dem eine Türklinke und ein Brecheisen als „dasselbe“ betrachtet werden, insofern sie beide Hebel sind, schließt er: „Die Identität ist nun weder die Identität der Zeichen noch auch die Identität der bezeichneten Gegenstände (Türklinke und Brecheisen), sondern die Identität der in der Eindeutigkeit des Begriffes festgelegten Perspektive, die mich nötigt, durch eine logische Abblendung Türklinke und Brecheisen in einen Aspekt zu bringen, in dem sie, unbeschadet ihrer durch *x* und *y* bezeichneten Verschiedenheit, als dasselbe, nämlich als Hebel, erscheinen. Sie erscheinen dann zwar nicht so, wie sie von sich aus sind, aber sie erscheinen als Gegenstände objektiver Aussagen und somit als Objekt; gegebene Gegenstände durch die in der Eindeutigkeit des Begriffes festgelegte Perspektive als Objekt erscheinen zu lassen: das ist die Leistung des Satzes der Identität für die menschliche Erkenntnis. Der Satz der Identität ist das Axiom, das die Bedeutung des Begriffes auf die in der Logik geforderte Form der Eindeutigkeit festlegt“ (S. 102 —103).

Dies ist die letzte Station der logischen Analyse, die Picht unternimmt. Es scheint mir offensichtlich, daß von hier aus der Weg zu einer neuen Erörterung des Universalienproblems weitergeht ...

Während in der Auffassung vom Wesen der Logik öfters die Position Kants kritisiert wurde, illustriert Picht in diesem letzten Teil seiner Arbeit seine Einstellung zum Problem der Erkenntnis überhaupt durch eine Interpretation Kant'scher Gedanken, insbesondere des Satzes: „daß die Vernunft nur das einsieht, was sie selbst nach ihrem Entwurfe hervorbringt" (S. 112). Das Wort „Entwurf", das heute oft in einer mißverstandenen „existenzialistischen" Deutung seines Gebrauchs durch Heidegger als Ausdruck einer nicht objektiv verbindlichen, subjektiven Selbstbestimmung des Menschen gebraucht wird, zeigt sich hier bei Kant gerade umgekehrt als Bedingung der Möglichkeit der Objektivität. Die Aufhebung des falschen Gegensatzes des Subjektiven und des Objektiven, jenseits dessen das Verständnis der Anliegen sowohl Kants wie Heideggers ja erst beginnen kann, erweist sich so als das eigentliche Anliegen aller vorangegangenen Untersuchungen. Diese Aufhebung kann nicht durch ein Ausweichen aus der Strenge der Erkenntnis geleistet werden. Sie ist nur möglich, wenn streng erkannt wird, welches die Vorbedingungen derjenigen besonderen Art von Strenge sind, die wir als Objektivität im Sinne der neuzeitlichen Naturwissenschaft kennen.

Gleichwohl bleibt ein deutlicher Unterschied zwischen dem Pichtschen Ansatz und demjenigen Kants. Kant sucht in a priori gegebenen und daher für ihn selbstverständlich unabänderlichen Formen unserer Erkenntnis die Bedingungen der Möglichkeit von Erfahrung und damit die Bedingungen der Möglichkeit von so etwas wie Natur. Sofern unsere Ansätze über Natur in ihren Grundlagen als Ontologie bezeichnet werden dürfen, und sofern unter dem Titel der transzendentalen Logik die Analyse des apriorischen Gehalts unseres Erkenntnisvermögens zusammengefaßt ist, darf man, um einer einmaligen zugespitzten Formulierung willen, Kants Frage die Frage nach den logischen Bedingungen der Möglichkeit der Ontologie nennen. Für Picht umgekehrt ist Logik ein Entwurf, der eine bestimmte Ontologie hypothetisch impliziert. Angesichts dieser Auffassung wird dann gerade das erstaunlich, was in vor-Kantschen Auffassungen selbstverständlich schien und was Kant in einer für uns nicht annehmbaren Weise durch Reduktion auf die Beschaffenheit unseres Erkenntnisvermögens zu erklären sucht, nämlich daß es überhaupt Seiendes gibt, das auf logische Weise erkannt werden kann. Die Arbeit Pichts führt uns also bis zum Rand eines neuen nun nicht mehr logischen, sondern eigentlich philosophischen Fragenbereichs, dessen Eingangstür die Frage nach den ontologischen Bedingungen der Möglichkeit der Logik sein könnte.

Komplementarität und Logik

N i e l s B o h r zum 70. Geburtstag am 7. 10. 1955 gewidmet

1. Vorbemerkung

N i e l s B o h r hat den Begriff der Komplementarität in die Physik eingeführt in dem Vortrag über „Das Quantenpostulat und die neuere Entwicklung der Atomistik", den er im September 1927 auf dem Volta-Kongreß in Como gehalten hat[1]. Seitdem stehen die Grundlagen seiner Deutung der Quantentheorie fest. Was hinzugekommen ist, war Ausführung und Erläuterung, aber kein grundlegend neuer Begriff. Auch die Kritiker der B o h r s c h e n Auffassung, deren größter E i n s t e i n war, haben zugegeben, daß B o h r die Quantentheorie, so wie sie heute vorliegt, im wesentlichen richtig analysiert habe. Gerade deshalb haben sie ja eine über die heutige Quantentheorie hinausgehende Theorie verlangt. Man darf daher wohl den Begriff der Komplementarität als den Schlüssel zum besten heute möglichen Verständnis der Quantentheorie bezeichnen.

Bedenken wir das, so wird es uns verblüffen, daß auch heute noch der Begriff der Komplementarität keineswegs eindeutig verwendet wird. Daher bin ich gerne der Bitte des Herausgebers dieser Zeitschrift gefolgt, zum 70. Geburtstag B o h r s einen Aufsatz über diesen Begriff zu schreiben. Dabei habe ich zunächst versucht, die verschiedenen Bedeutungen, in denen die heutigen Quantentheoretiker den Begriff tatsächlich verwenden, voneinander zu unterscheiden und ihr gegenseitiges Verhältnis darzulegen. Dies geschieht im 2. Abschnitt dieses Aufsatzes. Dort werden drei verschiedene Deutungen unterschieden. Gemeinsam ist ihnen, daß sie je zwei Begriffe als komplementär bezeichnen, die auf derselben „begrifflichen Stufe" liegen; was das bedeutet, wird dort näher erläutert. Daher schlage ich für diese Auffassungen den gemeinsamen Namen „parallele Komplementarität" vor.

---

[1] Niels Bohr: Atomtheorie und Naturbeschreibung (im folgenden als „A u. N." zitiert), S. 34—59. Berlin 1931.

Als ich dann Bohrs Originalarbeiten wieder las, um festzustellen, welche dieser Deutungen seiner ursprünglichen Auffassung am nächsten kommt, entdeckte ich, daß sie zwar alle von seiner Auffassung hergeleitet werden können, daß sie aber einen entscheidenden Zug dieser Auffassung alle nicht mehr ausdrücken. Die Begriffe, die Bohr als komplementär bezeichnet, stehen durchweg nicht in einem „parallelen“, sondern einem „zirkulären“ Verhältnis zueinander. Das heißt, sie stehen nicht auf gleicher, sondern auf verschiedener Stufe und bedingen einander wechselseitig. Dieses zirkuläre Verhältnis kann man gar nicht aussprechen, ohne auf die Struktur unserer Erkenntnis einzugehen. Es ist daher kein Wunder, daß es überall dort unter den Tisch gefallen ist, wo versucht wurde, die Quantentheorie ohne explizite Bezugnahme auf philosophische Probleme zu formulieren; andererseits wird es nun vielleicht noch verständlicher, warum Bohr die Quantentheorie nie anders als in ausdrücklicher Verbindung mit philosophischen Fragestellungen darstellen konnte. Dies ist im 3. Abschnitt, vorzugsweise mit wörtlichen Zitaten aus Bohrs Schriften, dargelegt.

Soweit hat der Aufsatz mehr „philologischen“ Charakter; er interpretiert die Meinungen Bohrs und der anderen Physiker. Doch scheint mir das Bedürfnis nach einem sachlich hinreichenden Verständnis der Zusammenhänge damit noch nicht voll befriedigt, ja vielleicht erst neu erweckt zu sein. Ich habe daher gewagt, in einem zweiten, umfangreicheren Teil des Aufsatzes einen ersten Bericht zu geben über einige neuere eigene Überlegungen, deren Kern der Versuch ist, die Komplementarität als einen Grundbegriff der *Logik* aufzufassen. Diese Fragen sind ganz außerordentlich schwierig, und die Unvollkommenheit der hier vorgelegten Darstellung ist mir selbst wohl am deutlichsten bewußt.

Der Gedanke, die Quantenmechanik verwende de facto eine gegenüber der klassischen abgeänderte Logik, mag älter sein, ist aber meines Wissens zuerst 1932 von J. v. Neumann[2] mit mathematischem Inhalt erfüllt worden. Dann haben G. Birkhoff und J. v. Neumann[3] 1936 die formale Struktur dieser Logik mit Hilfe der Verbandstheorie beschrieben. Soweit die Fragestellung dieser Autoren reichte, haben sie, wie mir scheint, das gestellte Problem endgültig gelöst; dies ist im 7. Abschnitt

---

[2] J. v. Neumann: Mathematische Grundlagen der Quantenmechanik, S. 130ff. Berlin 1932.

[3] G. Birkhoff, u. J. v. Neumann: Ann. of Math. 37, 823 (1936).

dieses Aufsatzes kurz referiert. Die Versuche späterer Autoren[4] zu demselben Thema scheinen mir an formaler Konsequenz hinter der Arbeit von Birkhoff und v. Neumann zurückzubleiben. Sie schneiden dafür die dort offen gelassenen philosophischen Probleme an, vermögen sie aber wie mir heute scheint, noch nicht befriedigend zu lösen. Diese grundsätzlichen Probleme sind der Ausgangspunkt der Gedanken, die hier vorgetragen werden sollen. Diese Gedanken sind angeregt durch eine neue philosophische Untersuchung über das Verhältnis der Logik und Naturwissenschaft von G. Picht[5].

Birkhoff und v. Neumann haben gezeigt, daß die bekannte Mathematik der Quantenmechanik formal als eine Erweiterung des Aussagenkalküls der klassischen Logik aufgefaßt werden kann. Wir fragen nun: in welchem Sinn und mit welchem Recht kann man diesen erweiterten Kalkül als eine Logik bezeichnen? Diese Frage läßt sich in drei Fragen aufspalten:

1. Würde es nicht genügen, von einer Abänderung der Physik statt der Logik zu sprechen? Diese Frage ist im 5. Abschnitt an Hand des einfachsten bekannten Beispiels erörtert.

2. Wenn von einer Abänderung der Logik die Rede sein soll, welchen Begriff trifft sie primär? Dies ist im 6. Abschnitt besprochen. Es scheint mir, daß die quantentheoretische Einführung des Begriffs der Wahrscheinlichkeit den logischen Gegensatz von Wahrheit und Falschheit so modifiziert, daß zwar der Satz vom Widerspruch, aber nicht der Satz vom ausgeschlossenen Dritten erhalten bleibt. Die Komplementaritätslogik erscheint unter diesem Aspekt als eine mehrwertige Modallogik. Dabei ist es wahrscheinlich richtig, die entscheidende Änderung nicht in der Logik im engeren Sinne, sondern in der Ontologie zu suchen, aber so, daß auch der Zusammenhang dieser beiden Wissenschaften in ein neues Licht rückt.

3. Wie verhält sich die Logik, in der die Quantentheorie über ihre Gegenstände spricht, zu der Logik, in der wir über die Quantentheorie sprechen? Diese vielleicht wichtigste Frage ist im 4. Abschnitt vorausgenommen, um die grundsätzliche Möglichkeit einer Komplementaritätslogik zu

---

[4] P. Destouches-Février: La structure des théories physiques, Paris 1951; weitere Zitate in Déterminisme et indéterminisme, Paris 1955. — H. Reichenbach: Philosophische Grundlagen der Quantenmechanik. Basel: Birkhäuser 1949.

[5] G. Picht: In Cl. Münster und G. Picht: Naturwissenschaft und Bildung. Würzburg 1953.

prüfen. Sie wird dort nicht entschieden, und der 8. Abschnitt kommt auf sie zurück. Dieser Abschnitt stellt die nach meinem Empfinden überraschendste und wichtigste Folgerung aus den gemachten Ansätzen dar. Er ist aber auch sachlich am unfertigsten, und der 9. Abschnitt zählt einige Fragen auf, die noch offen geblieben sind.

Auf Wunsch des Herausgebers habe ich als 10. Abschnitt einen Anhang hinzugefügt, in dem einige der verwendeten Fachausdrücke im Zusammenhang erläutert sind. Es ist die Hoffnung des Herausgebers, daß der Aufsatz dadurch auch für nicht quantentheoretisch vorgebildete Leser verständlich werde.

2. *Übliche Auffassungen: parallele Komplementarität*

Erste Deutung: Komplementarität von Ort und Impuls. In der klassischen Darstellung Paulis[6] heißt es, nach einer Darlegung des Zusammenhangs der Heisenbergschen Unbestimmtheitsrelation mit dem Meßvorgang: „Wenn aus diesem Grunde die Benutzbarkeit *eines* klassischen Begriffes in einem ausschließenden Verhältnis zu der eines *anderen* steht, nennen wir diese beiden Begriffe (z. B. Orts- und Impulskoordinaten eines Teilchens) mit Bohr *komplementär.*“

Hiernach besteht also die Komplementarität zwischen zwei *Begriffen.* Die Begriffe gehören der *klassischen* Physik an, und zwar *derselben* Theorie (demselben „Bild“) der klassischen Physik. In diesem Sinne nennen wir sie Begriffe derselben Stufe und sprechen von paralleler Komplementarität. Innerhalb der klassischen Physik sind die beiden Begriffe aber nicht komplementär. Sie werden es erst in der *Quantentheorie.* Die Komplementarität besteht darin, daß sie nicht gleichzeitig benutzt werden können, gleichwohl aber beide benutzt werden müssen. Letzteres ist in der klassischen Physik klar, denn erst die Angabe von Ort und Impuls definiert den Zustand im Sinne der klassischen Physik. In der Quantentheorie genügt zwar die genaue Kenntnis einer der beiden Größen, um den Zustand zu definieren. Aber beide Größen sind meßbar. Es gibt Zustände mit bestimmtem Ort und Zustände mit bestimmtem Impuls; beiden können aber nicht zugleich vorliegen. Insofern sagt man, in einem Zustand mit bestimmtem Ort habe der Impuls keinen *objektiven* Wert und umgekehrt. Es gibt also Größen, die zwar gemessen werden können, für die aber nicht die An-

[6] W. Pauli: Handbuch der Physik, Bd. XXIV/1, S. 89. Berlin: Springer 1933

nahme gemacht wird, sie hätten, wenn sie nicht gemessen sind, doch sicher „an sich" einen Wert. In diesem Sinne schränkt die Komplementarität der Begriffe ihre *Objektivierbarkeit* ein. Die Frage, ob die Quantentheorie durch eine Theorie objektiver „verborgener Parameter" ergänzt werden könne[7], wird in der vorliegenden Arbeit nicht behandelt. Wir beschränken uns auf eine Beschreibung der bestehenden Theorie und versuchen nicht, ihre Notwendigkeit zu beweisen.

Genau diese Auffassung der Komplementarität werden wir nachher in die Logik übertragen. Da wir dann von einer Komplementarität nicht nur zwischen Begriffen, sondern auch zwischen *Aussagen* reden werden, sei der Zusammenhang dieser beiden Verwendungen des Worts hier skizziert. Begriffe wie Ort und Impuls bezeichnen, logisch gesprochen, mögliche Prädikate gewisser Subjekte, z. B. von Elektronen. Genau genommen bezeichnet „Ort" eine ganze Klasse möglicher Prädikate, nämlich alle möglichen Koordinatentripel x, y, z; ebenso „Impuls" die Klasse aller möglichen Tripel von Impulskoordinaten p_x, p_y, p_z. Beschränken wir uns um des einfachen Ausdruckes willen auf eine Raumdimension, so besagt die Komplementarität von Ort und Impuls: zwei Prädikate der Form „x" und „p_x" können demselben Elektron nicht gleichzeitig zukommen. Dann besteht auch eine Komplementarität zweier Aussagen. Die Aussagen: „dieses Elektron hat den Ort x" und „dieses Elektron hat den Impuls p_x" können nicht gleichzeitig wahr sein. Daß zwei Aussagen komplementär seien, ist also eine Aussage über ihre möglichen Wahrheitswerte.

Zweite Deutung: Komplementarität von Ort und Wellenzahl. Die Unvereinbarkeit von Orts- und Impulskenntnis hatte Heisenberg schon in der Unbestimmtheitsrelation ausgesprochen. Was Bohr hinzufügte, war die Begründung durch den Dualismus von Teilchen und Wellen. Nach de Broglie ist der Impuls p eines Teilchens mit der Wellenlänge λ der zugeordneten Welle durch die Gleichung $p = h/\lambda$ verbunden. Andererseits kann man ein lokalisiertes Teilchen durch eine Wellengruppe beschreiben. Eine Wellengruppe aber hat keine definierte Wellenlänge. Führt man die Wellenzahl $k = 1/\lambda$ ein, so ist $p = hk$, und die Unbestimmtheitsrelation wird in der Form $\Delta x \, \Delta k \approx 1$ zu einem mathematischen Satz der Fourier-Analyse. In diesem Sinne sagt z. B. Hund[8]: *„Ort und Wel-*

---

[7] Vgl. D. Bohm: Physic. Rev. 85, 166, 180 (1952).
[8] F. Hund: Materie als Feld, S. 44. Berlin-Göttingen-Heidelberg: Springer 1954

lenzahl einer Wellengruppe sind einander komplementär (im Sinne von Bohr), indem die Wellenzahl um so genauer bestimmt werden kann, als der Ort (wegen der Ausdehnung der Wellengruppe) unbestimmt ist. *Diese Komplementarität ist eine Eigenschaft des anschaulichen Wellenbildes.*"

Auch dies ist eine mögliche Definition der Komplementarität. Sie weicht aber, wie Hund selbst hervorhebt, von der ersten Deutung inhaltlich ab, denn nach ihr kommt Komplementarität schon in einer *klassischen* Theorie vor, nämlich im anschaulichen Wellenbild. Sie enthält noch immer einen Zug der „Bohrschen Weisheit", die alle vom „Kopenhagener Geist" Berührten gelegentlich mit schmunzelndem Respekt zitieren. Bohr wird nicht müde, seinen Schülern zu zeigen, daß jeder Begriff Grenzen der Anwendbarkeit hat; so z. B. der Begriff „mischen" in seiner Lieblingsgeschichte von dem Jungen, der im Laden für 2 Pfennig „gemischte Bonbons" verlangt und zwei Bonbons bekommt mit der Bemerkung: „da hast du sie, mischen kannst du sie selber". Doch wird die Komplementarität durch ihre Aufnahme in die klassische Physik im Sinne der klassischen Vorstellungen von Objektivierbarkeit „entgiftet". Im Fall des Wellenpakets kann man diese Komplementarität ganz vermeiden, wenn man statt der summarischen und daher unscharfen Begriffe „Ort" und „Wellenzahl" den völlig scharf definierten Begriff „Feldstärke" verwendet. In der Tat ist das klassische Wellenfeld durch die Angabe der Feldstärke als Funktion von Ort und Zeit ohne jede Unschärfe beschrieben.

Wir berühren damit einen für das Folgende grundsätzlich wichtigen Punkt. Man findet heute, zumal unter jüngeren Physikern, vielfach die Stimmung, die Komplementarität schränke doch eigentlich nur den Gebrauch veralteter Begriffe ein, deren Unschärfe inzwischen erkannt sei. Man müsse nur zu der angemessenen mathematischen Beschreibung des Sachverhalts vorstoßen und brauche dann nicht mehr über Komplementaritätsverhältnisse nachzudenken. Ich vermute, daß dies nicht die Absicht Hunds mit seiner Definition war. Doch legt die Auflösung der Komplementarität von Ort und Wellenzahl durch die Einführung einer hinreichend vollständigen Beschreibung des Vorgangs offenbar den Verdacht nahe, daß dasselbe bei allen anderen Komplementaritätsverhältnissen auch möglich sein müßte. Diese Meinung ist falsch.

Die Begriffe „Ort" und „Impuls" gehören dem Teilchenbild an, die Begriffe „Ort" und „Wellenzahl" dem Wellenbild. „Ort" bedeutet in beiden Fällen also nicht dasselbe. Trotzdem beanspruchen beide Deutungen, dasselbe physikalische Gesetz, nämlich die Unbestimmtheitsrelation, zu erläutern. Der Zusammenhang wird durch die Bornsche *statistische Deutung* der Wellen gegeben. Diese Deutung erklärt, warum die Komplementarität im Teilchenbild erst in der Quantentheorie, im Wellenbild aber schon in der klassischen Theorie aufzutauchen schien. Die klassische lineare Wellentheorie ist formal identisch mit der Quantentheorie eines einzelnen Teilchens. Aber als Quantentheorie eines Teilchens, nämlich eben durch die statistische Deutung, bekommt die anschauliche Wellentheorie einen physikalischen Sinn, den sie als klassische Wellentheorie nicht hatte. Im klassischen Wellenbild bedeutet „Ort" die Stelle, an der sich eine Wellengruppe befindet, und wird somit vernünftigerweise nicht genauer angewandt werden als bis auf eine Ungenauigkeit, die dem Durchmesser der Wellengruppe vergleichbar ist. Im Teilchenbild ist „Ort" (in „lokalen" Theorien) die grundsätzlich beliebig genau meßbare Lagekoordinate eines punktförmigen Teilchens. Nach der Quantentheorie des Teilchens ist der ausgedehnte „Ort" des Wellenbildes der Bereich, in dem eine merkliche Wahrscheinlichkeit besteht, den punktförmigen „Ort" des Teilchenbildes bei einer Messung zu finden. Die Komplementarität der *quantentheoretischen* Begriffe (wie Ort und Impuls in der *Quantentheorie* der Teilchen), liegt also nicht daran, daß sie unscharf definiert wären, sondern daß ihre Meßwerte nur mit Wahrscheinlichkeit vorausgesagt werden können.

Aus diesem Grunde wollen wir im folgenden in unserer eigenen Untersuchung den Begriff der Komplementarität nicht im Sinne der zweiten, sondern der ersten Deutung verwenden.

Dritte Deutung: Komplementarität von Teilchen und Welle. Von dem Dualismus der beiden Bilder haben wir schon Gebrauch gemacht. Vielfach bezeichnet man diesen Dualismus ebenfalls als eine Komplementarität. Doch besteht hier noch eine Zweideutigkeit der Ausdrucksweise, die wir aufklären müssen, ehe wir uns Bohrs eigenen Formulierungen zuwenden.

Wir haben es jedenfalls mit einer Komplementarität auf einer höheren Stufe zu tun, als zuvor, denn Teilchen und Welle sind nicht Begriffe *einer* klassischen Theorie, sondern bezeichnen zwei einander ausschließende klassische Theorien. Stehen aber beide überhaupt auf derselben Stufe? In der Diskussion der zweiten Deutung trat uns die Wellentheorie in zwei verschiedenen Bedeutungen entgegen: als klassische Theorie realer Wellen und als Quantentheorie eines Teilchens, d. h. als „Wahrscheinlichkeitswelle". Zwei Theorien gleicher Stufe, zwischen denen eine parallele Komplementarität behauptet werden könnte, erhält man nun bekanntlich, wenn man der klassischen Korpuskeltheorie des *Mehrteilchenproblems* die klassische Theorie *realer Wellen* gegenüberstellt. Beide Theorien kann man „quanteln" und erhält dann folgendes Schema:

Klassische Teilchentheorie des Mehrkörperproblems		Klassische dreidimensionale Wellentheorie
↓		↓
Schrödingersche Wellentheorie des Konfigurationsraumes	=	Quantentheorie der Wellenfelder

Die Pfeile bedeuten den Übergang von einer klassischen Theorie zur entsprechenden Quantentheorie. Die beiden durch das Gleichheitszeichen verbundenen Theorien sind (solange die Teilchenzahl erhalten bleibt) mathematisch äquivalent, sind also eigentlich dieselbe Theorie in verschiedener Schreibweise. Liest man die Pfeile in umgekehrter Richtung, so kann man sagen: Dieselbe Quantentheorie hat zwei verschiedene klassische Grenzfälle. Die Komplementarität zwischen diesen beiden Grenzfällen kann man etwas abgekürzt so aussprechen[9]: Komplementäre Größen treten in der Quantentheorie als nichtvertauschbare Operatoren auf. Nun kann man in der Quantentheorie der Wellen die Feldstärken und die Teilchenzahlen als nichtvertauschbare Operatoren einführen. Die beiden klassischen Grenzfälle gehen davon aus, daß jeweils einer dieser beiden Operatoren auf Hauptachsen ist.

Diese parallele Komplementarität von Teilchen und Wellen führt nun aber zunächst gerade nicht zu der Bohrschen Deutung der Unbestimmtheitsrelation, denn für letztere sind die Wahrscheinlichkeitswellen maßgebend. Andererseits hat Bohr die Unbestimmtheitsrelation auf die Komplementarität von Teilchen und Wellen begründet. Bohr muß dann also eine Komplementarität zwischen der klassischen Teilchentheorie und ihrer eigenen Quantentheorie (d. h. den Schrödinger-Wellen im Konfigurationsraum) im Auge gehabt haben. Es scheint dann, als sei diese Quantentheorie mit der klassischen Wellentheorie nur deshalb „verwechselt" worden, weil der Konfigurationsraum des Einteilchenproblems dreidimensional ist. Zu dieser Vermutung ist dreierlei zu sagen.

[9] Vgl. Anhang.

Erstens zeigt ein Blick in Bohrs erste Arbeiten über Komplementarität, daß er in der Tat von einer nicht „parallelen" Auffassung der Komplementarität zwischen klassischen Begriffen und Schrödinger-Wellen ausgegangen ist. Dies wird im nachfolgenden Abschnitt besprochen.

Zweitens verbirgt sich in der Möglichkeit der „Verwechslung" der beiden Auffassungen der Wellentheorie ein noch ungelöstes Problem. Warum sind zwei Theorien, die in unserem bisherigen Verständnis eine so verschiedene Bedeutung haben, einander formal so ähnlich? Diese Ähnlichkeit hat bekanntlich zu der Bezeichnung der Quantelung der Wellen als „zweite Quantelung" geführt; in dieser Bezeichnung wird die klassische Welle mit der durch die „erste Quantelung" entstandenen Schrödinger-Welle des Einteilchenproblems identifiziert. Ich glaube die Lösung dieses Problems im 8. Abschnitt dieser Arbeit angeben zu können.

Drittens sollten wir die in der zweiten Deutung entstandene grundsätzliche Frage noch einmal angesichts der Quantentheorie der Wellen aufgreifen. Welchen Sinn soll es haben, von einer Komplementarität zwischen einer klassischen Theorie und der ihr zugeordneten Quantentheorie zu sprechen? Die klassische Theorie ist ja ein Grenzfall, also, so scheint es, gewissermaßen eine ungenaue Fassung der Quantentheorie. Rührt vielleicht die ganze Komplementarität und die mit ihr verbundene Einschränkung der Objektivität der Begriffe nur von der Ungenauigkeit her, die darin liegt, daß wir überhaupt klassische Begriffe gebrauchen? Ist vielleicht die ψ-Funktion des Konfigurationsraumes eine objektive, von allen Komplementaritäten freie Beschreibung des Naturgeschehens? Wir stellen die Frage nochmals so ausdrücklich, um Bohrs Auffassung von der Komplementarität ebenso ausdrücklich als negative Antwort auf eben diese Frage aussprechen zu können.

Der springende Punkt der Antwort wurde schon oben genannt. Die klassischen Größen sind gar nicht ungenau definiert. Nur sie sind ja im Sinne der Quantentheorie Observable, also Größen, die — und zwar grundsätzlich beliebig genau — gemessen werden können. Die Schrödinger-Funktion ist hingegen nicht direkt, sondern nur statistisch meßbar. Sie ist nur ein „Informationskatalog"[10] und ändert sich demgemäß unstetig, wenn neues Wissen gewonnen wird (Reduktion der Wellenpakete). Wir verweisen auf

[10] Mündliche Äußerung von W. Pauli. — Anmerkung bei der Korrektur: Herr Pauli weist mich darauf hin, daß E. Schrödinger, Naturwiss. 23, 807, 823, 844 (1935), § 7 die ψ-Funktion als „Katalog der Erwartung" bezeichnet.

die von Einstein, Rosen und Podolsky[11] ausgelöste Diskussion, in der die Nicht-Objektivität der ψ-Funktion ganz deutlich geworden ist, sowie auf die im 5. und 6. Abschnitt besprochenen Beispiele. Wir werden allerdings die Unterscheidung zwischen Observablen und ψ-Funktion im 8. Abschnitt relativieren. Aber der Sinn dieser Relativierung kann nur verstanden werden, wenn zunächst der Sinn der Unterscheidung verstanden ist.

3. Bohrs *ursprüngliche Auffassung: zirkuläre Komplementarität*

Dieser Abschnitt soll nur dazu dienen, Bohrs eigene Auffassung zum Wort kommen zu lassen. Will man seine Denkweise verstehen, so muß man ihn, mehr als irgendeinen anderen Autor der modernen Physik, selbst lesen; vielleicht braucht man die Erfahrung des persönlichen Kontakts mit ihm, um auch die Eigentümlichkeiten seines Schreibstils richtig aufzufassen. Die Enttäuschungen, die man bei dieser Bemühung um seine Gedanken erfährt, sind wohl ebenso lehrreich wie die direkten Belehrungen. So würde man enttäuscht, wenn man z. B. in jenem Comoer Vortrag von 1927 eine Definition des neueingeführten Begriffs der Komplementarität suchte. Die Art, wie Bohr den Begriff dort benützt, ist selbst geeignet, uns an seinen eigenen Satz zu erinnern, „daß das Wesen unseres Bewußtseins ein Komplementaritätsverhältnis zwischen der Analyse jeden Begriffs und dessen unmittelbarer Anwendung bedingt" (A. u. N., S. 13). Fast unmerklich schleicht sich das Wort „komplementär" in einen Satz ein, und dann ist es da und wird gebraucht. Fehlt es an so einer einmaligen Definition, so ist umgekehrt fast jeder Satz, den Bohr dort und seitdem unter Verwendung des Wortes „komplementär" geschrieben hat, gleichzeitig eine mehr oder weniger ausführliche Umschreibung des mit diesem Wort gemeinten Sachverhalts. Dieses Verfahren übt Bohr spontan und, so ist man versucht zu sagen, unbewußt. Wollte man aber seinen methodologischen Hintergrund umschreiben, so könnte man sagen: Jede Definition setzt andere, undefinierte Begriffe voraus. Das Neue des Komplementaritätsbegriffs könnte daher beim Versuch, ihn streng zu definieren, nur in die bei der Definition benützten Begriffe versteckt werden; eine solche Definition bliebe stets zirkelhaft. Es bleibt nichts übrig, als sich bei jedem Gebrauch des Worts in all den vielen

[11] A. Einstein, B. Podolsky u. N. Rosen: Physic. Rev. 47, 777 (1935). — N. Bohr: Physic. Rev. 48, 669 (1935).

Zusammenhängen, in denen es steht, seinen Sinn so vollständig wie möglich zu vergegenwärtigen. Wir müssen es gleichsam so lange meditieren, bis wir ein völlig waches Bewußtsein für die Struktur der Wirklichkeit gewonnen haben, die in ihm angedeutet werden soll. Der Besitz dieses Bewußtseins hat Bohrs singuläre Stellung in der Entwicklung der Quantenphysik ausgemacht. Vielleicht darf hier an die Kopenhagener Anekdote erinnert werden, daß Bohr kurz nach der Entstehung der Quantenmechanik einem Jugendfreund die philosophische Bedeutung der neuen Theorie dargelegt habe, worauf er die Antwort erhielt: „Ja, Bohr, das ist sicher wahr. Aber du mußt doch zugeben, daß du das alles vor 20 Jahren auch schon gesagt hast."

Jener erste Satz, in dem Bohr das Wort „komplementär" verwendet, lautet: „Nach dem Wesen der Quantentheorie müssen wir uns also damit begnügen, die Raum-Zeit-Darstellung und die Forderung der Kausalität, deren Vereinigung für die klassischen Theorien kennzeichnend ist, als komplementäre, aber einander ausschließende Züge der Beschreibung des Inhalts der Erfahrung aufzufassen, die die Idealisation der Beobachtungs- bzw. Definitionsmöglichkeiten symbolisieren" (A. u. N., S. 36). Man möchte sagen: in jedem Wort dieses Satzes ist der ganze Bohr gegenwärtig; man könnte ein Buch mit der Verfolgung aller Gedankenketten füllen, die in diesen Worten mit gedacht sind. Hier heben wir nur wenige heraus.

Bohr sagt: „komplementäre, aber einander ausschließende Züge". Er hört also in „komplementär" vor allem die Bedeutung „zusammengehörig", „einander ergänzend". Vielleicht darf ich hier die persönliche Erinnerung einflechten, daß die einzigen abendländischen Philosophen, die ich Bohr oft und mit Nachdruck zitieren gehört habe, Sokrates und William James waren; und das Denken in einer Bewegung, die es nicht zum Gefrieren der Begriffe in einem eindeutigen System kommen läßt, ist der Sokratischen Dialektik und dem Jamesschen Pragmatismus gemeinsam. Vielleicht darf man im „Pluralismus" von James eine Vorstufe des Komplementaritätsbegriffs sehen[12]. Wenn nun Denker, die zum System neigen, hier die Gefahr des Auseinanderfallens der Gedankenwelt fürchten, so ist der Ton des „einander ergänzend" in „komplementär" besonders wichtig.

Das, was zueinander komplementär ist, heißt hier: „die Raum-Zeit-Darstellung und die Forderung der Kausalität". Wir betrachten zur Erläute-

[12] Vgl. E. Baumgarten: Der Pragmatismus, Frankfurt 1938, S. 185

rung ein paar Sätze, die dem eben zitierten vorangehen: „In der Tat beruht unsere gewöhnliche Beschreibung der Naturerscheinungen letzten Endes auf der Voraussetzung, daß die in Rede stehenden Phänomene beobachtet werden können, ohne sie wesentlich zu beeinflussen... Nun bedeutet aber das Quantenpostulat, daß jede Beobachtung atomarer Phänomene eine nicht zu vernachlässigende Wechselwirkung mit dem Messungsmittel fordert, und daß also weder den Phänomenen noch dem Beobachtungsmittel eine selbständige physikalische Realität im gewöhnlichen Sinne zugeschrieben werden kann... Einerseits verlangt die Definition des Zustandes eines physikalischen Systems, wie gewöhnlich aufgefaßt, das Ausschließen aller äußeren Beeinflussungen; dann ist aber nach dem Quantenpostulat auch jede Möglichkeit der Beobachtung ausgeschlossen, und vor allem verlieren die Begriffe Zeit und Raum ihren unmittelbaren Sinn. Lassen wir andererseits, um Beobachtungen zu ermöglichen, eventuelle Wechselwirkungen mit geeigneten, nicht zum System gehörigen, äußeren Messungsmitteln zu, so ist der Natur der Sache nach eine eindeutige Definition des Zustandes des Systems nicht mehr möglich, und es kann von Kausalität im gewöhnlichen Sinne keine Rede sein" (A. u. N., S. 35 bis 36).

Um zunächst genau zu sehen, was „Raum-Zeitbeschreibung" heißt, vergegenwärtigen wir uns hier Bohrs Antwort auf den oft geäußerten Gedanken, mit dem wir den vorigen Abschnitt abschlossen: man möge auf die klassischen Begriffe als veraltet überhaupt verzichten. „Bei der Beurteilung dieser Verhältnisse darf jedoch nicht vergessen werden, daß wir trotz ihrer Begrenzung keineswegs die Anschauungsformen entbehren können, mit deren Hilfe letzten Endes alle Erfahrungen ausgedrückt werden, und die die ganze Sprache färben" (A. u. N., S. 3). „For this purpose, it is decisive to recognize that, however far the phenomena transcend the scope of classical physical explanation, the account of all evidence must be expressed in classical terms. The argument is simply that by the word ‚experiment' we refer to a situation where we can tell others what we have done and what we have learnt and that, therefore, the account of the experimental arrangement and of the results of the observations must be expressed in unambiguous language with suitable application of the terminology of classical physics"[13]. Die „Anschauungsformen" sind Raum und

[13] N. Bohr: Discussion with Einstein, p. 201—241, in Albert Einstein: Philosopher — Scientist, ad. P. Schlipp, The Library of Living Philosophers, vol. VII, p. 209. Evanston, Ill. 1949.

Zeit, und ohne Bezugnahme auf die Problematik der Kantschen Philosophie spricht Bohr die auch von Kant benutzte und bisher durch kein Gegenbeispiel widerlegte Überzeugung aus, daß wir nicht wissen, wie wir physische Erfahrung anders machen und mitteilen sollen, als in Raum und Zeit. Daß die Begriffe der klassischen Physik die einzigen seien, die der Forderung der Raum-Zeit-Beschreibung genügen, hat Bohr nie ausführlich begründet. Es ist ihm als Physiker wohl selbstverständlich, da alle nichtklassischen Begriffsbildungen der neueren Physik unsere Raum-Zeit-Anschauung überschreiten; die klassische Physik ist ihm einfach empirisch diejenige, die in unserer Anschauungswelt gilt. Die Unentbehrlichkeit der klassischen Begriffe beruht also nach Bohr einfach darauf, daß wir kein leeres Formelspiel, sondern Physik betreiben, also von wirklich Erfahrbarem reden wollen. Deshalb verlieren bei völliger Trennung von Gegenstand und Beobachter „die Raum-Zeit-Begriffe ihren unmittelbaren Sinn".

Die „Forderung der Kausalität" andererseits versteht Bohr im Sinne des Determinismus. Der Zustand eines abgeschlossenen Systems zu einer Zeit soll den Zustand zu jeder anderen Zeit eindeutig determinieren. Beschreiben wir den Zustand durch meßbare klassische Größen, so erfüllt die Quantenphysik, wie wir wissen, diese Forderung nicht. Hingegen gestattet die Schrödinger-Gleichung eine deterministische Beschreibung der zeitlichen Entwicklung der ψ-Funktion. Die ψ-Funktion aber ist nicht in Raum und Zeit unserer Anschauung definiert. Sowie wir eine raumzeitliche Aussage experimentell gewinnen, also eine klassische Größe messen, ändert sich die ψ-Funktion unstetig, wenn nicht zufällig der Meßwert vorher schon eindeutig determiniert war; denn andernfalls war ja unmittelbar vor der Messung die Wahrscheinlichkeit gerade dieses Meßergebnisses von eins verschieden, unmittelbar nach der Messung aber ist der Meßwert gewiß, seine Wahrscheinlichkeit also eins. Diese *„Reduktion der Wellenpakete"* bei den Messungen, im Wechsel mit ihrer kontinuierlichen und determinierten Entwicklung zwischen den Messungen beschreiben wir mit Bohr als Komplementarität von Raum-Zeit-Darstellung und Determinismus: die deterministische Beschreibung des Systems involviert den Verzicht auf die raumzeitliche Beschreibung, die raum-zeitliche den Verzicht auf die deterministische.

Die Komplementarität zwischen der Raum-Zeit-Beschreibung und der Forderung der Kausalität ist also genau die Komplementarität zwischen der Beschreibung der Natur durch klassische Begriffe und durch die ψ-Funktion.

Dies ist keine „parallele Komplementarität" im Sinne des vorigen Abschnitts. Vielleicht darf man als den *„Zirkel der Erkenntnis"* die Tatsache bezeichnen, daß unsere Erkenntnis Voraussetzungen a priori hat, die gleichwohl durch die mit ihrer eigenen Hilfe gewonnenen inhaltlichen Erkenntnisse rückwirkend korrigiert und umgedeutet werden. Da die Bohrsche Auffassung, die wir soeben besprechen, von der Anerkennung dieses Zirkels ausgeht, wollen wir die Komplementarität, von der er hier spricht, *„zirkuläre Komplementarität"* nennen.

Das „Komplementaritätsbewußtsein", das Bohr schon zur Quantenmechanik mitbrachte, bezog sich wohl auf die zirkuläre Komplementarität. Von dieser Art ist z. B. die oben zitierte Komplementarität zwischen der Definition (oder Analyse) eines Begriffs und seinem unmittelbaren Gebrauch. Ich verstehe Begriffe besser, wenn ich sie durch eine Definition analysiere; aber ich kann nur definieren, wenn ich schon Begriffe unmittelbar verstehe. In derselben Richtung gehen Bohrs vielfache Hinweise auf Komplementaritäten in der Psychologie, so z. B. daß die Verwendung des Begriffs „ich will" bereits Situationen ausschließt, in denen man „kausale Analyse vernünftigerweise versuchen" kann[14]. Dasselbe meint die oft von ihm ausgesprochene „alte Wahrheit, daß wir sowohl Zuschauer als Teilnehmer in dem großen Schauspiel des Daseins sind" (A. u. N., S. 77). Das Tertium comparationis mit der Quantenphysik ist stets die Unmöglichkeit, Subjekt und Objekt der Erkenntnis zu trennen, da das Subjekt selbst zu der Welt seiner Objekte gehört und ihm die Objekte andererseits nur als *seine* Objekte gegeben sind. Auch daß Bohr neuerdings von der Komplementarität zwischen Liebe und Gerechtigkeit spricht[15], müssen wir wohl so verstehen; die Liebe ist das spontane Verhalten des Ich zum Du, die Gerechtigkeit das Einteilen, das mich unter meinesgleichen einordnet. Immer wenn Bohr von diesen Dingen spricht, spüren wir, daß er selbst in dem Augenblick, in dem er spricht, nicht nur Zuschauer, sondern Mitspieler ist. Darum bewegt und überzeugt er über das Maß, in dem wir ihm begrifflich folgen können oder wollen, hinaus.

Eine besondere Beachtung verdienen Bohrs Gedanken zur Biologie. „Die strenge Anwendung derjenigen Begriffsbildungen, welche der Be-

---

[14] N. Bohr: Dialectica 1, 312 (1948).

[15] N. Bohr: Atomerne og vor erkendelse, Berlingske Tidende, 2. 4. 1949, Physical Science and the Study of Religions, Studia Orientalia Ioanni Pedersen, S. 385. 1953.

schreibung der leblosen Natur angepaßt sind, dürfte in einem ausschließenden Verhältnis stehen zu der Berücksichtigung der Gesetzmäßigkeiten der Lebenserscheinungen“ (A. u. N., S. 14). Damit wird die Meinung nicht bestritten, daß im Organismus alles nach der Physik Vorhersagbare auch gemäß der Vorhersage geschehen werde. Um aber das Verhalten eines Organismus vollständig vorherzusagen, müßte man seinen aktuellen Zustand vollständig kennen; und einer solchen Analyse ist vielleicht „eine prinzipielle Grenze gesetzt ... durch das Absterben des Organismus bei dem Eingriff, welchen eine vom atomtheoretischen Gesichtspunkt möglichst vollständige Beobachtung fordert“ (A. u. N., S. 14). Versteht man diesen Gedanken im Sinne einer parallelen Komplementarität zwischen Physik und Biologie, ähnlich der zwischen Teilchen und Wellen, so muß ich gestehen, daß er mich heute nicht mehr überzeugen würde. Soweit es sich um dasjenige Verhalten der Lebewesen handelt, das physikalisch festgestellt werden kann, sieht wohl die Mehrzahl der heutigen Biologen keine Notwendigkeit, zur Erklärung andere als physikalische Begriffe zu verwenden, sofern dabei die Geschichtlichkeit der Natur berücksichtigt wird. Ganz anders wird die Lage, wenn wir bedenken, daß uns auch Lebewesen, wenigstens die höheren Tiere, als Subjekte, als Partner im Leben, begegnen. Dann müßte man auch die vermutete biologische Komplementarität als eine Ausprägung der einen großen zirkulären Komplementarität verstehen, die alles menschliche Erkennen beherrscht. Ich wage nicht, diesen Gedanken hier auszuspinnen. Jedenfalls würde er das Problem aus einer fachlichen Angelegenheit der Biologie wieder zu einer umfassenderen Frage machen; denn offenbar käme es dann auch für die Biologie auf ein möglichst deutliches Verständnis eben derjenigen zirkulären Komplementarität an, die schon in der Atomphysik eine Rolle spielt.

Wir werden jetzt besser verstehen, warum Bohr nicht innerhalb der Physik eine exakte Definition der Komplementarität hat geben können. Solche Definitionen konnten gegeben werden für die verschiedenen Formen der parallelen Komplementarität. Hier unterscheidet sich das Denken, das die Definition gibt, klar von dem Gegenstand, über den in der Definition etwas ausgesagt wird. Im Gedanken der zirkulären Komplementarität aber wird wesentlich über die Bedingungen nachgedacht, unter denen *alles* objektivierende Denken steht. Eine exakte Definition der zirkulären Komplementarität wäre also eine objektivierende Angabe der Bedingungen der Möglichkeit des Objektivierens. Es ist nicht selbstverständlich, daß so etwas überhaupt möglich ist, und es ungeprüft zu fordern, hieße, unter dem Anschein der Exaktheit einem Mangel an Strenge des Denkens zu verfallen. Ebenso voreilig wäre es freilich, zu glauben, was nicht in der Form der objektivierenden Exaktheit ausgesprochen sei, könne überhaupt nicht denkend erfaßt werden.

Eine Frage, die jedenfalls mit dem Grad von Deutlichkeit beantwortbar sein müßte, mit dem wir überhaupt bisher verstanden haben, was zirkuläre Komplementarität ist, ist die folgende: Wie verhält sich in der Quantenphysik selbst die zirkuläre Komplementarität zur parallelen? Eine erste Annäherung an die Antwort ist vielleicht die Formulierung: In der parallelen Komplementarität zeigt sich, wie de facto die Objektivierung mit Hilfe einer bestimmten Fragestellung die gleichzeitige Objektivierung mit Hilfe einer anderen Fragestellung ausschließt. Im „Zirkel der Erkenntnis“ sehen wir demgegenüber, warum wir dieser Tatsache nicht dadurch entgehen können, daß wir auf die betreffenden Fragestellungen überhaupt verzichten. Historisch hat Heisenberg in der Unbestimmtheitsrelation den ersten Fall paralleler Komplementarität aufgefunden; nicht dem Wort, aber der Sache nach ist er der Entdecker dieses Begriffs. Bohr hingegen hatte von jeher ein philosophisches Verständnis der zirkulären Komplementarität. Diese fand er im Verhältnis der klassischen Begriffe zur ψ-Funktion wieder und erkannte in ihr den *Grund* der Unbestimmtheitsrelation. Indem er den Ort korpuskular verstand, Impuls und Energie aber durch die de Brogliesche und Plancksche Beziehung der Wellenfunktion zuordnete, erschien die parallele Komplementarität direkt als ein Ausdruck der zirkulären.

Durch die Transformationstheorie ist dieser Standpunkt aber, wie mir scheint, überholt. Der Übergang von der Schrödinger-Welle zur anschaulichen de Broglie-Welle gab wiederum Anlaß zur Verwechslung der zirkulären Komplementarität mit einer parallelen. Doch hat Bohr selbst vor der Parallelisierung von Wellen und Teilchen stets gewarnt. (A. u. N., S. 11), indem er auf den nur „symbolischen“ Charakter der Materiewellen einerseits, der Lichtquanten andererseits hinwies. Wir müssen hierzu wieder auf den 8. Abschnitt dieses Aufsatzes verweisen.

Eine Schwierigkeit aller bisher besprochenen Formulierungen liegt in ihrer Belastung mit physikalischem Detail: sie appellieren daher in kaum kontrollierbarer Weise an das „instinktive Verständnis“, das Physiker für ihre Theorien haben sollten. Wollen wir dieses Detail so weit wie möglich vermeiden, so werden wir von selbst zu der Frage nach der *logischen* Struktur des Komplementaritätsbegriffs geführt.

4. Der Gedanke einer Komplementaritätslogik

Wir haben die Komplementarität als eine *Relation zwischen Begriffen* eingeführt. „Begriff" ist ein Begriff der Logik. Es liegt nahe, die Komplementarität als eine neuartige logische Kategorie anzusehen. Noch deutlicher wird dies, wenn wir, wie es schon im Anschluß an die erste Deutung der parallelen Komplementarität geschah, zur Komplementarität von *Aussagen* übergehen. Die Aussagen X: „dieses Teilchen hat den Ort x" und P: „dieses Teilchen hat den Impuls p" sind komplementär. Es sei P wahr. Ist X dann wahr oder falsch? Wäre X wahr, so müßte man das Teilchen sicher am Ort x vorfinden, wäre X falsch, so müßte man es sicher nicht dort vorfinden. In Wirklichkeit kann beides eintreten, und welches von beiden, läßt sich nicht sicher vorhersagen. Die naheliegende Antwort ist: X ist zwar an sich wahr oder falsch, wir wissen aber nicht, welcher von beiden Fällen vorliegt. Die Bohr-Heisenbergsche Deutung der Quantentheorie lehnt bekanntlich diese Auffassung ab. Wir wollen diese Deutung hier nicht rechtfertigen, sondern nur analysieren. Trifft sie zu, so ist X, wenn P wahr ist, weder wahr noch falsch. Damit ist, so scheint es, der Satz vom ausgeschlossenen Dritten verletzt. Zwar gilt er noch in dem eingeschränkten Sinne: „Wenn eine Aussage entschieden ist, so ist sie wahr oder falsch": aber sie kann „unentschieden" sein. In der Sprache v. Neumanns: der Projektionsoperator hat nur die Eigenwerte 1 und 0, aber er braucht nicht auf Hauptachsen zu sein. Wir vermuten also, die Quantenphysiker benutzten tatsächlich, wenn auch vielleicht meist unbewußt, seit der Entdeckung der Komplementarität eine Logik, die von der klassischen abweicht. Wir müssen dann nach den Gesetzen dieser Logik fragen.

Wir wollen uns aber von Anfang an den wichtigsten Einwand gegen die Möglichkeit eines solchen Programms klarmachen. Es ist wiederum Bohr, der ihn formuliert hat: „Incidentally, it would seem that the recourse to threevalued logic, sometimes proposed as means for dealing with the paradoxical features of quantum theory, is not suited to give a clearer account of the situation, since all well-defined experimental evidence, even if it cannot be analysed in terms of classical physics, must be expressed in ordinary language making use of common logic"[16].

Wir wollen zunächst nicht diesen Einwand selbst, sondern eine inhaltlich verwandte, aber doch abweichende Fassung besprechen, die gegenüber dem Gedanken einer Abänderung der Logik häufiger vorgebracht wird. Man sagt: „Schon die Sprache, in der wir eine mehrwertige Logik erklären, setzt die klassische zweiwertige Logik voraus. Wer diese Sprache benützt, leugnet also schon durch ihren Gebrauch die Gültigkeit der neuen Logik, die er einführen will." Dieses Bedenken habe ich, unter besonderer Berücksichtigung der Quantenmechanik, in einer Besprechung der Pichtschen Arbeit[17] erörtert und möchte hier nur die dort von mir vertretene Auffassung, die wohl von vielen heutigen Logikern geteilt werden würde, kurz wiederholen. Die Logiker unterscheiden seit Tarski[18] zwischen der *Objektsprache*, d. h. der Sprache, über deren logische Struktur man spricht, und der *Metasprache*, d. h. der Sprache, in der man über die Objektsprache spricht. Die logische Struktur beider Sprachen kann verschieden sein. Die Arbeit von Birkhoff und v. Neumann z. B. beschreibt die Quantentheorie (d. h. die Mathematik der Wellenmechanik im Konfigurationsraum bzw. Hilbert-Raum) als Objektsprache. Ihre Metasprache ist, wie Logiker sich ausdrücken würden, die englische Umgangssprache. Setzt man nun auch voraus, daß in letzterer die klassische Logik gelte, so besteht doch kein formaler Grund, warum dieselbe auch in der Objektsprache gelten sollte.

Die im folgenden darzustellenden Überlegungen haben mich aber über diesen Standpunkt hinausgeführt. Zunächst gibt er keine volle Antwort auf Bohrs Bedenken. Bohr redet nicht von der Sprache, in der man über die Logik der Quantentherorie spricht, sondern von der Sprache, in der man experimentelle Ergebnisse mitteilt. Diese ist offenbar ein Teil der Sprache der Physik selbst. Im Sinne der Tarskischen Einteilung wird man also vermuten, daß sie uns als ein Teil der Objektsprache begegnen werde. Doch ist das nicht ganz selbstverständlich. Die Objektsprache wird von den Logikern formalisiert, d. h. als mathematischer Formalismus hingeschrieben. Die Sprache, in der wir experimentelle Ergebnisse mitteilen, ist aber

[16] N. Bohr: Dialectica 1, 317 (1948).

[17] C. F. Weizsäcker: Göttingische Gelehrte Anzeigen 208, 117 (1954).

[18] Tarski: Der Wahrheitsbegriff in den formalisierten Sprachen, Studia, Philosophica, Commentarii Societatis Philosophicae Polonorum, vol 1, Leopoli 1935. — (Vorhanden im Logistischen Seminar der Universität Münster).

zunächst eine „natürliche Sprache". Gerade sie liefert den Wortschatz, mit dessen Hilfe wir den Formalismus der Quantentheorie erst deuten können. Ist er gedeutet, so läßt sich nachträglich zwar nicht die ganze natürliche Sprache, aber doch der Wortschatz der klassischen Physik auf einen Teil der mathematischen Objektsprache der Quantentheorie abbilden. Das geschieht, indem man die klassische Physik als einen Grenzfall der Quantenphysik darstellt. Für die Quantenphysik kennzeichnend ist also die nachträgliche Verschmelzung eines Teiles der Metasprache mit der Objektsprache. Man kann Bohrs Bedenken daher zunächst ganz vorsichtig so umformulieren: die Forderung, daß diese Verschmelzung möglich sein solle, wird vermutlich der Objektsprache gewisse einschränkende Bedingungen auferlegen.

Offensichtlich haben wir soeben einfach den Gedanken des „Zirkels der Erkenntnis" wiederholt. Es ist verblüffend, wie sich dieser Gedanke fast in jeder grundsätzlichen Äußerung Bohrs aufspüren läßt. Der entscheidende Gedanke ist hier: Etwas faktisch Geschehenes eindeutig mitteilen kann man nur in einer „objektivierenden" Sprache; eine solche setzt aber die klassische Logik voraus.

Ich hoffe, hiermit dem Gedanken Bohrs gerecht geworden zu sein. Unter dieser Voraussetzung möchte ich nun gegen ihn den Einwand erheben, daß er hinter Bohrs eigener Erkenntnis der zirkulären Komplementarität zurückbleibt und auf dem Standpunkt des unabänderlichen Apriori verharrt. Könnte nicht das Verhältnis der klassischen Logik zur Komplementaritätslogik genau dasselbe sein wie das der klassischen Physik zur Quantenphysik? *Dann wäre die klassische Logik zwar das methodische Apriori, das wir bei der Formulierung der Komplementaritätslogik benutzen müssen. Aber soweit heute unsere Kenntnisse reichen, müßte man die Komplementaritätslogik als die wahre Logik ansprechen, welche die klassische Logik als einen in vielen Fällen hinreichenden Grenzfall enthielte.* Diese Hypothese ist der Kern der vorliegenden Arbeit. Sie ist zwar für die Abschnitte fünf bis sieben nicht notwendig; in ihnen bleiben die Logiken von Objektsprache und Metasprache streng getrennt. Hingegen beruht der 8. Abschnitt ausschließlich auf ihr.

Es sei noch ein Wort über den Umfang der Hypothese gesagt. In ihrer Formulierung wurde der Ausdruck „wahre Logik" verwendet. Vielen Logikern, zumal von positivistischer oder formalistischer Richtung, könnte dieser Ausdruck als ein Rückfall in den dogmatischen Glauben an eine a priori gegebene Logik erscheinen; sie würden vielleicht leugnen, daß es eine einzige „wahre" Logik überhaupt gebe. Man könnte den Einwand auch so aussprechen: „wahr" sei ein Prädikat von Aussagen, dem nur in einer jeweils formal überschaubaren Objektsprache ein eindeutiger Sinn gegeben werden könne; die Definition dieses Sinnes sei Sache einer Metasprache, die aber nicht die Möglichkeit biete, zugleich für ihre eigenen Sätze einen eindeutigen Wahrheitsbegriff zu formulieren. Daher sei die Anwendung des Prädikats „wahr" auf die Logik selbst prinzipiell undefiniert und somit zu vermeiden.

Man kann diesem Einwand ausweichen, wenn man statt „die wahre Logik" „eine der heutigen Physik angepaßte Logik" sagt. Der sachliche Inhalt des vorliegenden Aufsatzes ist mit dieser eingeschränkten Formulierung vereinbar; ein weitergehender Anspruch kann daher auf ihn nicht gegründet werden. Doch möchte ich nicht verschweigen, daß das philosophische Interesse, das mich bei diesen Überlegungen geleitet hat, einer umfassenderen Deutung der Komplementaritätslogik zuneigt. Vielleicht darf ich das doch in einer Erläuterung des oben gemeinten Sinnes von „wahr" andeuten.

Zunächst ist kein definitorisch festgelegter Sinn von Wahrheit gemeint, etwa im Sinne der Tarskischen Definition, sondern das Wort „wahr" ist gleichsam naiv im Sinne des ungefähren Verständnisses der „natürlichen Sprache" verwendet. Im Sinne des Zirkels der Erkenntnis kann man auf ein solches Vorverständnis nicht verzichten; man muß nur bereit sein, es nachträglich zu modifizieren. Wir wollen nun zunächst mehr an den Sprachgebrauch der Physiker als an den der Mathematiker anknüpfen. Eine „wahre Theorie" ist für den heutigen Physiker nie „absolut wahr", sondern weiterer Verbesserung zugänglich. Aber sie hat einen, vielleicht wiederum nicht scharf abgrenzbaren Geltungsbereich, und für diesen ist sie dann wenigstens eine von unendlich vielen möglichen mathematisch isomorphen Formulierungen der über diesen Bereich erkannten Wahrheit. Sie ist ein Modell der abstrakten Struktur der in diesem Bereich herrschenden Gesetzmäßigkeiten. Alle soeben verwendeten Begriffe sind natürlich ebensowenig wie der Begriff der Wahrheit streng definiert; wir befinden uns in einem „Gemälde von Worten" im Sinne Bohrs. Wenn nun die Quantenphysik eine nichtklassische Logik enthält, so ist diese Logik eben im jetzt geschilderten Sinne eine „wahre Logik". Soweit ist nur die eingeschränkte Formulierung unserer Hypothese nochmals umschrieben.

Das Problem des Umfangs der Hypothese steckt in dem bestimmten Artikel: „die" wahre Logik. Es ist wohl klar, daß dies nicht im Sinne des Apriorismus gemeint ist, da wir die Komplementaritätslogik aus einer speziellen, empirisch fundierten Theorie der Physik herausanalysieren. Aber vielleicht steckte im Apriorismus ein Bewußtsein von der Einheit des Gegenstandes der Logik, das dem neueren Relativismus vielfach abhanden gekommen ist. Der Physiker spricht mit naiver Selbstverständlichkeit von „der" Physik, denn er hat es ja mit „der" Natur zu tun. Spricht man von verschiedenen Physiken, so meint man entweder verschiedene Teile oder verschiedene Formulierungen der Physik oder aber wahre und falsche Meinungen über die Physik. Wenn die Logik überhaupt einen Gegenstand hat, so liegt der Gedanke nahe, daß das Wesen dieses Gegenstandes auch nur von *einer* Logik (bzw. allen ihren isomorphen Bildern) adäquat abgebildet würde. Die Frage, was der Gegenstand der Logik sei, überschreitet bei weitem den Rahmen dieses Aufsatzes; es könnte auch sein, daß die Ergebnisse der hier vorzutragenden Überlegungen die Sprache modifizieren könnten, in der man diese Frage zu beantworten sucht. Man wird aber jedenfalls den Gegenstand der Logik für „allgemeiner" ansehen als den der Physik. So etwa sagt Scholz[19] im Anschluß an Leibniz, die Logik, die er eben deshalb dort als eine Metaphysik anspricht, spreche Wahrheiten aus, die „in jeder möglichen Welt gelten". Picht[20] nennt die Sätze der Logik „erkannte Seinsgesetze", aber „Seinsgesetze für mögliches Seiende". Beide betonen, daß diese Erkenntnisse nicht unkritisierbar sind, sondern Voraussetzungen von „Ontologien" formulieren[21]. Es wäre denkbar, daß uns am Beispiel der heutigen Physik Strukturen des Seienden deutlich geworden wären, die mit der ontologischen Hypothese, welche der klassischen Logik zugrunde liegt, unvereinbar wären. Doch verzichten wir darauf, diese Vermutung an Bereichen außerhalb der Physik zu prüfen.

Es sollen noch einige mehr technische Fragen vorweg besprochen werden. *Wir werden methodisch die zweiwertige Logik voraussetzen.* Ob das schon durch den Gebrauch der natürlichen Sprache geschieht, ist ungewiß, da der Wahrheitsbegriff der natürlichen Sprache nicht präzisiert und nach Tarski vielleicht nicht präzisierbar ist. Wie im 6. Abschnitt erörtert, benützen wir aber Mathematik, um die mehrwertige Logik auszusprechen, und diese Mathematik verstehen wir selbst als eine der zweiwertigen Logik unter-

---

[19] H. Scholz: Metaphysik als strenge Wissenschaft. Köln 1941.

[20] G. Picht: In Cl. Münster u. G. Picht: Naturwissenschaft und Bildung, S. 62 bis 64. Würzburg 1953.

[21] H. Scholz: Vorlesungen über Grundzüge der mathematischen Logik. Münster 1950. Vorwort zur 2. Auflage.

worfene Disziplin. Wenn aber die klassische Logik als ein Grenzfall der Komplementaritätslogik aufgefaßt werden kann, so kann man nachträglich die Vermutung prüfen, auch die Aussagen über die mehrwertige Logik genügten in Wahrheit einer mehrwertigen Logik. Die Formulierung dieser Vermutung selbst bedient sich dann aber zunächst der klassischen Logik in einer nächsthöheren Metastufe. Der Zirkel der Erkenntnis stellt sich nun also in einem Stufenaufbau der Logik dar. Dieser ist der Gegenstand des 8. Abschnittes. Während der Gedanke der „ganzen Logik", die alle diese Stufen zugleich umfaßt, abstrakt gedacht werden kann, habe ich keine andere Möglichkeit, ihrer objektivierenden (also z. B. mathematischen) Darstellung gefunden als eben diese Stufentheorie.

Wir werden die Komplementaritätslogik als eine Modifikation der *Aussagenlogik* darstellen. Doch ist der verwendete Begriff der Aussage nicht der in der Mathematik übliche, sondern gemäß dem physikalischen Sprachgebrauch gebildet. Wir nannten im 2. Abschnitt Begriffe wie Ort und Impuls Klassen von Prädikaten. Die Prädikate sind dann die möglichen Zahlwerte der Observablen x und p. Die möglichen Subjekte sind physikalische Gegenstände, z. B. Elektronen, Sterne, Stühle ... Eine physikalische Aussage ist also z. B.: „dieses Elektron hat den Ort x", „Mars steht am Horizont", oder auch: „es regnet". Solche Aussagen sind auch nach der klassischen Physik nicht an sich wahr oder falsch, sondern bedürfen einer Bestimmung des Zeitpunktes und sonstiger näherer Umstände: „es regnet am 6. 7. 55 mittags auf dem Marktplatz in Göttingen". Man könnte sie Aussagefunktionen nennen, die durch Einsetzung von Ort und Zeit zu Aussagen im Sinne der Logik werden. Um sie von den Aussagefunktionen der mathematischen Logik zu unterscheiden, deren Argumentwerte Eigennamen oder andere Aussagen sind, vermeide ich diesen Namen lieber und nenne sie *kontingente*[22] *Aussagen*. Die in der mathematischen Logik meist benutzten Aussagen sollen demgegenüber *zeitlose Aussagen* heißen. Birkhoff und v. Neumann sprechen hier nicht von Aussagen, sondern von „qualities", also möglichen Prädikaten physikalischer Gegenstände.

Der Ausdruck „kontingente Aussage" scheint mir bequem, um die Sprechweise der mehrwertigen Logik einzuführen. Dabei ist zu beachten, daß die Einführung mehrerer Wahrheitswerte inhaltlich einen Sinn hat, der auf zeitlose Aussagen nicht ohne weiteres angewandt werden kann. „Dieses

[22] Kontingent (von *contingit*, es trifft sich) heißt in der philosophischen Tradition das, was auch anders sein könnte, im Gegensatz zum Notwendigen.

Teilchen hat den Ort *x*" ist eine Aussage, die unter geeigneten Umständen wahr oder falsch sein *kann*. Wenn man sagt, daß *dieselbe* Aussage unter anderen Umständen weder wahr noch falsch sei, so macht man in diesem „dieselbe" Gebrauch von der Allgemeinheit des Prädikats „*x*"; es hat eben einen Sinn, zu sagen, verschiedene Dinge seien oder dasselbe Ding zu verschiedenen Zeiten sei in „demselben" Zustand. Hätte man hingegen eine zeitlose Aussage, also z. B. entweder einen Satz von der Gestalt eines Universalurteils oder einen Satz von der Form einer faktischen Mitteilung, von der man wüßte, daß sie weder wahr noch falsch sei, so bliebe theoretisch immer der Ausweg, zu sagen, sie sei gar keine Aussage, sondern eine sinnlose Kombination von Worten. Der genaue logische Sinn der Mehrwertigkeit kann also nur im Rahmen einer Diskussion des Begriffs der Allgemeinheit geklärt werden. Das aber soll in diesem Aufsatz nicht versucht werden.

5. *Logik der einfachen Alternative*

Als einfache Alternative soll eine Situation bezeichnet werden, in der nur zwischen zwei möglichen Tatbeständen entschieden werden muß. Wir untersuchen sie als einfachstes Beispiel der Komplementaritätslogik mit einiger Ausführlichkeit. Wir wollen drei physikalische Realisierungen der einfachen Alternative betrachten:

a) den Y o u n g s c h e n Interferenzversuch am Schirm mit zwei Löchern.
b) den Elektronenspin,
c) den „Isotopenspin".

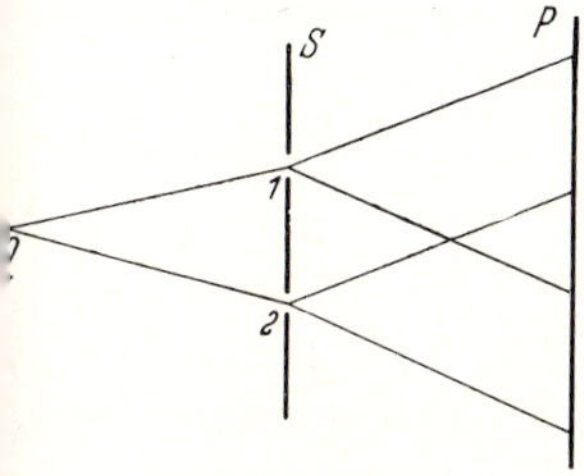

Fig. 1. Interferenzversuch von Young.

a) Dieses Beispiel hat B o h r[23] vielfach diskutiert. Um die einfache Alternative zu verwirklichen, schematisieren wir das Gedankenexperiment wie folgt: Von einer Quelle *Q* (Fig. 1) fallen Elektronen auf einen Schirm *S*, der nur zwei enge Löcher 1 und 2 hat, die beide nach Belieben geöffnet oder geschlossen werden können. Die meisten Elektronen bleiben im Raum links vom Schirm oder werden auf ihm absorbiert; alle diese registriert der Apparat überhaupt nicht. Die Elektronen aber, die durch

[23] Zum Beispiel N. Bohr: Discussion with Einstein, p. 201—241, in Albert Einstein: Philosopher Scientist, ad. P. Schlipp, The Library of Living Philosophers, vol. VII, p. 216. Evanston, Ill., 1949.

die Löcher treten, schwärzen die photographische Platte *P*. Diese Schwärzung wird beobachtet. Die von *Q* ausgehende Strahlung sei so schwach, daß sich zu jeder Zeit höchstens *ein* Elektron auf dem Weg von *P* nach *Q* befindet. Die empirische Unabhängigkeit der Interferenzphänomene von der Intensität der Strahlung (soferne die Strahlung schwach genug bleibt, um Raumladungseffekte u. ä. zu vermeiden) rechtfertigt diese Vorschrift, deren physikalischer Sinn oft abkürzend so formuliert wird: „jedes Teilchen interferiert nur mit sich selbst". Alle von Q ausgehenden Teilchen sollen dieselbe, bestimmte Energie haben: wir halten die Intensität so niedrig und warten mit der Beobachtung stets so lange, daß uns die Unbestimmtheitsrelation zwischen Energie und Zeit nicht stört. Ferner wollen wir annehmen, beide Löcher seien eng, verglichen mit der Wellenlänge der Elektronen; sie wirken dann im Raum rechts von *S* wie Punktquellen, von denen Kugelwellen ausgehen (grundsätzlich ist natürlich dasselbe bei größerer Intensität durch den Fresnelschen Spiegelversuch zu erreichen, dem wir den Youngschen nur vorziehen, weil er etwas anschaulicher ist und weil er das klassische Beispiel Bohrs ist). Wir wollen aber Versuche miteinander vergleichen, in denen die Quelle *Q* verschiedene Positionen hat, so daß die Amplitude und Phase der Wellenfunktion an den beiden Löchern jeden gewünschten Wert annehmen kann. Bei hinreichender Energie der Teilchen und hinreichend geringer Intensität und Versuchsdauer entspricht jedem geschwärztem Silberkorn auf der Platte genau ein Elektron, das mit Sicherheit von *Q* nach *P* gelaufen ist. Die einfache Alternative, die wir untersuchen, lautet: „Ist das Teilchen durch das Loch 1 oder durch das Loch 2 gelaufen?

b) Der Elektronenspin ist ein Freiheitsgrad, der genau zweier Werte fähig ist. So wurde er von Pauli eingeführt, noch ehe er als „Spin" erkannt war. Im Magnetfeld spaltet ein sonst drehimpulsfreier Zustand eines Elektrons in genau zwei stationäre Zustände auf. Im Stern-Gerlach-Versuch lenkt man Elektronen, deren Ladung durch Bindung in einem Atom neutralisiert ist, durch ein inhomogenes Magnetfeld ab. Es entstehen zwei Strahlen, deren einer z. B. alle „nach oben", deren anderer alle „nach unten" orientierten Spins enthält. Für das einzelne Elektron entsteht also die einfache Alternative, in welchen Teilstrahl es abgelenkt wird.

c) Der Isotopenspin ist eine symbolische Darstellung der einfachen Alternative, ob ein Nukleon ein Proton oder ein Neutron ist. Wir wollen diese Alternative nicht als Experiment diskutieren, sondern führen sie nur als

Beispiel dafür an, daß die Quantentheorie alle einfachen Alternativen nach demselben mathematischen Schema behandelt. Daher tritt hier der Formalismus der Spintheorie auf, nur weil es sich um eine einfache Alternative handelt, obwohl das Problem nichts mit Drehungen im Raum zu tun hat.

Wir diskutieren nun zunächst das Beispiel a). Wir halten uns dabei vorerst an das Teilchenbild, das ja durch das punktuelle Auftreffen der schwärzenden Energie auf die Platte P empirisch fundiert ist; nur in diesem Bild handelt es sich ja um eine einfache Alternative. Die Erfahrung lehrt, daß zwar der Ort x des Auftreffens eines einzelnen Teilchens auf P nicht vorausgesagt werden kann, wohl aber eine Wahrscheinlichkeitsverteilung $w\,(x)$. Ist nur das Loch 1 offen, so trete die Verteilung $w_1\,(x)$ auf, ist nur 2 offen, so $w_2\,(x)$, sind beide Löcher offen, so $w_{12}\,(x)$. Nun kann es für die Frage, ob ein Teilchen das Loch 1 trifft und hindurchfliegt, nach der Physik des Teilchenbildes nichts ausmachen, ob das Loch 2 offen oder zu ist. Ferner bewegt sich jedes Teilchen laut Voraussetzung unabhängig von allen anderen. Endlich schließen die Ereignisse „Durchgang durch 1“ und „Durchgang durch 2“ einander aus. Nach den Regeln der Wahrscheinlichkeitsrechnung muß also

$$w_{12} = w_1 + w_2 \tag{1}$$

sein. Bekanntlich ist diese Formel quantenmechanisch falsch. Man muß vielmehr „Wahrscheinlichkeitsamplituden“ $\psi\,(x)$ einführen, und es gilt

$$w_1 = |\psi_1|^2,\ w_2 = |\psi_2|^2,\ w_{12} = |\psi_{12}|^2 \tag{2}$$

und

$$\psi_{12} = \psi_1 + \psi_2. \tag{3}$$

Dies ist die „Interferenz der Wahrscheinlichkeiten“.

Wo liegt der Fehler der klassischen Überlegung? Jedes Elektron, das P erreicht, ist, so sagt man, entweder durch 1 oder 2 geflogen. Dies ist eine einfache Alternative; tertium non datur. Die Menge aller Flüge (eine endliche Menge!) läßt sich also sicher eindeutig in zwei Teilmengen zerlegen: die der Flüge durch das Loch 1 und die der Flüge durch das Loch 2. Zwar wissen wir im Einzelfall nicht, welcher der Teilmengen ein bestimmter Flug zugehört. Aber nach der Logik ist der Satz „Dieses Teilchen ist durch 1 geflogen“ entweder wahr oder falsch, auch wenn gerade niemand weiß, welche von beiden Möglichkeiten zutrifft. Und nach der vorausgesetzten Physik ist dieser Satz wahr, wenn der Satz „das Teilchen ist durch 2 geflogen" falsch ist und umgekehrt. Aus dieser Voraussetzung und den üblichen Prinzipien der Wahrscheinlichkeitsrechnung folgt dann die falsche Formel (1). Es fragt sich nun: Ist die logische Voraussetzung des tertium non datur falsch oder die Prinzipien der Wahrscheinlichkeitsrechnung oder die Physik des Teilchenbildes?

Jeder Physiker wird zunächst die scheinbar konservativste Vermutung prüfen, daß nämlich das Teilchenbild falsch sei. Young schloß ja eben aus diesem Experiment auf die Wellentheorie des Lichtes. Seit wir wissen, daß die ψ-Wellen Wahrscheinlichkeitsamplituden für das Auftreffen von Teilchen sind, kommen wir aber dann in die Lage, beiden Bildern einen gewissen Wahrheitsgehalt zuschreiben zu müssen. Das aber scheint wieder physikalisch unbegreiflich, solange wir nicht den Begriff der Komplementarität einführen, und damit werden wir auf den Weg des Weiterfragens gedrängt, auf dem wir uns in dieser Arbeit befinden. Wir versuchen nicht, die Unmöglichkeit einer bisher noch unbekannten Abänderung der Physik oder auch der Wahrscheinlichkeitsrechnung zu beweisen. Vielmehr stellen wir die Hypothese auf: *Nur die Logik bedarf einer Abänderung.* Wenn diese richtig vollzogen wird, so enthält sie die Abänderung der Wahrscheinlichkeitsrechnung und ergibt die Abänderung der Physik mit Notwendigkeit. Wir wollen insbesondere zeigen, daß das Wellenbild eine notwendige Konsequenz des Teilchenbildes und der Komplementaritätslogik ist. In dem so gefundenen Wellenbild wird die Wahrscheinlichkeitsdeutung schon mit enthalten sein. Während Bohr so ursprünglich Teilchenbild und Wellenbild zu versöhnen suchte und dazu zur Begriffsbildung der Komplementarität gedrängt wurde, setzen wir jetzt die Komplementarität als eine Eigenschaft der Logik voraus und zeigen, daß es nach dieser Logik Wellen, und zwar Wahrscheinlichkeitswellen geben muß, wenn es Teilchen gibt. Dieser Gedanke berührt sich nahe mit der von Bopp[24] entwickelten „korpuskularstatistischen" Auffassung der Quantentheorie. Der Unterschied ist, daß Bopp die Abänderung in der Wahrscheinlichkeitsrechnung und nicht explizite in der Logik vornimmt, und daß er sie an die physikalische Vorstellung der Teilchen bindet. Vielleicht wird der 8. Abschnitt die Vermutung rechtfertigen, daß die logische Auffassung die allgemeinere sei.

Wie sieht nun die abgeänderte Logik für die einfache Alternative aus? Wenn wir uns einmal entschließen, die Quantentheorie als eine Abänderung

---

[24] F. Bopp: Z. Naturforsch. 9a, 579 (1954).

der Logik *aufzufassen*, so können wir die Regeln dieser Logik unmittelbar aus den quantentheoretischen Gesetzen ablesen.

Nach unseren Annahmen ist im Beispiel a) die Wellenfunktion hinter dem Schirm eindeutig durch zwei komplexe Zahlen u und v bestimmt, welche Amplitude und Phase der Welle am Ort der beiden Löcher 1 und 2 angeben. Statt der beiden oben eingeführten Funktionen ψ_1 und ψ_2 können wir auf Eins normierte Funktionen φ_1 und φ_2 wählen. Dann ist überall hinter dem Schirm

$$\psi = u\,\varphi_1 + v\,\varphi_2 \tag{4}$$

Dabei gilt
$$u\,u^* + v\,v^* = 1, \tag{5}$$

und die Wahrscheinlichkeiten dafür, daß das Teilchen durch 1 bzw. 2 getreten ist, sind

$$W_1 = u\,u^*, \quad W_2 = v\,v^*. \tag{6}$$

Ist $u = 1$, so ist $v = 0$ und die Aussage „das Teilchen ist durch 1 gegangen" ist wahr; ist $v = 1$, so ist $u = 0$ und dieselbe Aussage ist falsch. Beschreiben wir Wahrheit und Falschheit durch die „Wahrheitswerte" 1 und 0 und bezeichnen wir als „elementar" eine Aussage, die einen „reinen Fall" im Sinne der Quantentheorie beschreibt, so können wir die Komplementaritätslogik hypothetisch in den Satz zusammenfassen: *Jede elementare Aussage kann außer den Wahrheitswerten* 1 *und* 0 *eine komplexe Zahl als Wahrheitswert haben.* Der Interpretation dieser Behauptung ist der Rest unserer Arbeit gewidmet. Alle Aussagen, von denen in diesem und dem nächsten Abschnitt die Rede sein wird, sind elementar. Über die „Gemenge" sprechen wir im 7. Abschnitt.

Was kann ein komplexer Wahrheitswert bedeuten? Wir werden diese Frage nur schrittweise beantworten können. Zunächst lesen wir aus der Quantenmechanik seine bekannte physikalische Bedeutung ab. Indem sein Betrag von 1 und 0 abweichen kann, enthält er die Wahrscheinlichkeitsdeutung der Wellenfunktion. $uu^* = |u|^2$ ist die Wahrscheinlichkeit dafür, daß sich der Satz, dessen Wahrheitswert u ist, bei Nachprüfung als wahr erweist. Die Normierungsbedingung (5) hängt damit zusammen, daß die Entscheidung der Alternative erzwungen werden kann, etwa, wie Bohr ausführt, indem man den an den Schirm übertragenen Impuls mißt; in diesem Falle ist es sicher, daß das Teilchen durch genau eines der beiden Löcher gegangen ist, und die Summe der Wahrscheinlichkeiten der beiden Ereignisse muß daher 1 sein.

Außer seinem Betrag enthält der komplexe Wahrheitswert aber noch eine weitere Angabe in Gestalt seiner Phase. Diese läßt sich in der Wahrscheinlichkeitsdeutung der ursprünglich gegebenen Alternative nicht mehr interpretieren, sondern erst, wenn wir den Begriff der *komplementären Alternativen* einführen. Die ursprüngliche Alternative besteht aus zwei möglichen Aussagen. Man kann sie auch als eine *Frage* bezeichnen: „Welche der beiden Aussagen a_1 und a_2 ist wahr?, wobei a_1 heißt: „das Teilchen ist durch 1 gegangen", a_2: „es ist durch 2 gegangen". Das Zahlenpaar (u, v) können wir auch einen zweikomponentigen komplexen Vektor nennen[25]. Dieser Wahrheitsvektor lautet (1, 0), wenn a_1 wahr ist, und (0, 1), wenn a_2 wahr ist. Wir behaupten dann: Zu jedem nach (5) normierten Vektor (u, v) gehört eine Aussage, die wahr ist, wenn die Aussagen der vorgegebenen Alternative die Wahrheitswerte u, v haben. Jeder Vektor, der aus einem gegebenen Vektor (u, v) hervorgeht, indem man u und v mit derselben komplexen Zahl vom Betrage 1 multipliziert, entspricht derselben Aussage; zwei Vektoren, die nicht so ineinander übergeführt werden können, entsprechen verschiedenen Aussagen.

Wir erläutern zunächst an Beispielen, daß diese Behauptungen mit der üblichen Quantentheorie übereinstimmen. Im Beispiel a) (S. 303) entspricht jedem Vektor eine wohldefinierte Interferenzfigur. Anschaulicher ist hier das Beispiel b). Der Vektor (u, v) ist hier einfach der P a u l i s c h e Spinor. Es sei etwa ein Magnetfeld in der z-Richtung vorgegeben. Die ursprüngliche Alternative lautet dann: a_1: „der Spin liegt in der positiven z-Richtung"; a_2: „der Spin liegt in der negativen z-Richtung". Jedem Spinor (u, v) entspricht dann eine Richtung, in der der Spin orientiert ist, wenn a_1 und a_2 die „Wahrheitswerte" u bzw. v haben. Man kann diese Richtung z. B. durch ihre Richtungskosinusse definieren:

$$x = u\,v^* + v\,u^*; \quad y = i(u\,v^* - v\,u^*);$$

$$z = u\,u^* - v\,v^* \tag{7}$$

$$x^2 + y^2 + z^2 = 1$$

oder durch die Polarwinkel ϑ, φ:

---

[25] Vgl. Anhang.

$$u = \cos \frac{\vartheta}{2} e^{-i\varphi/2}; \quad v = \sin \frac{\vartheta}{2} e^{i\varphi/2}, \tag{8}$$

wobei ein willkürlicher gemeinsamer Faktor vom Betrag 1 in der Form $e^{i\chi/2}$ hinzugefügt werden könnte und den dritten Eulerschen Winkel definieren würde (als Azimut der unbeobachtbaren Drehung des „spinning electron" deutbar). Damit haben wir die zu (u, v) gehörige Aussage konstruiert. Sie lautet: „der Spin hat die durch (7) bzw. (8) gegebene Richtung". Man kann sie durch einen Stern-Gerlach-Versuch prüfen.

Wir wollen jede durch einen Vektor (u, v) definierte Aussage, die nicht a_1 oder a_2 selbst ist, zu a_1 und a_2 komplementär nennen. Damit haben wir einen rein logischen Komplementaritätsbegriff eingeführt; er entspricht der parallelen Komplementarität des 2. Abschnitts, und zwar genau im Sinne der ersten Deutung. Wenn von zwei zueinander komplementären Aussagen die eine wahr oder falsch ist, so ist die andere weder wahr noch falsch. Die unitären Drehungen im Vektorraum der (u, v) definieren dann auch komplementäre Alternativen: es sind alle Aussagenpaare, die durch solche Drehung aus der vorgegebenen Alternative hervorgehen. Diese Drehungen lassen die hermitische Form (5) invariant. Die Wahrscheinlichkeitsbegriffe spielen also in unserer Logik dieselbe Rolle wie die metrischen Begriffe in der Geometrie. Dies sei hier nicht näher ausgeführt, dem Kenner der Quantenmechanik kann hier nichts Neues gesagt werden.

6. *Einige logische und ontologische Grundbegriffe*

Wir versuchen nun eine logische Terminologie festzulegen, die wenigstens einen Teil der Bedeutung der komplexen Wahrheitswerte in eine Sprache übersetzt, die an die traditionellen logischen Begriffe anknüpft. Wir beginnen mit den Begriffen wahr und falsch selbst. Die einzige natürliche Weise, sie beizubehalten, ist wohl in der folgenden Definition gegeben:

Wahrheit: Eine elementare Aussage heißt wahr, wenn ihre Wahrscheinlichkeit 1 ist.

Falschheit: Eine elementare Aussage heißt falsch, wenn ihre Wahrscheinlichkeit 0 ist.

Natürlich sollen diese Definitionen nicht die Begriffe Wahrheit und Falschheit *erklären;* das wäre zirkelhaft, da wir den Begriff der Wahrscheinlichkeit voraussetzen. Sie sollen nur im ursprünglichen Sinn des Wortes de-finitio *abgrenzen*, wo wir sie brauchen wollen und wo nicht. Mit diesen Definitionen ist die Mehrwertigkeit unserer Logik festgestellt. Die nächste Definition lautet sinngemäß:

Unentschiedenheit. Eine elementare Aussage heißt unentschieden, wenn sie weder wahr noch falsch ist.

Dies erfordert einen ausführlichen Kommentar. Warum haben wir die Definition auf elementare Aussagen beschränkt? Diese sind nach Diracs Ausdrucksweise durch *Maximalbeobachtungen* bestimmt, d. h. durch Informationen, die so viel über die in Rede stehenden Observablen aussagen, als ohne Verletzung der Komplementarität ausgesagt werden kann. Nur für sie hat das „wenn" in den Definitionen den Sinn der logischen Äquivalenz, darf also als „genau wenn" oder „wenn und nur wenn" verstanden werden. In der klassischen Logik würde man ja sagen, Wahrscheinlichkeit bedeute ein Nichtwissen. Dann wäre zwar eine Aussage, die die Wahrscheinlichkeit 1 hat, sicher wahr, eine Aussage mit einer kleineren, aber von 0 verschiedenen Wahrscheinlichkeit könnte aber noch immer wahr sein; nur wüßten wir das nicht sicher. Unsere Definitionen enthalten also schon die quantenmechanische Grundthese, daß die Wahrscheinlichkeitsaussagen für reine Fälle nicht eine Folge des Nichtwissens eines objektiv bestehenden Zustandes sind. Das Nichtwissen wird in der Logik der Gemenge (7. Abschnitt) berücksichtigt. Erst diese wird daher eine allgemeine Logik sein. Eine spezielle Logik der reinen Fälle, wie wir sie hier betreiben, ist eigentlich die logische Formulierung gewisser Eigenschaften des Seienden, also *ontologischer* Sachverhalte. Da andererseits die Logik der Gemenge, so wie wir sie hier aufbauen, auf der der reinen Fälle beruht, erscheinen wenigstens in unserer Darstellungsweise die ontologischen Sätze als die Voraussetzung der logischen. Wir wollen daher eine der logischen zugeordnete ontologische Sprechweise einführen:

Wirklichkeit und Möglichkeit: Ein Zustand heiße *wirklich*, wenn die Aussage, daß er bestehe, wahr ist. Er heiße *möglich*, wenn es nach der Physik vorkommen kann, daß er wirklich ist. Er heiße *nur-möglich*, wenn die Aussage, daß er bestehe, unentschieden ist. Er heiße *nicht-verwirklicht*, wenn die Aussage, daß er bestehe, falsch ist.

„Zustand" bezeichnet hier einen reinen Fall. Das Vorkommen der Worte „bestehen" und „können" zeigt, daß auch diese Definitionen ein Verständnis der definierten Begriffe schon voraussetzen und nur eingrenzen. Das Wesentliche der Begriffe „unentschieden" und „möglich" tritt hervor, wenn wir nun die folgenden weiteren Definitionen und Sätze aufstellen, für die wir auf Beweise verzichten wollen.

Entschiedenheit. Eine elementare Aussage heiße entschieden, wenn sie nicht unentschieden ist.

Komplementarität. Zwei elementare Aussagen heißen komplementär, wenn sie nicht gleichzeitig entschieden sein können.

In der Quantenmechanik gilt der

Satz der Komplementarität. Zu jeder elementaren Aussage gibt es komplementäre elementare Aussagen.

Identität. Sind zwei elementare Aussagen äquivalent, d. h., sind sie immer und nur zugleich wahr, so bezeichnen sie denselben Zustand.

Koexistenz. Sind zwei elementare Aussagen komplementär, so sollen die durch sie bezeichneten Zustände koexistent heißen.

Der Begriff der Koexistenz drückt in aller Schärfe die quantenmechanische Ontologie aus, genau wie Diracs Begriff der Übereinstimmungswahrscheinlichkeit zweier Zustände. Sei soeben ein Zustand a wirklich und ein anderer Zustand b nur-möglich, so sagen wir nicht, b sei nicht-wirklich, sondern b sei in a mit einem gewissen Anteil enthalten. Die Quantentheorie spricht hier auch von „virtueller Existenz". Der Grund hierfür liegt im *Superpositionsprinzip.* Bezeichnen die Vektoren φ und χ mögliche Zustände, so bezeichnet auch $\psi = u\,\varphi + v\,\chi$ mit normierten komplexen u und v einen möglichen Zustand. Die Wahrscheinlichkeit $|u|^2$, φ vorzufinden, wenn ψ besteht, gilt als Maß der Beteiligung von φ an ψ. Wir begründen diese Behauptung hier nicht weiter, sondern bemerken nur, daß sie die Grundlage aller hier aufgestellten logischen Behauptungen ist. Die u und v geben also primär Zusammenhänge möglicher Zustände an und erscheinen erst sekundär als „Wahrheitswerte" der Aussagen, die das Bestehen dieser Zustände behaupten. Die Hypothese vom allgemeinen Charakter der hier beschriebenen Logik wird dadurch nicht eingeschränkt, sondern auf die Hypothese vom allgemeinen Charakter der hinter ihr stehenden Ontologie zurückgeführt.

Wir greifen nun die Frage des 4. Abschnitts auf, wie sich die hier beschriebene Logik zu der Logik verhalte, mit deren Hilfe wir sie beschreiben. Da wir hierzu aus der Logik der einfachen Alternative heraustreten müssen, seien zuerst ein paar allgemeine Begriffe eingeführt.

Fragen und Alternativen. Dem physikalischen Begriff des Experiments entspricht der logische Begriff der *Frage.* Aussagen sind dann Antworten auf Fragen. Eine Frage heiße präzisiert, wenn feststeht, welche Antworten auf sie gegeben werden können. Eine Frage heiße vollpräzisiert oder eine *Alternative*, wenn aus der Wahrheit einer ihrer Antworten die Falschheit aller übrigen und aus der Falschheit aller bis auf eine die Wahrheit dieser einen Antwort folgt. Wenn wir kurz „Frage" sagen, wollen wir darunter eine vollpräzisierte Frage, also eine Alternative verstehen. Eine Alternative, auf die genau n Antworten möglich sind, heiße n-fach (man verzeihe die doppelte Inkonsequenz, daß die Beziehung des „alter" in „Alternative" auf die Zahl 2 ignoriert, die 2-fache Alternative aber, im Anklang an den philologisch korrekten Sprachgebrauch, als einfache Alternative bezeichnet wurde). n ist in der Quantenmechanik meist unendlich. Zum Beispiel bilden die Antworten auf die Frage: „wo ist dieses Teilchen?" das dreifache Kontinuum der Koordinatentripel (x, y, z). Die hier gegebene Definition der Alternative, die in der klassischen Logik trivial scheinen könnte, ist es in der Quantentheorie nicht. Ordnen wir jeder möglichen Antwort auf diese Alternative eine komplexe Zahl zu, so entsteht ein komplexer Vektor in einem dreifach unendlichdimensionalen Raum: der quantenmechanische Zustandsvektor[26]. Impliziert die Wahrheit einer elementaren Aussage die Falschheit einer anderen, so sind die zugehörigen Zustandsvektoren orthogonal. Unsere Definition ordnet die Alternativen also den vollständigen Orthogonalsystemen, d. h. den Klassen vertauschbarer Operatoren zu. Eine Alternative heiße *entschieden*, wenn eine der auf sie möglichen Antworten wahr ist, sonst *unentschieden*. Man bemerke, daß hier, wie schon in der Definition der Alternative, eine Asymmetrie zwischen Wahrheit und Falschheit auftritt. Aus der Wahrheit einer Antwort folgt die Falschheit aller anderen, aus der Falschheit einer Antwort folgt für $n > 2$ nichts über die Wahrheitswerte der anderen.

Wir betrachten nun wieder das Beispiel der einfachen Alternative. Die Frage, von der wir ausgehen, nennen wir die *Grundfrage*. Sie lautet z. B.: „durch welches Loch ist das Teilchen gegangen?" Sie ist im Sinne unserer Definition eine Alternative. Die beiden auf sie möglichen Antworten lauten: a_1 „das Teilchen ist durch das Loch 1 gegangen" und a_2 „das Teilchen ist durch das Loch 2 gegangen". Ist a_1 wahr, so ist a_2 fasch; ist a_2 wahr, so ist a_1 falsch; ist a_1 falsch, so ist a_2 wahr; ist a_2 falsch, so ist a_1 wahr. Dies gilt in

[26] Vgl. Anhang.

der klassischen Logik, aber nach unseren Definitionen von Wahrheit und Falschheit auch in der Quantenlogik.

Indem wir den beiden Antworten a_1 und a_2 Wahrheitswerte u und v zugesprochen haben, sind wir in eine *höhere logische Stufe* eingetreten. Die Grundfrage fragte nach einer Eigenschaft eines physikalischen Gegenstandes. Jetzt fragen wir nach der Wahrheit der Antworten auf die Grundfrage. Diese Frage heiße die *Metafrage.* Sie lautet: „Welche Wahrheitswerte haben die möglichen Antworten auf die Grundfrage?“ Die Komplementaritätslogik sagt: „die möglichen Antworten auf die Metafrage sind alle normierten Vektoren (u, v)“. Demnach ist die Metafrage eine unendlichfache Alternative. Diese Alternative ist im Sinne der klassischen Logik verstanden. Jede der auf sie möglichen Antworten ist entweder wahr oder falsch. Denn ein bestimmter Vektor (u, v) liegt vor. Liegt dieser vor, so liegt kein anderer vor. Ist unbekannt, welcher Vektor (u, v) vorliegt, so darf dies im Sinne der Theorie der Gemenge verstanden werden: „ein Vektor liegt vor, aber man weiß nicht, welcher“. Wir haben also die Komplementaritätslogik in die Objektsprache eingeführt mit Hilfe einer Metasprache, in der wir die zweiwertige Logik voraussetzen.

Wir können damit genau sagen, in welchem Sinne der Satz vom ausgeschlossenen Dritten gilt und in welchem nicht. Die beiden Aussagen a_1 und „a_1 ist wahr“ gehören verschiedenen Stufen an, haben also sicher verschiedenen Sinn. In der klassischen Logik sind sie aber äquivalent, d. h. sie sind stets zugleich wahr und zugleich falsch. In der Komplementaritätslogik sind sie nicht äquivalent. Zwar folgt aus der Wahrheit bzw. Falschheit von a_1 die Wahrheit bzw. Falschheit von „a_1 ist wahr“, aber nicht umgekehrt. Denn wenn „a_1 ist wahr“ falsch ist, kann a_1 unbestimmt sein. Sei etwa $u = v = 1/\sqrt{2}$, so ist a_1 weder wahr noch falsch, „a_1 ist wahr“, ist aber falsch. Ist aber „a_1 ist wahr“ wahr, so ist auch a_1 wahr. Man kann also eine Quasi-Äquivalenz zwischen Grundaussage und Metaaussage behaupten, die sich auf die Wahrheit, aber nicht auf die Falschheit beider Aussagen erstreckt. In diesem Sinne kann man sagen, die Komplementaritätslogik ändere den klassischen Begriff der Wahrheit nicht ab, sondern nur den der Falschheit. Hiermit hängt die „Persistenz der klassischen Gesetze“ zusammen: Alles, was klassisch aus dem folgt, was man wirklich weiß, folgt auch quantentheoretisch; nach der Quantentheorie kann man aber, anders als klassisch, nicht alles zugleich wissen, was man überhaupt wissen kann.

Wie am Spin erläutert wurde, gibt es zu jedem Vektor (u, v), also zu jeder Antwort auf die Metafrage eine Grundaussage, die genau dann wahr ist, wenn dieser Vektor vorliegt, wenn also diese Antwort auf die Metafrage wahr ist. Zu einer Metafrage gehören also viele Grundfragen. Diese sind zueinander komplementär. Wir nennen sie den *Komplementaritätsbereich* dieser Metafrage.

Wir wollen annehmen, es seien Meßgeräte vorhanden, mit denen jede Grundfrage eines Komplementaritätsbereichs durch eine einzige Messung entschieden werden kann. Dies würde z. B. für die Spinrichtung eines Teilchens eine Stern-Gerlach-Apparatur leisten, die ein einzelnes Teilchen in einem Magnetfeld beliebig gewählter Richtung zu beobachten gestattet. Mit eben diesen Geräten kann man dann die Metafrage nur durch eine statistische Meßreihe beantworten. Man muß viele gleichartige Teilchen beobachten, von denen feststeht, daß sie im selben Zustand sind, oder dasselbe Teilchen oft im selben Zustand. Fragt man z. B. als Grundfrage nach der Orientierung eines Teilchens in der z-Richtung, so liefert ein Stern-Gerlach-Versuch mit vielen Teilchen und mit einem in der z-Richtung orientierten Magnetfeld zwei Strahlen mit den Intensitäten $|u|^2$ und $|v|^2$. Derselbe Versuch etwa in der x-Richtung liefert andere Intensitäten $|u'|^2$ und $|v'|^2$, wobei (u', v') mit (u, v) linear zusammenhängt. Die zweite Messung bestimmt auch die relative Phase von u und v bis auf π, d. h. bis auf ein Vorzeichen, das durch eine dritte Messung (in der y-Richtung) bestimmt werden kann.

Wir werden die Frage der logischen Stufen im 8. Abschnitt wieder aufnehmen.

7. *Volle Aussagenlogik nach* Birkhoff *und* v. Neumann

Es kann sich hier nur um ein abgekürztes Referat und eine Diskussion der Grundlagen der Theorie von Birkhoff und v. Neumann handeln; für alle Einzelheiten muß auf die Originalarbeit verwiesen werden.

Man kann die Aussagenlogik als eine Theorie gewisser Operationen oder Funktionen auffassen, durch die aus gegebenen Aussagen andere Aussagen gewonnen werden. Wir wollen hier nur die vier wichtigsten dieser Funktionen betrachten: Die Negation ($\bar{a}$: nicht a), Konjunktion ($a \wedge b : a$ und b), Disjunktion ($a \vee b :\ a$ oder b), und Implikation $a \to b$: wenn a, so b).

Nach Frege pflegt man sie als Wahrheitsfunktionen zu definieren. Das heißt, man beschreibt nicht den Inhalt der neuen Aussage, sondern gibt nur an, wie ihre Wahrheitswerte von den Wahrheitswerten der Argumentaussagen abhängen. $\bar{a}$ ist wahr, wenn und nur wenn a falsch ist. $a \wedge b$ ist wahr, wenn a und b wahr sind, sonst falsch. $a \vee b$ ist falsch, wenn a und b falsch sind, sonst wahr. $a \rightarrow b$ ist falsch, wenn a wahr ist und b falsch, sonst wahr. Es ist zu erwarten, daß dieses Verfahren in der Komplementaritätslogik nicht mehr möglich sein wird. Die Aussagen über Wahrheitswerte von Aussagen sind ja von höherer Stufe als die betreffenden Aussagen selbst. Die Fregesche Methode gewinnt aus ihnen Aussagen der ursprünglichen Stufe zurück vermittels der Äquivalenz von a und „a ist wahr". Diese Äquivalenz besteht aber in der Komplementaritätslogik nicht mehr. Ferner haben wir unsere „Wahrheitswerte" nur für reine Fälle definiert. Bezeichnen aber zwei verschiedene Aussagen a und b reine Fälle, so bezeichnet z. B. $a \vee b$ nie einen reinen Fall.

Man gewinnt die Aussagenfunktionen der Komplementaritätslogik am besten durch eine Verallgemeinerung derjenigen Definition der klassischen Aussagefunktionen, die auf der *Mengenlehre* beruht. M sei die Menge aller möglichen Zustände eines physikalischen Gegenstandes. ξ sei eine physikalische Eigenschaft, die dem betreffenden Gegenstand zukommen kann (etwa ein Zahlwert einer Ortskoordinate). x sei die kontingente Aussage: „der Gegenstand hat die Eigenschaft ξ". X sei die Menge aller derjenigen Zustände des Gegenstandes, in denen er die Eigenschaft ξ hat, für die also x wahr ist. X ist eine Teilmenge von M. Man definiert dann[27]

$\bar{x}$ ist die Aussage, die genau für alle Zustände der *Komplementmenge* von X wahr ist.

$x \wedge y$ ist die Aussage, die genau für alle Zustände des *Durchschnitts* der Mengen X und Y wahr ist.

$x \vee y$ ist die Aussage, die genau für alle Zustände der *Vereinigungsmenge* der Mengen X und Y wahr ist.

$\bar{x}$ besagt dann offenbar inhaltlich: „der Gegenstand hat die Eigenschaft ξ nicht"; $x \wedge y$: „er hat ξ und η"; $x \vee y$: „er hat wenigstens ξ oder η". „Die Aussage, die" darf man nur sagen, wenn es sicher eine und nur eine Aussage dieser Eigenschaft gibt. Daß es eine gibt, haben wir gesehen. Wenn wir alle äquivalenten Aussagen identifizieren, gibt es auch nur eine.

---

[27] Vgl. Anhang.

Die Implikation könnte man ebenso definieren. Wir ziehen vor, sie sofort als Metaaussage anzusprechen.

$x \rightarrow y$ ist die Aussage, die besagt, daß X eine *Teilmenge* von Y ist.

Der Unterschied ist, daß $\bar{x}$, $x \wedge y$ und $x \vee y$ nach unserer Definition kontingente Aussagen sind, $x \rightarrow y$ aber eine allgemeine, also zeitlose Aussage, welche einen gesetzmäßig bestehenden Zusammenhang zwischen den Eigenschaften ξ und η ausspricht. Es gibt in der klassischen Logik eine kontingente Aussage, die immer wahr ist, wenn und nur wenn unser $x \rightarrow y$ wahr ist, nämlich $\bar{x} \vee y$. Deshalb bezeichnet man $\bar{x} \vee y$ in der klassischen Logik als Implikation. Diese Definition hat manchem Anfänger in der Logik Schwierigkeiten gemacht; sie beruht in der Tat, wie freilich die ganze klassische Theorie der Wahrheitsfunktionen, auf der Identifikation zweier inhaltlich verschiedener, aber umfangsgleicher, d. h. äquivalenter Aussagen. In der Komplementaritätslogik aber gibt es, soviel ich sehe, keine kontingente Aussage, die immer wahr wäre, wenn die Implikation im dort zu definierenden Sinne wahr ist; $\bar{x} \vee y$ hat diese Eigenschaft dort jedenfalls nicht.

Die klassische Mengenlehre beruht nun auf einer ontologischen Voraussetzung, die in der Quantentheorie aufgegeben wird. Mengen werden als Gesamtheiten *verschiedener* Individuen definiert. Die Elemente einer Menge müssen unterscheidbar sein. Zwei vorgegebene Elemente sind entweder verschieden oder identisch; tertium non datur. In unserem Fall haben wir es mit Mengen von Zuständen eines physikalischen Gegenstands zu tun. Wir haben im vorigen Abschnitt gesehen, daß die Ontologie der Quantentheorie den Begriff der *Koexistenz* zwischen solchen Zuständen kennt. Sind zwei koexistente Zustände φ und ψ identisch oder verschieden? Ist φ wirklich, so wird man bei Nachprüfung ψ mit einer Wahrscheinlichkeit w wirklich finden, mit der Wahrscheinlichkeit $1 - w$ nicht-verwirklicht. φ und ψ sind verschiedene Antworten auf die Metafrage. Das heißt mit der zweiwertigen Logik der Metasprache, in der wir die Komplementaritätslogik beschreiben, sind sie unterscheidbar. Im Sinne der Komplementaritätslogik haben sie eine Wahrscheinlichkeit w, identisch zu sein. Das ist nicht nur eine Redensart, sondern hat bestimmte Konsequenzen für die Beobachtung..

Wir betrachten wieder das einfachste Beispiel. Ein Strahl von Elektronen derselben Spinrichtung heißt polarisiert. Es gibt so viele mögliche Polarisationszustände wie Richtungen im Raum. Sie sind unterschieden, aber sie schließen einander nicht aus: ein in der positiven z-Richtung polarisierter

Strahl wird z. B. durch einen Stern-Gerlach-Versuch in der x-Richtung in zwei Strahlen gleicher Intensität zerlegt, die in der positiven und negativen x-Richtung polarisiert sind. Nun stellen wir zwei unpolarisierte Strahlen her. Einmal mischen wir gleichviele Elektronen positiver und negativer z-Polarisation, das andere Mal gleichviele Elektronen positiver und negativer x-Polarisation. Der Zustand eines Elektrons im unpolarisierten Strahl, dessen Polarisationsrichtung also nicht bekannt ist, heißt ein „Gemenge". Nun besagt bekanntlich die Quantentheorie der Gemenge, daß die beiden unpolarisierten Strahlen, die wir hergestellt haben, identische Gemenge darstellen. Alles, was an einem Gemenge beobachtet werden kann, ist durch die v. Neumannsche statistische Matrix beschrieben, und diese ist in beiden Fällen dieselbe. Es gibt nur „unpolarisierte" Strahlen und unter diesen keine Unterschiede nach der Art ihrer Entstehung. Das ist eine natürliche Folge der Koexistenz: ist ein in der positiven oder negativen z-Richtung polarisiertes Teilchen zugleich mit der Wahrscheinlichkeit 1/2 in der positiven x-Richtung polarisiert, so läuft es auf dasselbe hinaus, ob man die $\pm z$-Polarisation oder die $\pm x$-Polarisation im Verhältnis 1 : 1 mischt.

Allgemein gilt: Ist ein Gemenge dadurch definiert, daß m linear unabhängige Zustandsvektoren je mit endlicher Wahrscheinlichkeit vorliegen, so enthält das Gemenge auch jeden von den gegebenen Vektoren linear abhängigen Vektor mit endlicher Wahrscheinlichkeit. Das heißt mit m unabhängigen Vektoren ist immer auch der ganze von ihnen aufgespannte m-dimensionale lineare Unterraum möglich. Birkhoff und v. Neumann definieren daher als die möglichen Eigenschaften eines physikalischen Gegenstands, also in unserer Ausdrucksweise als die möglichen kontingenten Aussagen über ihn, alle abgeschlossenen linearen Unterräume seines Zustandsraums. Dies ist zwar keine vollständige Theorie der Gemenge; es enthält aber von ihr genau so viel, als man mit rein aussagenlogischen Funktionen, ohne quantitative Angabe von Wahrscheinlichkeiten, erklären kann.

Nun werden folgende Definitionen getroffen.

x ist die Aussage, die genau in einem linearen Unterraum X wahr ist.

$\bar{x}$ ist die Aussage, die genau in dem auf X total senkrechten Unterraum wahr ist.

$x \wedge y$ ist die Aussage, die genau im Durchschnitt der Unterräume X und Y wahr ist.

$x \vee y$ ist die Aussage, die genau in dem von X und Y linear aufgespannten Unterraum wahr ist.

$x \rightarrow y$ ist die Aussage, die besagt, daß X ein linearer Unterraum von Y ist.

Mathematisch definieren die betrachteten linearen Unterräume eine projektive Geometrie. $x \wedge y$ ist die Operation des Schneidens. $x \vee y$ die des Verbindens, $\bar{x} \rightarrow y$ die Relation des Enthaltensein. $\bar{x}$ kann nur mit metrischen Begriffen (Senkrechtstehen) definiert werden. Dem entspricht logisch, daß es für die anderen Operationen genügt, den Begriff der Wahrheit (die zweiwertige Logik der Metasprache) zu verwenden; es genügt, zu unterscheiden, ob die betreffende Aussage wahr oder nicht wahr ist. Die Negation hingegen erfordert zu ihrer Definition auch den Begriff der Falschheit, und da wir diesen mit Hilfe der Wahrscheinlichkeit Null eingeführt haben, die Metrik des Zustandsraumes.

Mit Hilfe der Verbandstheorie zeigen die Autoren, daß die sämtlichen Regeln der klassischen Logik auch für die neuen Funktionen gelten mit Ausnahme der beiden distributiven Gesetze:

$$\begin{aligned}(a \wedge b) \vee c &= (a \vee c) \wedge (b \vee c)\\ (a \vee b) \wedge c &= (a \wedge c) \vee (b \wedge c),\end{aligned} \tag{9}$$

welche durch das „modulare Gesetz" ersetzt werden:

$$\text{Wenn}\quad a \rightarrow b, \text{ so } a \vee (b \wedge c) = (a \vee b) \wedge c. \tag{10}$$

Die Bedeutung dieser Änderung wollen wir hier nicht diskutieren. Hingegen seien ein paar Bemerkungen zu den Gesetzen der Negation gemacht. In der klassischen Logik gelten die Sätze

$$\begin{aligned}\bar{\bar{a}} &= a && \text{(doppelte Negation)}\\ a \wedge \bar{a} &= 0 && \text{(Widerspruch)}\\ a \vee \bar{a} &= 1 && \text{(tertium non datur);}\end{aligned}$$

$x = 0$ heißt dabei: „x ist immer falsch", $x = 1$: „x ist immer wahr". Alle drei Formeln gelten auch in der Birkhoff-Neumannschen Logik. Scheinbar gilt also auch in ihr das tertium non datur. In Wirklichkeit bedeuten die Formeln jetzt inhaltlich etwas anderes als in der klassischen Logik. Die Menge der Zustände, in denen $\bar{a}$ gilt, ist nicht mehr die Komplementmenge der Menge, in der a gilt, sondern nur ein auf ihr senkrechter Unterraum. Die Vereinigungsmenge von a und $\bar{a}$ ist also nicht die ganze Menge, und in diesem Sinne ist das tertium non datur falsch. Da aber auch das „oder" eine andere Bedeutung erhält, bleibt die Formel $a \vee \bar{a}$ immer wahr: a und $\bar{a}$ spannen den ganzen Zustandsraum linear auf. $a \vee \bar{a}$ ist immer wahr, „a ist wahr oder $\bar{a}$ ist wahr" aber nicht. Birkhoff und v. Neumann führen die Mehrwertigkeit nicht explizite ein, weil sie die Komplementaritätslogik nur mathematisch beschreiben und damit auskommen, zu unterscheiden, ob eine Aussage zutrifft oder nicht; dies ist die zweiwertige Logik der Metasprache. Würden sie die experimentelle Entscheidung der Grundfragen explizite diskutieren, so müßten sie Wahrheit, Unentschiedenheit und Falschheit unterscheiden, und der mehrwertige Charakter ihrer Logik würde zum Vorschein kommen.

8. Logische Stufen und mehrfache Quantelung

Im 6. Abschnitt haben wir die Komplementaritätslogik mit Hilfe einer zweiwertigen Metalogik beschrieben. Im 4. Abschnitt haben wir aber die Hypothese aufgestellt, die Komplementaritätslogik sei im dort erläuterten Sinne „die" wahre Logik. Dann muß auch der klassische Charakter der Metalogik nur eine Annäherung gewesen sein. Auch sie müßte in Wirklichkeit im Sinne der Komplementarität mehrwertig sein.

Wir versuchen naiv den nächsten Schritt. Betrachten wir die Ortsmessung eines Teilchens. Die möglichen Werte der Koordinate x sind die möglichen Antworten auf die Grundfragen. Diese Antworten sind nicht notwendig wahr oder falsch. Sie können vielmehr komplexe Wahrheitswerte $\psi(x)$ haben. $\psi(x)$ ist die Schrödinger-Funktion des Einteilchenproblems. Wir haben angenommen, in jedem reinen Fall liege genau ein $\psi(x)$ vor, Auch in Gemengen kann man, mit der durch die Koexistenz gegebenen Modifikation, voraussetzen, ein bestimmter reiner Fall, also ein bestimmtes $\psi(x)$ liege vor, und wir wüßten nur nicht, welches. Das heißt, wir haben vorausgesetzt, die Metafrage dürfe nach der klassischen Logik behandelt werden. Diese Voraussetzung lassen wir jetzt fallen. Die möglichen Funktionen $\psi(x)$ sind die möglichen Antworten auf die Metafrage. Wir schreiben also jetzt jedem $\psi(x)$ eine komplexe Zahl als Wahrheitswert zu. Das heißt, wir bilden ein komplexwertiges Funktional $\Phi[\psi(x)]$.

Ist das nicht genau der Formalismus der Quantelung der Wellen, so hergeleitet, daß sich sein anderer Name „zweite Quantelung" als berechtigt erweist? Wir kommen damit auf die Frage des 2. Abschnitts zurück, ob die formale Ähnlichkeit der Schrödinger-Theorie des Einteilchenproblems und der anschaulichen Wellentheorie einen physikalischen Sinn habe. Wir vermuten jetzt, in einem alsbald abzugrenzenden Umfang, die sachliche Identität der beiden Wellentheorien.

Gegen diese Vermutung gibt es eine Reihe von Einwänden, deren Besprechung, wie wir hoffen, das Problem schrittweise aufklären wird:

1. Die klassische Welle ist meßbar, die Schrödinger-Welle nicht.

2. Die klassische Welle hat beliebige Intensität; für die Schrödinger-Welle ist ein konstanter Faktor bedeutungslos, so daß man sie zweckmäßigerweise normiert.

3. Die Wellengleichung, welche die zeitliche Entwicklung der Wellen beherrscht, ist für klassische Wellen mit Wechselwirkung nichtlinear; die Schrödinger-Gleichung ist wesentlich linear.

4. Es gibt klassische Wellentheorien, die gar nicht als Schrödinger-Theorien von Teilchen aufgefaßt werden können, z. B. weil ihre Wellenfunktionen reell sind.

Zur Antwort auf den ersten Einwand erinnern wir an das Ende des 6. Abschnitts. Ist eine Grundfrage durch eine *Messung* mit einem bestimmten Meßgerät entscheidbar, so läßt sich ihre Metafrage mit demselben Gerät in gewissem Umfang ebenfalls, aber nur statistisch beantworten. Im Fall des Spins ließ sich das genau zeigen. Um nicht nur den Betrag, sondern auch die Phase der Wellenfunktion zu erhalten, mußte man für zueinander komplementäre Grundfragen statistische Messungen machen, z. B. für den Spin in mehreren Richtungen. Analog ergibt eine Statistik von Ortsmessungen nur $|\psi(x)|^2$; eine Statistik von Impulsmessungen im selben Zustand würde wohl ausreichen, um auch die Phasenbeziehungen zu ermitteln.

Ob aber eine Messung statistischen Charakter hat oder nicht, ist oft physikalisch nicht von vorneherein klar. Man kann Wahrscheinlichkeiten als kontinuierliche Intensitäten messen. Wer ein Radiofeld mit einer Antenne oder ein Elektronenfeld mit einer photographischen Platte ausmißt, braucht nicht zu merken, daß das Feld „eigentlich" aus Teilchen besteht. Was im Sinne des Teilchenbildes eine statistisch entscheidbare Metafrage war, wird im Sinne des Wellenbildes eine durch direkte Messung entscheidbare Grundfrage; die direkte Messung der Welle und die statistische Messung der Teilchen sind aber faktisch dieselbe Messung.

Nach dieser Auffassung müßten wir das Diagramm von S. 523 durch das klassische Einteilchenbild zu folgendem Schema ergänzen:

1. Klassische Theorie eines Teilchens

K ↙ ↘ Q

2. Klassische Theorie mehrerer Teilchen

3. Quantentheorie eines Teilchens = Klassische Theorie der Wellen

Q ↘ ↙ Q

4. Quantentheorie mehrerer Teilchen = Quantentheorie der Wellen

Die Buchstaben *K* und *Q* an den Pfeilen deuten an, ob der betreffende Übergang innerhalb der klassischen Physik oder durch den Prozeß der Quantelung, also durch Einführung der Komplementaritätslogik in der letzten gerade erreichten logischen Stufe erfolgt. Nun ist der Prozeß der Quantelung im wesentlichen zwangsläufig. Der mit *K* bezeichnete Übergang ist vom Standpunkt der klassischen Physik aus nicht erzwungen. Denn daraus, daß es ein Teilchen gibt, folgt klassisch nicht auf logischem Wege, daß es mehrere Teilchen geben kann oder muß. Da aber an den drei übrigen Pfeilen ein *Q* steht, das Zwangsläufigkeit involviert, liegt der Verdacht nahe, daß auch der vierte Pfeil vom Standpunkt der Quantentheorie aus als notwendig verstanden werden kann. Diese Vermutung hängt eng zusammen mit der Antwort auf den zweiten Einwand.

Offensichtlich ist die freie Variabilität der Norm der Wellenfunktion notwendig, wenn durch die Quantelung der Wellen die Existenz vieler Teilchen herauskommen soll. Wir besprechen hier nur die unrelativistische Theorie für *ein* Ladungsvorzeichen. In einer anschaulichen Wellentheorie ist dann $\psi^*\psi$ die Intensität der Welle, und in der zugehörigen Quantentheorie ist daher $N = \int \psi^*\psi d\tau$ der Operator, dessen ganzzahlige Eigenwerte die möglichen Gesamtteilchenzahlen bedeuten. Legt man von vorneherein fest, daß $N = 1$ sein solle, so weiß man damit vorweg, daß man es genau mit *einem* Teilchen zu tun hat. Genau das weiß man aber, wenn man von der klassischen Theorie eines Teilchens ausgeht und diese *mit der Forderung* quantelt, es solle sich auch in der Quantentheorie um genau ein Teilchen handeln. Die Normierung der Wellenfunktion bedeutet lediglich diese Forderung. Es liegt nun nahe, diese Forderung als eine zusätzliche anzusprechen, die aus der Gesamtheit aller Zustände die mit der Teilchenzahl 1 herausgreift. Dann muß man den unnormierten Vektor als den eigentlichen Repräsentanten des quantenmechanischen Zustands auffassen. Was bedeutet das physikalisch und logisch?

ψ sei jetzt die Schrödinger-Funktion des Einteilchenproblems. Normiert man ψ, so ist $\psi^*\psi$ die Wahrscheinlichkeitsdichte des einen betrachteten Teilchens. Normiert man ψ nicht, fordert aber zunächst noch, daß N eine ganze Zahl sei, so muß das anschaulich bedeuten, daß beliebig viele Teilchen möglich sind, die aber alle denselben durch das normierte ψ beschriebenen quantenmechanischen Zustand haben. Dann ist $\psi^*\psi$ die „Häufigkeitsdichte" der Teilchen oder kurz ihre mittlere Dichte. Der Übergang zur nicht auf 1 normierten ψ-Funktion bedeutet also einfach den Übergang vom Begriff der Wahrscheinlichkeit zu dem der Häufigkeit. Man wird sich als Physiker sehr wohl mit dem Gedanken vertraut machen können, daß der Begriff der absoluten Häufigkeit oder der mittleren Anzahl von Teilchen in einem Gebiet die ursprüngliche Beschreibung eines realen Zustandes liefert, und daß aus ihm der Begriff der Wahrscheinlichkeit oder der relativen Häufigkeit erst abstrahiert ist. Allgemein logisch würde man dann sagen: die unnormierten Wahrheitswerte $\psi(x)$ der Antworten auf die Grundfrage nach x geben nicht nur an, ob und wie diese oder welche zu ihr komplementäre Grundfrage *entschieden* ist, sondern auch, mit welcher *„Intensität"* der betreffende Zustand vorliegt. Auch das ist ein Schritt in der Richtung, die „logische" Formulierung der Quantentheorie als eine zwar korrekte, aber sekundäre aufzufassen und die „ontologische" als die primäre.

In dieser Deutung haben wir aber noch nicht die volle Variabilität von ψ zugelassen, denn das Normierungsintegral mußte noch ganzzahlig sein. Unganzzahliges N würde „Bruchteile von Teilchen" bedeuten, unter denen wir uns physikalisch nichts vorstellen können. Hierauf gibt die „zweite Quantelung" die Antwort. Von ihrem Standpunkt aus ist unser ψ eine klassische Größe. Klassische Theorien sind aber nur für große Quantenzahlen korrekt. In der Tat ergibt die Feldquantelung als eine Folge der Vertauschungsrelation der ψ-Wellen die Ganzzahligkeit der Eigenwerte von N. Erst in dieser zweiten Quantelungsstufe also liefert die Theorie eine Tatsache, die wir empirisch schon kannten und bei der Formulierung der Grundfrage bereits naiv verwendet haben, nämlich die Existenz diskreter Teilchen. Wenn unsere Deutung richtig ist, so ist sie ein Beispiel mehr für den Zirkel der Erkenntnis.

Es wäre nun freilich befriedigend, einen Fall zu kennen, in dem die Norm von ψ durch die nächste Quantelung nicht auf ganzzahlige Werte beschränkt würde, in dem wir also eine physikalische Deutung ihrer kontinuierlichen Variabilität besäßen. Ich glaube, einen solchen Fall angeben zu können, der freilich hier nur angedeutet werden kann, da er einen neuen umfangreichen Fragenkreis eröffnet. Die Quantenlogik der einfachen Alternative führt zu einer Mannigfaltigkeit von Zuständen, die der Gesamtheit der Richtungen im dreidimensionalen reellen Raum zugeordnet werden kann [vgl. Gl. (7) und (8)]. Es ist die bekannte Mathematik der Spinoren. Gibt man die Normierung auf, so fällt die letzte der vier Gleichungen (7) fort, und man erhält eine Mannigfaltigkeit von Zuständen, die der der *Punkte* im dreidimensionalen Raum zugeordnet werden kann. Ich möchte vermuten, daß die mathematischen Eigenschaften des wirklichen physikalischen Raumes auf diese Weise aus der Komplementaritätslogik folgen. Das Argument, das ich bisher nicht streng formulieren kann, macht von der Forderung der *Konsistenz* der Logik bei mehrfacher Quantelung Gebrauch: Wenn die Physik überhaupt einfache Alternativen zuläßt, so definieren diese stets, zunächst abstrakt, dreidimensionale reelle Räume. Also ist zu erwarten, daß es eine Darstellung der Physik gibt, in der diese die Vorgänge in dreidimensionalen reellen Räumen oder vielleicht in einem solchen Raum beschreibt.

Als Beispiel für diese Konsistenzüberlegung betrachten wir ein einzelnes freies Teilchen. Seine stationären Zustände sind die von konstantem Impulsvektor p_x, p_y, p_z. Aus dieser unendlichen Alternative blenden wir eine einfache Alternative heraus. Wir bauen etwa einen Apparat, der das Teilchen überhaupt nur registriert, wenn sein Impuls genau in der z-Richtung liegt und genau einen vorgegebenen Betrag p_0 hat. Es bleibt dann nur die einfache Alternative, ob das Teilchen nach oben oder nach unten läuft: $p_z = \pm p_0$. Ein solcher Apparat wäre so sonderbar und nutzlos wie die meisten Apparate von Gedankenexperimenten, aber er wäre wohl grundsätzlich mit Blendensystemen, die nur in bestimmten Zeitintervallen geöffnet werden und so nur Teilchen bestimmter Geschwindigkeit durchlassen, realisierbar. Er wäre in bezug auf den Impuls ein Analogon dessen, was die zwei Löcher im Y o u n g s c h e n Experiment in bezug auf den Ort sind. In beiden Experimenten registriert man die meisten Teilchen überhaupt nicht; wenn aber ein Teilchen registriert wird, so hat es eine einfache Alternative. Wir wollen aber, anders als beim Y o u n g s c h e n Experiment, keine Interferenzversuche anstellen. Es genügt uns, die Möglichkeit der Ausblendung dieser einfachen Alternative einzusehen. Auf sie als Grundfrage wenden wir nun die nichtnormierte Komplementaritätslogik an. *Nennen* wir die drei in Gl. (7) definierten Größen die Komponenten des Impulses, gemessen in Einheiten p_0, so erhalten wir als Mannigfaltigkeit der möglichen Zustände genau wieder diejenige aller Impulsvektoren; und wir erhalten stets dieselbe Mannigfaltigkeit, einerlei, wie wir die z-Achse gelegt und wie groß wir p_0 gewählt haben. Hätten wir aber z. B. mit einer fiktiven zwei- oder vierdimensionalen Mannigfaltigkeit von Impulsvektoren angefangen, so hätte die Komplementaritätslogik diese nicht reproduziert, sondern genau die dreidimensionale Mannigfaltigkeit geliefert.

In diesem Fall ist die Norm von ψ der Betrag des Impulses, hat also anschaulich nicht die Bedeutung einer Anzahl von Fällen, sondern gewissermaßen einer Intensität, die dem in der Grundfrage vorausgesetzten Ereignis zugeschrieben werden kann. Nach der jetzt vorgeschlagenen Auffassung liefert die Komplementaritätslogik in erster Stufe zu jeder möglichen Aussage die Möglichkeit einer solchen Intensität. Liefert eine höhere Stufe eine Beschränkung dieser Intensität auf ganzzahlige Werte, so kann man sie als Anzahl interpretieren. Durch zusätzliches Wissen kann man für den betrachteten experimentellen Fall alle Werte der betreffenden Anzahl außer dem Wert 1 ausschließen und so die der gestellten Grundfrage von Anfang gegebene Deutung nachträglich rechtfertigen.

Ähnliche Konsistenzüberlegungen kann man zum dritten Einwand machen. Eine lineare Wellengleichung bedeutet, wenn man sie quantelt, unabhängige Teilchen. Nur für ein unabhängiges Teilchen ist die zeitliche Änderung seines Zustandes eine Funktion eben dieses Zustandes allein. Nur in diesem Fall ist also die Frage nach dem zeitabhängigen Zustand eines einzelnen Teilchens eine wohldefinierte Alternative. Diese Frage aber wird in der Quantentheorie des Einteilchenproblems gestellt. Das heißt, die Grundfrage, die zur linearen Wellengleichung führt, ist nur dann sinnvoll, wenn wirklich eine lineare Wellengleichung gilt. Mehr als diese Konsistenz könnten wir nur zeigen, wenn wir uns auf die physikalische Frage der Zeitabhängigkeit der logisch möglichen Zustände einließen.

Ähnlich ist zum vierten Einwand zu sagen, daß einer reellen Wellenfunktion eben nicht alle vertrauten Grundfragen der klassischen Teilchenphysik entsprechen; so gibt es ja z. B. für Lichtquanten keinen Ortsoperator. Die Frage der Bedeutung dieser Wellenfunktionen würde wieder in die konkrete Physik führen.

9. Probleme

Wir brechen hier ab und stellen nur noch einige unbeantwortete Fragen zusammen, die sich an das bisher Erörterte natürlich anschließen würden.

1. Welche elementaren Alternativen gibt es in der wirklichen Natur? Dies ist nur eine andere Art, nach „der richtigen Physik" zu fragen. Vielleicht trägt die Komplementaritätslogik zur Vereinfachung dieser Frage dadurch bei, daß die Konsistenzforderung den Bereich der überhaupt möglichen Theorien sehr einschränken dürfte. Dies führt zur nächsten Frage:

2. Was bedeuten die höheren logischen Stufen? Wir haben den Ausdruck „zweite Quantelung" gerechtfertigt; wenn unsere Deutung des dreidimensionalen Raumes im 8. Abschnitt richtig war, ist sie vielleicht eigentlich schon die dritte. Gibt es höhere Stufen und was könnten sie physikalisch bedeuten?

3. Welchen logischen Sinn haben die Stufen überhaupt? Zum Stufenaufbau nötigt uns die zirkuläre Komplementarität von klassischer und Komplementaritätslogik. Vielleicht enthält er sogar den ganzen Sinn der Bohrschen zirkulären Komplementarität zwischen klassischer Beschreibung und Wellenfunktionen; d. h., vielleicht beruht die von Bohr betonte Unentbehrlichkeit der klassischen Begriffe nur darauf, daß sie eine der klassischen Logik entsprechende Beschreibung des wirklichen Geschehens gestatten. Wenn diese zirkuläre Komplementarität unvermeidlich ist, so sieht es aus, als wären Logik und Physik grundsätzlich unvollendbar. Aber die Möglichkeit, die unendliche Folge der Stufen und den methodischen Sachverhalt der zirkulären Komplementarität zu denken, wirft die Frage auf, ob aus diesem Denken eine wissenschaftliche oder andersgeartete Einsicht in das Wesen dieses ganzen Vorganges entstehen könnte.

4. Welche Logik gilt für allgemeine Aussagen? Alle unsere Metaaussagen sind kontingent; sie geben ja mögliche Zustände an. Unsere Stufen sind weder die Russellschen Stufen, welche Prädikate von Prädikaten betreffen, noch sind sie die Tarskischen Stufen derjenigen Metasprachen, in denen jeweils die mathematische Struktur der nächstniederen Stufe beschrieben wird. Da wir den Ursprung der Komplementaritätslogik in einer ontologischen Eigenschaft des „realen" Seienden vermuten, ist es a priori zweifelhaft, ob sie auch auf die „idealen" Gegenstände der Mathematik sinnvoll angewandt werden kann. Es ist die Frage, was Unentschiedenheit für eine allgemeine Aussage bedeuten könnte. Wenn eine allgemeine Aussage bewiesen ist, so gilt sie uns als wahr; wenn sie nicht bewiesen ist und wir zweifeln, ob sie wahr ist, so bedeutet der Satz „sie kann wahr oder falsch sein" doch etwas ganz anderes als für eine kontingente Aussage, bei der wir die Wahrheit und die Falschheit gelegentlich eintreten sehen. Wir müßten das Wesen der Allgemeinheit besser verstehen, um diese Fragen zu beantworten.

5. *Besteht eine Beziehung der Komplementaritätslogik zum konstruktivistischen Standpunkt in der Mathematik?* Der intuitionistische Zweifel am tertium non datur könnte diesen Gedanken nahelegen. Doch enthält keine mir bekannte Mathematik einen Begriff, der dem der Koexistenz entspricht; daher wird die Struktur der Komplementaritätslogik von der einer intuitionistischen Logik notwendig abweichen müssen. Versteht man unter mathematischer Konstruktion radikal die Herstellung von Figuren oder Zeichenreihen auf Papier, so hat man damit für das Konstruierbare stillschweigend die klassische Physik und ihre Logik und Ontologie vorausgesetzt. Unendliche Mengen können aber nicht durch explizite Konstruktion aller ihrer Elemente, sondern höchstens durch Vorschriften für die explizite Konstruktion irgendwelcher ihrer Elemente konstruktiv definiert werden. Es fragt sich, ob diese Vorschriften zwangsläufig sind oder aus einer vorweg bestehenden Auffassung vom Wesen des betreffenden mathematischen Gegenstandes stammen.

6. *Was ist das Kontinuum?* Die unter 5. genannten Fragen werden in der Mathematik vor allem am Problem des Kontinuums wichtig. Nun waren die erlebten Kontinua von Raum und Zeit früher da als die mathematische Auffassung des Kontinuums als überabzählbare Menge. Für den Physiker liegt die Vermutung nahe, es gebe objektiv „das" Kontinuum. Nachdem wir gesehen haben, daß die Komplementaritätslogik durch eine Kritik der Mengentheorie vermittels des Begriffs der Koexistenz entsteht, liegt es nahe, die intuitionistische Frage, ob das Kontinuum überhaupt eine Menge im klassischen Sinn sei, durch eine Hypothese der Art zu erweitern, benachbarte Punkte seien koexistent. Von einer anderen Seite kämen wir an das Problem des Kontinuums heran, wenn die Struktur des Raumes der Physik selbst eine Konsequenz der Komplementaritätslogik wäre. Dann wäre vielleicht die Komplementarität das eigentliche Wesen des Kontinuums und die mathematische Analyse des Kontinuums eine Theorie über die möglichen Antworten auf die Metafrage.

7. *Kann man die Komplementaritätslogik aus einfacheren Voraussetzungen*

ableiten? Wir haben sie einfach aus der heutigen Quantentheorie abgelesen. Ein Versuch, diese aus einfacheren Forderungen herzuleiten, ist z. B. die aus S. 306 zitierte Arbeit von B o p p. Man möchte wünschen, noch weiter zurückzugehen. Wenn z. B. die soeben ausgesprochenen Vermutungen über das Kontinuum richtig sind, so ist es zirkelhaft, die Wahrheitswerte durch komplexe Zahlen zu definieren, die ihrerseits die übliche Mathematik des Kontinuums voraussetzen.

10. Anhang

Erläuterung einiger in der Quantenmechanik verwendeter mathematischer Begriffe

Die Quantenmechanik bezeichnet die Gesamtheit der möglichen Zustände eines physikalischen Gegenstands als den *Zustandsraum.* Die Zustände heißen *Vektoren* in diesem Raum. Ihre Ausdrucksweise knüpft damit an die Geometrie an. Wir vergegenwärtigen uns zunächst den geometrischen Sprachgebrauch.

Eine Größe, die durch einen Betrag und eine Richtung charakterisiert ist, also durch einen Pfeil dargestellt werden kann, heißt ein *Vektor.* Die momentane Geschwindigkeit eines Körpers oder die Lage eines Punkts relativ zu einem anderen Punkt sind Vektoren. Legt man ein Koordinatensystem in den dreidimensionalen Raum, so kann jeder Vektor durch drei Zahlen charakterisiert werden, seine *Komponenten* bezüglich der drei Koordinatenachsen.

Mit Vektoren kann man gewisse Operationen ausführen: *Addition zweier Vektoren und Multiplikation eines Vektors mit einer Zahl.* Bei der Addition setzt man die Pfeile aneinander, wie es aus dem Parallelogramm der Kräfte bekannt ist. Die Komponenten der Summe zweier Vektoren sind die Summen ihrer Komponenten. Bei der Multiplikation mit einer Zahl wird der Betrag mit dieser Zahl multipliziert, während die Richtung ungeändert bleibt. Alle Komponenten des Vektors multiplizieren sich dabei mit derselben Zahl. Man nennt diese beiden Operationen *lineare Operationen.* Aus einem einzigen Vektor kann man durch lineare Operationen alle die Vektoren bilden, die mit ihm in einer Geraden liegen, aus zwei nichtparallelen Vektoren alle die, die mit ihnen in einer Ebene liegen, aus drei nicht in einer Ebene liegenden Vektoren alle Vektoren des dreidimensionalen Raumes. Die Geraden und Ebenen heißen *lineare Unterräume* des dreidimensionalen Raumes; man sagt, sie werden von den Vektoren, aus denen sie durch lineare Operationen entstehen, *aufgespannt.*

Ein nichtlinearer Begriff ist das *innere Produkt* zweier Vektoren. Seien die Komponenten der beiden Vektoren (x_1, y_1, z_1) und (x_2, y_2, z_2), so ist ihr inneres Produkt $x_1 x_2 + y_1 y_2 + z_1 z_2$. Das innere Produkt eines Vektors mit sich selbst ist das Quadrat seiner Länge. Das innere Produkt zweier Vektoren ist proportional zum Cosinus des Winkels zwischen ihren Richtungen. Zwei Vektoren stehen senkrecht aufeinander (sind zueinander orthogonal), wenn ihr inneres Produkt Null ist. Begriffe, die mit Hilfe des inneren Produkts definiert sind, heißen *metrische* Begriffe.

Wählt man ein neues Koordinatensystem, z. B., indem man das Achsenkreuz dreht, so ändern sich die Komponenten der meisten Vektoren. Invariant gegen Drehungen sind die metrischen Begriffe. Die neuen Komponenten sind lineare Funktionen der alten; eine Drehung ist ein besonderer Fall eines *linearen Operators.* Ein Vektor, dessen Komponenten durch einen linearen Operator nicht geändert (oder nur mit einer festen Zahl multipliziert) werden, heißt ein Eigenvektor dieses Operators. Eigenvektor einer Drehung ist z. B. jeder Vektor, der in der Drehachse liegt.

Diese Begriffe lassen sich nun auf uneigentliche „Räume" verallgemeinern. Eine Gesamtheit von n Zahlen kann als Komponenten eines Vektors in einem *n-dimensionalen Raum* aufgefaßt werden. In einem solchen Raum spannen k Vektoren $(k < n)$ einen höchstens k-dimensionalen linearen Unterraum auf. Man kann ein inneres Produkt und damit Längen, Winkel. Senkrechtstehen usw. definieren, desgleichen lineare Operationen. „Raum" ist hier also ein Name für eine Gesamtheit von Gegenständen geworden, die gewissen Gesetzen genügen.

Wenn die Quantenmechanik den n möglichen Antworten auf eine n-fache Frage je eine komplexe Zahl als „Wahrheitswert" zuordnet, so definiert sie damit einen n-dimensionalen Raum, dessen Vektoren komplexe Zahlen als „Komponenten" haben. Ein „Spinor" ist ein Paar komplexer Zahlen, also ein „Vektor in einem zweidimensionalen komplexen Raum". Sind u und v seine Komponenten, und bezeichnet u^* die zu u komplex konjugierte Zahl. so wird $u_1 u_2^* + v_1 v_2^*$ als das innere Produkt zweier Spinoren $(u_1 v_1)$ und $(u_2 v_2)$ bezeichnet. Die in Gl. (5) vorkommende Größe $u u^* + v v^*$ ist also das Quadrat der „Länge" von (u, v). Ein Vektor, dessen Länge den Wert 1 hat, heißt auf 1 normiert. Das innere Produkt zweier Zustandsvektoren mißt ihre Übereinstimmungswahrscheinlichkeit im Sinne der Quantenmechanik. Diese Übereinstimmungswahrscheinlichkeit eines Zustands mit sich selbst ist 1: daher die Normierung.

Eine Funktion $\psi(x)$ ordnet jedem Wert des Arguments x eine Zahl ψ zu. Man kann also ψ als einen Vektor auffassen in einem Raum, der so viele Dimensionen besitzt, wie x mögliche Werte hat. Ist x eine gewöhnliche Zahlenvariable, die unendlich vieler Werte fähig ist, so ist $\psi(x)$ ein „Vektor in einem unendlich-dimensionalen Raum", dem sog. Hilbert-Raum. Es ist also dasselbe, ob man von ψ-Funktionen oder von Vektoren im Hilbert-Raum redet.

Eine meßbare Größe (eine „Observable") definiert also ein Koordinatensystem im Zustandsraum. Ihre möglichen Meßwerte sind ja Antworten auf die Frage: „Welchen Wert hat diese Größe?" Ihre komplexen Wahrheitswerte sind die Komponenten des Zustandsvektors. Ein Zustandsvektor, der zu einem festen Wert einer Observablen gehört, hat für diesen Wert die Komponente 1, für alle anderen Werte die Komponenten 0, er heißt Eigenvektor dieser Observablen. Die Eigenvektoren definieren also gleichsam die Achsen des betreffenden Koordinatensystems; man sagt, in diesem Koordinatensystem sei die es definierende Observable „auf Hauptachsen gebracht". Zwei Observable, die nicht dasselbe Koordinatensystem definieren, sind zueinander komplementär; sie bezeichnen komplementäre Alternativen.

Es seien noch die in Abschnitt 7 benutzten mengentheoretischen Begriffe erläutert. Sind M und N zwei Mengen, so heißt die Menge der Elemente, welche in M und in N enthalten sind, der Durchschnitt von M und N, die Menge der Elemente, die wenigstens in M oder N enthalten sind, ihre Vereinigungsmenge. Ist M eine in N völlig enthaltene Menge, so heißt sie eine Teilmenge von N; die Elemente von N, die nicht in M enthalten sind, bilden die Komplementmenge von M.

Bemerkung zum vorstehenden Aufsatz

In einer Korrespondenz mit Niels Bohr ist mir klar geworden, daß ich ihn an einer Stelle nicht richtig interpretiert habe. Ich möchte diesen Fehler hier verbessern.

Als ein Beispiel für das, was ich zirkuläre Komplementarität genannt habe, habe ich Bohrs Auffassung vom gegenseitigen Verhältnis zwischen der Raum-Zeit-Beschreibung und der Forderung der Kausalität zitiert. Dabei habe ich mich auf die Interpretation dieses speziellen Bohrschen Gedankens gestützt, die Heisenberg in seinem Buch „Physikalische Prinzipien der Quantentheorie" gegeben hat. Diese Deutung schien mir zu dem von mir zitierten Text Bohrs zu passen. Inzwischen habe ich gelernt, daß Bohr selbst seinen Text anders versteht und daß in seiner Interpretation das genannte Verhältnis ein Beispiel für das ist, was ich parallele Komplementarität genannt habe.

Mit Heisenberg hatte ich unter der Raum-Zeit-Beschreibung die Beschreibung unserer Experimente mit Hilfe der klassischen Physik verstanden, unter einer Theorie, die der Forderung der Kausalität genügt, hingegen die Schrödingersche Wellentheorie im Konfigurationsraum. Gegen diese Deutung hat Bohr brieflich eingewandt, in dem Sinne, in dem er das Wort verwendet, könne Komplementarität nur zwischen Phänomenen bestehen, was man vielleicht für den Zweck unserer Diskussion umschreiben darf: zwischen solchen Begriffen, welche etwas in Experimenten Wahrnehmbares bezeichnen. Die Schrödingersche Wellenfunktion sei aber nur eine Rechengröße und bezeichne kein Phänomen (sie ist ja nach der üblichen Quantenmechanik nicht meßbar).

Dieser Bohrsche Einwand geht von einer Erklärung des Begriffs der Komplementarität aus, welche auf die von mir parallele Komplementarität genannte Struktur paßt. Was Bohr tatsächlich gemeint hat, ist nun folgendes: Unter Raum-Zeit-Beschreibung versteht er ganz wörtlich die Beschreibung der Orte von Teilchen zu bestimmten Zeiten. Unter einer Beschreibung, die der Kausalforderung genügt, versteht er die Beschreibung durch Größen, für welche Erhaltungssätze gelten, wie Energie und Impuls. In der Tat kann man die Aussage des Erhaltungssatzes, daß eine bestimmte Größe sich mit der Zeit nicht ändere, als einen besonders einfachen Fall kausaler Determination ansehen. Damit reduziert sich die Komplementarität zwischen Raum-Zeit-Beschreibung und Kausalität auf die bekannte Komplementarität zwischen Ort bzw. Zeit und Impuls bzw. Energie.

Da ich zugeben muß, an diesen Punkten Bohr mißverstanden zu haben, fragt es sich, ob die Bezeichnung zirkuläre Komplementarität aufrecht erhalten werden soll. Man könnte den Begriff der Komplementarität auf diejenigen Fälle einschränken, in denen ich von paralleler Komplementarität gesprochen habe und könnte in den anderen Fällen von einem zirkulären Verhältnis reden, ohne das Wort Komplementarität zu gebrauchen. Vielleicht ist dieser terminologische Vorschlag der zweckmäßigste. Freilich glaube ich, daß dann fast alle Beispiele für Komplementarität außerhalb der Physik, welche Bohr gibt, eher unter dem Begriff des zirkulären Verhältnisses gebracht werden müßten. In Wirklichkeit scheint mir Bohr mit dem Begriff der Komplementarität etwas zu bezeichnen, was nicht auf die spezielle Situation der Quantenmechanik beschränkt ist, sondern überall dort auftritt, wo eine bestimmte Blickrichtung uns daran hindert, gleichzeitig in einer bestimmten anderen Richtung zu schauen, und zwar nicht zufällig, sondern dem Wesen der Sache nach (vgl. dazu die Beispiele in dem nachfolgenden Aufsatz). Unter diesem Aspekt wäre der Name der Komplementarität doch geeignet für eine übergreifende Kategorie.

Gestaltkreis und Komplementarität

Viktor von Weizsäcker hat den Gedanken des Gestaltkreises zunächst entwickelt, um den Ergebnissen vielfacher empirischer Untersuchungen über die Art, wie der Mensch wahrnimmt und sich bewegt, einen begrifflichen Rahmen zu geben. Er hat damit aber zugleich ein Gesetz seines eigenen Wesens und Denkens ausgesprochen und folglich vielleicht den Zug aller Wirklichkeit, den aufzufassen und uns anderen zu zeigen er am besten befähigt war. Wollen wir daher seine Gedanken verstehen, so dürfen wir sie nicht als System zusammenstellen, sondern wir müssen an ihrer Hand unsere eigene Welt in immer neuen Kreisen durchlaufen; wir müssen uns selbst „im Gestaltkreis" wahrnehmend bewegen.

Eine ähnliche Bedeutung hat im Wesen und Denken Niels Bohrs der Sachverhalt, den er selbst Komplementarität genannt hat. Zur Deutung eines Ergebnisses der Physik, der Unbestimmtheitsrelation Heisenbergs, eingeführt, drückt er zugleich das Gleichgewicht der Gegensätze, die nur in der steten Bewegung des Lebens immer von neuem herzustellende Harmonie des Unvereinbaren aus, die Bohr uns allen nicht nur vorgedacht, sondern vorgelebt hat.

Wer als naher Verwandter, geistig fast als Sohn des einen, und im Bereich der Schule, schließlich als direkter Schüler des anderen dieser beiden nahezu gleichaltrigen Männer aufgewachsen ist, der kann nicht anders als fragen, wie diese beiden Weisen, zu denken und zu leben, miteinander zusammenhängen. Die Frage ist schwer, denn eine Analogie drängt sich auf, eine inhaltliche Identität aber kann nicht behauptet werden, und eine wirkliche Begegnung der Wissenschaften, in denen die beiden Begriffe ihre Form gefunden haben, ist noch nicht geschehen. V. von Weizsäcker hat dies deutlich und öfters ausgesprochen.

Das heutige Datum fordert dazu auf, über diesen Zusammenhang zu sprechen. Für das, was ich eigentlich zu sagen wünschen würde, ist es freilich noch zu früh. Die materielle Begegnung beider Forschungsgebiete — nennen wir sie Physik und Anthropologie —, die sich in unserer Zeit allenfalls anbahnt, brauchen wir nur dann nicht abzuwarten, wenn wir in den Begriffen der Komplementarität und des Gestaltkreises jeweils eine umfassende — nennen wir sie eine philosophische — Wahrheit finden können. In der Tat geht es in beiden Gedanken jeweils um das richtige Verhältnis von Subjekt und Objekt, also in der traditionellen Sprache der Philosophie um dasselbe Problem. Aber die traditionelle Sprache der Philosophie reicht nicht aus, um die beiden Gedanken angemessen auszusprechen. Beide haben sich dort, wo in der traditionellen Philosophie und insbesondere wo in der traditionellen Methodologie der Wissenschaft, also einer ins Unbewußte abgesunkenen Philosophie gedacht wurde, als unassimilierbar erwiesen. Diese Tatsache ist bei Bohr durch seinen Ruhm als Physiker und durch den Welterfolg seiner Schule verdeckt, bei Weizsäcker ist sie offensichtlich. Es wäre falsch, daraus einen Vorwurf für diejenigen herzuleiten, die an der Schwierigkeit einer solchen Aufgabe scheitern.

Um im Verständnis jedes einzelnen der beiden Gedanken und dann vielleicht auch ihres Zusammenhangs weiterzukommen, möchte ich versuchen, ihre abstrakte Struktur von den Beispielen, an denen sie entwickelt wurden, mehr als bisher abzulösen. Das bedeutet, wie stets die philosophische Abstraktion, eine Verarmung, eine Einschränkung von Gedanken, die ein Leben ausdrücken sollten, auf ein allzu lineares Bild, auf eine von vielen möglichen Interpretationen. Diese Einschränkung möchte ich bewußt in Kauf nehmen. Sie ist vielleicht nur dann ganz verwerflich, wenn man sie vollzieht, ohne zu wissen, daß man es tut. Sie könnte den Vorteil haben, den Kontakt mit der Wissenschaft in einer noch kontrollierbaren Weise zu halten, und das wäre wohl im Sinne der beiden Männer, deren Gedanken wir hier vergleichen. In Bezug auf Bohrs Gedanken habe ich diesen Schritt vor kurzem versucht durch eine Deutung der Komplementarität als einer Kategorie der *Logik*. Die Konsequenzen dieser Deutung sind mir selbst aber erst zum kleinsten Teil klar geworden, und deshalb kommt das heutige Datum für das, was ich selbst gern vorlegen würde, zu früh.

Der Kreis der Begegnung der beiden Gedankenwelten wird daher im folgenden noch nicht oft genug, nämlich nur zweimal, durchlaufen werden.

Im ersten Umlauf will ich zunächst beide Gedanken abgekürzt, aber wie ich hoffe doch etwa im Sinne ihrer Urheber, schildern. Ihre Analogie soll aus diesen Schilderungen abgelesen werden, und die Gedanken Bohrs über Biologie sollen zur Erläuterung dienen.

Im zweiten Umlauf möchte ich versuchen, jeden der beiden Gedanken einmal vor den Hintergrund des anderen zu stellen. Man könnte nämlich die These vertreten, der Gestaltkreis mache Physik zu einer Voraussetzung der Erkenntnislehre, und die Komplementarität mache Erkenntnislehre zu einer Voraussetzung der Physik. Beides zusammen wäre genau im Sinne der beiden Gedanken — sowohl des Gestaltkreises wie der Komplementarität — gedacht. Um aber in diesen fruchtbaren Zirkel überhaupt hineinzukommen, müssen wir zunächst jede der beiden Größen, sowohl die Physik wie die anthropologische Lehre von der Erkenntnis, so nehmen, wie wir sie vorfinden, und nicht so, wie sie sich nach Durchlaufung des Kreises darstellen würde. Darin liegt die Grenze der hier vorzutragenden Gedanken.

I. Vergleich beider Gedanken

1. *Gestaltkreis*

Das Buch[1], das den Titel „Der Gestaltkreis" trägt, durchläuft eine Fülle von Ergebnissen der Einzelforschung, die wir hier übergehen müssen. Sie würden für unser Anliegen wohl erst im dritten Umlauf, auf den wir hier verzichten müssen, ihre Fruchtbarkeit zeigen. Liest man aber das letzte Kapitel, das den Titel des ganzen Buchs noch einmal im besonderen trägt, so erscheint das Buch zugleich wie die Sammlung empirischen Materials zu einer ungeschriebenen Metaphysik. Diese Deutung ist wohl im Sinne Weizsäckers, der gelegentlich sagte, Metaphysik müsse empirisch betrieben werden, und den es mit Recht freute, mit einer solchen Äußerung die Empiristen und die Metaphysiker (am meisten aber wohl die Erkenntnistheoretiker) ein wenig zu ärgern. Den Umriß dieser Metaphysik hat er vielleicht am klarsten in der Schrift „Anonyma" gegeben[2]. An diese Schrift wollen wir uns daher vorwiegend halten. Ich zitiere zunächst ausführlich aus ihren ersten acht Kapiteln.

1. *Das Grundverhältnis* ... „Die Physik setzte voraus, daß das erkennende Ich einer Natur gegenübergestellt sei; die Natur ist dann ein Gegenstand für die Erkenntnis. Man kann ihr beantwortbare Fragen stellen; man darf nur nicht fragen, wer die Natur im *Ganzen* gemacht hat. Bei den Lebewesen dagegen kommt man bei jedem *Einzelnen* in die Lage, nicht verstehen zu können, wie es entstehen, bestehen und vergehen könne.

---

[1] V. von Weizsäcker, Der Gestaltkreis. 1. Aufl. Leipzig 1940, 4. Aufl. Stuttgart 1950.

[2] V. von Weizsäcker, Anonyma, Bern 1946.

Der Grund dafür ist der, daß wir selbst ein Lebewesen sind, und ferner der, daß wir mitsamt allen Lebewesen *uns in einer Abhängigkeit befinden, deren Grund selbst nicht Gegenstand der Erkenntnis werden kann.*

Ich sage also nicht, daß man die Lebewesen nicht erkennen könne, sondern nur, daß man den *Grund* unserer selbst und aller anderen Lebewesen nicht erkönnen könne, weil wir und alle anderen in einem Verhältnis der Abhängigkeit von diesem Grunde stehen... Wir werden dieses Verhältnis... kurz als *„Grund-Verhältnis"* bezeichnen. Wir müssen uns in der Biologie *im* Grund-Verhältnis *bewegen*, nicht den Grund selbst erkennen. Das ist auch in dem Satze enthalten: „Um Lebendes zu erkennen, müssen wir uns am Leben beteiligen."

2. *Ontische und pathische Existenz.* ... „Als Lebender ... sage ich nicht, „ich bin", sondern: „ich *möchte*, oder ich *will*, oder ich *kann, muß, darf, soll;* oder ich will, darf usw. alles dies *nicht*."

... Wir werden die Existenzweise der ersten Klasse als *ontisch*, die der zweiten als *pathisch* bezeichnen. Das Wort ontisch soll ausdrücken, daß das nackte Sein entscheidet, während das Wort pathisch andeutet, daß hier die Existenz weniger gesetzt als vielmehr *erlitten* wird, wie es schon aus der *abhängigen* Stellung im Grundverhältnis erkannt wurde.

Das Pathische ist nicht ontisch. Wenn ich sage, daß ich etwas will, so enthält dies geradezu die Konstatierung, daß das Gewollte *nicht ist* ... Das Pathische ist personal. Versucht man die pathischen Aussagen von dem Subjekt „ich" zu lösen, so findet man bald, daß man das „Ich" ohne weiteres durch „du", „er", „wir" usw. ersetzen kann. Dagegen wird der Satz sinnlos, wenn man ihn von leblosen Dingen braucht: ein Stein, also ein „Es", will nicht und soll nicht. ..."

3. *Das Antilogische.* ... „etwas tauche auf, so daß wir es plötzlich haben, als sei es wie aus vulkanischem Krater aus dem Unbekannten, nicht für uns Vorhandenen herausgeschleudert, oder als ob es sanft überfließe wie aus einer langsam aufsteigenden Quelle; so wie angetane Gewalt oder so wie empfangenes Geschenk; als neues und einmaliges tritt ein *Ereignis* ein." So Geburt und Tod.

„Überhaupt ist das Leben ein sinnvoller Widerspruch. Denn Leben ist Werden. Werden aber ist die Wesensbestimmung, in der etwas weder *ist* noch etwas *nicht ist*, sondern ein Sein gerade eben verliert und zugleich ein Sein gerade bekommt. Das Werden enthält immer diesen logischen Widerspruch, und daher ist das werdende Leben ein Widerspruch in sich, ist, wie wir sagen wollen, „*antilogisch*".

4. *Einführung des Subjektes und der Subjekte.* Können wir die Antilogik, die menschliches Wesen bezeichnen mag, auch in der Wissenschaft zulassen?

„Wenn wir zugeben, daß es in der Welt *mehr als ein* Lebewesen gibt, dann müssen wir auch zugeben, daß diesen verschiedenen Wesen auch Verschiedenes begegnet . . . Es ist also notwendig, daß *dieselbe* Welt verschieden erscheint. Es ist ferner notwendig, daß einem Wesen, welches sich verändert, dieselbe Welt verschieden erscheint. Und was für die Erscheinung (z. B. die Wahrnehmung) gilt, das gilt auch für das Tun oder Wirken. (‚Wenn zwei dasselbe tun, so ist es doch nicht dasselbe.')

. . . daß *eine Welt mit Subjekt antilogisch sein muß.* Man kann diese Erkenntnis nicht gewinnen, wenn man das Subjekt leugnet."

5. *Monaden.* „Wir nehmen also ausdrücklich *nicht* (wie der Physiker) an, daß die Natur dem Ich gegenüber gestellt ist, sondern daß das Ich (das ‚Subjekt') in der Natur ist, zu ihr gehört . . .

. . . Wir wollen also die Annahme machen, die empirischen Lebewesen seien einfach die vorläufig greifbarsten Repräsentanten jener Wesen, auf welche unsere Überlegungen über das Grundverhältnis, das Pathische, das Antilogische und die Subjektivität hingewiesen haben . . . bezeichnen wir sie probeweise und in Anlehnung an Leibniz als *Monaden.*"

6. *Biologischer Akt.* . . . „Man kann nicht sagen, die pathische Existenzweise sei die passive; sie ist zugleich ebenso eine aktive . . . Empfänglichsein ist immer auch Tätigsein — hier ist sie, diese widerspruchsvolle Unruhe. Es sieht zwar so aus, als könne man jeweils nur entweder etwas fühlen oder etwas tun, entweder wahrnehmen oder handeln, entweder denken oder wirken, entweder schlagen oder geschlagen werden. Aber leben würde man nie, wenn man nur das eine und nicht auch wieder das andere täte, und da beides zusammen das Leben ausmacht, so fassen wir es, vom Standpunkt des Lebens aus, in Eines zusammen und nennen es einen *biologischen Akt.* Biologische Akte sind also z. B. Zeugung, Tod, aber auch Essen, Laufen, Sehen und Hören usw."

7. *Gestaltkreis.* „Der biologische Akt ist demnach eine zusammenfassende Einheit. Die unbeschreibliche Unruhe ist hier für einen Augenblick scheinbar zur Ruhe gebracht, als ob man dem Flusse des Geschehens zuriefe: ‚Stehe still!' oder ‚Sei Ereignis!' Noch kürzer ausgedrückt wird dies, wenn

ich einen Satz mit dem Worte ‚ich' oder dem Worte ‚du' beginne... Wir sagen jetzt: der biologische Akt ist ein *Gestaltkreis.* ... Es wird mit diesem anschaulichen Begriffe zum Ausdruck gebracht, daß das Lebendige, indem es sich verändert, doch auch zu sich selbst zurückkehrt."

8. *Gegenseitige Verborgenheit (Drehtürprinzip) und Transzendenz.* „Der Gestaltkreis ist nicht eine Abbildung der Lebensfigur oder Lebensbewegung, sondern er ist eigentlich eine Anweisung zur Erfahrung des Lebendigen. Man kann sich also als einen Reisenden auf der Bahn dieses Kreises vorstellen... Um zum Ausgangspunkt, d. h. zu sich selbst zurückzukehren, muß man mindestens einmal, plötzlich oder allmählich, die Reiserichtung umkehren, und das heißt sich einmal um sich selbst drehen. Dies zwingt aber auch die Blickrichtung einmal mindestens so zu drehen, daß das vorher Sichtbare jetzt das Unsichtbare wird (und umgekehrt). Wie meine Bewegung also in der Umkehr sich selbst entgegenwirkt, so schließt meine Sehrichtung jeweils die Wahrnehmung in der Gegenrichtung aus...

Wir erfahren dabei aber auch etwas über den Grund der Unruhe, die offenbar der Ausdruck der Widerspruchsnatur unserer Existenz ist. Der Grund für beides, den Widerspruch und die Unruhe, ist die *gegenseitige Verborgenheit* unserer Existenzen im Gestaltkreis. Ich bezeichne dies als das Drehtürprinzip. Man kann den Gestaltkreis nicht in seiner Integration besitzen (weder denkend noch anschauend), sondern man muß ihn *durchlaufen* und seine Gegensätze erleiden in einem fortgesetzten *Aus-den-Augen-Verlieren,* und einem immer neuen *Die-Wirkung-Verlieren,* um ein Neues zu gewinnen.... Der *biologische Akt ist also transzendent*".

Die Wirkung dieser Gedanken wird sehr von der Beschaffenheit der Leser abhängen. Der eine wird in ihnen das Leben so beschrieben finden, wie es wirklich ist; er wird die geforderte Bewegung spontan mitmachen und daher die Sätze, die diese Bewegung beschreiben, unmittelbar verstehen. Der andere wird, auch bei bestem Willen, ratlos sein, wie er diese Begriffe in Beziehung setzen soll mit denjenigen, in denen er bisher gedacht hat. Ich möchte mich zunächst zum Sprecher dieser Ratlosigkeit machen.

Greifen wir den Begriff der Antilogik heraus! Warum soll eigentlich eine Welt mit Subjekten antilogisch sein? Das Subjekt ist im ständigen Werden, und Werden ist Übergang zwischen Sein und Nichtsein. Dieses Argument kennen wir seit Parmenides. Er hat es, wenn die Tradition ihn richtig versteht, gebraucht, um zu zeigen, daß eine werdende Welt keine seiende sei. Er hat es also, wie man heute sagt, ontologisch gebraucht. Wenn die Logik der Ontologie genau entspricht, und wenn Parmenides, so wie wir ihn verstehen, recht hat, so folgt, daß eine werdende Welt der Logik nicht entspricht. Aber hat nicht schon Aristoteles diese Verhältnisse aufgeklärt und das parmenideische Argument widerlegt? Die Ontologie unterscheidet Substanz und Akzidens, die Logik Subjekt und Prädikat. Die Substanz dauert bei wechselnden Akzidentien, dasselbe Subjekt kann verschiedene Prädikate haben. Daß dieselbe Welt sich unter wechselnden Aspekten verschieden darstellt, widerspricht der Logik so wenig, daß man sogar sagen kann, die Logik sei eigens zur Beschreibung dieses Sachverhalts erfunden worden.

Aber beschreibt sie das, was Weizsäcker Subjekt oder Leben nennt, angemessen? Ist sie eine adäquate Erfindung? Wir haben es, wenn wir zunächst nur von *einem* Subjekt reden, mit dem Wesen der *Zeit* zu tun. Dasselbe Prädikat kann demselben Subjekt nicht *zugleich* zukommen und nicht zukommen — so sagt der Satz vom Widerspruch, die Basis der Logik. Die Zeit wird in eine Folge diskreter Augenblicke eingeteilt. Die Aussage über einen Augenblick darf sich selbst nicht widersprechen. Die Aussagen über verschiedene Augenblicke dürfen einander sehr wohl widersprechen; das ist kein Widerspruch im Sinne der Logik, denn sie sagen ja über Verschiedenes aus. Diese Auflösung des parmenideischen Problems setzt also eine bestimmte, punktuelle Vorstellung von der Zeit voraus, und eben diese Vorstellung bestreitet Weizsäcker, wie schon Bergson. Wir können seine Analyse der Zeit unserer Wahrnehmung und Bewegung hier nicht vorführen und zitieren nur zwei Sätze: „Die Gegenwart als Erwartetes ist eine aus Vergangenheit in Zukunft durchschwingende Zeitkontinuität, die Gegenwart als Überraschung ist eine zwischen Vergangenheit und Zukunft hineinmarkierte Punktualität der Zeit. Beides ist ein subjektives Verhältnis zu der Zeitlichkeit des Geschehens als Ereignis, nicht zur Zeitbestimmtheit des objektiven Verlaufs." (Der Gestaltkreis, 4. Aufl., S. 139).

Aber auch damit ist unsere Ratlosigkeit nicht überwunden, sondern nur verlagert, und zwar zunächst auf das Subjekt-Objekt-Problem. Weizsäcker spricht von erlebter Zeit und objektiver Zeitordnung. Als Forscher im Laboratorium (wenn auch vielleicht nicht als Metaphysiker) läßt er die letztere, die mit Uhren meßbare Zeit des Physikers neben der erlebten Zeit praktisch, vielleicht notgedrungen, gelten. Für diese aber gilt die Logik uneingeschränkt. Wie soll er sich gegen den Einwand wehren, die Wirklichkeit, die ja der Physiker erforsche, sei allerdings logisch, und was er nachweise, sei nur die Unlogik des menschlichen Verhaltens?

Die Antwort hierauf muß in der Kreisgestalt alles Erkennens gesucht werden: Zwar sind wir in der Welt als ihre Glieder, aber die Welt, die wir kennen, ist unsere Welt. Physik ist auch Menschenwerk und der rationale Charakter der Welt vielleicht nur ein Postulat, eine Bedingung der Möglichkeit einer bestimmten Art menschlicher Erfahrung. „Das Kausalgesetz ist wahrscheinlich eine Neurose“, sagte er mir schon vor Jahrzehnten. Ein sehr tiefsinniger Aphorismus, der aber den wieder zunächst ratlos läßt, der sich nicht mit Aphorismen begnügen möchte. Wäre die Logik einfach eine Vergewaltigung der Wirklichkeit, warum gelingt dann die Physik überhaupt? Mögen wir die Physik einem Engel oder einem Teufel verdanken, einem unwissenden Geist verdanken wir sie nicht. Ich vermute, daß V. von Weizsäcker diese Frage selbst nicht beantworten konnte, und daß er eben deshalb immer nach einem Physiker als Gesprächspartner Ausschau gehalten hat, der sein Anliegen verstehen würde. Ich bin dieser Partner nur in ganz unzureichender Weise gewesen, und ein anderer hat sich nicht gefunden.

Wir biegen vom direkten Weg, den diese Frage weist, für einen Augenblick ab, um noch einige Erläuterungen zu geben.

Antilogik soll nicht heißen Unlogik. Das Anti- bezeichnet einen positiven Bezug auf die Logik; zwar einen Widerspruch, aber einen sinnvollen. „Blickt man entlang den Schienen der Eisenbahn, so erscheint dem Auge eine Konvergenz, die bis zur Verschmelzung reichen kann. Die Spurweite aber erscheint überall als die gleiche ... Wir bezeichnen derartiges als Antilogik in der Wahrnehmung ... Aber dieser Widerspruch läßt sich in zahlreichen Fällen auflösen ... Es ist die *Wahrnehmung* der Tiefe selbst, welche den Gesamteindruck der Parallelität einschließt. Der Widerspruch zu der ebenfalls gesehenen Konvergenz wird dabei nicht etwa unsicher, sondern nur in einem Gesamteindruck aufgehoben. Für diesen Sachverhalt wählen wir eben den Ausdruck antilogisch im Gegensatz zu dem unaufhebbaren Widerspruch des logisch Kontradiktorischen.“ (Der Gestaltkreis 4. Auflage, S. 108/109.)

Es ist in der Tat eine wichtige Entdeckung, daß wir widerspruchsvoll wahrnehmen können. Unser Glaube an die Logik hindert uns meist daran, diesen Charakter unserer Wahrnehmungen wahrzunehmen. Der Widerspruch innerhalb der Wahrnehmung kommt uns fast nur dann zum Bewußtsein, wenn uns seine Auflösung mißlingt; etwa wenn wir im Bewegungsnachbild nach der Eisenbahnfahrt die Landschaft draußen zugleich ruhend und bewegt sehen. D. h. der Widerspruch wird „irgendwie" allerdings wahrgenommen, aber seine Funktion ist, zu einem besseren Verständnis aufzufordern, und dieses hebt ihn auf, sobald es eintritt. Gehe ich durchs Zimmer, so sehe ich zwar die Gegenstände um mich bewegt; als ich als Kind zum erstenmal Auto fuhr, sah ich, wie die Bäume wegliefen. Aber wenn ich orientiert bin, opfere ich diese Bewegung. Ich nehme sie nicht mehr als Bewegung wahr, um dafür mich als bewegt wahrzunehmen, und nun nehme ich die Dinge als ruhend wahr. Eine Wahrnehmung wird verdrängt, damit die andere möglich wird. Das ist das Drehtürprinzip (Der Gestaltkreis, 1. Kapitel).

Freuds Begriff der Verdrängung ist hier nicht zufällig aufgetaucht. Verdrängung ist notwendig, um das Ich zu stabilisieren. Aus der Psychoanalyse kennen wir vor allem die verfehlte Verdrängung, der die Stabilisierung irgendwie mißlingt. Aber es gibt ebenso, ja als Regel, die heilsame Verdrängung. Ohne Selektion aus der Fülle der seelischen Inhalte müßte das Bewußtsein zusammenbrechen. Auch die Seele hat nicht die hundert Augen des Argus. Sie fühlt überall, aber sie blickt auf einmal nur in einer Richtung. Eben dies setzt der Begriff der gegenseitigen Verborgenheit voraus.

Die Erinnerung an die Tiefenpsychologie, die im Leben und Werk Weizsäckers eine so große Rolle spielt, gehört hierher, schon um zu zeigen, daß die Strukturen, die er unter dem Namen des Gestaltkreises zusammenfaßt, nicht speziell der Sinnes- und Bewegungssphäre angehören, sondern, so wie er selbst sie sieht, allgemein menschlich sind. Es ist nicht meine Aufgabe, dies noch im einzelnen nachzuweisen; ich möchte es im folgenden, mit aller Bereitschaft zur Korrektur, als wahr unterstellen. Im Sinne der nun mehrfach zitierten Ratlosigkeit aber könnte der Wunsch sein, auch nichts weiter als Strukturen menschlichen Handelns und Denkens in ihnen zu sehen, von deren Einfluß wir unser Bild von der Welt, wie sie an sich ist, freihalten wollten. Wollen wir die Schranke dieser Ansicht — nennen wir sie Cartesianismus — überwinden, so müssen wir nun die Frage an die Physik richten, wie sich in ihr das Verhältnis von Subjekt und Objekt darstelle.

2. Komplementarität

Nach der klassischen Mechanik ist die Bewegung eines Körpers determiniert durch seinen Anfangszustand und die auf ihn wirkenden Kräfte. Der Anfangszustand eines als Massenpunkt idealisierten Teilchens ist definiert durch Ort und Geschwindigkeit in einem bestimmten Zeitpunkt. Im Sinne der aristotelischen Physik würde man vermuten, die Angabe des anfänglichen Ortes allein müsse genügen, denn die Geschwindigkeit werde durch die Kräfte bestimmt. Galilei erkannte, daß dies falsch ist: ein kräftefreier Körper kommt nicht zur Ruhe, sondern bewegt sich mit gleichförmiger Geschwindigkeit. Nicht die Geschwindigkeit, sondern die Beschleunigung wird nach Newtons zweitem Axiom durch die Kräfte direkt bestimmt.

Aus Newtons Axiomen folgt für ein System ohne äußere Kräfte die Erhaltung der Bewegungsgröße, oder, wie man sich in der deutschsprachigen Physik etwas unglücklich angewöhnt hat, zu sagen, des *Impulses* (Impuls wäre eigentlich das Zeitintegral der äußeren Kraft, das die Bewegungsgröße hervorbringt). Der Impuls eines Körpers ist definiert als das Produkt aus seiner Masse und seiner Geschwindigkeit. So enthält die Erhaltung des Impulses eines Körpers konstanter Masse das Trägheitsgesetz. Während die direkte Messung einer Geschwindigkeit verlangt, daß man eine durchmessene Länge, also wenigstens zwei sukzessive Orte des beobachteten Körpers, mißt, kann man den Impuls eines Körpers auch direkt messen, ohne überhaupt den Ort dieses Körpers mit nennenswerter Genauigkeit zu bestimmen, nämlich durch die Wucht, mit der er einen Versuchskörper stößt und dadurch diesen Versuchskörper aus dessen u. U. genauer beobachtbarer Bahn ablenkt. Bestimmen wir also den Anfangszustand nicht durch Ort und Geschwindigkeit, sondern durch *Ort und Impuls*, so können wir dazu zwei voneinander in der Prozedur unabhängige Messungen ausführen. Die klassische Mechanik setzt undiskutiert voraus, daß diese Messungen einander und auch das Versuchsobjekt nicht stören, oder doch, daß auch die Störung berechenbar bleibt.

Nach der Quantenmechanik ist jedem Teilchen eine Welle zugeordnet[3].

---

[3] Ich schildere um des einfachen Ausdrucks willen nur das „Einteilchenproblem"; die Welle ist die Schrödingersche Wellenfunktion im Konfigurationsraum, die in diesem Problem nur „zufällig" mit der anschaulichen De-Broglie-Welle übereinstimmt. Vgl. dazu C. F. von Weizsäcker, Komplementarität und Logik. Die Naturwissenschaften 42, 521 (1955).

Die Intensität dieser Welle an einem Ort ist nach Born ein Maß der Wahrscheinlichkeit, das Teilchen bei einer Ortsmessung gerade an diesem Ort vorzufinden. Besonders einfach sind die harmonischen ebenen Wellen: fortlaufende Sinusschwingungen mit fester Wellenlänge. Mißt man den Impuls eines Teilchens, dessen Wellenfunktion eine solche harmonische Welle ist, so ergibt sich eindeutig ein fester Impulswert p, der mit der Wellenlänge λ durch de Broglies Beziehung $p = h/\lambda$ verbunden ist. Eine nichtharmonische Welle läßt sich nach Fourier in eindeutiger Weise als Überlagerung harmonischer Wellen auffassen. Die Intensität, mit der bei dieser Überlagerung eine bestimmte harmonische Welle beteiligt ist, ist ein Maß der Wahrscheinlichkeit, bei einer Impulsmessung an dem betreffenden Teilchen eben den dieser harmonischen Welle nach de Broglie entsprechenden Impulswert vorzufinden.

Ein Teilchen, das sicher an einem bestimmten Ort ist, hat demnach eine Wellenfunktion, die nur an diesem Ort von Null verschieden ist; die Sicherheit unserer Kenntnis seines Ortes besagt ja, daß die Wahrscheinlichkeit, es anderswo zu finden, Null ist. Man nennt eine solche Funktion nach Dirac eine δ-Funktion. Genau genommen ist die Funktion freilich stets über ein kleines Volumen ausgebreitet, das durch die Meßgenauigkeit definiert ist. Nun ist eine δ-Funktion sicher keine harmonische Welle, und eine harmonische Welle sicher keine δ-Funktion. Ein Teilchen mit bestimmtem Ort hat also sicher keinen bestimmten Impuls, ein Teilchen mit bestimmtem Impuls sicher keinen bestimmten Ort. Dies ist der Grundgedanke der Heisenbergschen Unbestimmtheitsrelation. Die hier gegebene Ableitung stammt von Bohr[4]. Der vielbesprochene Indeterminismus der Quantentheorie ist nur eine Folge dieser Unbestimmbarkeit des klassischen Anfangszustandes.

Man nennt Ort und Impuls nach Bohr *komplementäre Begriffe*. Die Bestimmtheit des einen schließt die Bestimmtheit des anderen aus; beide müßten aber zugleich bestimmt sein, wenn das Problem im Sinne des klassischen Weltbildes eindeutig bestimmt sein sollte. Der Indeterminismus ist also eine Folge der Komplementarität.

Natürlich stellt unser cartesianisches Denken sofort die Frage, ob diese Unbestimmtheit nicht bloß subjektiv, bloße Unkenntnis der an sich bestimm-

---

[4] N. Bohr, Das Quantenpostulat und die neuere Entwicklung der Atomistik. 1927, abgedruckt in N. Bohr, Atomtheorie und Naturbeschreibung, Berlin 1931.

ten physikalischen Größen sei. Die „Kopenhagener" Bohr-Heisenbergsche Deutung der Quantenmechanik bestreitet das. Die Gründe dafür kann ich hier nicht vorlegen. Unmöglichkeitsbeweise sind zudem in einer empirischen Wissenschaft schwerlich zu führen; wer der Deutung nicht folgen will, kann nicht zu ihr logisch gezwungen werden. Das Außerordentliche an der Kopenhagener Deutung ist die positive Entdeckung, daß in ihrem Rahmen ein konsistentes Denken überhaupt möglich ist, daß es also eine „nicht-cartesianische Physik", die mit der heute bekannten Erfahrung im Einklang und von einfacher Struktur ist, als Denkmöglichkeit überhaupt gibt. Diese Möglichkeit und die Fruchtlosigkeit der bisher versuchten Gegenvorschläge hat überzeugend gewirkt, nicht eine Widerlegung der Möglichkeit anderer Deutungen. Doch ist die Deutung in späterer Zeit gerade von den jüngeren Physikern, oft ohne Bewußtsein ihrer philosophischen Tragweite, als eine Art Bestätigung eines bequemen Positivismus auf Autorität hin angenommen worden, wogegen einige neuere, sachlich wohl unannehmbare Gegenthesen[5] eine berechtigte Reaktion darstellen. Charakteristisch für dieses halbe Verständnis der Schule ist, daß es weithin praktisch ohne den Begriff der Komplementarität auskommt oder ihn anders deutet als Bohr es getan hat.

Was bedeutet „nichtcartesianische Physik?" Bohr spricht von der Unmöglichkeit, Subjekt und Objekt der Erkenntnis scharf zu trennen. Was ist damit aber gemeint?

Niemand bestreitet, daß das Teilchen den Ort, an dem ich es beobachtet habe, in diesem Augenblick wirklich gehabt hat. Das Phänomen hat recht; in ihm erscheint (φαίνεται) mir das Teilchen zwar nur in einem Aspekt, aber, soweit der Aspekt reicht, wahrheitsgemäß. (Der Irrtum, wie die Lüge, ist ein weiteres Problem, von dem wir jetzt nicht reden.) Die klassische Physik basiert auf der ontologischen Hypothese, daß solche Eigenschaften wie Ort und Impuls den Dingen „an sich", „objektiv" zukommen, einerlei ob man sie beobachtet oder nicht. Das Gewicht dieser Hypothese ist für sie so groß, daß sie an ihr sogar die Phänomene mißt: das Ding ist gar nicht notwendig so, wie es uns erscheint, z. B. blau oder süß, sondern diese Sinnesempfindung ist ein Vorgang im „Subjekt", der durch das objektive Geschehen nur kausal ausgelöst ist; aber diese Kausalität läßt sich günstigenfalls selbst objektiv beschreiben, und soweit ist dann die Sinnesempfindung

---

[5] Am besten: D. Bohm, Physic. Rev. 85, 166, 188 (1952).

als Basis der Wissenschaft gerechtfertigt. Diese ontologische Hypothese hat den unermeßlichen Erfahrungsschatz des täglichen Lebens und der Technik für sich. Der Geldbeutel ist eine gute Erfindung, weil die Münze, auch wenn ich sie aus dem Auge verliere, vorhanden bleibt, und das Auto läuft, weil die Verbrennung, die ich ihm eingebaut habe, ohne mein Zutun objektiv geschieht. Diesen Geltungsbereich macht ihr niemand streitig. Ist sie aber nur eine Annäherung, die in einem Bereich gilt, oder eine absolute Wahrheit?

Wenn wir die Quantenmechanik deuten wie Bohr und Heisenberg, so findet die klassische ontologische Hypothese in ihr kein Anwendungsfeld. Ist der Ort eines Teilchens gemessen, so hat sein Impuls keinen objektiven Wert. Man kann dies auch logisch wenden: Der Satz „der Impuls hat den bestimmten Wert p" ist dann weder wahr noch falsch. Man hat also hiermit eine Logik zugelassen, in der zwar der Satz vom Widerspruch gilt, aber nicht der Satz vom ausgeschlossenen Dritten. Das Teilchen kann zwar nicht den Impuls p zugleich haben oder nicht haben — denn man hält an der Eindeutigkeit der Phänomene fest — aber es kann in einem Zustand sein, in dem es diesen bestimmten Impulswert weder hat (dann müßte man ihn sicher finden) noch nicht hat (dann müßte man ihn sicher nicht finden). Ich wiederhole, daß ich hier nur die Möglichkeit, nicht die Notwendigkeit dieser Auffassung zeigen kann.

Scheinbar ein Ausweg wäre es, Ort und Impuls beseite zu lassen und die Wellenfunktion als die objektive Charakterisierung des physikalischen Vorgangs aufzufassen. Diese genügt in der Tat der Schrödingerschen Differentialgleichung, ändert sich also stetig und berechenbar mit der Zeit. Aber das gilt nur von einer Messung bis zur nächsten. Was ich direkt messe, ist nämlich nicht die Wellenfunktion, sondern Ort oder Impuls eines Teilchens. War nun z. B. der Ort gemessen, so war die Wellenfunktion in diesem Augenblick eine δ-Funktion. Diese breitet sich mit der Zeit in die Umgebung des gemessenen Orts hinein aus. Man sagt anschaulich: das Teilchen läuft weg, aber man weiß nicht wohin. Messe ich dann wieder seinen Ort, so zieht sich die Wellenfunktion „blitzartig" auf den neuen Ort zusammen, denn unmittelbar nach der zweiten Ortsmessung ist die Wahrscheinlichkeit, das Teilchen anderswo als an seinem neuen Ort vorzufinden, Null. Messe ich statt dessen dann einen Impuls, so verwandelt sich die Funktion hiermit in eine durch den Raum erstreckte harmonische Welle. Man sieht: die Wahrscheinlichkeitsdeutung macht die Wellenfunktion zu einer Aussage über menschliche Kenntnis, einem „Informationskatalog". Kenntnis ändert sich bei Erwerbung neuer Kenntnis sprunghaft, ein „objektives Naturgeschehen" täte das nicht.

Auch die beiden Bilder von Teilchen und Welle müssen also im Wechsel gebraucht werden, ohne daß eines von ihnen absolut gesetzt werden dürfte. Ihrem Wechsel entspricht das, was Bohr die Komplementarität von Raum-Zeit-Beschreibung und Kausalität genannt hat; und dies war die erste Fassung seines Komplementaritätsbegriffs. In unserem Beispiel sind nur Ort und Impuls anschaulich beobachtbar: Die Raum-Zeit-Beschreibung des Elektrons ist die des Teilchenbildes. Aber sie ist nicht deterministisch. Die zeitliche Entwicklung der Wellenfunktion zwischen zwei Messungen ist demgegenüber streng determiniert. Aber sie tritt nicht als Welle anschaulich in Erscheinung (sie tut das nur genähert, wenn viele Teilchen da sind, ist dann aber selbst durch Unbestimmtheitsrelationen eingeschränkt). Wir können also das Geschehen raum-zeitlich oder kausal darstellen, aber nicht beides zugleich.

Das Verhältnis zwischen Ort und Impuls möchte ich *parallele Komplementarität* nennen, das zwischen der raum-zeitlichen Beschreibung und der durch die Wellenfunktion *zirkuläre Komplementarität.* Ort und Impuls sind gleichgeordnete Begriffe derselben klassischen Theorie, zwischen deren Bestimmung uns die Komplementarität die Wahl läßt. Raumzeitliche Beschreibung und Wellenfunktion hingegen stehen in einem kreisförmigen Verhältnis gegenseitiger Abhängigkeit. Die raum-zeitliche Beschreibung durch ein klassisches Teilchen mit objektiven Ort- und Impulswerten ist eigentlich falsch. Sie hat nur als Grenzfall Bedeutung, aber dieser Grenzfall ist so umfassend, daß er die ganze klassische Physik mitsamt ihrer ontologischen Hypothese enthält. Sie ist Grenzfall der genauen Beschreibung durch die Wellenfunktion; die Unbestimmtheitsrelation gibt die Grenzen an, in denen den „Wellenpaketen" genäherte Werte von Ort *und* Impuls zugeschrieben werden dürfen. Man kann aber nicht die Wellenfunktionen allein als strenge Beschreibung der Natur benutzen, denn ihr experimenteller Sinn ist gerade, Wahrscheinlichkeiten für Ergebnisse der Messung der raumzeitlichen Größen zu liefern. So ist die raumzeitliche Beschreibung des Geschehens nötig, um die Wellenfunktion zu definieren, und die Wellenfunktion, um die Weiterentwicklung des raumzeitlichen Geschehens (mit Wahrscheinlichkeit) vorauszusagen.

3. Vergleich

Um überhaupt in den Vergleich beider Gedanken hineinzukommen, wollen wir zunächst weitherzig sein. Analogien sollen zugelassen werden, ehe geprüft ist, ob die besondere Natur der verglichenen Gebiete das Vorhandensein solcher Analogien als plausibel erscheinen läßt. Diese Prüfung gehört dann in den zweiten Umgang. Wir unterstellen also, der Gestaltkreis beschreibe nicht nur eine Spezialität des Menschen, die Komplementarität nicht nur eine Spezialität der Atome, sondern beide Begriffe hätten umfassende philosophische Bedeutung. Für den Gestaltkreis haben wir dieser Tendenz schon nachgegeben, für die Komplementarität können wir uns auf viele Äußerungen Bohrs berufen.

Formal ist das Drehtürprinzip offenbar der Komplementarität nahe verwandt. Nehme ich den Ort wahr, so kann ich den Impuls nicht wahrnehmen und umgekehrt. Weizsäckers Beschreibung der Kreisbewegung läßt zwar die Deutung zu, das, was ich soeben nicht wahrnehme, sei gleichwohl an sich „hinter meinem Rücken" vorhanden. So denkt ja auch Freud die Verdrängung: im Unbewußten sind ebensolche Inhalte wie im Bewußten, nur eben unbewußt. Andererseits besagt aber der Begriff des Grundverhältnisses, daß Weizsäcker die Möglichkeit ausschließt, ein außenstehender, „objektiver" Beobachter könne mich und alles, was mir verborgen ist, im ganzen sehen. Auch er muß zu mir, will er mich sehen, in ein Verhältnis der Zuwendung treten, er muß mir als Ich dem Du begegnen, und unser gemeinsamer Lebensprozeß wird von neuem im Gestaltkreis geschehen. Dies bringt beide Gedanken einander sehr nahe[6].

Besteht eine besondere Beziehung der zirkulären Komplementarität zum Gestaltkreis? Betrachten wir hierzu eines der Beispiele Bohrs für Komplementaritäten außerhalb der Physik! Bohr spricht häufig von dem komplementären Verhältnis zwischen der Analyse oder Definition eines Begriffs und seinen unmittelbaren Gebrauch. Einen Begriff definieren kann ich nur mit Hilfe anderer Begriffe. Diese setze ich, indem ich sie verwende, als verständlich voraus. Also beruht das Definieren auf der Möglichkeit, Begriffe schon zu verstehen. Andererseits werden sich auch die vorausgesetzten

[6] Ich möchte hier auch auf den direkten Vergleich zwischen Bohrs und Freuds bzw. Jungs Begriffen hinweisen, den P. Jordan (Verdrängung und Komplementarität, Hamburg-Bergedorf 1947) und W. Pauli (Naturwissenschaftliche und erkenntnistheoretische Aspekte der Ideen vom Unbewußten, Dialectia 8, [1954]) unternommen haben.

Begriffe einer Analyse bedürftig erweisen, wenn ich sie näher ins Auge fasse. Bohr hat oft im Gespräch und mit der gebührenden Vorsicht auch schriftlich geäußert, daß er die Meinung mancher Mathematiker und Philosophen, sie besäßen Begriffe, die keiner weiteren Analyse bedürften, für einen Irrtum halte. Ich darf hier wohl an die öfter erzählte Szene des Gläserwaschens auf einer Skihütte erinnern, die ich selbst miterlebt habe. Bohr hatte unsere Trinkgläser in einer für unsere beschränkten Möglichkeiten vorbildlichen Weise blankgerieben. Er betrachtete voll berechtigten Stolzes sein Werk und sagte: „Daß man mit schmutzigem Wasser und schmutzigen Tüchern schmutzige Gläser sauber machen kann — wenn man das einem Philosophen sagen würde, er würde es nicht glauben.“ Genau dies ist seine Theorie wissenschaftlicher Begriffsverschärfung: indem wir den Kreis zwischen Gebrauch und Analyse oft durchlaufen, gewinnen wir langsam eine immer wachsende, nie vollendete Klarheit über Sinn und Grenzen aller verwendeten Begriffe.

Hier wird man nicht nur von Analogie, sondern von Identität mit dem Gestaltkreis reden dürfen. Eher wird man untersuchen müssen, ob Bohr seine Urintuition der Komplementarität im Erkenntnisvorgang, die wir hier angedeutet haben, mit Recht in den doch sehr speziell erscheinenden Beispielen der Atomphysik wiederfindet. Ehe wir uns dieser Frage (im zweiten Umlauf) zuwenden, betrachten wir Bohrs Gedanken über ein Gebiet, das zwischen Erkenntnislehre und Physik liegt, über die Biologie.

Bohr spricht von einem ausschließenden Verhältnis zwischen „der strengen Anwendung derjenigen Begriffsbildungen, welche der Beschreibung der leblosen Natur angepaßt sind“ und „der Berücksichtigung der Gesetzmäßigkeiten der Lebenserscheinungen“[7]. Seine vorsichtigen Formulierungen können verschiedene Deutungen dieses Verhältnisses anregen.

In gewissem Umfang als eine materielle Übertragung der atomphysikalischen Komplementarität auf Lebensprozesse hat Jordan den Gedanken ausgeführt[8]. Er rechnet mit der Möglichkeit, daß die Organismen von atomaren Vorgängen durch Verstärkeranordnungen gesteuert werden, und daß so der quantentheoretische Indeterminismus für das Verhalten lebender Wesen direkt bedeutungsvoll sei; er hat den Vergleich zwischen Unvorher-

---

[7] Atomtheorie und Naturbeschreibung, S. 14. Vgl. auch N. Bohr, Licht und Leben, Naturwissenschaften 21, 245 (1933).

[8] z. B. P. Jordan, Die Physik und das Geheimnis des organischen Lebens, 1. Aufl. Braunschweig 1941, 4. Aufl. Braunschweig 1945.

sagbarkeit der Atomprozesse und der menschlichen Willensfreiheit nicht gescheut. Daß der Wille, den wir als frei erleben, eine positive Qualität personaler Existenz ist, die durch Unvorhersagbarkeit nicht angemessen beschrieben wäre, ist Jordan gewiß nicht entgangen. Er hält es aber für bedeutungsvoll, daß der quantenmechanische Indeterminismus für einen Begriff wie Wille überhaupt Raum schaffe, ohne daß eine Durchbrechung der Physik dafür nötig wäre. Ich möchte diese schwierige Frage hier beiseite lassen; sie wird vor unserem zweiten Umlauf kaum diskutierbar sein.

Bohr selbst denkt nicht an eine materielle Übertragung, sondern an eine methodische Analogie. Er neigt dazu, die positiven Merkmale des Lebensvorgangs, die stets zu einer teleogischen Beschreibung Anlaß gegeben haben — alle Zweckmäßigkeit, Selbststabilisierung, Fortentwicklung — für unerklärbar durch physikalische Mechanismen zu halten, auch durch solche, die von Atomphysik Gebrauch machen. Er glaubt auf der anderen Seite nicht, daß sich ein physikalisches Gesetz irgendwo als verletzt erweisen würde, wenn wir seine Geltung, sei es auch in einem lebenden Organismus, nachprüfen. Er weiß ferner, daß die gelegentlich gehörte Meinung falsch ist, übergreifende biologische Gesetzmäßigkeiten könnten zu den physikalischen „hinzukommen", ohne sie zu ändern. Zu juristischen Gesetzen kann man manchmal neue ohne Änderung der bisherigen hinzufügen, weil sie den Lebensablauf nicht vollständig determinieren, sondern nur in Schranken halten. Die Gesetze der klassischen Physik aber determinieren bei gegebenem Anfangszustand und gegebenen Randbedingungen das Geschehen in einem System vollständig, die Gesetze der Quantentheorie determinieren wenigstens sein statistisches Verhalten. Reichen sie nicht aus, das Leben zu erklären, so müssen sie irgendwo suspendiert sein, wenn Platz sein soll für andere Gesetze. Für eine solche Suspendierung ist nun Gelegenheit, wenn wir auch in der Biologie die ontologische Hypothese der klassischen Physik aufgeben. Bohr meint, zwar werde man im Organismus nie ein physikalisches Gesetz positiv verletzt finden, aber eine physikalische Untersuchung des Organismus, die weit genug ginge, um auf Grund ihres Ergebnisses sein weiteres Verhalten physikalisch vorauszuberechnen, würde den Organismus töten. Verzichten wir auf jene ontologische Hypothese, so brauchen wir aber nicht anzunehmen, auch im physikalisch nicht beobachteten Organismus seien die physikalischen Bestimmungsstücke „an sich" definiert; wir dürfen annehmen, der Verzicht auf volle physikalische Kenntnis des Organismus „lasse Raum" für das Eingreifen anderer, physikalisch nicht ableitbarer Gesetzmäßigkeiten.

Auch dieser Gedanke, hinreichend weit gefaßt, erinnert an Auffassungen V. von Weizsäckers. Mündlich sagte mir Bohr einmal: „Alles, was ich sagen will, ist, daß das Leben kein Experiment *von uns* ist." Dies ist nahe dem Weizsäckerischen Grundverhältnis. Aber die Analogie geht weiter. Eine Grundthese des „Gestaltkreises" ist, daß wir durch Analyse nach dem Muster der Physik „die Lebensvorgänge nicht erklären, sondern nur nach den Notwendigkeiten ihrer Grenzbedingungen charakterisieren können" (Der Gestaltkreis, 4. Aufl., S. 12). Man kann nicht physikalisch oder physiologisch sagen, warum Wahrnehmung oder Bewegung gelingen, man kann nur Bedingungen angeben, unter denen sie mißlingen.

II. Gegenseitige Abhängigkeit von Anthropologie und Physik

1. Physik als Hintergrund der Anthropologie

Daß die ursprüngliche Vision V. von Weizsäckers mit der Bohrs eine nahe Verwandtschaft hat, haben wir wohl eingesehen. Können wir daraus Gewinn ziehen für unsere eigenen ungelösten Fragen? Wir geben, um präziser zu fragen, die Weitherzigkeit des Vergleichs zunächst wieder auf. Wir schränken beide Grundbegriffe wieder auf die Gebiete ein, in denen sie ihre konkrete Fruchtbarkeit gezeigt haben: die Komplementarität auf die Physik, den Gestaltkreis auf eine, Psychologie und Physiologie unter gemeinsamen Gesichtspunkten behandelnde, medizinische Anthropologie. Wir fragen: besteht dann überhaupt noch ein vorstellbarer Grund für die Annahme einer echten Verwandtschaft beider Strukturen, einer Analogie, die mehr als ein Zufall oder als eine bloß in den Forscherpersönlichkeiten bedingte Ähnlichkeit der Verfahren wäre? Wir schwimmen damit zunächst absichtlich gegen den Strom des bisher Vorgetragenen.

Daß es eine religiöse Erfahrung ist, die V. von Weizsäcker auf den Begriff des Grundverhältnisses gebracht hat, ist mir nicht zweifelhaft. Soviel und manchmal affektvoll er aber den falschen Rationalismus der Wissenschaft kritisiert hat, so entschieden hat er sich doch immer dagegen gewehrt, das bebaute Land der rationalen Erkenntnis vom Strom religiöser Überzeugungen überschwemmen zu lassen. Ich glaube nicht, daß es meine

Aufgabe ist, in diesem Aufsatz dieses innerste Schlachtfeld seines Lebens zu betreten. Aber um der Sache willen, die hier verhandelt wird, ist wohl eine Bemerkung nötig. Gewiß hat zu dieser seiner Haltung sein instinktiver Wille zum Zweifel, zum Sehen von zwei Seiten und zur Selbstbehauptung durch solche Zweiseitigkeit wesentlich beigetragen. Beigetragen hat aber auch das Wissen, daß die Wirklichkeit des Religiösen über unsere voreilig einseitigen Entscheidungen ebenso unberührt hinweggeht wie über unsere Versuche, Entscheidungen auszuweichen. Er hat immer gewußt, daß gerade wer wirklich fromm wäre, es nicht nötig haben würde, irgendeine wissenschaftliche Einsicht zu leugnen. Enthält Frömmigkeit nicht gerade das Wissen vom Grundverhältnis und deshalb das Wissen, daß das, was ich soeben um der notwendigen Einseitigkeit meiner Bewegung willen nicht sehen kann, ja verdränge, gleichwohl da ist und darauf wartet, sich wieder zu zeigen?

Ich hoffe, in diesem Sinn mit ihm in der Tiefe einig zu sein, wenn ich ihn nun in einem mehr vordergründlichen Punkt kritisiere. Er analysiert ausführlich und überzeugend das Ungenügen der Reflextheorie und anderer einfacher kausaler physiologischer Theorien der Bewegung und Wahrnehmung. Er leugnet nicht, daß es notwendig war, den Weg der kausalen Physiologie zu gehen. Aber er meint doch, man habe ihn zu Ende gehen müssen, um einzusehen, daß er nicht zum Ziel führe. Ich glaube, daß er sich hierin täuscht. Es scheint mir, daß dieser Weg nicht etwa zu Ende gegangen, sondern daß die kausale Physiologie nach Überwindung von Kinderkrankheiten in einem Zustand suchender, aber kraftvoller Jugend ist. Ehe ich auf die „quaestio facti" komme, möchte ich über die Motive dieses Streits etwas sagen.

V. von Weizsäcker hatte völlig recht in der Überzeugung, daß dasjenige wissenschaftliche Denken, das sich im 19. Jahrhundert, von Physik und Chemie ausgehend, in der Medizin durchgesetzt hat und heute noch herrscht, eine Fülle von Wirklichkeit einfach nicht sieht, weil es sie nicht sehen will; daß es sie verdrängt. Alles, was Weizsäcker um den Begriff des Subjekts sammelt, gehört dazu. Nur das Faktum des Bewußtseins konnte nicht geleugnet werden. Indem das Bewußtsein aber vom Rationalen her (res cogitans im engeren Sinn), die Materie von einer vereinfachenden Physik her (res extensa im engeren Sinn) gesehen wurde, konnte man beide in Wahrheit nicht miteinander verknüpfen und auch für den Anschein nur durch offensichtlich mangelhafte parallelistische Theorien oder durch undurchschaubare Behauptungen einer Wechselwirkung zusammenbringen. Nun brachte die Psychoanalyse die Wiederentdeckung der „unbewußten Seele" und die von Weizsäcker vertretene Forschungsrichtung die der „Vernunft des Leibes", vom „prädikativen Charakter der Wahrnehmung" bis zum Sinn der Krankheit. All dies widersprach den überlieferten Vorstellungen von Wissenschaft und mußte deshalb verdrängt werden, ist in weiten Kreisen noch heute verdrängt. Um es überhaupt klar ins Auge fassen zu können, mußte Weizsäcker umgekehrt wohl einen Teil dessen, was der überlieferten Wissenschaft möglich ist, verdrängen. Er hätte es schwerlich ertragen, zu sehen, daß auch dieser Weg weiterführt, und doch seinen eigenen, anderen Weg zu gehen. Mein Anliegen wäre, nach der Stelle Ausschau zu halten, an der beide Wege, die sich gabeln mußten, einander wieder treffen.

Zur Sache selbst kann ich, als Fremdling auf diesem Gebiet, natürlich nicht Beweise, sondern nur Impressionen und Kritik von Argumenten geben. V. von Weizsäcker sagt: „Die anatomischen und physiologischen Einrichtungen können die Leistungen der Organe nicht erklären. Aber sie ermöglichen diese Leistungen. Damit aber haben sie auch die Macht, sie *unmöglich* zu machen. Dies ist überhaupt das Geheimnis unserer körperlichen Verstrickung: wir leben zwar nicht durch den Körper, aber auch nicht ohne ihn. Die Darlegungen dieses Buches bekommen eben dadurch immer wieder folgende gesetzmäßige Form: Man muß, versucht man die Lebensäußerung aus der materiellen Substanz zu erklären, jedesmal einen Mißerfolg feststellen; hat man dies aber getan, dann erweist sich der materielle Vorgang als eine positive Bedingung, ohne deren Erfüllung gerade diese Erscheinung unmöglich wäre." (Der Gestaltkreis, Anfang des 4. Kapitels.) Das ist ein schöner und wichtiger Gedanke. Aber die Sprache, in der er ausgedrückt ist, fordert den Widerspruch des Physikers, des modernen ebenso wie des klassischen, heraus. Philosophisch könnte man fragen: Ist nicht der Unterschied, der hier zwischen mir und meinem Körper gemacht wird, noch immer cartesianisch? Wird hier der klassischen Physik ihr Bild vom Wesen der Materie nicht noch zu kritiklos abgenommen? Darauf kommen wir nachher zurück. Zunächst fragen wir umgekehrt: Verlangt die Analyse der biologischen Leistung diese Resignation?

Sollte man nicht eher sagen: Die Reflextheorie kann die biologische Leistung nicht erklären, weil die Leistung von der Zentrale her gesteuert ist, und weil alle peripheren Abläufe, Schwellen usw. plastisch sein *müssen*, um die zentrale Steuerung zu ermöglichen. Statt „zentral“ wird man an einigen Stellen auch „integral“ sagen können; auch das periphere System reagiert in größeren Zusammenhängen als den isolierten Reflexen. Liest man das Buch über den Gestaltkreis heute, etwa in Kenntnis der Arbeiten E. von Holsts und seiner Schule, so erstaunt man immer wieder über die Fülle interessantesten Materials zu Modellen zentraler kausaler Steuerung und den völligen Verzicht nicht nur auf die Aufstellung, sondern auf den Glauben an die Möglichkeit solcher Modelle. Ein solcher Verzicht mag methodisch eine Strecke weit eine große Hilfe sein, denn voreilige kausale Erklärungen sind fast immer ein Hindernis für den, der erst einmal die Phänomene unbefangen sehen will. Auch ist sofort zuzugeben, daß Modelle heute fast stets nur hypothetisch sein können. Aber es bleibt mir jedenfalls unbegreiflich, warum sie unmöglich sein sollten.

Ein Beispiel genüge. V. von Weizsäcker bespricht ausführlich den „Umschlag der Quantität in die Qualität“, wenn bei einer stetigen Änderung des Reizes oder der geforderten Leistung völlig neue Formen der Empfindung oder der Bewegungskoordination entstehen. So nehme ich Schwingungen als tastbare Vibration oder aber als Ton wahr, ich spanne verschiedene Muskeln und ändere die Körperhaltung, wenn ein zu tragendes Gewicht stetig vermehrt wird; wenn das Pferd schneller laufen will, fällt es aus dem Schritt in den Trab und dann in den Galopp. Es folgt der Satz: „Die Zuspitzung dieses Problems auf die Unvergleichbarkeit des Quantitativen und Qualitativen hat zugleich gezeigt, daß es im Sinne eines Wirkungszusammenhangs unlösbar ist.“ (Der Gestaltkreis, 4. Aufl., S. 16.) Kein Techniker würde einen solchen Schluß zugeben. Ein Auto mit automatischer Gangschaltung, die bei Erreichung einer gewissen Umdrehungszahl schaltet, leistet genau das hier Verlangte.

Geben wir diese Kritik im einzelnen zu, so entsteht die Frage: Wie weit müssen wir dem Glauben an eine grundsätzliche physikalische Analysierbarkeit des Lebensvorgangs entgegenkommen? Meine eigene hypothetische Antwort auf diese Frage wäre: Wir müssen ihr den ganzen Weg entgegenkommen ohne einen Vorbehalt; mit der einzigen Einschränkung, daß wir noch nicht wirklich wissen, was Physik ist, und darum noch gar nicht sagen können, was die Geltung der Physik im Organismus bedeutet. Dies ist also auch gegen Bohrs bisherige Deutung seines eigenen Gedankens über die Komplementarität zwischen der Physik und dem Verständnis des Lebens gesagt, aber wohl im Einklang mit der Meinung der meisten lebenden Biologen. Ich behaupte meine Antwort nicht dogmatisch, bin vielmehr darauf vorbereitet, zu lernen, daß sie falsch ist. Ich kann aber alle bisher gegen sie vorgebrachten Gründe nicht überzeugend finden und erhoffe mir eine Klärung unserer Begriffe von dem Versuch, sie radikal durchzuführen.

Greifen wir noch einmal auf den Anfang des letzten Zitats zurück. Wie können die anatomischen und physiologischen Einrichtungen die Leistungen der Organe ermöglichen, wenn sie sie nicht erklären können? Bei einer Maschine ist es nicht so. Wer die materielle Beschaffenheit und Struktur eines Autos soweit verstanden hat, daß er sagen kann, inwiefern diese die Leistung des Autos ermöglicht, der hat eben damit diese Leistung erklärt. Freilich kann man hier zwei Einschränkungen machen. Er hat erstens nicht erklärt, daß jemand diese Leistung so gewollt und geplant hat: er hat nicht erklärt, warum es Autos gibt. Auch die Maschine steht insofern in einem von ihr her unerklärbaren Grundverhältnis. Und zweitens vollbringt ja das Auto seine Leistung nur, wenn jemand am Steuer sitzt.

Besprechen wir zuerst die zweite Einschränkung. Das Auto ist keine vollautomatische Maschine, es ist mehr eines jener Werkzeuge, die man als Verlängerungen unserer Gliedmaßen bezeichnen kann. Vollautomatische Maschinen gibt es, aber ihre Leistungen waren bis vor kurzem zu einfach, um den Vergleich mit den Lebensvorgängen nahezulegen. Die Technik des 19. Jahrhunderts war vor allem Technik der Energiegewinnung; erst unser Jahrhundert entwickelt die Technik der Steuerung zu hoher Differenziertheit (Kybernetik[9]). Eine Rakete, die ihr eigenes Ziel sucht, gleicht einem Tier schon mehr. Gray Walter[10] hat elektronisch gesteuerte „Schildkröten" gebaut, die das Bewegungsverhalten von Tieren, auch das soziale, nachahmen. V. von Weizsäcker behandelt (Gestaltkreis, 4. Aufl., S. 149 und 150) das Schachspiel als ein Muster lebenden Verhaltens im Gestaltkreis. Ich habe selbst die erste Damepartie nachgespielt, die von einer elektronischen Rechenmaschine gegen ihren Erbauer gespielt worden ist[11] Denkt man die Konstruktionsprobleme eines Regelmechanismus durch, der sich in einer variablen Umwelt vielfältig, aber doch zielstrebig und stabil verhalten soll, so leuchtet alsbald die Zweckmäßigkeit einer „Verdrängung" ein: vieles muß registriert werden, aber nur weniges darf auf die schnellen

---

[9] Vgl. N. Wiener, Cybernetics, Paris und New York 1948, New York 1950.
[10] Gray Walter, The living brain, London 1953.
[11] In B. V. Bowden (ed.), Faster than thought, London 1953; Kap. 25, C. Strachey, Digital computors applied to games, S. 286.

Entscheidungen maßgebenden Einfluß gewinnen. Alle großen Rechenmaschinen haben ein kleines schnell abrufbares und ein größeres langsam abrufbares „Gedächtnis", strukturell dem Verhältnis des Bewußtseins zum Unbewußten ähnlich. Eine Maschine, die sich so vorhält, *als ob* sie ein Subjekt mit pathischer Existenz wäre, liegt keineswegs jenseits unserer technischen Möglichkeiten; es fragt sich nur, wie weit wir das Mimikry treiben wollen und können.

Hier wenden wir uns zur ersten Einschränkung. Alle diese Maschinen sind von Menschen ausgedacht, von Menschen gemacht. Sie gehören zur Schicksalswelt der Menschen. Sich selbst aber hat der Mensch nicht gemacht. Das Leben ist kein Experiment von uns (Bohr). Was kommt zur Physik hinzu, wenn wir uns darauf besinnen?

Ohne Zweifel kommt die Geschichte hinzu. Ich würde gerne die These vertreten, mehr als die Geschichte brauchten wir auch nicht hinzuzubringen, um so viel vom Leben zu verstehen, als wir überhaupt von ihm verstehen können. Aber dann hängt alles davon ab, was wir unter Geschichte verstehen.

In einem eingeschränkten Sinn fordert schon die Physik die Ergänzung durch Geschichte. Schon die klassische Physik determiniert das Geschehen nur, wenn Anfangszustand und Randbedingungen gegeben sind. Letztere sind also „Geschichte". Die großen Folgen kleiner Ursachen und die Unmöglichkeit, einen Anfangszustand exakt festzulegen, bringen ein Element der Ungewißheit, also den Anschein neuer „Entscheidungen der Natur", kurz den Wahrscheinlichkeitsbegriff schon in die klassische Physik; die Quantentheorie führt ihn explizite noch einmal ein. Darwins Selektionstheorie ist ein genialer Versuch, das Werden der Organismen unter Beschränkung auf dieses Begriffsmaterial verständlich zu machen. Ich gestehe, daß ich auch heute keinen zwingenden Grund sehe, warum Mechanismen, die sich verhalten wie Lebewesen, nicht auf diese Weise entstehen sollten[12].

Für uns freilich ist Geschichte noch etwas anderes. Sie ist Wollen und Erleiden, sie ist nicht nur Mimikry des Pathischen, sondern das Pathische selbst, sie ist subjektiv, personal ... wie immer wir es nennen wollen.

Wissen wir aber, ob die Maschinen nur Mimikry des Pathischen treiben? Zu dieser Frage weiß ich leider nur eine unzureichende Anekdote zu erzäh-

---

[12] Vgl. C. F. von Weizsäcker, Die Geschichte der Natur, 2. Aufl. Göttingen 1954, 9. Vorlesung.

len. Jemand, der es wissen muß, erzählte mir, als jene Maschine gegen ihren Erfinder Dame spielte und im Begriff war, zu verlieren, habe sie im letzten Zug betrogen. Erzählt man diese Geschichte in Gegenwart von Rechenmaschinenkonstrukteuren weiter, so pflegen sie den zuhörenden Laien durch die Erklärung zu beruhigen: „Aber das war natürlich nur ein Rechenfehler." Ich bin sicher, daß diese Erklärung zutrifft. Alles, was die Maschine anders macht, als wir nach ihrem Konstruktionsplan von ihr verlangen, nennen wir Rechenfehler — eine Röhre fällt aus, ein Kontakt kommt nicht zustande, und das Ergebnis ist nicht das gewünschte. Aber die Maschine könnte uns auch mit Ergebnissen überraschen, die sie gemäß ihrem Konstruktionsplan gewonnen hat. Wir benutzen sie ja nur, weil sie besser rechnen kann als wir selbst. Was ich sagen möchte, ist nur: Die Maschine ist ein Stück Wirklichkeit, das nicht nur die Eigenschaften hat, die wir bewußt hineingeplant haben. Wir wissen nur, daß wir bloß das Mimikry des Pathischen hineingeplant haben und nicht das Pathische selbst, weil wir das nicht können.

Es ist ein alter Traum der Menschen, einen Menschen zu machen. Ich sehe nicht, daß unsere heutigen Kenntnisse beweisen, daß dergleichen unmöglich wäre. Vielleicht wäre es aber ein gotteslästerliches Beginnen, das sich rächen würde. Und vielleicht fürchten wir uns davor und hoffen deshalb, es sei unmöglich.

2 Anthropologie als Hintergrund der Physik

In den bisherigen Abschnitten konnte den jeweiligen Sachkennern kaum etwas Neues gesagt werden. Wir kommen nun zu dem Punkt, um deswillen die bisherigen Überlegungen so wie geschehen angeordnet wurden, um deswillen freilich auch der heutige Termin eigentlich zu früh ist.

Nach der Hypothese des vorigen Abschnitts wollten wir die Geltung der Physik so umfassend wie nur möglich annehmen, mit der Einschränkung, daß wir noch gar nicht wüßten, was Physik eigentlich ist. Aber was soll diese Einschränkung bedeuten? Was wissen wir überhaupt, wenn wir nicht wissen, was Physik ist? Wir besitzen eine abgeschlossene klassische Physik, eine in ihren begrifflichen Grundlagen ebenso abgeschlossene Chemie und eine Atomphysik, deren unvollendete Teile nur im Bereich höchster Energien liegen, die für den Lebensprozeß keine Rolle spielen. Ich möchte die Hypothese auch noch ausdrücklich aufs Inhaltliche hin verschärfen. Sie soll nicht besagen, daß die Lebenserscheinungen vollständig einer objektiven Naturwissenschaft *von der Art* der Physik unterworfen werden könnten, aber so, daß dabei noch völlig neuartige inhaltliche Erweiterungen der Physik eintreten könnten. So denken heute zwar wohl manche Physiker der Bohrschen Schule[13]. Sie erwarten eine naturwissenschaftliche Biologie, die die Physik des Anorganischen ähnlich als Grenzfall enthielte, wie z. B. die Relativitätstheorie die klassische Mechanik als den Grenzfall kleiner Geschwindigkeiten enthält. Natürlich kann niemand von uns diese Möglichkeit ausschließen. Ich möchte nur um der Aufklärung der Begriffe willen diese Tür zunächst verriegeln und annehmen, die Physik, mit der wir in der Biologie zu tun haben, sei genau die heutige Physik, von deren quantentheoretischem Aspekt wohl höchstens die Physik der Atomhülle, die ja als grundsätzlich abgeschlossen gelten kann, für die biologischen Strukturen bedeutsam sein dürfte. Diese Annahme soll nur, allerdings wesentlich, eingeschränkt werden durch die Zulassung solcher Konsequenzen eines Durchdenkens dieser vorliegenden Physik, die bisher noch nicht in unser physikalisches Bewußtsein getreten sind.

In welchem Sinne kann man dann noch zweifeln, ob wir wissen, was Physik heißt?

Unsere ungelöste Frage nach dem Verhältnis zwischen Mimikry des Pathischen und dem Pathischen selbst ist dieselbe Frage, die traditionell das Leib-Seele-Problem heißt. Wie stehen wir heute zu diesem Problem? Descartes' Res extensa, Helmholtz' Massenpunkte, Boltzmanns Atome und der Äther, den man hinter Maxwells Feld vermutete, sie alle erregen das Bild einer Materie, deren substantielles Wesen uns im Grundzug bekannt ist, während wir ihre akzidentiellen Eigenschaften noch erforschen. Unter heutigen Medizinern und Biologen ist dieses Bild vielleicht noch weniger erschüttert als unter den Physikern selbst. Was bleibt von ihm übrig, wenn die heutige Physik nicht nur paradox erscheinende Eigenschaften der Materie findet, sondern sogar den ontologischen Grundansatz der klassischen Physik aufhebt? Was antworten wir, wenn wir gefragt werden: was ist Materie?

Die meisten Physiker werden heute ungefähr antworten: Materie ist, was den Gesetzen der Physik genügt[14]. Das Wesen der Materie ist dann

---

[13] W. Heisenberg, gesprächsweise. Vgl. W. Pauli, l. c. [6].

[14] Ich gebrauche hier das Wort Materie nicht im eingeschränkten Sinn, dem dann Licht, Gravitation usw. gegenüberstehen, sondern als Namen für alles, was aus elementaren Teilchen bzw. Feldern besteht.

eben dies, diesen Gesetzen zu genügen. Die genannten Physiker werden bezweifeln, ob es einen Sinn hat, darüber hinaus nach einem Wesen der Materie zu fragen. Doch bleibt es wohl eine sinnvolle Frage, ob nicht vielleicht eben das, was den Gesetzen der Physik genügt, unter gewissen Umständen pathisch existieren, sich selbst als Subjekt kennen, bewußt sein kann. Wäre es so, so dürfte man vielleicht auch umgekehrt sagen: Was V. von Weizsäcker Monaden nennt, genügt — immer oder unter gewissen Bedingungen — den Gesetzen der Physik und *ist* insofern die Materie. Damit würde die Hypothese des vorigen Abschnitts in einem Sinne interpretiert, der vielleicht im Einklang wäre mit Weizsäckers Sätzen: „Die Hauptsache beim *Verhältnis von Leib und Seele* besteht nicht darin, daß sie zwei Dinge sind, welche nebeneinander dasind und aufeinander wirken, sondern daß sie einander wechselseitig erläutern . . . Das psychophysische Verhältnis ist also ein Beispiel für einen Gestaltkreis, kein Verhältnis zweier Substanzen."

Das Ziel unserer Überlegungen ist aber nicht der billige Sprung in eine metaphysische Hypothese panpsychistischer Art. Die Hypothese ist vermutlich eine sehr vordergründige Formulierung einer viel tiefer liegenden Wahrheit. Sowohl Bohr wie Weizsäcker haben immer sehr wohl gewußt, daß wir solche Wahrheiten nicht erfliegen können, schon weil wir keine Sprache hätten, sie, selbst wenn sie sich uns in einer ekstatischen Vision zeigten, angemessen auszusprechen. Unser Ziel ist vielmehr, vor dem Hintergrund solcher Möglichkeiten noch einmal zu fragen: was ist eigentlich Physik? Hierauf möchte ich eine, wiederum hypothetische und erläuterungsbedürftige Antwort anbieten: Physik ist eine Erweiterung der Logik.

Das fordert wohl zuerst die weitere Frage heraus: was soll hier unter Logik verstanden werden?

Wir kennen die Logik als ein System von Regeln, aus wahren Sätzen andere wahre Sätze abzuleiten (Syllogistik). Doch ist diese Charakterisierung nicht vollständig, denn sie würde eigentlich auf jede strenge Wissenschaft zutreffen. Sage ich: „Alle Menschen sind sterblich. Sokrates ist ein Mensch. Also ist Sokrates sterblich", oder sage ich: „Heute steht die Sonne auf dem Wendekreis des Steinbocks. Also wird sie in einem Jahr wieder auf dem Wendekreis des Steinbocks stehen", so habe ich in beiden Fällen aus als wahr unterstellten Prämissen eine als wahr erwartete Folgerung hergeleitet. Aber nur das erste war ein logischer Schluß, das zweite ein astronomischer, also naturwissenschaftlicher. Das Kennzeichnende einer bestimmten Wissenschaft wie Logik, Physik oder Astronomie liegt erst in den Gründen, durch die sie die Richtigkeit ihrer Schlüsse gerechtfertigt sieht.

Zu unserem astronomischen Beispiel liegt der Grund in einer durch lange Erfahrung bestätigten Gesetzmäßigkeit: die Sonne durchläuft in immer gleicher Zeit, die wir eben ein Jahr nennen, einen geschlossenen Kreis am Himmel. Die Himmelsmechanik, allgemeiner gesagt die Physik, legt den Grund tiefer. Sie leitet diese einzelne Gesetzmäßigkeit aus einigen allgemeinen Gesetzen ab. Diese Gesetze selbst — Newtons Axiome, das Gravitationsgesetz — sind Physikern, die über Erfahrung nachdachten, als mögliche Erklärung der Erscheinungen eingefallen, als Hypothese aufgestellt und durch vielfältige Bewährung in der Erfahrung für einen gewissen, zunächst nicht scharf abgrenzbaren Geltungsbereich gerechtfertigt worden.

Der Grund der logischen Gewißheit erscheint von anderer Art. Man kann sich ihr auch ohne positive Kenntnisse über die Natur nicht entziehen. Andererseits erscheint sie irgendwie trivial; wir meinen durch einen logischen Schluß „eigentlich" nichts Neues zu lernen. Von der exakten Naturwissenschaft verlangen wir als Ideal die logische Form. Setzen wir ihre allgemeinen Gesetze und die „kontingenten Aussagen", welche einen bestimmten Zustand gewisser Dinge beschreiben, als Prämissen voraus, so sollten die Voraussagen logisch folgen. Z. B. „Die Sonne steht immer ein Jahr nach einem Zeitpunkt wieder am selben Ort. Heute steht die Sonne im Wendekreis des Steinbocks. Also wird sie in einem Jahr im Wendekreis des Steinbocks stehen." Dieser Schluß ist nun logisch zwingend. So ist die Logik eine Bedingung der Möglichkeit exakter Wissenschaft. Warum aber glauben wir der Logik? Welcher Grund rechtfertigt ihre Schlüsse[15]?

Traditionell gilt die Logik vielfach als die Lehre vom Denken. Das ist unklar, wenn nicht falsch. Eine Beschreibung, wie wir wirklich denken, ist sie gewiß nicht. Selbst logisch richtige Folgerungen werden oft genug vor dem Schluß gefunden, der sie rechtfertigt, und V. von Weizsäckers Lehre von der Antilogik trifft auf unser wirkliches Denken, gerade wo es gescheit ist, oft genug zu, von der Dummheit und dem Irrtum nicht zu reden. Eher ist die Logik eine Tanzschule des Denkens, eine Lehre davon, wie man denken soll, wenn man in der Wissensaft etwas beweisen will. Damit aber fallen wir auf unsere Frage zurück: warum dürfen wir einem Beweis glauben, wenn er logisch ist?

---

[15] Vgl. zum folgenden G. Picht, Bildung und Naturwissenschaft, in Cl. Münster und G. Picht, Naturwissenschaft und Bildung, Würzburg 1954.

Eine philosophische Richtung unserer Zeit möchte die logischen Schlüsse als Tautologien auffassen. Ich sage in der Konklusion dasselbe wie in den Prämissen, deshalb darf ich ihr trauen, wenn ich die Prämissen als wahr kenne. Dabei wird vorausgesetzt, daß eine Wahrheit, zum zweitenmal ausgesprochen, wahr bleibt. Die Frage ist, wieso die Konklusion dasselbe sagt wie die Prämissen. Ihre sprachliche Form ist eine andere. Daß die andere sprachliche Form dasselbe aussage, ist eine nicht selbstverständliche Behauptung. In ihr verbirgt sich jetzt der Grund der Wahrheit der Logik. Man kann sagen: *Wenn* die Grundsätze der Logik (Satz der Identität, des Widerspruchs, des ausgeschlossenen Dritten) wahr sind, sagen die Prämissen „eigentlich" auch schon aus, was die Konklusion behauptet. Warum sind nun diese Sätze wahr, und was heißt dieses „Eigentlich"?

Die heutige mathematische Logik beschränkt den Begriff „Logik" oft auf einen Kalkül, also auf Regeln zur Hervorbringung von Zeichenreihen auf Papier. Dies dient der Durchschaubarkeit und daher der Präzision der Aussagen. Natürlich wird unser Problem auch dadurch nicht verändert, denn wir fragen ja nicht nach dem Recht gewisser Autoren, Regeln für einen Formalismus aufzustellen, sondern nach dem Grund dafür, daß dieser Formalismus solche Regeln „abbildet", die beim Aufbau der Wissenschaften von der wirklichen Welt stets notwendig und erfüllbar sind.

Es bleibt also wohl nichts übrig, als in der Logik wirkliche Erkenntnis zu sehen, so wie in jeder guten Wissenschaft. Was aber erkennt sie? Ihre Grundsätze geben sich in der Form allgemeiner Sätze, so wie die Grundgesetze der positiven Wissenschaften. Was ist ihr Geltungsbereich? Jedenfalls ist er durch keine materiale Bedingung eingeschränkt. Sie gelten, so scheint es, für jeden möglichen Gegenstand; wie Scholz[16] leibnizisch sagt, für alle möglichen Welten. Wenn sie aber so allgemein sind, woher wissen wir sie, und mit welchem Recht behaupten wir sie?

Auf diese Fragen, nicht nur bezüglich der Logik, sondern bezüglich aller allgemeinen Erkenntnisse, bietet uns die Tradition den Streit zwischen Empirismus und Apriorismus an[17]. Beide Thesen sind unzureichend. Die Fähigkeit, Allgemeines als Allgemeines aufzufassen, macht das, was wir menschliche Erfahrung nennen, erst möglich. Daß man alles, was man wisse, aus individueller Erfahrung abstrahiert habe, ist schon für die Tiere falsch,

---

[16] H. Scholz, Metaphysik als strenge Wissenschaft, Köln 1941.

[17] Vgl. C. F. von Weizsäcker. Kontinuität und Möglichkeit, Die Naturwissenschaften 38, 533 (1951), abgedruckt in diesem Band.

so daß wenig Grund besteht, es für die Menschen zu erwarten. Erfahrung zu machen, ist tierpsychologisch gesehen eine höher differenzierte Fähigkeit als angeborenes Können und setzt dieses voraus; auch Automaten mit „angeborenem Wissen" sind leichter zu bauen als solche, die „aus Erfahrung lernen". Auf der anderen Seite braucht ein Erfahrungs- oder Denkschema nicht schon richtig oder gar absolut richtig zu sein, weil es angeboren ist. Kant freilich charakterisiert die Erkenntnis a priori überhaupt nicht psychologisch als angeboren, sondern sachlich als Bedingung der Möglichkeit von Wissenschaft. Doch bleibt die Frage, ob solche Bedingungen nicht auch Hypothesen sein können.

Für die Frage, woher wir die Logik haben, sehen wir uns also auf eine Einzelforschung zurückverwiesen, die vermutlich zur Physiologie und Psychologie in der Zusammengehörigkeit, in der V. von Weizsäcker sie sieht, als gleich wichtigen Partner die Kultur- und Geistesgeschichte setzen muß; denn die Logik in der Gestalt, in der wir sie kennen, ist eine Erfindung der griechischen Philosophie. Warum erfand man dies und so?

Die Antwort auf diese Frage würde in den dritten Umlauf gehören. Eines unserer Ziele war, wenigstens so weit vorzudringen, daß wir sie stellen können. Wir sind damit mitten in jenem Zirkel der Erkenntnis, den Gestaltkreis und zirkuläre Komplementarität andeuten: die Logik ist Voraussetzung der empirischen Wissenschaft, die die Herkunft der Logik erforscht. Der Zirkel ist nicht vitios. Er fingiert ja nicht einen Beweis aus dem heraus, was bewiesen werden soll, sondern er gibt reale Abhängigkeiten an; und solche schließen sich oft im Kreis.

Wir haben die Frage nach der Abhängigkeit der *Logik* von der Anthropologie formuliert. Wir kehren nun zur Frage nach der *Physik* zurück. Inwiefern ist Physik erweiterte Logik?

Wir haben die Frage nach dem *Recht* der Logik noch offengelassen. Wenn sie für jeden möglichen Gegenstand gelten soll, so scheint sie ontologische Wahrheiten auszudrücken. Sollte aber die Ontologie, anders als jede andere Wissenschaft von wirklich Seiendem, von der Hypothesenbildung ausgenommen sein? Vielleicht formuliert die Logik ontologische Hypothesen? So sagten wir, als wir uns zuerst mit dem Gestaltkreis beschäftigten: Die Logik scheint eine Erfindung zu sein, um Sein und Werden zugleich denkbar zu machen. Dann ist sie mit einem bestimmten Begriff von Zeit verbunden, und wohl noch mit anderen Voraussetzungen. Nun ist in der Quantentheorie die klassische Ontologie ins Wanken geraten. Muß dann die Quantentheorie nicht auch eine veränderte Logik voraussetzen?

Die Mathematiker G. Birkhoff und J. von Neumann[18] haben schon 1936 eine formale Struktur angegeben, die sie als die in der Quantentheorie enthaltene Logik deuteten. In den letzten Jahren habe ich angefangen, mich mit diesem sehr schwierigen Problem ausführlich zu beschäftigen[19]. Die Deutung der Birkhoff-Neumannschen Theorie als Logik scheint mir richtig. Macht man aber von ihr ernstlich Gebrauch, d. h. versucht man gemäß dieser Logik zu denken, so ergeben sich ganz neue, unerwartete Aspekte. Auf diese zielt die ganze bisherige Darstellung hin, und sie seien als Abschluß kurz umrissen.

Im Abschnitt über Komplementarität wurde schon angedeutet, daß in der Quantentheorie in einem bestimmten Sinne der Satz vom ausgeschlossenen Dritten nicht gilt[20]. Hat ein Teilchen einen bestimmten Impuls, so ist der Satz „es ist am Ort x" weder wahr noch falsch, er hat vielmehr eine bestimmte Wahrscheinlichkeit, wahr zu sein. Die Hypothese, es handle sich hier um eine nichtklassische *Logik*, besagt einfach, daß hier nicht eine besondere „Materialeigenschaft" physikalischer Teilchen vorliegt, sondern daß grundsätzlich jede Aussage diese dritte Möglichkeit neben der Wahrheit und der Falschheit zur Verfügung hat. Dabei beschränken wir uns auf kontingente Aussagen, die einen zum Wechsel fähigen Zustand beschreiben.

Eine „dreiwertige Logik", welche die drei Wahrheitswerte „wahr", „möglich" und „falsch" benützte, würde den Sachverhalt noch sehr ungenau beschreiben. Tatsächlich bedeutet jeder mögliche Wert der Wellenfunktion am Ort x eine besondere Charakterisierung der „Art der Wahrheit" der Aussage „das Teilchen ist am Ort x". Ich habe deshalb versuchsweise die Wellenfunktionen als die Wahrheitswerte derjenigen Aussagen bezeichnet, die durch die Argumente der Wellenfunktionen angegeben sind, also z. B. $\varphi(x)$ als Wahrheitswert der Aussage: „Das Teilchen ist am Ort x." In diesem Sinne ist die Logik der Quantentheorie unendlichwertig.

Komplementarität ist ein Grundbegriff dieser Logik. „Zwei Aussagen

---

[18] G. Birkhoff and J. von Neumann, The logic of quantum mechanics. Annals of Mathematics 37, 823 (1936).

[19] C. F. von Weizsäcker, Göttingische Gelehrte Anzeigen 208, 117, (1954) und l. c. [3].

[20] Dies tritt in der Birkhoff-Neumannschen Theorie nicht hervor. (Vgl. dazu l. c. [3], 7. Abschnitt; dies Buch S. 314).

sind komplementär" heißt dann: wenn die eine der beiden wahr ist, kann die andere weder wahr noch falsch sein.

Wir wenden uns nun zu einem möglichen Einwand gegen diese Auffassung. Wenn ich die möglichen Wahrheitswerte einer Aussage x durch die Wellenamplitude φ (x) charakterisiere, so setze ich, wie es scheint, voraus, der Satz: „Die Welle hat den bestimmten Wert φ_0 (x)" sei entweder wahr oder falsch. Anders ausgedrückt: Nenne ich die Aussage φ (x), welche den Wahrheitswert der Aussage x angibt, die Metaaussage von x, so setze ich für die Metaaussagen anscheinend die zweiwertige Logik voraus. Ich muß, so scheint es, die zweiwertige Logik voraussetzen, um die mehrwertige einzuführen. Ist das nicht eine Deductio ad absurdum der mehrwertigen Logik?

Ich will die Hypothese aufstellen, der denkbare Ausweg, man arbeite in verschiedenen Schichten mit verschiedenen Logiken, sei falsch. Es gibt, so will ich vermuten, nur eine, und zwar unendlichwertige Logik. In der Tat widerspricht nun das bei der Einführung der neuen Wahrheitswerte angewandte Verfahren dieser Vermutung nicht. Wenn ich positiv behaupte, die Welle habe den Wert φ_0 (x), so behaupte ich in diesem Atemzug, der Satz „die Welle hat den Wert φ_0 (x)" sei wahr. Wenn ich aber nicht positiv behaupte, die Welle habe den Wert φ_0 (x), so behaupte ich mit diesem Atemzug nicht schon, der genannte Satz sei falsch. So bleibt Raum für die Möglichkeit, auch dieser Satz sei weder wahr noch falsch.

Der Satz, den ich selbst vor noch nicht langer Zeit für wahr gehalten hätte, schon die Benützung der „natürlichen Sprache" oder des „natürlichen Denkens" involviere die zweiwertige Logik, scheint mir im Lichte dieser Überlegungen fasch. Die positive Falschheit des Satzes vom ausgeschlossenen Dritten hat im Zusammenhang mathematischer Probleme schon B r o u w e r behauptet; wie mir jetzt scheint, mit Recht.

Eine andere, ernstere Schwierigkeit ist, daß die Logik damit zu einem unübersehbaren Turmbau, einer auf die Spitze gestellten unendlichen Pyramide wird. Eine einfache Aussage x definiert zunächst die unendlich vielen möglichen Fälle, die durch den unendlichen Wertevorrat der „Wahrheitsamplitude" φ (x) gegeben sind. Sie sind alle begrifflich verschieden und physikalisch unterscheidbar (bis auf die Probleme der Meßungenauigkeit und des Kontinuums, die vielleicht zusammenhängen). Jeder dieser Fälle definiert nun aber außer den zwei Möglichkeiten, daß der ihn behauptende Satz wahr oder falsch ist, von neuem unendlich viele Möglichkeiten anderer

Wahrheitswerte für diesen Satz: φ (φ (x)). Ein Ende dieser Iterationsmöglichkeit ist nicht abzusehen.

Vielleicht stiftet aber eben diese Tatsache einen innigeren Zusammenhang zwischen Logik und Physik, als man vorher geglaubt hätte. Ich vermute nämlich, daß jede dieser Stufen einen wohldefinierten physikalischen Sinn hat. Gehen wir von einer einfachen Alternative aus, also von zwei Sätzen, neben denen die klassische Physik einen dritten als möglich zuließe, so definiert die zugehörige Wellenfunktion ein Kontinuum möglicher Wahrheitswerte, das gerade die Struktur des dreidimensionalen euklidischen Raumes hat. Man kann also versuchen, die möglichen Orte eines Teilchens im Raum als die möglichen Wahrheitswerte einer zugrundeliegenden „Ur-Alternative“ zu denken. Dies ist die erste Stufe der Komplementaritätslogik. In der zweiten Stufe finden sich die Wellen im Raum als die möglichen Wahrheitswerte der möglichen Aussagen über den Ort eines Teilchens. In der dritten Stufe finden sich Wahrheitswerte der möglichen Aussagen über Wellenfunktionen. Diese dritte Stufe ist die sogenannte Quantentheorie der Wellen, die anschaulich auch besagt, daß es viele Teilchen gibt, die nach den Gesetzen der Quantentheorie miteinander wechselwirken. Es ist die heutige Stufe der Physik. Eine Interpretation der denkbaren höheren Stufen ist nicht bekannt.

Diese Stufentheorie ist der Sinn der Behauptung, die Physik sei eine erweiterte Logik. Es eröffnet sich die Aussicht auf die Möglichkeit, daß alle Gesetze der Physik Konsequenzen eines einfachen logisch-ontologischen Grundansatzes wären, den wir selbst vorerst nur auf Grund empirischer Hinweise teilweise erraten haben. Die Antwort auf die Frage: warum genügt die Materie der Physik? wäre dann: weil sie der Logik genügt. Umgekehrt wäre man versucht zu sagen: wenn es wahre Aussagen über die Seele gibt, die der Logik genügen, so wird man erwarten, daß die Seele ebensoweit der Physik genügt, also sich als Körper zeigt. Die Offenheit der höheren Stufen besagt dann, daß die hier behauptete Physik zugleich definiert und doch auf Erweiterungen angelegt ist. Doch geraten wir hier wieder in metaphysische Hypothesen. Gewiß liegen die Dinge noch ganz anders, als wir heute ahnen können.

Als erstes wird es nötig sein, den Stufenbau sehr viel besser zu verstehen. Hier taucht nun die Anthropologie im Hintergrund der Physik auf. Die Frage liegt ja nahe: warum der Stufenbau? Könnte man nicht die Fülle der Möglichkeiten, die man im Stufenbau nacheinander durchläuft, mit *einem*

Blick anschauen? Könnte man nicht dieses Ganze *als* Ganzes in *einem* Gedanken denken? Wenn wir antworten, daß wir das Unendliche nicht aktual anschauen, also nicht in einem wirklichen Vollzug als das, was es ist, denken können, so weisen wir damit auf die menschliche Natur als Grund des Stufenwegs zurück.

Damit haben wir den Zirkel zwischen Anthropologie und Physik einmal durchlaufen, wenngleich nur mit einer Kette von Hypothesen. Wir haben gleichsam im gedanklichen Modell gezeigt, daß es sinnvoll sein kann, in diesem Kreis zu denken, und daß viele traditionelle Probleme ihren stagnierenden Charakter verlieren könnten, wenn sie in diese Bewegung aufgenommen würden. Die konkreten Aufgaben, die sich dabei zeigen werden, sind zum größten Teil noch jenseits der Linie, zu der mein Blick reicht. Als Beispiel für sie mag eine abschließende Betrachtung über das Verhältnis des Drehtürprinzips und der Komplementarität zum Satz vom ausgeschlossenen Dritten dienen.

Die Logik hat nach unserer jetzigen Auffassung ebensowohl über die Ontologie an der Physik wie über die Lehre vom Denken an der Anthropologie Anteil. Sie handelt von wahren Aussagen, also davon, wie man etwas Wahres sagen kann. Das Wahre soll ein Stück der Wirklichkeit so zeigen, wie sie ist, sie soll aber eben nicht nur wirklich sein, sondern gesagt werden können. Es ist offensichtlich, daß wir hier in die Nähe des Heideggerschen Denkens kommen. Ich möchte der ausdrücklichen Bezugnahme auf Heidegger hier aber ausweichen: sie würde einen neuen, nicht mehr hierhergehörigen Anlauf verlangen. Wir greifen nun die Frage wieder auf, die wir beim Beginn des zweiten Umgangs stellten, ob zwischen dem aufs Anthropologische eingeschränkten Prinzip des Gestaltkreises und der auf die Physik eingeschränkten Komplementarität ein sachlich begründeter Zusammenhang überhaupt bestehen kann. Vielleicht kann uns hier die doppelte Verankerung der Logik helfen.

Erläutern wir das Drehtürprinzip durch den Begriff der Verdrängung und gar durch den Vergleich mit dem schnellen und dem langsamen „Gedächtnis" der Rechenmaschinen, so steckt darin nichts von der Preisgabe des Satzes vom ausgeschlossenen Dritten, durch die wir die Komplementarität logisch erklärt haben. Doch haben wir, als wir diese Erläuterungen wählten, ausdrücklich noch diejenige Physik bzw. Ontologie vorausgesetzt, die von der Komplementarität noch nicht berührt war. Wesentlich für das Drehtürprinzip ist jedoch nur das: Es kann sich uns etwas zeigen, es kann sich uns aber nicht alles, was sich uns überhaupt zeigen kann, auf einmal zeigen. Wir haben nun zwar zunächst die Freiheit, anzunehmen, das Verborgene sei in seiner Verborgenheit genau so, wie es ist, wenn es sich zeigt; dies ist die klassische Ontologie. Wir haben aber wohl ebensowohl die Freiheit, anzunehmen, dies sei nicht so; damit schaffen wir z. B. Raum für komplementäre Verhältnisse.

Es gibt eine Deutung des Satzes vom ausgeschlossenen Dritten, in der wir ihn beibehalten werden, und vielleicht kommt diese seinem Sinn bei Aristoteles nahe. Wir sagen dann: eine Aussage ist ein λόγος ἀποφαντικός, eine Rede, die Seiendes zu zeigen bestimmt ist. Dies gelingt ihr oder nicht, tertium non datur. Die Aussage zeigt das von ihr gemeinte Seiende so wie es ist, oder aber sie zeigt es so nicht, sie trifft das soeben vorliegende Phänomen, oder aber sie trifft es nicht. Von einem Teilchen, dessen Impuls bestimmt ist, kann man zwar nicht im Sinne der klassischen Ontologie sagen, es habe nicht den Ort x, denn es könnte ihn bei einer Ortsmessung zeigen. Aber sicher ist dieser Ort jetzt eben nicht Phänomen. Beschränken wir den Begriff der Wahrheit streng auf das, was sich als Phänomen zeigt, so bleibt für diese der Satz vom ausgeschlossenen Dritten soweit bewahrt, als das Phänomen überhaupt in einem Urteil ausgesprochen werden darf.

Aber alle Wissenschaft muß notwendigerweise auch vom Verborgenen reden; ein allwissendes Wesen würde nicht Wissenschaft treiben. Gestaltkreislehre und Komplementaritätsbegriff sagen übereinstimmend, daß das Verborgene nicht nur das zufällig gerade nicht ans Licht Gekommene ist, sondern daß die Struktur des *Erkennens* gemäß wesentlich Verborgenes geben muß. Ebensowohl dürften wir sagen, es müsse nach diesen Lehren der Struktur des *Wirklichen* gemäß wesentlich Verborgenes geben. Dieses Verborgene kann sehr wohl beschrieben werden, aber nicht so als sei es Erscheinendes; in den Annahmen über die Struktur des Verborgenen liegt die Abweichung von der klassischen Ontologie. D. h. wir denken das Seiende überhaupt nicht mehr losgelöst davon, daß es das ist, *was erscheinen kann*. In diesem Sinne sind Subjekt und Objekt in der Logik der Komplementarität strukturell zusammengehörig. Das Rätsel des Cartesianismus, wie die Materie der Seele bekannt werden könne, verschwindet, denn Materie ist überhaupt nur noch als das, was seiner Struktur nach bekannt sein und eben darum auch verborgen sein kann, definiert. Die Struktur des Verborgenen ist nun freilich in weitem Umfang korrekt durch die klassische Ontologie beschrieben; so gibt es wirklich Verdrängtes, das vom Bewußten nicht wesentlich verschieden ist, und im Gehirn geht es wohl weithin nach den Gesetzen der klassischen Physik zu. Aber dies ist jetzt Folgerung unter grundsätzlich angebbaren einschränkenden Voraussetzungen, nicht selbst absolute Voraussetzung. Wir bewegen uns, wie Viktor von Weizsäcker sagt, in der Abhängigkeit von einem Grunde, der selbst nicht Gegenstand der Erkenntnis wird.

Nachwort

Die Anzahl der in diesem Band vereinigten Aufsätze hat sich im Laufe der Neuauflagen so sehr vermehrt, daß vielleicht ein kleiner Wegweiser für den Leser nützlich sein kann, der den Zusammenhang der verschiedenen angeschlagenen Themen andeutet. Ein Aufsatz versucht, eine umschriebene Frage in möglichst knapper Form zu behandeln. Wer an dieser speziellen Frage interessiert ist, soll ihn daher für sich allein lesen können. In Wirklichkeit läßt sich aber eine einzelne Frage niemals aus dem Gewebe aller anderen Fragen sauber herauslösen. Die Aufsätze enthalten daher vielfach Hinweise auf Probleme, die an der jeweiligen Stelle nicht behandelt werden können, die man aber durchschauen müßte, um die soeben behandelte Frage wirklich beantworten zu können. In diese Verweise möchte ich mit dem Nachwort, das ich hier hinzufüge, eine gewisse Ordnung bringen. Teils verweisen die Aufsätze des Bandes aufeinander, teils verweisen sie auch auf Fragen, die ich anderswo behandelt habe oder gern noch behandeln möchte. Wenn die Fragen richtig gestellt sind, werden sie freilich außerdem über sich hinausweisen in einen Bereich, den sie nicht mehr ausdrücklich erreichen.

Zum Schreiben dieser Aufsätze wurde ich von Anfang an getrieben durch die Überzeugung, daß mit der modernen Physik etwas über die Einzelwissenschaften hinaus Wichtiges geschehen sei. Dieses Empfinden ist heute, da sich die technischen Folgen dieser Physik gezeigt haben, allgemein verbreitet. Aber schon vor 30 Jahren konnte es einen philosophisch interessierten jungen Menschen veranlassen, als Voraussetzung künftigen philosophischen Nachdenkens Physik zu studieren. So stehen im ganzen die abstrakteren Fragen im Vordergrund des Interesses dieser Aufsätze. Aber eine der Aufgaben der Philosophie ist es ja, die eigene Zeit zu verstehen. Daher können wir in diesem nachträglich ausgelegten Leitfaden mit den Fragen beginnen, die heute unser Bewußtsein vordergründlich beschäftigen.

Von Einzelheiten der technischen Anwendung der modernen Wissenschaft und deren Wirkungen aufs menschliche Leben ist in den hier gesammelten Aufsätzen nicht die Rede. Dafür kann ich auf die heute sehr umfangreiche Literatur über Atomenergie und verwandte Fragen verweisen und darf vielleicht meine eigenen Vorlesungen „Die Verantwortung der Wissenschaft im Atomzeitalter“[1] und „Atomenergie und Atomzeitalter“[2] nennen. Im vorliegenden Bande tauchen diese Fragen in den Aufsätzen „Wohin führt uns die Wissenschaft?“ und „Das Experiment“ auf. Die Technik wird mehr und mehr von der Wissenschaft gesteuert. Den nützlichen Wirkungen stehen Gefahren gegenüber, die im Bewußtsein vieler Menschen unserer Zeit den Nutzen überschatten. Wir können aber auf die Technik nicht verzichten. Das nötigt uns, umso eindringlicher nach dem Geist zu fragen, aus dem diese Entwicklung hervorgegangen ist. Wir fragen damit nicht mehr naiv nach der Natur, sondern wir fragen danach, was im Menschen geschehen sein muß, damit er die neuzeitliche Naturwissenschaft hervorbringen konnte.

Wir haben also unter einem bestimmten Aspekt nach unserem eigenen Ort in der Geschichte gefragt. Wir werden diese Frage nur dann einigermaßen adäquat beantworten können, wenn wir etwas mehr von dem Ganzen der Geschichte in den Blick bekommen, innerhalb deren wir unseren Ort suchen. Dies ist das Thema des Aufsatzes über die Unendlichkeit der Welt. Er versucht keine umfassende Geschichtsphilosophie. Er greift vielmehr eine einzelne Frage, eben die, ob die Welt unendlich sei, heraus. Er stellt auch diese Frage nicht naiv in der Hoffnung, auf sie direkt eine Antwort zu erhalten. Er benutzt sie vielmehr wie einen Spiegel. Die Antworten, die die Menschen im Laufe der Geschichte vom griechischen Mythos bis zu unserem Jahrhundert auf diese Frage gegeben haben, verraten etwas von der Einstellung dieser Menschen zum Leben überhaupt. Wir sehen, wie der Unendlichkeitsglaube der Neuzeit aus dem Glauben des christlichen Mittelalters an einen unendlichen Gott durch einen geistigen Vorgang herauswächst, den man wohl am besten als Säkularisierung bezeichnet. Die theologische Frage, die sich hier stellt, habe ich in diesem Aufsatz nur angedeutet. Ich möchte den, der sie verfolgen will, vor allem auf die Schrift von Friedrich Gogarten „Verhängnis und Hoffnung der Neuzeit“[3] hinweisen. In dem wesentlich später geschriebenen Aufsatz über Säkularisierung und Naturwissenschaft habe ich diese Frage ausdrücklich — wengleich nur sehr andeutend — behandelt.

Mit diesem Blick auf die Geschichte der Menschheit ist uns die Geschichtlichkeit unseres Daseins überhaupt in Erinnerung gerufen. Diese Frage ist ebenfalls in den hier vorgelegten Aufsätzen nicht ausdrücklich behandelt. In meinen Vorlesungen über „Die Geschichte der Natur“[3] habe ich versucht, am Problem der Geschichtlichkeit die gegenseitige Abhängigkeit unseres Verständnisses des Menschen und unseres Verständnisses der Natur zu erläutern. Die Natur ist älter als der Mensch, aber der Mensch älter als die Naturwissenschaft. Wer, wie ich es hier versucht habe, von der positiven Wissenschaft ausgehend, philosophische Fragen stellt, wird demnach zuerst den durch diese gegenseitige Abhängigkeit angedeuteten Zirkel mehrere Male durchlaufen müssen, ehe er sein Material in einer zum eigentlichen Philosophieren vorbereiteten Form zur Verfügung haben wird. In der „Geschichte der Natur" habe ich versucht, einen Halbkreis zu durchlaufen, indem ich die Herkunft des Menschen aus der Natur geschildert habe. Der Aufsatz über die Unendlichkeit der Welt kann als eine erste Andeutung des Durchlaufens des anderen Halbkreises gelten, indem er die Herkunft der Naturwissenschaft aus der Geschichte des Menschen zum Gegenstand hat. Ich hoffe, in nicht zu ferner Zeit einen etwas breiter ausgeführten Versuch in der selben Richtung in Gestalt einer kurzen Geschichte der Kosmogonie vorlegen zu können.

Wollen wir nun aus diesen geschichtlichen Betrachtungen für das Verständnis unserer eigenen Lage Nutzen ziehen, so müssen wir aus den weiten Horizonten der Weltgeschichte schrittweise wieder in unsere Gegenwart zurückkehren. Hier wäre insbesondere die Entstehung der neuzeitlichen Naturwissenschaft im 17. Jahrhundert wichtig. Unter den vorliegenden Aufsätzen berührt nur der über „Naturgesetze und Theodizee" dieses Thema. Er geht von einer speziellen Fragestellung von Leibniz, nämlich den Extremalprinzipien, aus und versucht, diese mit dem heutigen Kenntnisstand zu vergleichen. Leider bin ich noch nicht dazu gekommen, eine für unsere Fragestellung vielleicht noch wichtigere Untersuchung über den mathematischen Hintergrund der Philosophie von Descartes zu Ende zu führen.

Die neuzeitliche Naturwissenschaft findet ihre erste großartige systematische Formulierung bei Newton. Die moderne Physik ist durchgehend eine Kritik der klassischen Mechanik Newtons, die doch erst durch Newton selbst möglich geworden ist. Von dieser heutigen Position aus erscheinen solche Denker der Vergangenheit besonders wichtig, die schon früher das Denken der klassischen Physik kritisch betrachtet haben. Der vorliegende Band enthält eine kurze Notiz über Vico. In den selben Zusammenhang gehört eine Auseinandersetzung mit Goethes Naturwissenschaft, die ich als Nachwort zum Band „Naturwissenschaftliche Schriften" der Hamburger Goethe-Ausgabe veröffentlicht und hier nicht noch einmal abgedruckt habe. Man wird sagen müssen, daß die heutige Naturwissenschaft in den Punkten, die Vico und Goethe kritisieren, im wesentlichen ebenso verfährt wie Newton. Nur da wir dieses Verfahren nicht mehr als den selbstverständlichen Weg zur Wahrheit, sondern als eine bestimmte Methode, die uns einen bestimmten Aspekt der Natur erschließt, verstehen gelernt haben, erkennen wir heute sehr viel leichter die tiefe Berechtigung der Anliegen von Vico und Goethe. Wir bezahlen dieses Verständnis vorerst mit einer Gespaltenheit unseres Bewußtseins von der Natur.

In denselben historischen Zusammenhang gehört der Aufsatz über das Verhältnis der Quantenmechanik zur Philosophie Kants. Hier finden wir, so scheint mir, wirklich nahe verwandte Züge zwischen einer klassischen philosophischen Analyse der klassischen Physik und derjenigen Kritik der klassischen Physik, die sich aus der Physik unseres Jahrhunderts ergibt. Freilich ist dieser Aufsatz als Aufsatz über Kant noch unzureichend und als philosophische Interpretation der modernen Physik von vornherein nur als Vorarbeit gemeint.

Gehen wir zunächst den geschichtlichen Gang bis zur Gegenwart, so möchte ich hier zwei Aufsätze einordnen, welche in einer ans biographische streifenden Weise die philosophischen Auffassungen zweier großer Physiker unseres Jahrhunderts skizzieren: „Einstein und Bohr" und „Niels Bohr". Die Frage, wie die Naturwissenschaften einer Zeit im geistigen Ganzen dieser Zeit stehe, ist oft berührt, aber wohl kaum je befriedigend behandelt worden. Auch die hier vorgelegten Versuche haben kaum mehr als aphoristischen Wert. Hier stellt sich ja die folgende grundsätzliche Frage: Einerseits meinen wir immer wieder zu spüren, daß auch die großen Naturforscher Kinder ihrer Zeit sind und daß ihre Begriffe das spiegeln, was ihre Zeit überhaupt zu denken vermag. Andererseits hat gerade die Naturwissenschaft mit noch immer unerschütterter Kraft und Naivität dem Versuch einer historischen Relativierung widerstanden. Wir meinen, daß Archimedes, Galilei und Einstein Sätze ausgesprochen haben, die, mochten sie auch in ihre Zeit passen, vor allem wahr, und zwar für alle Zeiten wahr waren. Wie kann beides sich vereinigen? Dies ist eine Frage an die Kategorien unserer Geschichtsphilosophie. Die Schwierigkeit dieser Frage rechtfertigt es vielleicht, daß ich in diesem Band auch unter dem Titel „Entepente und die abstrakte Kunst" einen Versuch abdrucke, den Zusammenhang der heutigen Physik mit der künstlerischen

Situation unserer Zeit in mehr scherzhafter Form zu behandeln. Es gibt Dinge, die im Ernst zu sagen zu schwer wäre. Vielleicht darf ich hinzufügen, daß ich in der Vorrede zu einem Bildband über das künstlerische Werk von Fritz von Graevenitz[5] einige dieser Fragen etwas ausführlicher und in etwas ernsterem Ton noch einmal aufgegriffen habe.

Schließlich gehört in diesen Zusammenhang die kurze Notiz über die Beziehung der heutigen theoretischen Physik zur Philosophie Heideggers. Die heutige Physik denkt nicht nur über Raum, Zeit und Kausalität, sondern über den Sinn des Wortes „Sein" anders als die frühere. Das Entscheidende ist dabei wohl nicht, daß sie anders denkt, sondern daß sie wieder erkannt hat, daß hier überhaupt eine Frage zu stellen ist. In der Analyse der Quantenmechanik beginnen wir gerade zu ahnen, daß das Problem, das die moderne Physik uns stellt, ein Problem der Ontologie ist.

Wollen wir uns nun an dieses Problem herantasten, so müssen wir uns zunächst den Inhalt der modernen Physik vergegenwärtigen, ohne durch die Schwierigkeit des formalen Apparats zu sehr abgelenkt zu werden. Diese Aufgabe läßt sich nur in einem Kompromiß lösen. Die wirkliche Arbeit an der Interpretation der heutigen Physik kann ohne Kenntnis des formalen Apparats nicht geleistet werden. Die Ergebnisse dieser Arbeit lassen sich aber in gewissem Umfange darstellen, ohne auf den Apparat in den Einzelheiten einzugehen. Freilich wird dabei der zwingende Charakter der Überlegungen nicht mehr ganz zum Vorschein kommen.

Eine Vorstufe zu dieser Darstellung ist zunächst die Information über den Gedankengehalt der heutigen Physik. Die moderne Physik bleibt unverständlich, wenn nicht ihre unerläßliche Voraussetzung, die klassische Physik, verstanden ist. Nur ein Teilstück der klassischen Physik tritt in diesem Band im Aufsatz über den Satz von der Erhaltung der Energie in Erscheinung. Für eine zusammenhängende Darstellung möchte ich auf das Buch „Physik der Gegenwart"[6] von J. Juilfs und mir verweisen. Die Relativitätstheorie ist, abgesehen von dem Aufsatz über Einstein und Bohr, kein ausdrückliches Thema der hier gesammelten Aufsätze. Der Inhalt der Quantentheorie wird skizziert und vorläufig analysiert in den beiden ersten Aufsätzen dieses Bandes sowie im ersten Teil des Aufsatzes über Kant.

Das ontologische Problem, das in dem Aufsatz über Kant schon angedeutet ist, habe ich dann auf einem Weg angegriffen, der, von der Ontologie her gesehen, vielleicht ein Umweg ist, der sich aber dem formalen Denken der heutigen Physik näherlegt, nämlich über die Logik. In der

Arbeit über Kant ist die Möglichkeit einer Interpretation der heutigen Physik durch eine mehrwertige Logik angedeutet. Mehr als 10 Jahre später habe ich diese Frage unter dem Einfluß einer Arbeit von Georg Picht wieder aufgenommen. Den hierher gehörigen Teil einer ausführlichen Rezension der Pichtschen Arbeit habe ich in diesem Band abgedruckt. Dort ist nur ein Programm formuliert. Der erste Versuch, dieses Programm durchzuführen, ist der Aufsatz über Komplementarität und Logik, der im vorliegenden Band an vorletzter Stelle steht. Mit diesem Aufsatz ist ein Schwierigkeitsgrad erreicht, der über den aller bisher besprochenen Aufsätze wesentlich hinausgeht. Dem Leser, der mir in so schwierige und spezielle Untersuchungen nicht folgen kann oder will, möchte ich ausdrücklich sagen, daß wenigstens in einer gewissen Stufe das Verständnis der zuvor besprochenen Aufsätze nicht von dem Verständnis dieser Untersuchungen über Logik abhängt. Freilich muß auf der anderen Seite auch gesagt werden, daß erst in diesen Untersuchungen Gedanken, die zuvor nur als Hoffnung oder Vermutung ausgesprochen waren, eine einigermaßen strenge Gestalt angenommen haben.

Vielleicht ist als Wegweiser für die Untersuchungen über Logik noch die folgende Bemerkung von Nutzen. Der Übergang von der Besprechung über Picht zu der Arbeit über Komplementarität und Logik enthält einen Wechsel des Standpunkts. Die moderne Logik (Tarski und folgende) unterscheidet zwischen der logischen Struktur der Objektsprache, das ist der Sprache, die man logisch untersucht, und der logischen Struktur der Metasprache, das ist der Sprache, mit deren Hilfe man die Untersuchung führt. Der zentrale Gedanke der Besprechung über Picht war, man könne in der Quantenmechanik eine Logik nachweisen, die andere Wahrheitswerte als „wahr“ und „falsch“ kennt. Dieser Gedanke ist an sich nicht neu (vgl. die Literaturangaben in „Komplementarität und Logik“). In der Besprechung über Picht mache ich mir selbst den Einwand, wenn eine solche mehrwertige Logik eine wirkliche Logik wäre, so müßte sie allgemeingültig sein und dann auch für unsere natürliche Sprache gelten, was nicht der Fall zu sein scheint. Diesen Einwand versuche ich dort durch die Bemerkung auszuschalten, die Logik der Quantentheorie sei die Logik einer Objektsprache, die mit der Metasprache nicht identisch zu sein brauche. Der Grundgedanke von „Komplementarität und Logik“ ist die Hypothese, daß diese Ausflucht falsch sei. Vielmehr versuche ich nunmehr, den Gedanken einer einheitlichen Logik durchzuführen. Das führt in Abschnitt 8 von „Komplementarität und

Logik" zu bestimmten physikalischen Vermutungen, deren weitere Ausführungen im vorliegenden Bande nicht enthalten ist. Einen ersten Bericht über diese Untersuchung hoffe ich etwa gleichzeitig mit der Neuauflage dieses Bandes in einer Fachzeitschrift publizieren zu können.

Ein erster Versuch, zu sagen, was diese Strukturen, wenn sie richtig gesehen sind, philosophisch bedeuten könnten, ist der letzte Aufsatz des vorliegenden Bandes über Gestaltkreis und Komplementarität. Er entstammt einer Festschrift zum 70. Geburtstag meines Onkels Viktor v. Weizsäcker. Er versucht, die Gedanken von V. v. Weizsäcker gerade in ihren abstrakten Zusammenhängen darzustellen. Indem er diese Gedanken mit denen von Bohr vergleicht, unternimmt er an einem spröderen Thema noch einmal einen Versuch, in der Gedankenwelt unserer Zeit echte Analogien zum Denken der heutigen Physik zu finden. Sein Schluß geht dann über die Analogie hinaus und versucht, die beiderseitigen Fragestellungen ernstlich miteinander zu verweben.

Wahrscheinlich erst von diesen letzten Aufsätzen aus wird die Intention des schon fünf Jahre früher geschriebenen Aufsatzes über Kontinuität und Möglichkeit verständlich werden. Dort handelt es sich nicht um den Zusammenhang zwischen Physik und Logik, sondern um den zwischen Physik und Mathematik. Das Problem des a priori, das in dem Aufsatz über Kant zuerst aufgegriffen ist, wird hier von der Physik aus in die Mathematik hinein verfolgt. Die klassische Debatte über die Apriorität der Mathematik hat am Beispiel der Geometrie stattgefunden. Hier geht es stattdessen um den für die Analysis grundlegenden Begriff des Kontinuums. Die Vermutung, daß die fortschreitende Physik auch zu diesem mathematischen Begriff etwas Neues und Unerwartetes zu sagen haben werde, ist wohl den Mathematikern bis heute nicht sehr überzeugend, und die Physiker haben die geforderte Theorie auch bisher nicht geliefert. Sollte aber sogar der in den späteren Aufsätzen behauptete Zusammenhang zwischen Physik und Logik bestehen, so hätte eine physikalische Theorie des Kontinuums zum mindesten nichts überraschendes. Doch befinden wir uns hier noch im Bereich der Vermutung.

Der Leitfaden, den dieses Nachwort geben soll, ist so gelegt, daß er mit dem Konkreten und Leichtfaßlichen beginnt und bei der abstraktesten Analyse der Begriffe endet. Er soll den Zusammenhang dieser Begriffsanalyse mit der Frage, von der wir ausgehen, nach unserer Orientierung in unserer Zeit erläutern. Die Begriffsanalyse ist aber auch noch nicht weit genug vorgetrieben, um einen für strenges Denken gangbaren Weg von dieser Abstraktion zurück zu jener Ausgangsfrage zu zeigen. Dieser Weg zurück wird in vielen populären Darstellungen mit leichten Füßen durchlaufen. Die Folge ist dann meist eine unfundierte Apologetik derjenigen Meinungen, die der Autor ohnehin hat. Es ist wohl möglich, daß ich mich desselben Fehlers in diesen Aufsätzen mehrfach schuldig gemacht habe. Aber wenigstens die Intention ist es, den Weg des Denkens ins schwierigere Gelände hinein so lange weiter zu gehen, bis sich wirkliche und klare Antworten ergeben.

Anmerkungen

Im folgenden ist in unsystematischer Weise eine kleine Anzahl von Schriften genannt, denen ich wichtige Anregungen verdanke oder die zur näheren Unterrichtung über die in den Aufsätzen angeschnittenen Fragen geeignet sind.

Die Physik der Gegenwart und das physikalische Weltbild. Erschienen in „*Die Naturwissenschaften*" 29, 185—194 (1941).

Zum Abschnitt 4: Das Carus-Zitat stammt aus C. G. Carus, Vorlesungen über Psychologie, hrsg. v. Michaelis, Erlenbach-Zürich 1931, S. 30—31. Zum Thema vgl. N. Bohr, Licht und Leben, „Die Naturwissenschaften" 21 (1933). Belehrungen, die in den vorliegenden Aufsätzen erst zum kleinen Teil verwertet sind, verdanke ich Viktor v. Weizsäcker (vor allem: Der Gestaltkreis, Leipzig 1941).

Zum Abschnitt 5: Das Kepler-Zitat stammt aus der „Weltharmonik", deutsch von M. Caspar, München 1939, S. 280.

Zum Teil II und zu den folgenden Aufsätzen: Als Einführung in den Problemstand der heutigen Physik, vor allem der Atomphysik, sind zu empfehlen:

E. Zimmer, Umsturz im Weltbild der Physik, 5. Aufl. München 1940.

L. de Broglie, Licht und Materie, Hamburg 1941; Die Elementarteilchen, Hamburg 1943.

P. Jordan, Das Bild der modernen Physik, Hamburg 1947, und andere Schriften.

Die hier vorgetragene physikalische Fassung und philosophische Deutung der Quantentheorie geht von den folgenden Arbeiten aus:

N. Bohr, Atomtheorie und Naturbeschreibung, Berlin 1931, und die Aufsätze: Physical Review 48, 696 (1935): Erkenntnis 6, 293 (1936); New Theories on Physics, Paris 1939, S. 11.

W. Heisenberg, Die physikalischen Prinzipien der Quantentheorie, 4. Aufl., Leipzig 1944; Wandlungen in den Grundlagen der Naturwissenschaft, 7. Aufl., Leipzig 1947.

G. Hermann, Die naturphilosophischen Grundlagen der Quantenmechanik. Berlin 1935.

C. F. v. Weizsäcker, Zur Deutung der Quantenmechanik, Zeitschrift für Physik 118, 489 (1941).

Die Atomlehre der modernen Physik. Erschienen im „Volk im Werden" 10, 95—105 (1942).

Die Auswirkung des Satzes von der Erhaltung der Energie in der Physik. Erschienen in „Robert Mayer und das Energieprinzip 1842—1942. Gedenkschrift zur 100. Wiederkehr der Entdeckung des Energieprinzips". Berlin 1942.

[1] Vgl. F. Hund, Zur Geschichte des Energiesatzes. Naturwiss. 30, 497—500 (1942).

[2] R. Descartes, Principia philosophiae, Bd. II. Amsterdam 1644, S. 48.

[3] G. W. Leibniz, Mathematische Schriften, Bd. VI (hrsg. von C. I. Gerhardt), Halle: H. W. Schmidt 1849, S. 117.

[4] M. Planck, Das Prinzip der Erhaltung der Energie. Leipzig: Teubner 1887.

[5] N. Bohr, H. A. Kramers und J. C. Slater, Über die Quantentheorie der Strahlung. Z. Phys. 24, 69—87 (1942).

[6] W. Bothe und H. Geiger, Über das Wesen des Comptoneffekts. Z. Phys. 32, 639—663 (1925).

[7] A. H. Compton und A. Simon, Measurements of -Rays assaciated with scattered X-Rays. Phys. Rev. 25, 306—313 (1925).

[8] N. Bohr, Atomic Stability und Conservation Laws. In: Convegno di Fisica nucleare. Rom 1932.

[9] W. Pauli, Diskussionsbemerkung. In: Structure et Propriétés des Noyaux Atomiques. Paris: Gauthier-Villars 1934, S. 324; E. Fermi, Versuch einer Theorie der -Strahlen. Z. Phys. 88, 161—177 (1934).

[10] N. Bohr, Sur la méthode de correspondance dans la théorie de l'électron. In: Structure et Propriétés de Noyaux Atomiques. Paris: Gauthier-Villars 1934, S. 227.

Das Verhältnis der Quantenmechanik zur Philosophie Kants. Erschienen in „Die Tatwelt“ 17, 66—98 (1941) und, unter dem Titel „Atomtheorie und Philosophie“, in „Die Chemie“ 55, 99—104 und 121—126 (1942). In den nachfolgenden Heften der „Tatwelt“ knüpfte an den Aufsatz eine Aussprache an.

Die Unendlichkeit der Welt. Hier zuerst veröffentlicht. Abgedruckt in „Die Chemie“ 1944.

Zum Abschnitt 4: Das Gleichnis der unendlichen Kugel behandelt D. Mahnke, Unendliche Sphäre und Allmittelpunkt, Halle 1937. Dort umfangreiche Literaturhinweise.

Zu den Abschnitten 5 und 6: Die Spiralnebel behandelt E. Hubble, Das Reich der Nebel, Braunschweig 1938.

Für die hier hervorgehobene Seite des Zahlproblems D. Hilbert und P Bernays, Grundlagen der Mathematik, Berlin 1934 und 1939; A. Heyting, Mathematische Grundlagenforschung, Intuitionismus, Beweistheorie Berlin 1934; G. Gentzen, Der heutige Stand der mathematischen Grundlagenforschung, 1940. (Alle nur für mathematisch geschulte Leser.)

Naturgesetz und Theodizee. Geschrieben 1944 zum 60. Geburtstag von Heinrich Scholz. Erschienen in „Archiv für Philosophie“ Heft 2, 1948.

[1] H. Scholz, Leibniz. Jahrbuch der Kaiser-Wilhelm-Gesellschaft, 1942.

Das Experiment. Erschienen in „Studium Generale“ 1, 3—9 (1947).

Vgl. Viktor v. Weizsäcker, Anonyma. Bern 1946, und Der Begriff sittlicher Wissenschaft, Frankfurt 1948.

Wohin führt uns die Wissenschaft? Vortrag, gehalten am 5. Oktober 1950 anläßlich der 1. Ordentlichen Hauptversammlung der Max-Planck-Gesellschaft in Köln. Ein Sonderdruck wurde von der Max-Planck-Gesellschaft gedruckt; im übrigen hier zuerst veröffentlicht.

Einstein und Bohr. Zuerst als Buchbesprechung auf englisch veröffentlicht in „Measure“ Vol. II, No. 2 (1951), dann als Aufsatz in „Wort und Wahrheit“ 7, 119-126, (1952)

[1]) Albert Einstein: Philosopher Scientist, edited by Paul Arthur Schilpp (The Library of Living Philosophers, Vol. VII). 1949 The Library of Living Philosophers Inc. Evanston, Illinois.

Kontinuität und Möglichkeit. Werner Heisenberg zum 50. Geburtstag am 5. Dezember 1951 gewidmet. Erschienen in „Die Naturwissenschaften" 38, 533-543, (1951)

1) Heisenberg, W.: Die Grenzen der Anwendbarkeit der bisherigen Quantentheorie. Z. Physik 110, 251 (1938). — Zur Theorie der „Schauer" in der Höhenstrahlung.. Z. Physik 101, 533 (1936). — Über die in der Theorie der Elementarteilchen auftretende universelle Länge. Ann. Physique 32, 20 (1938).

2) Schmidt, A.: Die mathetische Struktur eines Wissensgebietes und ihre Festlegung. Studium gen. 3, 678 (1950).

3) Lorenz, K.: Die angeborenen Formen möglicher Erfahrung. Z. Tierpsychol. 5, 235 (1942).

4) Popper, K.: Logik der Forschung. Wien: Springer.

5) Weizsäcker, C. F. v.: Ann. Physik 36, 275 (1939). — Die Geschichte der Natur. Göttingen 1948.

6) Pauli, W., and F. Villars: On the invariant regularisation in relativistic quantum theory. Rev. mod. Physics 21, 434 (1949). — Dyson, F. J.: Heisenberg Operators in Quantum Elektrodynamics. I, II. Physic. Rev. 82, 428, 608 (1951).

7) March u. Foradori: Ganzzahligkeit in Raum und Zeit. I—IV. Z. Physik 114, 215, 653 (1939); 115, 245, 522 (1940).

Betrachtungen zu Gian Battista Vico. Vom Wesen und Weg der geistigen Bildung. Godesberg 1947.

Beziehungen der theoretischen Physik zum Denken Heideggers. Zuerst veröffentlicht in der Festschrift „Martin Heideggers Einfluß auf die Wissenschaften". Bern 1949: A. Francke AG. Verlag.

Entepente und die abstrakte Kunst. Erschienen in „Merkur" 1954 Stuttgart, Deutsche Verlagsanstalt.

Niels Bohr. Sonderdruck aus „Forscher und Wissenschaftler im heutigen Europa — Weltall und Erde". Oldenburg: Gerh. Stalling Verlag.

Säkularisierung und Naturwissenschaft. Friedrich Gogarten zum 70. Geburtstag gewidmet. Hier erstmals veröffentlicht.

Die Bedeutung der Logik für die Naturwissenschaft. Besprechung einer Arbeit von Georg Picht: Bildung und Naturwissenschaft. Göttingische Gelehrte Anzeigen, 208. Jhrg. (1954), Nr. 3/4. Göttingen: Vandenhoeck und Ruprecht.

Komplementarität und Logik. Niels Bohr zum 70. Geburtstag am 7. 10. 1955 gewidmet. Zuerst veröffentlicht in „Die Naturwissenschaften", 42. Jhrg. (1955), Nr. 19/20. Berlin: Springer-Verlag.

Gestaltkreis und Komplementarität. Sonderdruck aus Viktor von Weizsäcker, Arzt im Irrsal der Zeit. Eine Freundesgabe zum 70. Geburtstag am 21. 4. 1956. Göttingen: Verlag Vandenhoeck und Ruprecht.

Nachwort

[1] Göttingen, Vandenhoeck und Ruprecht 1957.
[2] Fischer-Bücherei 1957.
[3] Stuttgart, F. Vorwerk 1954
[4] S. Hirzel 1948, 2. Aufl. Vandenhoeck u. Ruprecht 1954.
[6] Stuttgart, Deutsche Verlagsanstalt 1957.
[6] Bonn, Athenäum-Verlag 1952, 2. Aufl. Vandenhoeck und Ruprecht 1958.